KB188414

Step By Step

# 파이토치

Deep Learning Programming with PyTorch

## 딥러닝 프로그래밍

김동근 지음

KM 좋은 책·알찬 내용
가메출판사

## Step By Step

# 파이토치

### Deep Learning Programming with PyTorch

# 딥러닝 프로그래밍  PART.2

| | |
|---|---|
| 지은이 | 김동근 |
| 펴낸이 | 이병렬 |
| 펴낸곳 | 도서출판 가메 https://www.kame.co.kr |
| 주소 | 서울시 마포구 성지5길 5-15, 206호 |
| 전화 | 02-322-8317 |
| 팩스 | 0303-3130-8317 |
| 이메일 | km@kame.co.kr |

| | |
|---|---|
| 등록 | 제313-2009-264호 |
| 발행 | 2025년 3월 27일 초판 1쇄 발행 |
| 정가 | 32,000원 |

ISBN    978-89-8078-319-9

표지 / 편집 디자인    편집디자인팀

지금은 인공지능 딥러닝 시대입니다.

최근 공개된 챗봇 ChatGPT는 인공지능에 대한 폭발적인 관심을 일으켰습니다. 컴퓨터가 발명된 이래, 인간의 행위를 모방할 수 있는 인공지능 artificial intelligence, AI에 대한 개발과 연구는 지속적으로 발전되어 왔습니다. 인공지능 분야는 지식기반 전문가 시스템, 인공 신경망, 퍼지로직, 로보틱스, 자연어 처리(음성인식), 컴퓨터 비전, 패턴인식, 기계학습, 딥러닝 등의 인간의 모든 지적인 학습활동, 의사결정 활동 등을 포함합니다.

인공지능의 발전은 컴퓨터의 발전단계와 밀접합니다. 초창기에 기계번역, 일반적인 문제 해결 등 사람과 같은 시스템을 개발하려고 노력하였으나 실패하고, 문제의 범위를 좁힌 전문가 시스템이 개발되었습니다. 다양한 기계학습 알고리즘이 음성인식, 영상인식, 패턴인식 등의 분야를 중심으로 발전해 왔습니다.

영상 또는 음성을 분류, 인식하는 식별형 discriminative 인공지능 시대를 넘어, 인간처럼 학습한 데이터를 기반으로 새로운 컨텐츠를 생성해내는 생성형 generative 인공지능 시대가 활짝 열렸습니다.

딥러닝 deep learning은 인공뉴런에 기초한 단일 퍼셉트론, 다층 퍼셉트론을 다루는 전통적인 신경망 neural network을 발전시켜 더 깊게 다층으로 쌓아 학습하는 인공지능 분야입니다.

최근에는 Pytorch(Meta), Tensorflow/Keras(Google) 등의 다양한 딥러닝 프레임워크가 오픈소스로 제공되어 쉽게 딥러닝으로 문제를 해결할 수 있게 되었습니다.

이 책에서는 사용자가 가장 많은 메타의 파이토치 PyTorch를 사용한 딥러닝 프로그래밍에 대해 설명합니다. 파이토치는 Lua 언어 기반의 Torch를 파이썬 Python으로 포팅한 오픈소스 딥러닝 프레임워크입니다. 파이토치의 장점은 일반적인 파이썬 프로그래밍 작성과 유사하게 사용할 수 있으며, 간결하고 직관적이어서 이해하기 쉽고 편리하여, 최근 개발자 및 연구자들 사이에서 인기가 많은 딥러닝 프레임워크입니다. 이 책의 예제는 윈도우즈(x64)에서 Python 3.13, Pytorch '2.6.0+cu126'으로 작성되었습니다. Python 3.13에서는 Step 60의 Spacy를 사용한 예제를 제외하고 모두 정상 동작합니다.

이 책은 Part 1과 Part 2 그리고 Part 3의 3권으로 구성되어 있습니다.

Part 1은 다층신경망, 합성곱신경망, 순환신경망, 오토인코더, GAN 등의 모델을 생성하고, 최적화를 통한 학습, 과적합, 사전학습모델, 조기종료, 학습률 스케줄링, 텐서 보드 등의 파이토치 기초에 대해 설명합니다.

Part 2는 다음과 같은 내용으로 구성되어 있습니다.

13장은 고수준 인터페이스인 파이토치 Lightning을 이용하여 Part 1의 일부 예제를 다시 작성하여 설명하였습니다.

14장은 Oxford-IIIT Pet Dataset을 이용한 U-Net 영상분할, 영상분할 손실에 대해 설명합니다.

15장은 SE-Net, BAM, CBAM 등의 어텐션과 SPP, ASPP 네트워크를 설명합니다.

16장은 Seq2Seq, EncoderRNN, AttnDecoderRNN, Self-Attention, 트랜스포머transformer에 의한 영한번역과 비전 트랜스포머 vision transformer에 의한 영상분류, Segformer에 의한 영상 의미분할 semantic segmentation을 설명합니다.

17장은 비슷한 것은 끌어당기고, 다른 것은 밀어내는 메트릭학습 metric learning에 대해 설명합니다. SiamerseNet, SimCLR, CenterLoss, ArcFace 손실 등을 설명합니다.

18장은 잡음제거 확산확률모델 DDPM Denoising Diffusion Probabilistic Models에 대해 설명합니다.

19장은 Albert Einstein의 다차원 데이터의 합계인 einsum Einstein summation, einops Einstein-Inspired Notation for operations, KL Divergence에 대해 설명합니다.

Part 3는 "Reinforcement Learning: An Introduction, second edition, R.S.Sutton, A.G Barto"를 참고하여 마르코프 결정과정 Markov Decision Process, MDP, 동적프로그래밍 Dynamic Programming, DP, 몬테카를로 Monte Carlo 학습, 시간차 Temporal-Difference 학습, 정책기반 Policy-based 학습 등의 강화학습을 GridWorld, Gymnasium, TicTacToe, Snake, Breakout 게임을 이용하여 설명합니다.

끝으로, 책 출판에 수고하신 가메출판사 담당자 여러분께 감사드리며, 독자 여러분의 파이토치를 이용한 딥러닝 프로그래밍 공부에 많은 도움이 되길 바랍니다.

2025년 3월
**필자 김동근**

# Contents

PART 1

PART 2

PART 3

**PART 3**

 PyTorch

# CHAPTER 13

## 파이토치 Lightning

Pytorch_lightning은 "https://lightning.ai/"에 의해 개발된 파이토치의 고수준 high-level 딥러닝 프레임워크이다. 2025년 2월 현재 최신버전은 pytorch_lightning 2.5.0이다. lightning 2.5.0도 같은 이름의 패키지이다. https://github.com/Lightning-AI/pytorch-lightning에서 관리된다.

pytorch_lightning 또는 lightning의 LightningModule에서 상속받아 클래스를 작성하고, Trainer를 사용하여 학습한다. 클래스에 configure_optimizers, forward(), training_step(), validation_step(), test_step() 등 의 메서드를 재정의 override한다. TensorBoardLogger (디폴트), CSVLogger 등의 로거를 사용할 수 있다.

# pythorch_lightning

[표 47.1]은 LightningModule의 주요 메서드이다(https://pytorch-lightning.readthedocs.io/en/stable/common/lightning_module.html 참조).

여기서는 [예제 17-02]와 [예제 30-01]을 lightning으로 작성한다. 텐서 보드에 손실과 정확도를 출력한다. [예제 47-03]은 학습률 스케줄러, 모니터링, 조기 종료를 포함한다.

▽ 표 47.1 ▶ LightningModule 주요 메서드

| 메서드 | 설명 |
|---|---|
| __init__(), setup() | 초기화 |
| forward() | 모델에 데이터 적용 |
| training_step() | 훈련 루프 |
| validation_step() | 검증 루프 |
| test_step() | 테스트 루프 |
| predict_step() | 추론 루프 |
| configure_optimizers() | optimizers, LR schedulers 정의 |

▷ 예제 47-01    ▶ pytorch_lightning: 선형회귀[예제 17-02]

```
01  '''
02  ref1: https://lightning.ai/lightning-ai/studios/pytorch-lightning-
03  hello-world
04  ref2: 1702.py
05  > pip install lightening
06  > pip install pytorch-lightning
07  '''
08  import torch
09  import torch.nn as nn
10  import torch.nn.functional as F
11  import torch.optim as optim
12  from   torch.utils.data import  TensorDataset, DataLoader
```

```python
13  import matplotlib.pyplot as plt
14
15  #1
16  import lightning as L
17  #import pytorch_lightning as L
18
19  #trade-off precision for performance
20  torch.set_float32_matmul_precision('medium')      # 'high'
21
22  #2: 1702.py
23  class LinearNet(nn.Module):
24      def __init__(self, input_size = 1, output_size = 1):
25          super().__init__()
26          self.linear = nn.Linear(input_size, output_size)
27
28      def forward(self, x):
29          y = self.linear(x)
30          return y
31
32  #3
33  class LinearNet_Lite(L.LightningModule):
34      #3-1
35      def __init__(self, model = None):
36          super().__init__()
37          self.model = model  if model else  LinearNet()
38          self.loss_fn = nn.MSELoss()
39          self.losses = []
40
41      #3-2
42      def training_step(self, batch):                # the train loop
43          X, y = batch
44
45          y_pred = self.model(X)
46          loss = self.loss_fn(y_pred, y)             # F.mse_loss()
47
48          self.losses.append(loss.item())
49          return loss
50      #3-3
51      def configure_optimizers(self):
52          optimizer = optim.Adam(self.parameters(), lr = 0.01)
53          return optimizer
54  #4
55  if __name__ == "__main__":
56      #4-1
57      L.seed_everything(1)
58
```

```
59    model    = LinearNet()
60    pl_model = LinearNet_Lite(model)
61
62    #4-2: dataset, data loader
63    n_data = 12
64    x = torch.arange(n_data, dtype = torch.float).view(-1, 1)
65    t = x + torch.randn(x.size())
66
67    ds = TensorDataset(x, t)
68    train_loader = DataLoader(dataset = ds,
69                              batch_size = 4,   shuffle = True,
70                              num_workers = 2,
71                              persistent_workers = True)
72    #4-3:
73    trainer = L.Trainer(max_epochs = 100,
74                        log_every_n_steps = 1,
75                        enable_progress_bar = False)
76    trainer.fit(pl_model, train_loader)
77    #4-4
78    torch.save(model, './saved_model/4701.pt')
79    trainer.save_checkpoint("./saved_model/4701.ckpt")
80
81    #4-5: trained weights
82    state = model.state_dict()
83    w = state['linear.weight'].flatten()[0] # model.linear.weight.data.flatten()[0]
84    b = state['linear.bias'][0]             # model.linear. bias.data[0]
85    print('w=', w)
86    print('b=', b)
87    sLine = f'y = {w.numpy():.2f}x + {b.numpy():.2f}'
88    print(sLine)
89
90    #4-6: draw graph
91    plt.title('loss')
92    plt.plot(pl_model.losses)
93    plt.show()
94
95    plt.title(sLine)
96    plt.gca().set_aspect('equal')
97    plt.scatter(x.numpy(), t.numpy())
98
99    x = torch.linspace(-1.0, 10.0, steps = 51)
100   y = w * x + b
101   plt.plot(x, y.detach().numpy(), "b-")
102   plt.axis([-1, 10, -1, 10])
103   plt.show()
```

▷▷ 실행결과

```
Seed set to 1
GPU available: True (cuda), used: True
TPU available: False, using: 0 TPU cores
HPU available: False, using: 0 HPUs
LOCAL_RANK: 0 - CUDA_VISIBLE_DEVICES: [0]

  | Name    | Type     | Params | Mode
---------------------------------------------
0 | model   | LinearNet | 2     | train
1 | loss_fn | MSELoss   | 0     | train
---------------------------------------------
2          Trainable params
0          Non-trainable params
2          Total params
0.000      Total estimated model params size (MB)
3          Modules in train mode
0          Modules in eval mode
`Trainer.fit` stopped: `max_epochs=100` reached.
w= tensor(0.9641)
b= tensor(0.2849)
y = 0.96x + 0.28
```

▷▷▷ 프로그램 설명

1 [예제 17-02]를 pytorch_lightning으로 작성한다. lightening, pytorch_lightning 중에 하나를 설치한다.

2 #1에서 lightening 또는 pytorch_lightning을 L로 임포트한다. 실수 계산에서 성능을 위한 정확도 절충 trade-off을 위해 torch.set_float32_matmul_precision('medium')를 설정한다.

3 #2는 선형회귀를 위한 LinearNet을 정의한다([예제 17-02]).

4 #3은 L.LightningModule에서 상속받아 LinearNet_Lite 클래스를 정의한다. #3-1의 생성자에서 self.model에 model을 저장하고, self.loss_fn에 손실함수를 생성한다. self.current_epoch, self.global_step 멤버가 있다. training_step(), configure_optimizers()를 재정의한다.

5 #3-2의 training_step()는 훈련 루프이다. batch 데이터를 X, y에 저장하고, self.model(X)에 적용하여 모델의 예측 y_pred를 계산하고, self.loss_fn(y_pred, y)로 손실 loss을 계산하고 반환하면 zero_grad(), backward(), optimizer.step()를 적용하여 파라미터를 갱신한다.

6 #3-3의 configure_optimizers()는 최적화 optimizer를 반환한다.

7 #4-1에서 L.seed_everything(42)로 넘파이, 파이토치의 모든 난수를 seed = 1로 초기화한다. LinearNet()로 model을 생성하고, LinearNet_Lite(model)로 pl_model 모듈을 생성한다.

8 #4-2는 데이터셋 ds를 생성하고, 다중프로세스 데이터로더 train_loader를 생성한다.

9 #4-3은 L.Trainer()로 최대 max_epochs = 100, log_every_n_steps = 1, enable_progress_bar = False로 trainer를 생성한다. enable_progress_bar = False는 진행바를 표시하지 않는다. trainer.fit()로 train_loader를 사용하여 pl_model을 학습한다. torch.save()로 학습된 모델을 저장한다.

10 #4-4는 torch.save()로 학습된 model을 파일에 저장한다. trainer.save_checkpoint()로 체크포인트 파일을 저장한다. trainer에서 default_root_dir을 명시하지 않으면 현재 폴더의 lightning_logs에 체크포인트 파일을 자동 저장한다.

11 #4-5는 모델의 학습 상태(state)를 이용하여 가중치(w)와 바이어스(b)로 직선 sLine을 출력한다. model과 pl_model.model은 같다. #4-6은 그래프로 표시한다([그림 47.1]).

12 프로그램을 실행하면, lightning_logs 폴더에 기본 실행기록 로그가 저장된다. n_data = 12, batch_size = 4로 epoch 마다 3번씩 training_step()이 호출되어 max_epochs = 100 이면, training_step()은 300회 호출된다.

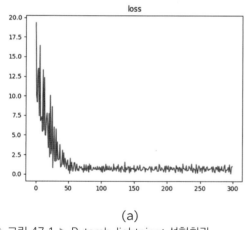

(a)

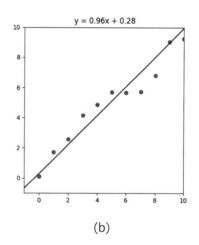

(b)

△ 그림 47.1 ▶ Pytorch_lightning: 선형회귀

▷ 예제 47-02 ▶ pytorch_lightning: load_from_checkpoint

```
01 '''
02 ref1: https://lightning.ai/docs/pytorch/stable/common/checkpointing
03 _basic.html
04 ref2: 4701.py
```

```
05 > pip install lightening
06 > pip install pytorch_lightning
07 '''
08 import torch
09 import torch.nn as nn
10 import torch.optim as optim
11
12 #1
13 import lightning as L          # import pytorch_lightning as L
14 torch.set_float32_matmul_precision('medium')     # 'high'
15
16 #2: 1702.py
17 class LinearNet(nn.Module):
18     def __init__(self, input_size = 1, output_size = 1):
19         super().__init__()
20         self.linear = nn.Linear(input_size, output_size)
21
22     def forward(self, x):
23         y = self.linear(x)
24         return y
25
26 #3
27 class LinearNet_Lite(L.LightningModule):
28     def __init__(self, model = None):
29         super().__init__()
30         self.model = model if model else  LinearNet()
31         self.loss_fn = nn.MSELoss()
32         self.losses = []
33
34     def training_step(self, batch):      # the train loop
35         X, y = batch
36
37         y_pred = self.model(X)
38         loss = self.loss_fn(y_pred, y)  # F.mse_loss()
39
40         self.losses.append(loss.item())
41         return loss
42
43     def configure_optimizers(self):
44         optimizer = optim.Adam(self.parameters(), lr = 0.01)
45         return optimizer
46 #4
47 if __name__ == "__main__":
48   #4-1
49     model      = LinearNet()
```

```
50      model_ckpt = LinearNet_Lite.load_from_checkpoint(
51          checkpoint_path = "./saved_model/4701.ckpt", model = model)
52      print('type(model_ckpt):', type(model_ckpt))
53      print('model_ckpt.device=', model_ckpt.device)
54      state_dict = model_ckpt.state_dict()
55      #print('state_dict:', state_dict)
56
57      w = state_dict['model.linear.weight'].flatten()[0]
58      b = state_dict['model.linear.bias'][0]
59      sLine1 = f'1: y = {w.numpy():.2f}x + {b.numpy():.2f}'
60      print(sLine1)
61
62  #4-2: load model on device
63      device = torch.device("cuda" if torch.cuda.is_available() else "cpu")
64
65      print('device=', device)
66      model_device = LinearNet_Lite.load_from_checkpoint(
67          checkpoint_path = "./saved_model/4701.ckpt", model= model,
68          map_location = device)
69      print('type(model_device):', type(model_device))
70      print('model_device.device=', model_device.device)
71      print('next(model_device.parameters()).is_cuda=',
72          next(model_device.parameters()).is_cuda)
73      state_dict = model_device.state_dict()
74      #print('state_dict:', state_dict)
75      w = state_dict['model.linear.weight'].flatten()[0].detach().item()
76      b = state_dict['model.linear.bias'][0].detach().item()
77      sLine2 = f'2: y = {w:.2f}x + {b:.2f}'
78      print(sLine2)
79  #4-3
80      ckpt = torch.load("./saved_model/4701.ckpt", weights_only = False,
81                      map_location = device)
82      print('type(ckpt):', type(ckpt))
83      state_dict = ckpt['state_dict']
84      #print('state_dict:', state_dict)
85      w = state_dict['model.linear.weight'].flatten()[0].detach().item()
86      b = state_dict['model.linear.bias'][0].detach().item()
87      sLine3 = f'3: y = {w:.2f}x + {b:.2f}'
88      print(sLine3)
89  #4-4
90      model = torch.load("./saved_model/4701.pt", weights_only = False,
91                      map_location = device)
92      print('type(model):', type(model))
93      print('next(model.parameters()).is_cuda=',
94          next(model.parameters()).is_cuda)
```

```
95    #model = model.to(device)
96    model.eval()
97    state_dict = model.state_dict()
98    #print('state_dict:', state_dict)
99    w = state_dict['linear.weight'].flatten()[0].detach().item()
100   b = state_dict['linear.bias'][0].detach().item()
101   sLine4 = f'4: y = {w:.2f}x + {b:.2f}'
102   print(sLine4)
```

▷▷ 실행결과

```
#4-1
type(model_ckpt): <class '__main__.LinearNet_Lite'>
model_ckpt.device= cpu
1: y = 0.96x + 0.28

#4-2
device= cuda
type(model_device): <class '__main__.LinearNet_Lite'>
model_device.device= cuda:0
next(model_device.parameters()).is_cuda= True
2: y = 0.96x + 0.28

#4-3
type(ckpt): <class 'dict'>
3: y = 0.96x + 0.28

#4-4
type(model): <class '__main__.LinearNet'>
next(model.parameters()).is_cuda= True
4: y = 0.96x + 0.28
```

▷▷▷ 프로그램 설명

1  [예제 47-01]에서 저장한 "4701.ckpt", "4701.pt" 파일을 로드하고 학습된 파라미터를 출력한다. pt 파일은 모델 구조, 가중치를 포함한 전체 모델을 저장한다. ckpt 파일은 모델구조, 가중치, 최적화, 스케줄러 등 다양한 학습관련 정보를 포함한다.

2  #1은 lightning을 임포트하고, #2는 LinearNet, #3는 LinearNet_Lite을 정의한다.

3  #4-1은 LinearNet_Lite.load_from_checkpoint()로 "4701.ckpt" 파일을 model_ckpt에 로드한다. type(model_ckpt) = <class '__main__.LinearNet_Lite'>이다. model_ckpt.device = cpu이다. model_ckpt.state_dict()를 state_dict에 저장하여 학습된 파라미터 w, b를 얻어, sLine을 출력한다.

4  #4-2는 LinearNet_Lite.load_from_checkpoint()에서 map_location = device로 "4701.ckpt" 파일을 model_device에 로드한다. model_device.device = cuda:0이다. next(model_device.parameters()).is_cuda = True이다.

**5** #4-3은 torch.load()에서 map_location = device로 "4701.ckpt" 파일을 ckpt에 로드한다. type(ckpt) = ⟨class 'dict'⟩이다.

**6** #4-4는 torch.load()에서 map_location = device로 "4701.pt" 파일을 model에 로드한다. type(model) = ⟨class '__main__.LinearNet'⟩이다.

next(model.parameters()).is_cuda = True이다. model.eval()는 평가모드로 설정한다.

▷ 예제 47-03    ▶ pytorch_lightning: on_train_epoch_end, default_root_dir, log

```
01  ‘‘‘
02  ref: [예제 17-02]
03  > pip install lightening
04  > pip install pytorch-lightning
05  ’’’
06  import torch
07  import torch.nn as nn
08  import torch.optim as optim
09  import torch.nn.functional as F
10  from torch.utils.data import  TensorDataset, DataLoader
11  import matplotlib.pyplot as plt
12
13  import lightning as L #import pytorch_lightning as L
14  from lightning.pytorch.loggers import TensorBoardLogger
15  #from pytorch_lightning.loggers import TensorBoardLogger
16  torch.set_float32_matmul_precision(‘medium’)
17  #1
18  class LinearNet_Lite(L.LightningModule):
19  #1-1
20      def __init__(self, input_size = 1, output_size = 1):
21          super().__init__()
22          self.linear = nn.Linear(input_size, output_size)
23          self.loss_fn = nn.MSELoss()
24          self.losses = []
25  #1-2
26      def forward(self, x):
27          y = self.linear(x)
28          return y
29  #1-3
30      def configure_optimizers(self):
31          optimizer = optim.Adam(self.parameters(), lr = 0.01)
32          return optimizer
33
```

```
34  #1-4
35      def training_step(self, batch, batch_idx):
36          X, y = batch
37          y_pred = self.forward(X)
38          loss = self.loss_fn(y_pred, y)
39          self.losses.append(loss)
40
41          self.log('train_loss1', loss)    # on_step = True, on_epoch = False
42          self.log('train_loss2', loss, on_step = False, on_epoch = True)
43          return loss
44  #1-5
45      def on_train_epoch_end(self):
46          avg_loss = torch.stack(self.losses).mean()
47          self.log("avg_loss", avg_loss)
48          self.losses.clear()                # free memory
49  #2:
50  def main():
51      L.seed_everything(1)
52
53  #2-1: dataset, data loader
54      n_data= 12
55      x = torch.arange(n_data, dtype = torch.float).view(-1, 1)
56      t = x + torch.rand(x.size())
57
58      train_ds    = TensorDataset(x, t)
59      train_loader= DataLoader(dataset = train_ds, batch_size = 4,
60                               shuffle = True, num_workers = 2,
61                               persistent_workers = True)
62  #2-2
63      #import os
64      #PATH = os.getcwd() + '/logs/4702'
65      #logger = TensorBoardLogger(save_dir = PATH,
66      #                           name = "lightning_logs")
67
68      model = LinearNet_Lite()
69      trainer = L.Trainer(
70          default_root_dir = "./logs/4703",
71          #logger = logger,
72          accelerator='auto',               # 'gpu'
73          devices = torch.cuda.device_count()
74                    if torch.cuda.is_available() else None,
75          max_epochs = 100,                 #self.current_epoch
76          #max_steps = 300,                  #self.global_step
77          enable_progress_bar = False,
78          log_every_n_steps = 1,        # default = 50
79          )
```

```
80
81     trainer.fit(model, train_dataloaders = train_loader)
82     torch.save(model, './saved_model/4703.pt')
83 #2-3
84     state_dict = model.state_dict()
85     print('state_dict=', state_dict)
86
87     w = state_dict['linear.weight'].flatten()[0]
88     b = state_dict['linear.bias'][0]
89     sLine = f'y = {w.numpy():.2f}x + {b.numpy():.2f}'
90     print(sLine)
91
92 #2-4: draw graph
93     plt.title(sLine)
94     plt.gca().set_aspect('equal')
95     plt.scatter(x.numpy(), t.numpy())
96
97     x = torch.linspace(-1.0, 10.0, steps=51)
98     y = w*x + b
99     plt.plot(x, y.detach().numpy(), "b-")
100    plt.axis([-1, 10, -1, 10])
101    plt.show()
102 #3
103 if __name__ == '__main__':
104    main()
```

▷▷ 실행결과

```
Seed set to 1
`Trainer.fit` stopped: `max_epochs=100` reached.
state_dict= OrderedDict({'linear.weight': tensor([[1.0240]]), 'linear.bias':
tensor([0.3621])})
y = 1.02x + 0.36
```

▷▷▷ 프로그램 설명

1 [예제 47-01]을 변경하여 LinearNet_Lite에서 모델을 모두 구현한다.

2 #1은 LinearNet_Lite 클래스를 정의한다. #1-1의 생성자에서 선형모델을 생성하고, self. loss_fn에 손실함수를 생성한다. self.losses는 손실을 저장하기 위한 리스트이다.

3 #1-2는 forward()를 정의한다. #1-3의 configure_optimizers()은 optimizer를 반환한다.

4 #1-4의 training_step()은 각 훈련 단계에서 호출된다. train_loader의 batch를 X, y에 저장하고, self.forward(X)로 y_pred를 계산하고, self.loss_fn(y_pred, y)로 loss를 계산한다. self.losses.append(loss)로 각 단계의 손실을 self.losses에 저장한다.

self.log()로 텐서 보드에 'train_loss1', 'train_loss2' 이름으로 loss를 기록한다. 'train_loss1'은 on_step = True로 각 단계의 손실, 'train_loss2'는 on_epoch = True로 에폭평균(avg_loss와 같다)을 출력한다. loss를 반환한다.

5  #1-5의 on_train_epoch_end()는 각 에폭의 끝에서 호출된다. avg_loss에 각 단계의 손실의 평균을 계산하고, self.log("avg_loss", avg_loss)로 텐서 보드에 출력한다.

6  #2에서 L.seed_everything(1)로 난수를 초기화하고, #2-1은 데이터셋 ds를 생성하고, 다중 프로세스 데이터로더 train_loader를 생성한다.

7  #2-2는 L.Trainer()로 trainer를 생성한다. default_root_dir에 로그 폴더를 설정하고, CUDA 사용 가능하면 devices에 디바이스 개수를 torch.cuda.device_count()로 설정한다. 최대 max_epochs = 100, log_every_n_steps = 1로 설정한다. enable_progress_bar = False는 진행바를 표시하지 않는다. logger를 설정하지 않아도 디폴트로 텐서 보드를 사용하여 로그를 기록한다.

trainer.fit(model, train_dataloaders=train_loader)은 train_loader를 사용하여 model을 학습한다. torch.save()로 학습된 모델을 저장한다.

8  #2-3은 model의 state_dict를 이용하여 가중치(w)와 바이어스(b)로 직선 sLine을 출력한다. #2-4는 그래프로 표시한다.

9  프로그램을 실행하면, 훈련과정을 진행바로 표시한다(IDLE에서는 그래픽문자 깨짐 주의). [그림 47.2]는 명령 창에서 "tensorboard --logdir logs/4703/lightning_logs"를 실행하고, 웹브라우저에서 "http://localhost:6006/" 주소를 입력하여 표시된 텐서 보드이다.

(a) 'avg_loss'

(b) 'train_loss1', 'train_loss2'

△ 그림 47.2 ▶ 텐서 보드(logs/4703/lightning_logs)

▷ 예제 47-04    ▶ pytorch_lightning: MNIST[예제 30-01]

```
01  '''
02  ref: [예제 30-01] MNIST 분류
03  '''
04  import torch
05  import torch.nn as nn
06  import torch.optim as optim
07  import torch.nn.functional as F
08
09  from torchvision import transforms
10  from torchvision.datasets import MNIST
11  from torch.utils.data import  DataLoader, random_split
12
13  import lightning as L #import pytorch_lightning as L
14  #from pytorch_lightning import LightningModule, Trainer
15  #from pytorch_lightning import seed_everything
16  from torchmetrics import Accuracy
17  from torchmetrics.functional import accuracy
18  torch.set_float32_matmul_precision('medium') # 'high', trade-off
19                                      # precision for performance
20  #1: define model class, 3001.py
21  class ConvNet(nn.Module):
22      def __init__(self, nChannel = 1, nClass = 10) :
23          super().__init__()      # super(ConvNet, self).__init__()
24          self.nClass = nClass
25          self.layer1 = nn.Sequential(
26              # (, 1, 28, 28) :   # NCHW
27              nn.Conv2d(in_channels = nChannel, out_channels = 16,
28                      kernel_size = 3, padding = 'same'),
29              nn.ReLU(),
30              nn.BatchNorm2d(16),
31              nn.MaxPool2d(kernel_size = 2, stride = 2))
32              #(, 16, 14, 14)
33
34          self.layer2 = nn.Sequential(
35              nn.Conv2d(16, 32, kernel_size = 3, stride = 1, padding = 1),
36              nn.ReLU(),
37              nn.MaxPool2d(kernel_size = 2, stride = 2),
38              #(,  32, 7,  7)
39              nn.Dropout(0.5))
40
41          self.layer3 = nn.Sequential(
42              nn.Flatten(),
43              nn.Linear(32 * 7 * 7, nClass) )
```

```python
44    def forward(self, x):
45        x = self.layer1(x)
46        x = self.layer2(x)
47        x = self.layer3(x)
48        return x
49
50  #2: pytorch_lightning
51  class ConvNet_Lite(L.LightningModule):
52  #2-1
53    def __init__(self, model = None):
54        super().__init__()
55        self.model = model if model else ConvNet()
56        self.loss_fn = nn.CrossEntropyLoss()
57        self.accuracy = \
58            Accuracy(task = "multiclass",
59                     num_classes = model.nClass)
60        self.losses = []
61        self.accs   = []
62  #2-2
63    def configure_optimizers(self):
64        optimizer = optim.Adam(self.parameters(), lr = 0.001)
65        return optimizer
66  #2-3
67    def training_step(self, batch, batch_idx):
68        loss, acc = self.calc_acc_loss(batch)
69        self.losses.append(loss)
70        self.accs.append(acc)
71        self.log('train_loss', loss,prog_bar=True)
72            # on_step = True, on_epoch = False
73        self.log('train_acc', acc, prog_bar = True)
74        return loss
75  #2-4
76    def on_train_epoch_end(self):
77        avg_loss = torch.stack(self.losses).mean()
78        avg_acc = torch.stack(self.accs).mean()
79        self.losses.clear()      # free memory
80        self.accs.clear()
81        #avg_loss = self.trainer.callback_metrics['train_loss']
82        #avg_acc = self.trainer.callback_metrics['train_acc']
83        # print(f'avg_loss={avg_loss}, avg_acc={avg_acc}')
84
85        self.log("avg_loss", avg_loss)
86        self.log("avg_acc", avg_acc)
87
```

```
 88  #2-5
 89      def validation_step(self, batch):    # batch_idx
 90          loss, acc = self.calc_acc_loss(batch)
 91          self.log('val_loss', loss, prog_bar = True)
 92          self.log('val_acc', acc, prog_bar = True)
 93          return loss
 94  #2-6
 95      def test_step(self, batch):
 96          loss, acc = self.calc_acc_loss(batch)
 97          self.log("test_loss", loss)       # loss.item()
 98          self.log("test_acc", acc)         # acc.item()
 99          return loss
100  #2-7
101      def predict_step(self, batch):
102          X, y = batch
103          y_pred = self.model(X)
104          return y_pred
105  #2-8
106      def calc_acc_loss(self, batch):
107          X, y = batch
108          y_pred = self.model(X)
109          loss = self.loss_fn(y_pred, y)
110
111          y_label = y_pred.argmax(dim = 1)
112          acc = self.accuracy(y_label, y)
113          return loss, acc
114  #3
115  data_transform = transforms.Compose([
116                      transforms.ToTensor(),
117                      transforms.Normalize(mean = 0.5, std = 0.5)])
118
119  def load_data(PATH = './data'):
120      train_data = MNIST(root = PATH, train = True,  download = True,
121                        transform = data_transform)
122      test_ds  = MNIST(root = PATH, train = False, download = True,
123                        transform = data_transform)
124      # train_data.data.shape : [60000, 28, 28]
125      # test_ds.data.shape    : [10000, 28, 28]
126
127      valid_ratio = 0.2
128      train_size =  len(train_data)
129      n_valid = int(train_size * valid_ratio)
130      n_train = train_size-n_valid
131      seed = torch.Generator().manual_seed(1)
132      train_ds, valid_ds = \
133          random_split(train_data,[n_train, n_valid], generator = seed)
```

```
134        # len(train_ds): 48000
135        # len(valid_ds): 12000
136        train_loader = \
137            DataLoader(train_ds, batch_size = 128, shuffle = True,
138                        num_workers = 8, persistent_workers = True)
139        valid_loader = \
140            DataLoader(valid_ds, batch_size = 128, shuffle = False,
141                        num_workers = 8, persistent_workers = True)
142        test_loader  = \
143            DataLoader(test_ds, batch_size = 128, shuffle = False,
144                        num_workers = 8, persistent_workers = True)
145        return train_loader, valid_loader, test_loader
146 #4:
147 def main():
148     L.seed_everything(1)
149 #4-1:
150     train_loader, val_loader, test_loader = load_data()
151     model = ConvNet()
152     pl_model = ConvNet_Lite(model)
153 #4-2
154     import os
155     trainer = L.Trainer(
156         default_root_dir = os.getcwd() + '/logs/4704',
157         accelerator = 'auto',
158         devices = torch.cuda.device_count()
159             if torch.cuda.is_available() else None,
160         max_epochs = 10,
161         enable_progress_bar = False
162         )
163 #4-3
164     trainer.fit(pl_model,
165                 train_dataloaders = train_loader,
166                 val_dataloaders = val_loader)
167     torch.save(model, './saved_model/4704_mnist.pt')
168 #4-4
169     trainer.test(pl_model, dataloaders = test_loader)
170 #4-5
171     preds = trainer.predict(pl_model, dataloaders = test_loader)
172     print('type(preds)=', type(preds))    # 'list'
173     preds = torch.concat(preds).argmax(axis = 1)
174     # print('preds[:128]=', preds[:128])
175 #4-6
176     model.eval()
177     data_iter = iter(test_loader)
178     images, labels = next(data_iter)
179     print('images.shape=', images.shape) #[128, 1, 28, 28]
```

```
180        y_pred = model(images).argmax(dim = 1)
181            # pl_model.model(images).argmax(dim = 1)
182        acc = accuracy(y_pred, labels,
183                       task = 'multiclass', num_classes = model.nClass)
184        #print('y_pred=', y_pred)
185        #print('labels=', labels)
186        print('acc=', acc)
187        print(torch.allclose(y_pred, preds[:128]))
188  #5
189  if __name__ == '__main__':
190      main()
```

▷▷ 실행결과

```
Seed set to 1
...
`Trainer.fit` stopped: `max_epochs=10` reached.
LOCAL_RANK: 0 - CUDA_VISIBLE_DEVICES: [0]
```

| Test metric | DataLoader 0 |
|---|---|
| test_acc | 0.9896000027656555 |
| test_loss | 0.03135247528553009 |

```
type(preds)= <class 'list'>
images.shape= torch.Size([128, 1, 28, 28])
acc= tensor(1.)
True
```

▷▷▷ 프로그램 설명

1 [예제 30-01]을 pytorch_lightning으로 작성한다.

2 #1은 MNIST 데이터를 처리할 ConvNet를 정의한다([예제 30-01]).

3 #2는 ConvNet_Lite를 정의한다. #2-1의 생성자에서 self.model에 model을 저장하고, self.loss_fn, self.accuracy를 생성한다. #2-2의 configure_optimizers()은 optimizer를 반환한다.

4 #2-3의 training_step()은 각 훈련 단계에서 호출된다. self.calc_acc_loss()로 batch의 loss, acc를 계산하고 loss를 반환한다. self.log()로 텐서 보드에 'train_loss', 'train_acc'를 기록한다.

5 #2-4의 on_train_epoch_end()는 각 에폭의 끝에서 호출된다. avg_loss, avg_acc를 계산하여 텐서 보드에 'train_loss2', 'train_acc2' 이름으로 기록한다.

6 #2-5의 validation_step()은 trainer.fit()의 val_loader에 의해 호출된다.

val_loader의 batch 데이터에서 loss, acc를 계산하고, 텐서 보드에 'val_loss', 'val_acc' 이름으로 기록한다.

7  #2-6의 test_step()은 trainer.test(model, dataloaders = test_loader)에 의해 호출된다. test_loader의 batch에서 loss, acc를 계산하고, 텐서 보드에 'test_loss', 'test_acc' 이름으로 기록한다.

8  #2-7의 predict_step()은 trainer.predict(model, dataloaders = test_loader)에 의해 호출된다. test_loader의 batch에서 모델 출력 y_pred를 계산하여 반환한다.

9  #2-8의 calc_acc_loss()는 batch의 loss, acc를 계산하여 반환한다.

10  #3의 load_data()는 MNIST에서 train_loader, valid_loader, test_loader를 반환한다.

11  #4는 main()에서 L.seed_everything(1)로 난수를 초기화한다. #4-1은 load_data()로 train_loader, val_loader, test_loader를 생성한다. ConvNet()으로 model을 생성하고 ConvNet_Lite(model)로 pl_model을 생성한다.

12  #4-2는 L.Trainer()로 trainer를 생성한다. 최대 에폭은 max_epochs = 10이다.

13  #4-3은 trainer.fit()로 train_loader, val_loader를 사용하여 pl_model을 학습한다. pl_model.model이 학습된다. 즉, ConvNet()으로 생성한 model이 학습된다. train_loader에 의해 training_step(), on_train_epoch_end()가 호출된다. val_loader에 의해 validation_step()이 호출된다.

14  #4-4의 trainer.test()는 test_loader를 사용하여 pl_model을 테스트한다. test_step()이 호출된다.

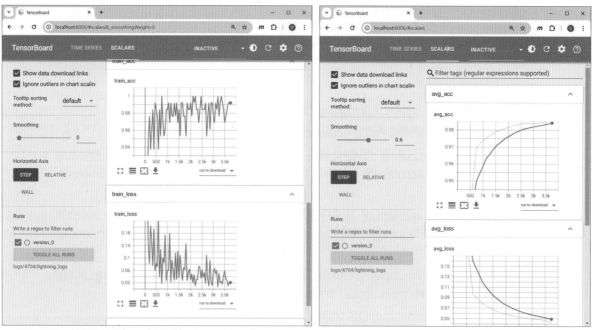

△ 그림 47.3 ▶ 텐서 보드(logs/4704/lightning_logs)

15 #4-5의 trainer.predict()는 predict_step()을 호출한다. test_loader의 pl_model 모델 출력 preds를 계산하고, torch.concat(preds).argmax(axis=1)로 모델의 예측 레이블을 계산한다.

#4-6은 model.eval()로 모델을 평가모드로 전환하고, test_loader에서 1개 배치(batch_size = 128)의 images, labels를 생성한다. model(images).argmax(dim=1)로 예측 레이블을 계산한다. y_pred와 preds[:128]은 같다.

[그림 47.3]은 명령 창에서 "tensorboard --logdir logs/4704/lightning_logs"를 실행하고, 웹브라우저에서 "http://localhost:6006/" 주소를 입력하여 표시된 텐서 보드이다.

▷ 예제 47-05 ▶ pytorch_lightning: (LightningDataModule,
                                    EarlyStopping, LearningRateMonitor)

```
01  '''
02  ref1: https://pytorch-lightning.readthedocs.io/en/stable/common/lightning_
03  module.html
04  ref3: [예제 30-01] MNIST 분류
05  '''
06  #from random import shuffle
07  import torch
08  import torch.nn as nn
09  import torch.optim as optim
10  import torch.nn.functional as F
11
12  from torchvision import transforms
13  from torchvision.datasets import MNIST
14  from torch.utils.data import  DataLoader, random_split
15  from torch.optim.lr_scheduler import StepLR, ReduceLROnPlateau
16  from torchmetrics import Accuracy
17  from torchmetrics.functional import accuracy
18
19  #import pytorch_lightning as L
20  #from pytorch_lightning.callbacks.early_stopping import EarlyStopping
21  #from pytorch_lightning.callbacks import LearningRateMonitor
22
23  import lightning as L
24  from lightning.pytorch.callbacks.early_stopping import EarlyStopping
25  from lightning.pytorch.callbacks import LearningRateMonitor
26
27  torch.set_float32_matmul_precision('medium')
28      # 'high', trade-off precision for performance
29
```

```python
#1
class ConvNet_Lite(L.LightningModule):
#1-1
    def __init__(self, nChannel = 1, nClass = 10):
        super().__init__()
        self.nClass = nClass
        self.layer1 = nn.Sequential(
            # (, 1, 28, 28) :     # NCHW
            nn.Conv2d(in_channels = nChannel, out_channels = 16,
                    kernel_size = 3, padding = 'same'),
            nn.ReLU(),
            nn.BatchNorm2d(16),
            nn.MaxPool2d(kernel_size = 2, stride = 2))
            #(, 16, 14, 14)

        self.layer2 = nn.Sequential(
            nn.Conv2d(16, 32, kernel_size = 3,
                    stride = 1, padding = 1),
            nn.ReLU(),
            nn.MaxPool2d(kernel_size = 2, stride = 2),
            #(, 32, 7, 7)
            nn.Dropout(0.5))

        self.layer3 = nn.Sequential(
            nn.Flatten(),
            nn.Linear(32*7*7, nClass) )

        self.loss_fn = nn.CrossEntropyLoss()
        self.accuracy = \
            Accuracy(task = "multiclass", num_classes = nClass)
        self.losses = []
        self.accs   = []
        self.val_losses = []
        self.val_accs   = []
#1-2
    def forward(self, x):
        x = self.layer1(x)
        x = self.layer2(x)
        x = self.layer3(x)
        return x
#1-3
    def configure_optimizers(self):
        optimizer = optim.Adam(self.parameters(), lr = 0.001)
        # scheduler = StepLR(optimizer, step_size = 5, gamma = 0.1)
```

```
75          scheduler = ReduceLROnPlateau(optimizer,
76                                         mode = 'min', patience = 2)
77          return { 'optimizer': optimizer,
78                   'lr_scheduler': scheduler,
79                   'monitor': 'val_loss' }
80          # scheduler = {'scheduler': ReduceLROnPlateau(optimizer,
81          #                           mode='min', patience=2),
82          #                'monitor': 'val_loss'}
83          # scheduler = {'scheduler': StepLR(optimizer,
84          #                           step_size = 5, gamma = 0.1),
85          #                'monitor': 'metric_to_track'}
86          # return [optimizer], [scheduler]
87 #1-4
88      def training_step(self, batch):        # batch_idx
89          loss, acc = self.calc_acc_loss(batch)
90          self.losses.append(loss)
91          self.accs.append(acc)
92          # self.log('train_loss', loss, prog_bar = True)
93              # on_step = True, on_epoch = False
94          # self.log('train_acc', acc, prog_bar = True)
95          return loss
96
97      def on_train_epoch_end(self):
98          avg_loss = torch.stack(self.losses).mean()
99          avg_acc = torch.stack(self.accs).mean()
100         self.losses.clear()              # free memory
101         self.accs.clear()
102
103         self.logger.experiment.add_scalars("losses",
104                 {"train_loss": avg_loss}, self.current_epoch)
105         self.logger.experiment.add_scalars("accuracy",
106                 {"train_acc": avg_acc}, self.current_epoch)
107 #1-5
108     def validation_step(self, batch):
109         val_loss, val_acc = self.calc_acc_loss(batch)
110         self.val_losses.append(val_loss)
111         self.val_accs.append(val_acc)
112
113         self.log('val_loss', val_loss, prog_bar = True)
114         self.log('val_acc', val_acc, prog_bar = True)
115         return val_loss
116         #return {'loss': val_loss, 'acc':val_acc}
117
118     def on_validation_epoch_end(self):
119         avg_loss = torch.stack(self.val_losses).mean()
```

```
120         avg_acc = torch.stack(self.val_accs).mean()
121         self.val_losses.clear()          # free memory
122         self.val_accs.clear()
123
124         self.logger.experiment.add_scalars("losses",
125                     {"val_loss": avg_loss}, self.current_epoch)
126         self.logger.experiment.add_scalars("accuracy",
127                     {"val_acc": avg_acc}, self.current_epoch)
128 #1-6
129     def test_step(self, batch):
130         loss, acc = self.calc_acc_loss(batch)
131         self.log("test_loss", loss)
132         self.log("test_acc", acc)
133         return loss
134         #return {'loss': loss, 'acc':acc}
135 #1-7
136     def predict_step(self, batch):
137         X, y = batch
138         y_pred = self.forward(X)
139         return y_pred
140 #1-8
141     def calc_acc_loss(self, batch):
142         X, y = batch
143         y_pred = self.forward(X)
144         loss = self.loss_fn(y_pred, y)
145
146         y_label = y_pred.argmax(dim=1)
147         acc = self.accuracy(y_label, y)
148         return loss, acc
149 #2
150 class MNIST_DataModule(L.LightningDataModule):
151     #2-1
152     def __init__(self, data_dir= "./data",
153                 batch_size = 128, num_workers = 8):
154         super().__init__()
155         self.data_dir = data_dir
156         self.batch_size = batch_size
157         self.num_workers = num_workers
158         self.transform = transforms.Compose([
159                 transforms.ToTensor(),
160                 transforms.Normalize(mean=0.5, std=0.5)])
161     #2-2
162     def prepare_data(self):        # download
163         MNIST(self.data_dir, train = True, download = True)
164         MNIST(self.data_dir, train = False, download = True)
```

```
165    #2-3
166    def setup(self, stage):
167        print('setup: stage=', stage)
168        if stage == "fit":
169            print('stage: ----fit----')
170            train_data = MNIST(root=self.data_dir, train = True,
171                            transform = self.transform)
172            valid_ratio = 0.2
173            train_size =  len(train_data)
174            n_valid = int(train_size*valid_ratio)     # 12000
175            n_train = train_size-n_valid              # 48000
176            self.train_ds, self.valid_ds = random_split(
177                    train_data, [n_train,n_valid],
178                    generator = torch.Generator().manual_seed(1))
179
180        if stage == "test":
181            print('stage: ----test----')
182            self.test_ds  = \
183                MNIST(root = self.data_dir, train = False,
184                    transform = self.transform)
185        if stage == "predict":
186            print('stage: ----predict----')
187            self.predict_ds = \
188                MNIST(self.data_dir, train = False,
189                    transform = self.transform)
190    #2-4
197    def train_dataloader(self):
198        return DataLoader(self.train_ds,
199                    batch_size = self.batch_size, shuffle = True,
200                    num_workers = self.num_workers,
201                    persistent_workers=True)
202    def val_dataloader(self):
203        return DataLoader(self.valid_ds,
204                        batch_size = self.batch_size,
205                        shuffle = False,
206                        num_workers = self.num_workers,
207                        persistent_workers = True)
208    def test_dataloader(self):
209        return DataLoader(self.test_ds,
210                        batch_size = self.batch_size,
211                        shuffle = False,
212                        num_workers = self.num_workers,
213                        persistent_workers = True)
214
```

```
215     def predict_dataloader(self):
216         return DataLoader(self.predict_ds,
217                           batch_size=self.batch_size,
218                           shuffle = False,
219                           num_workers = self.num_workers,
220                           persistent_workers = True)
221 #3:
222 def main():
223     L.seed_everything(1)
224 #3-1
225     import os
226     trainer = L.Trainer(
227         default_root_dir = os.getcwd() + '/logs/4705',
228         accelerator = 'auto',        # 'gpu'
229         devices = torch.cuda.device_count()
230             if torch.cuda.is_available() else None,
231         max_epochs = 100,
232         enable_progress_bar = False,
233         callbacks = [EarlyStopping(monitor = "val_loss",
234                                    min_delta = 0, patience = 5,
235                                    mode = "min"),
236                 LearningRateMonitor(logging_interval = 'step')
237             ]
238     )
239 #3-2
240     model = ConvNet_Lite()
241     mnist = MNIST_DataModule()
242 #3-3
243     trainer.fit(model, mnist)
244     torch.save(model, './saved_model/4705.pt')
245 #3-4
246     input_sample = torch.randn(1, 1, 28, 28)
247     #model.to_onnx('./saved_model/4705.onnx',
248     #         input_sample = input_sample, export_params = True)
249
250     model.to_torchscript( \
251         file_path = "./saved_model/4705_trace.pt",
252         method = 'trace', example_inputs = input_sample)
253     model.to_torchscript( \
254         file_path = "./saved_model/4705_script.pt",
255         method = 'script')
256
257 #3-5
258     trainer.test(model, mnist)
259
```

```
260  #3-6
261      preds = trainer.predict(model, mnist)
262      print('type(preds)=', type(preds))      # 'list'
263      preds = torch.concat(preds).argmax(axis = 1)
264      # print('preds[:128]=', preds[:128])
265  #3-7
266      model.eval()
267      data_iter = iter(mnist.test_dataloader())
268      images, labels = next(data_iter)
269      print('images.shape=', images.shape)    # [128, 1, 28, 28]
270      y_pred = model(images).argmax(dim = 1)
271      acc = accuracy(y_pred, labels,
272                     task = "multiclass", num_classes = model.nClass)
273      print('acc=', acc)
274      print(torch.allclose(y_pred, preds[:128]))
275  #3-8
276      model.logger.experiment.add_images('MNIST: test', images[:10])
277      model.logger.experiment.flush()
278  #4
279  if __name__ == '__main__':
280      main()
```

▷▷ 실행결과

```
Seed set to 1
GPU available: True (cuda), used: True
TPU available: False, using: 0 TPU cores
HPU available: False, using: 0 HPUs
setup: stage= TrainerFn.FITTING
stage: ----fit----
LOCAL_RANK: 0 - CUDA_VISIBLE_DEVICES: [0]
  | Name     | Type              | Params | Mode
-----------------------------------------------------------
0 | layer1   | Sequential        | 192    | train
1 | layer2   | Sequential        | 4.6 K  | train
2 | layer3   | Sequential        | 15.7 K | train
3 | loss_fn  | CrossEntropyLoss  | 0      | train
4 | accuracy | MulticlassAccuracy| 0      | train
-----------------------------------------------------------
20.5 K    Trainable params
0         Non-trainable params
20.5 K    Total params
0.082     Total estimated model params size (MB)
15        Modules in train mode
0         Modules in eval mode
```

```
setup: stage= TrainerFn.TESTING
stage: ----test----
LOCAL_RANK: 0 - CUDA_VISIBLE_DEVICES: [0]
```

| Test metric | DataLoader 0 |
|---|---|
| test_acc | 0.9914000034332275 |
| test_loss | 0.025119664147496223 |

```
setup: stage= TrainerFn.PREDICTING
stage: ----predict----
LOCAL_RANK: 0 - CUDA_VISIBLE_DEVICES: [0]
type(preds)= <class 'list'>
images.shape= torch.Size([128, 1, 28, 28])
acc= tensor(1.)
True
```

▷▷▷ 프로그램 설명

1 [예제 47-04]에 MNIST_DataModule, EarlyStopping, LearningRateMonitor를 추가하고, scheduler와 모니터를 추가하였다.

2 #1은 ConvNet_Lite를 정의한다. #1-2의 forward(self, x)는 입력 x의 모델 출력을 반환한다.

3 #1-3의 configure_optimizers()는 optimizer와 scheduler를 생성하고 { 'optimizer': optimizer, 'lr_scheduler': scheduler, 'monitor': 'val_loss' }를 반환한다.

4 #1-4는 training_step(), on_train_epoch_end()를 구현한다.

5 #1-5는 validation_step(), on_validation_epoch_end()를 구현한다.

6 #1-6은 predict_step(), #1-7은 predict_step(), #1-8은 calc_acc_loss()를 구현한다.

7 #2는 데이터셋, 데이터 로더를 처리할 MNIST_DataModule 구현한다. #2-2의 prepare_data()는 데이터를 다운로드하고, #2-3의 setup()은 stage에 따라 self.train_ds, self.valid_ds, self.test_ds, self.predict_ds을 생성한다.

#2-3은 train_dataloader(), val_dataloader(), test_dataloader(), predict_dataloader()를 구현한다.

8 #3은 main()에서 L.seed_everything(1)로 난수를 초기화한다. #3-1은 L.Trainer()로 trainer를 생성한다. 최대 에폭은 max_epochs = 100이다. callbacks에 EarlyStopping, LearningRateMonitor를 설정한다. LearningRateMonitor는 텐서 보드에 학습률을 출력한다.

9 #3-2는 ConvNet_Lite()으로 model을 생성하고, MNIST_DataModule()로 데이터 처리를 위한 mnist를 생성한다.

10 #3-3의 trainer.fit(model, mnist)는 mnist 데이터를 이용하여 model를 학습한다. training_step("fit"), on_train_epoch_end(), validation_step(), on_validation_epoch_end()가 호출된다. torch.save()로 학습된 모델을 저장한다.

11 #3-4의 model.to_onnx(), model.to_torchscript()로 학습된 모델을 저장한다.

12 #3-5의 trainer.test(model, mnist)는 mnist 데이터를 이용하여 model를 평가한다. training_step("test"), mnist.test_dataloader()가 호출된다.

13 #3-6의 preds = trainer.predict(model, mnist)는 predict_step()가 반환하는 배치 단위 반환 결과를 모아 preds 리스트에 저장한다. predict_dataloader()가 호출된다.

torch.concat(preds).argmax(axis = 1)로 데이터로더의 모든 입력에 대한 모델의 예측 레이블을 계산한다.

14 #3-7은 model.eval()로 모델을 평가모드로 전환하고, test_loader에서 1개 배치(batch_size = 128)의 images, labels를 생성한다. model(images).argmax(dim = 1)로 y_pred을 계산한다. y_pred와 preds[:128]는 같다. accuracy() 정확도를 계산한다.

15 #3-8은 model.logger.experiment.add_images()로 images[:10] 영상을 텐서 보드에 출력한다.

[그림 47.4]는 명령 창에서 "tensorboard --logdir logs/4705/lightning_logs"를 실행하고, 웹브라우저에서 "http://localhost:6006/" 주소를 입력하여 표시된 텐서 보드이다.

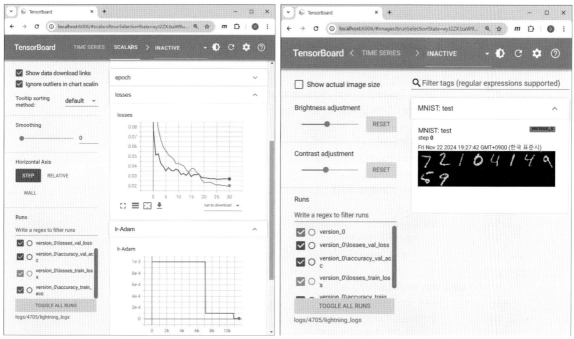

|     (a) losses, lr-Adam     |     (b) 'MNIST: test'     |

△ 그림 47.4 ▶ 텐서 보드(logs/4705/lightning_logs)

▷ 예제 47-06   ▶ torch.jit.load(), torch.load()

```
01  import torch
02  import torch.nn as nn
03  import torch.nn.functional as F
04
05  from torchvision import transforms
06  from torchvision.datasets import MNIST
07  from torch.utils.data import  DataLoader, random_split
08  from torchmetrics.functional import accuracy
09
10  import lightning as L        # import pytorch_lightning as L
11  #torch.set_float32_matmul_precision('medium')      # 'high'
12
13  #1
14  # class ConvNet_Lite(L.LightningModule):
15  #     def __init__(self, nChannel = 1, nClass = 10):
16  #         super().__init__()
17  #         self.layer1 = nn.Sequential(
18  #             # (, 1, 28, 28) :      # NCHW
19  #             nn.Conv2d(in_channels = n Channel,
20                          out_channels = 16,
21  #                        kernel_size = 3, padding = 'same'),
22  #             nn.ReLU(),
23  #             nn.BatchNorm2d(16),
24  #             nn.MaxPool2d(kernel_size = 2, stride = 2))
25  #             #(, 16, 14, 14)
26
27  #         self.layer2 = nn.Sequential(
28  #             nn.Conv2d(16, 32, kernel_size = 3,
29                          stride = 1, padding = 1),
30  #             nn.ReLU(),
31  #             nn.MaxPool2d(kernel_size = 2, stride = 2),
32  #             #(,  32,  7,  7)
33  #             nn.Dropout(0.5))
34
35  #         self.layer3 = nn.Sequential(
36  #             nn.Flatten(),
37  #             nn.Linear(32*7*7, nClass) )
38
39  #     def forward(self, x):
40  #         x = self.layer1(x)
41  #         x = self.layer2(x)
42  #         x = self.layer3(x)
43  #         return x
```

```
45  #2
46  class MNIST_DataModule(L.LightningDataModule):
47      #2-1
48      def __init__(self, data_dir = "./data",
49                      batch_size = 128, num_workers = 8):
50          super().__init__()
51          self.data_dir = data_dir
52          self.batch_size = batch_size
53          self.num_workers = num_workers
54          self.transform = transforms.Compose([
55                  transforms.ToTensor(),
56                  transforms.Normalize(mean = 0.5, std = 0.5)])
57      #2-2
58      def prepare_data(self):              # download
59          MNIST(self.data_dir, train = True, download = True)
60          MNIST(self.data_dir, train = False, download = True)
61      #2-3
62      def setup(self, stage):
63          print('setup: stage=', stage)
64          if stage == "fit":
65              print('stage: ----fit----')
66              train_data = \
67                  MNIST(root = self.data_dir, train = True,
68                      transform = self.transform)
69              valid_ratio = 0.2
70              train_size =  len(train_data)
71              n_valid = int(train_size * valid_ratio)    # 12000
72              n_train = train_size - n_valid             # 48000
73              self.train_ds, self.valid_ds = random_split(
74                  train_data, [n_train,n_valid],
75                  generator = torch.Generator().manual_seed(1))
76
77          if stage == "test":
78              print('stage: ----test----')
79              self.test_ds  = \
80                  MNIST(root = self.data_dir, train = False,
81                      transform = self.transform)
82          if stage == "predict":
83              print('stage: ----predict----')
84              self.predict_ds = \
85                  MNIST(self.data_dir, train = False,
86                      transform = self.transform)
87      #2-4
88      def train_dataloader(self):
89          return DataLoader(self.train_ds,
90                          batch_size = self.batch_size,
```

```
 91                         shuffle = True,
 92                         num_workers = self.num_workers,
 93                         persistent_workers = True)
 94     def val_dataloader(self):
 95         return DataLoader(self.valid_ds,
 96                         batch_size = self.batch_size,
 97                         shuffle = False,
 98                         num_workers = self.num_workers,
 99                         persistent_workers = True)
100
101     def test_dataloader(self):
102         return DataLoader(self.test_ds,
103                         batch_size = self.batch_size,
104                         shuffle = False,
105                         num_workers = self.num_workers,
106                         persistent_workers = True)
107
108     def predict_dataloader(self):
109         return DataLoader(self.predict_ds,
110                         batch_size = self.batch_size,
111                         shuffle = False,
112                         num_workers = self.num_workers,
113                         persistent_workers = True)
114 #3:
115 def main():
116     device = torch.device("cuda" if torch.cuda.is_available()
117                                 else "cpu")
118
119 #3-1
120     model = torch.jit.load("./saved_model/4705_trace.pt",
121                         map_location = device)
122     #model = torch.jit.load("./saved_model/4705_script.pt",
123                         map_location = device)
124
125 #3-2: need ConvNet_Lite
126     #model = torch.load("./saved_model/4705.pt",
127                         map_location = device,
128                         weights_only = False)
129 #3-3
130     model.eval()
131 #3-4
132     mnist = MNIST_DataModule()
133     mnist.setup('test')
134     #mnist.setup('fit')
135
```

```
136  #3-5: 1-batch
137      #data_iter = iter(mnist.train_dataloader())
138      data_iter = iter(mnist.test_dataloader())
139      images, labels = next(data_iter)
140      images = images.to(device)
141      labels = labels.to(device)
142      print('images.shape=', images.shape)    # [128, 1, 28, 28]
143
144      y_pred = model(images).argmax(dim = 1)
145      acc = accuracy(y_pred, labels,
146                     task = "multiclass", num_classes = 10)
147      print('acc=', acc)
148
149  #3-6: all batch in dataloader
150      data_loader = \
151          mnist.test_dataloader()       # mnist.train_dataloader()
152      loss_sum = 0
153      acc_sum  = 0
154      for i, (X, y) in enumerate(data_loader):
155          X, y = X.to(device), y.to(device)
156
157          y_pred = model(X)
158          loss = F.cross_entropy(y_pred, y)
159
160          y_label = y_pred.argmax(dim = 1)
161          acc = accuracy(y_label, y,
162                         task = "multiclass", num_classes = 10)
163          print(f'i={i}: loss={loss:.4f}, acc={acc:.4f}')
164
165          loss_sum += loss.item()
166          acc_sum  += acc.item()
167      N = len(data_loader)
168      avg_loss = loss_sum/N
169      avg_acc = acc_sum/N
170      print(f'avg_loss={avg_loss:.4f}, avg_acc={avg_acc:.4f}')
171  #4
172  if __name__ == '__main__':
173      main()
```

▷▷ 실행결과

```
setup: stage= test
stage: ----test----
images.shape= torch.Size([128, 1, 28, 28])
acc= tensor(1., device='cuda:0')
i=0: loss=0.0039, acc=1.0000
```

```
i=1: loss=0.0021, acc=1.0000
i=2: loss=0.0392, acc=0.9766
...
i=76: loss=0.0586, acc=0.9844
i=77: loss=0.0099, acc=1.0000
i=78: loss=0.0001, acc=1.0000
avg_loss=0.0248, avg_acc=0.9915
```

▷▷▷ 프로그램 설명

1 [예제 47-05]에 저장한 모델을 로드하여 평가한다.

2 #1은 ConvNet_Lite를 정의한다. #3-1의 torch.jit.load()로 모델을 로드할 때는 클래스가 필요없다. #3-2의 torch.load()로 모델을 로드 할 때는 필요하다.

3 #2는 MNIST_DataModule를 정의한다([예제 47-05]).

4 #3은 torch.cuda.is_available()를 이용하여 device를 생성한다.

5 #3-1은 torch.jit.load("./saved_model/4705_script.pt", map_location = device)로 model을 로드한다.

6 #3-2는 torch.load()로 "./saved_model/4705.pt"를 model에 로드한다. 모델을 저장할 때 사용한 #1의 ConvNet_Lite가 정의되어 있어야 한다.

7 #3-3은 model.eval()로 model을 평가모드로 전환한다.

8 #3-4는 MNIST_DataModule()로 mnist를 생성하고, mnist.test_dataloader()를 사용하기 위해서는 mnist.setup('test')을 명시적으로 호출해야 한다.

mnist.train_dataloader(), mnist.val_dataloader()를 사용하려면 mnist.setup('fit')를 명시적으로 호출해야 한다.

9 #3-5는 test_loader에서 1개 배치(batch_size=128)의 images, labels를 생성한다. model(images).argmax(dim = 1)로 y_pred을 계산한다. y_pred와 preds[:128]는 같다. accuracy() 정확도를 계산한다.

10 #3-6은 data_loader의 모든 배치 데이터를 model에 적용하여 손실과 정확도를 계산하고 평균 avg_loss, avg_acc을 계산한다.

# pytorch_lightning: GAN

여기서는 [예제 36-01], [예제 36-02]의 GAN, DCGAN을 pytorch_lightning으로 작성
한다. LightningDataModule을 사용하여 데이터 모듈을 작성한다

▷ 예제 48-01　▶ pytorch_lightning: GAN[예제 36-01]

```
01 '''
02 ref1: https://lightning.ai/docs/pytorch/stable/common/
03 optimization.html
04 ref2: https://lightning.ai/docs/pytorch/stable/notebooks/
05 lightning_examples/basic-gan.html
06 ref3: [예제 36-01] MNIST-GAN
07 > Training with multiple optimizers is only supported with manual
08 optimization.
09    Remove the `optimizer_idx` argument from `training_step`,
10    set `self.automatic_optimization = False` and
11    access your optimizers in `training_step` with
12    `opt1, opt2, ... = self.optimizers()`
13 '''
14 import torch
15 import torch.nn as nn
16 import torch.optim as optim
17 import torch.nn.functional as F
18 import torchvision
19 from torchvision import transforms
20 from torchvision.datasets import MNIST
21 from torch.utils.data import  DataLoader, random_split
22 import matplotlib.pyplot as plt
23 import lightning as L          # import pytorch_lightning as L
24 torch.set_float32_matmul_precision('medium')     # 'high'
25 #1
26 class MNIST_DataModule(L.LightningDataModule):
27     def __init__(self, data_dir = './data', batch_size = 128,
28                  num_workers = 8):
29         super().__init__()
30         self.data_dir    = data_dir
31         self.batch_size  = batch_size
32         self.num_workers = num_workers
33
```

```python
31        self.transform = transforms.Compose([
32                transforms.ToTensor(),
33                transforms.Normalize((0.5), (0.5)) ] )
34
35    def prepare_data(self):        # download
36        MNIST(self.data_dir, train = True, download = True)
37        MNIST(self.data_dir, train = False, download = True)
38
39    def setup(self, stage = None):
40        print('setup: stage=', stage)
41        if stage == "fit" or stage is None:
42            print('stage: ----fit----')
43            train_data = \
44                MNIST(root = self.data_dir, train = True,
45                        transform = self.transform)
46            valid_ratio = 0.2
47            train_size =  len(train_data)
48            n_valid = int(train_size * valid_ratio)
49            n_train = train_size - n_valid
50            # seed = torch.Generator().manual_seed(1)
51            self.train_ds, self.valid_ds = \
52                    random_split(train_data,
53                                [n_train, n_valid],
54                                # generator = seed
55                                )
56    def train_dataloader(self):
57        return DataLoader(self.train_ds,
58                        batch_size = self.batch_size,
59                        shuffle = True,
60                        num_workers = self.num_workers,
61                        persistent_workers = True
62                        )
63 #2
64 class Generator(nn.Module):
65    def __init__(self, noise_dim = 100, out_dim = 784) :
66        super().__init__()
67        self.generator = nn.Sequential(
68            nn.Linear(noise_dim, 256), nn.LeakyReLU(0.2),
69            nn.Linear(256, 512),        nn.LeakyReLU(0.2),
70            nn.Linear(512, 1024),       nn.LeakyReLU(0.2),
71            nn.Linear(1024, out_dim),
72            nn.Tanh() )                 # [-1, 1]
73
74    def forward(self, x):
75        # print('x.shape=', x.shape)
```

```
76          x = self.generator(x)          # [128, 784]
77          return x
78
79  class Discriminator(nn.Module):
80      def __init__(self, in_dim = 784):
81          super().__init__()
82          self.in_dim = in_dim
83          self.discriminator = nn.Sequential(
84              nn.Linear(in_dim, 1024), nn.LeakyReLU(0.2),
85              nn.Dropout(0.3),
86              nn.Linear(1024, 512),    nn.LeakyReLU(0.2),
87              nn.Dropout(0.3),
88              nn.Linear(512, 256),     nn.LeakyReLU(0.2),
89              nn.Dropout(0.3),
90              nn.Linear(256, 1),       nn.Sigmoid(),
91          )
92      def forward(self, x):
93          # print('D1: x.shape=', x.shape)
94          x = x.view(-1, self.in_dim)    # [, 1, 28, 28]-> [, 784]
95          x = self.discriminator(x)
96          x = x.view(-1)
97          # print('D2: x.shape=', x.shape)
98          return x
99  #3
100 class GAN_Lite(L.LightningModule):
101 #3-1
102     def __init__(self, nChannel = 1, width = 28,
103                  height = 28, latent_dim = 100):
104         super().__init__()
105         self.latent_dim    = latent_dim
106         self.generator     = Generator(noise_dim = latent_dim)
107         self.discriminator = Discriminator()
108         self.loss_fn = nn.BCELoss()          # adversarial_loss()
109         self.automatic_optimization = False  # manual optimization
110 #3-2
111     def forward(self, z):
112         return self.generator(z)
113
114     def adversarial_loss(self, y_hat, y):
115         return F.binary_cross_entropy(y_hat, y)
116 #3-3
117     def configure_optimizers(self):
118         g_optimizer = \
119             optim.Adam(params = self.generator.parameters(),
120                        lr = 0.0001)
121
```

```
122        d_optimizer = \
123            optim.Adam(params = self.discriminator.parameters(),
124                     lr = 0.0001)
125        return [g_optimizer, d_optimizer], []
126 #3-4
127    def training_step(self, batch):
128        x, _ = batch
129
130        g_optimizer, d_optimizer = self.optimizers()
131
132        z = torch.randn(x.shape[0], self.latent_dim)
133            # sample noise
134        z = z.type_as(x)
135
136        fake_label = torch.zeros(x.size(0))
137        real_label = torch.ones(x.size(0))
138        fake_label = fake_label.type_as(x)
139        real_label = real_label.type_as(x)
140
141        #3-4-1: train generator, generate images
142        self.toggle_optimizer(g_optimizer)
143        fake = self(z) # self.generator(z)
144
145        # sampled images
146        if self.current_epoch%10 == 0:
147            sample_imgs = fake[:16].view(-1, 1, 28, 28)
148            sample_imgs = (sample_imgs + 1) / 2    # unnormalize
149            grid = torchvision.utils.make_grid(sample_imgs)
150            # f"generated_images_{self.current_epoch}"
151            self.logger.experiment.add_image("generated_images",
152                                    grid, self.current_epoch)
153        fake_out = self.discriminator(fake)
154        g_loss = self.loss_fn(fake_out, real_label)
155        # g_loss = self.adversarial_loss(fake_out, real_label)
156        self.log("g_loss", g_loss, prog_bar = True)
157
158        # manual optimization
159        self.manual_backward(g_loss)
160        g_optimizer.step()
161        g_optimizer.zero_grad()
162        self.untoggle_optimizer(g_optimizer)
163
164        #3-4-2: train discriminator
165        self.toggle_optimizer(d_optimizer)
166        real_out = self.discriminator(x)
```

```
167         real_loss = self.loss_fn(real_out, real_label)
168
169         fake = self(z)        # self.generator(z)
170         fake_out = self.discriminator(fake)
171         fake_loss = self.loss_fn(fake_out, fake_label)
172
173         d_loss = (real_loss + fake_loss) / 2
174         self.log("d_loss", d_loss, prog_bar = True)
175         # manual optimization
176         self.manual_backward(d_loss)
177         d_optimizer.step()
178         d_optimizer.zero_grad()
179         self.untoggle_optimizer(d_optimizer)
180 #4:
181 def main():
182     L.seed_everything(1)
183 #4-1
184     model = GAN_Lite()
185     import os
186     trainer = L.Trainer(
187         default_root_dir = os.getcwd() + '/logs/4801',
188         accelerator = 'auto',             # 'gpu'
189         devices = 1 if torch.cuda.is_available() else None,
190         max_epochs = 101,
191         )
192 #4-2
193     data_module = MNIST_DataModule()
194     trainer.fit(model, data_module)
195     torch.save(model, './saved_model/4801.pt')
196
197 #4-3: display sample fake_images from generator
198     z = torch.randn(10, model.latent_dim)
199     fake = model(z)
200     print('fake.shape=', fake.shape)
201
202     fig, axes = plt.subplots(nrows=2, ncols=5, figsize=(10, 4))
203     fake_images = fake.view(-1, 28, 28) #[, 784] ->[, 28, 28]
204     for k, ax in enumerate(axes.flat):
205         image = fake_images[k]
206         image = (image + 1) / 2        # unnormalize
207         # image = torch.clip(image, min = 0, max = 1)
208         ax.imshow(image.detach().numpy(), cmap = 'gray')
209         ax.axis("off")
210     fig.tight_layout()
211     # plt.show()
```

```
212        model.logger.experiment.add_figure('plt: gen_images', fig)
213 #5
214 if __name__ == '__main__':
215        main()
```

▷▷ 실행결과

```
Global seed set to 1
GPU available: True (cuda), used: True
...
setup: stage= TrainerFn.FITTING
stage: ----fit----
...
`Trainer.fit` stopped: `max_epochs=101` reached.
...
fake.shape= torch.Size([10, 784])fake.shape= torch.Size([10, 784])
```

▷▷▷ 프로그램 설명

**1** [예제 36-01]의 GAN을 pytorch_lightning으로 작성한다. #1의 MNIST_DataModule 클래스는 [예제 47-05]와 유사한 데이터 모듈이다.

**2** #2의 Generator, Discriminator 클래스는 [예제 36-01]과 같다.

**3** #3은 L.LightningModule에서 상속받아 GAN_Lite 클래스를 정의한다.

#3-1의 생성자에서 Generator, Discriminator 객체 self.generator, self.discriminator를 생성한다. self.automatic_optimization = False로 수동 최적화를 설정한다.

**4** #3-2의 forward()는 self.generator(z)를 반환한다. 손실을 계산할 때 self.loss_fn 또는 adversarial_loss()를 사용할 수 있다.

**5** #3-3의 configure_optimizers()에서 2개의 최적화 [g_optimizer, d_optimizer]를 반환한다.

**6** #3-4의 training_step()은 훈련데이터 로더의 batch를 사용하여 모델을 수동으로 학습시킨다. #3-4-1은 generator를 학습시킨다. self.toggle_optimizer(g_optimizer)은 g_optimizer로 최적화를 전환한다. self.loss_fn(fake_out, real_label)로 g_loss를 계산한다. self.manual_backward(g_loss), g_optimizer.step(), g_optimizer.zero_grad()에 의해 수동으로 generator를 최적화하고, self.untoggle_optimizer(g_optimizer)로 이전 상태로 되돌린다.

**7** #3-4-2는 discriminator를 학습시킨다. self.toggle_optimizer(d_optimizer)은 d_optimizer로 최적화를 전환한다. (real_loss + fake_loss)/2로 d_loss를 계산한다. self.manual_backward(d_loss), d_optimizer.step(), d_optimizer.zero_grad()에 의해 수동으로 discriminator를 최적화하고, self.untoggle_optimizer(d_optimizer)로 이전 상태로 되돌린다.

**8** #4-1은 GAN_Lite()로 model을 생성하고, L.Trainer()로 trainer를 생성한다.

**9** #4-2는 data_module을 생성하고, trainer.fit()로 data_module을 사용하여 model을 학습한다.

**10** #4-3은 난수 z를 생성하고, model(z)로 fake 영상을 생성하여 matplotlib로 영상을 표시하고, 텐서 보드에 출력한다. fake.shape = torch.Size([10, 784])이다.

**11** 명령 창에서 "tensorboard --logdir logs/4801/lightning_logs"을 실행하고, 웹브라우저에서 "http://localhost:6006/" 주소를 입력하면 텐서 보드가 표시된다([그림 48.1]).

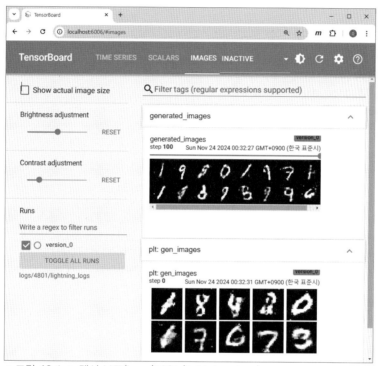

△ 그림 48.1 ▶ 텐서 보드(logs/4801/lightning_logs)

▷ 예제 48-02 ▶ pytorch_lightning: DCGAN[예제 36-02]

```
01 '''
02 ref1: https://pytorch-lightning.readthedocs.io/en/stable/
03 notebooks/lightning_examples/basic-gan.html
04 ref2: [예제 36-02] MNIST-DCGAN
05 '''
06 import torch
07 import torch.nn as nn
08 import torch.optim as optim
```

```python
09  import torch.nn.functional as F
10  import torchvision
11  from torchvision import transforms
12  from torchvision.datasets import MNIST
13  from torch.utils.data import  DataLoader, random_split
14  import matplotlib.pyplot as plt
15  import lightning as L                # import pytorch_lightning as L
16  torch.set_float32_matmul_precision('medium')     # 'high'
17
18  #1
19  class MNIST_DataModule(L.LightningDataModule):
20      def __init__(self, data_dir = './data',
21                      batch_size = 128, num_workers = 8):
22          super().__init__()
22          self.data_dir = data_dir
23          self.batch_size = batch_size
24          self.num_workers = num_workers
25
26          self.transform = transforms.Compose([
27                  transforms.ToTensor(),
28                  transforms.Normalize((0.5), (0.5))
29                  # transforms.Lambda(lambda x: x - 0.5)
30                  ])
31      def prepare_data(self):      # download
32          MNIST(self.data_dir, train = True, download = True)
33          MNIST(self.data_dir, train = False, download = True)
34
35      def setup(self, stage = None):
36          print('setup: stage=', stage)
37          if stage == "fit" or stage is None:
38              print('stage: ----fit----')
39              train_data = MNIST(root = self.data_dir, train = True,
40                          transform = self.transform)
41              valid_ratio = 0.2
42              train_size =  len(train_data)
43              n_valid = int(train_size * valid_ratio)
44              n_train = train_size-n_valid
45              # seed = torch.Generator().manual_seed(1)
46              self.train_ds, self.valid_ds = random_split(train_data,
47                                          [n_train,n_valid],
48                                          # generator = seed
49                                          )
50      def train_dataloader(self):
51          return DataLoader(self.train_ds,
52                      batch_size = self.batch_size,
```

```
53                          shuffle = True,
54                          num_workers = self.num_workers,
55                          persistent_workers = True
56                          )
57 #2
58 class Generator(nn.Module):
59     def __init__(self, noise_dim = 100) :
60         super().__init__()
61         self.generator = nn.Sequential(
62             #[in_channels, 1, 1]
63             nn.ConvTranspose2d(in_channels = noise_dim,
64                                out_channels = 64,
65                                kernel_size = 4, stride = 2,
66                                padding = 0),
67             #[64, 4, 4]
68             nn.BatchNorm2d(64),
69             nn.ReLU(),
70
71             nn.ConvTranspose2d(64, 32, 3, 2, 1),
72             #[32, 7, 7]
73             nn.BatchNorm2d(32),
74             nn.ReLU(),
75
76             nn.ConvTranspose2d(32, 32, 3, 2, 1, 1),
77             #[32, 14, 14]
78             nn.BatchNorm2d(32),
79             nn.ReLU(),
80
81             nn.ConvTranspose2d(32, 1, 3, 2, 1, 1),
82             #[1, 28, 28]
83             nn.Tanh())
84     def forward(self, x):
85         # print('G1: x.shape=', x.shape)
86         x = self.generator(x)
87         # print('G2: x.shape=', x.shape)
88         return x
89
90 class Discriminator(nn.Module):
91     def __init__(self, in_dim=784):
92         super().__init__()
93         self.in_dim = in_dim
94
95         self.discriminator = nn.Sequential(
96             #[1, 28, 28]
97             nn.Conv2d(in_channels = 1, out_channels = 8,
98                       kernel_size = 4, stride = 2, padding = 1),
```

```
 99
100                    #[8, 14, 14]
101                    nn.BatchNorm2d(8),
102                    nn.LeakyReLU(0.2),
103
104                    nn.Conv2d(8, 16, 4, 2, 1),
105                    #[16, 7, 7]
106                    nn.BatchNorm2d(16),
107                    nn.LeakyReLU(0.2),
108
109                    nn.Conv2d(16, 32, 4, 2, 1),
110                    #[32, 3, 3]
111                    nn.BatchNorm2d(32),
112                    nn.LeakyReLU(0.2),
113
114                    nn.Conv2d(32, 1, 4, 2, 1),
115                    #[1, 1, 1]
116                    nn.Sigmoid(),
117                )
118         def forward(self, x):
119             # print('D1: x.shape=', x.shape)
120             x = self.discriminator(x)
121             x = x.view(-1)
122             # print('D2: x.shape=', x.shape)
123             return x
124 #3
125 class DCGAN_Lite(L.LightningModule):
126 #3-1
127     def __init__(self, nChannel = 1, width = 28,
128                   height = 28, latent_dim = 100):
129         super().__init__()
130         self.latent_dim = latent_dim
131         self.generator = Generator(noise_dim = latent_dim)
132         self.discriminator = Discriminator()
133         self.loss_fn = nn.BCELoss()     # adversarial_loss()
134         self.automatic_optimization = False # manual optimization
135 #3-2
136     def forward(self, z):
137         return self.generator(z)
138
139     def adversarial_loss(self, y_hat, y):
140         return F.binary_cross_entropy(y_hat, y)
141 #3-3
142     def configure_optimizers(self):
143         g_optimizer = optim.Adam(
144             params = self.generator.parameters(), lr = 0.0001)
```

```
145        d_optimizer = \
146            optim.Adam(params =
147                self.discriminator.parameters(), lr = 0.0001)
148        return [g_optimizer, d_optimizer], []
149 #3-4
150    def training_step(self, batch):
151        x, _ = batch
152
153        g_optimizer, d_optimizer = self.optimizers()
154
155        z = torch.randn(x.shape[0], self.latent_dim, 1, 1) # sample noise
156        z = z.type_as(x)
157
158        fake_label = torch.zeros(x.size(0))
159        real_label = torch.ones(x.size(0))
160        fake_label = fake_label.type_as(x)
161        real_label = real_label.type_as(x)
162
163        #3-4-1: train generator, generate images
164        self.toggle_optimizer(g_optimizer)
165
166        fake = self(z) # self.generator(z)
167
168        # log sampled images
169        if self.current_epoch%10 == 0:
170            # sample_imgs = fake[:16].view(-1, 1, 28, 28)
171            sample_imgs = fake[:16]
172            sample_imgs = (sample_imgs+1)/2  #unnormalize
173            grid = torchvision.utils.make_grid(sample_imgs)
174            # f"generated_images_{self.current_epoch}"
175            self.logger.experiment.add_image("generated_images",
176                                        grid, self.current_epoch)
177            self.logger.experiment.flush()
178
179        fake_out = self.discriminator(fake)
180        g_loss = self.loss_fn(fake_out, real_label)
181        # g_loss = self.adversarial_loss(fake_out, real_label)
182        self.log("g_loss", g_loss, prog_bar = True)
183
184        # manual optimization
185        self.manual_backward(g_loss)
186        g_optimizer.step()
187        g_optimizer.zero_grad()
188        self.untoggle_optimizer(g_optimizer)
189
```

```
190             #3-4-2: train discriminator
191             self.toggle_optimizer(d_optimizer)
192             real_out = self.discriminator(x)
193             real_loss = self.loss_fn(real_out, real_label)
194
195             fake = self(z) # self.generator(z)
196             fake_out = self.discriminator(fake)
197             fake_loss = self.loss_fn(fake_out, fake_label)
198
199             d_loss = (real_loss + fake_loss)/2
200             self.log("d_loss", d_loss, prog_bar=True)
201
202             # manual optimization
203             self.manual_backward(d_loss)
204             d_optimizer.step()
205             d_optimizer.zero_grad()
206             self.untoggle_optimizer(d_optimizer)
207
208 #4:
209 def main():
210     L.seed_everything(1)
211 #4-1
212     model = DCGAN_Lite()
213     import os
214     trainer = L.Trainer(
215         default_root_dir = os.getcwd() + '/logs/4802',
216         accelerator = 'auto',        # 'gpu'
217         devices = \
218             torch.cuda.device_count()
219                 if torch.cuda.is_available() else None,
220         max_epochs = 101,
221         )
222 #4-2
223     data_module = MNIST_DataModule()
224     trainer.fit(model, data_module)
225     torch.save(model, './saved_model/4802.pt')
226
227 #4-3: display sample fake_images from generator
228     z = torch.randn(10, model.latent_dim, 1, 1)
229     fake = model(z)
230     print('fake.shape=', fake.shape)
231
232     fig, axes = plt.subplots(nrows = 2, ncols = 5, figsize = (10, 4))
233     fake_images = fake.view(-1, 28, 28)    # fake.squeeze(dim = 1)
234
```

```
235        for k, ax in enumerate(axes.flat):
236            image = fake_images[k]
237            image = (image+1)/2 #unnormalize
238            # image = torch.clip(image, min=0, max = 1)
239            ax.imshow(image.detach().numpy(), cmap='gray')
240            ax.axis("off")
241        fig.tight_layout()
242        # plt.show()
243        model.logger.experiment.add_figure('plt: gen_images', fig)
244  #5
245  if __name__ == '__main__':
246      main()
```

▷▷ 실행결과

```
Seed set to 1
GPU available: True (cuda), used: True
...
setup: stage= TrainerFn.FITTING
stage: ----fit----
...
`Trainer.fit` stopped: `max_epochs=101` reached.
...
fake.shape= torch.Size([10, 1, 28, 28])
```

▷▷▷ 프로그램 설명

1 [예제 36-02]의 DCGAN을 pytorch_lightning으로 작성한다. #1의 MNIST_ DataModule은 데이터 모듈이다.

2 #2의 Generator, Discriminator 클래스는 합성곱 신경망을 사용한 [예제 36-02]와 같다.

3 #3은 L.LightningModule에서 상속받아 DCGAN_Lite 클래스를 정의한다.

#3-1, #3-2, #3-3은 [예제 48-01]과 같다.

4 #3-4의 training_step() 메서드는 [예제 48-01]과 같이 훈련데이터 로더의 batch를 사용하여 모델을 수동으로 학습시킨다. 샘플잡음 z = torch.randn(x.shape[0], self.latent_dim, 1,1)이 다르다. #3-4-1은 g_optimizer로 generator를 학습시킨다. #3-4-2는 d_optimizer로 discriminator를 학습시킨다.

5 #4-1은 model과 trainer를 생성한다.

6 #4-2는 data_module을 생성하고, trainer.fit()로 data_module을 사용하여 model을 학습한다.

7 #4-3은 난수 z를 생성하고, model(z)로 fake 영상을 생성하여 matplotlib로 영상을 표시하고, 텐서 보드에 출력한다. fake.shape = torch.Size([10, 1, 28, 28])이다.

8 명령 창에서 "tensorboard --logdir logs/4802/lightning_logs"를 실행하고, 웹브라우저에서 "http://localhost:6006/" 주소를 입력하면 텐서 보드가 표시된다([그림 48.2]).

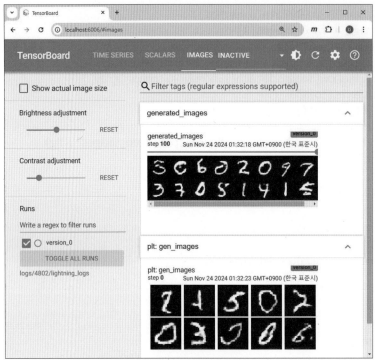

△ 그림 48.2 ▶ 텐서 보드(logs/4802/lightning_logs)

여기서는 STEP 44의 전이학습 transfer learning을 pytorch_lightning으로 작성한다.

▷ 예제 49-01   ▶ pytorch_lightning: VGG16 전이학습[예제 44-01]

```
01  '''
02  ref1: [예제 44-01] VGG16 전이학습
03  ref2: https://pytorch-lightning.readthedocs.io/en/latest/advanced/
04  transfer_learning.html
05  '''
06  import torch
07  import torch.nn as nn
08  import torch.optim as optim
09  from torchvision import transforms
10  from torchvision.datasets import ImageFolder
11  from torch.utils.data import  DataLoader, random_split
12  from torchvision.models import vgg16, VGG16_Weights
13  import matplotlib.pyplot as plt
14  import lightning as L                     # import pytorch_lightning as L
15  from torchmetrics.functional import accuracy
16  torch.set_float32_matmul_precision('medium')     # 'high'
17
18  #1
19  class DataModule(L.LightningDataModule):
20      def __init__(self, data_dir = './data/cats_and_dogs_filtered/',
21                         batch_size = 128, num_workers=8):
22          super().__init__()
23          self.data_dir = data_dir
24          self.batch_size = batch_size
25          self.num_workers = num_workers
26
27          self.transform = transforms.Compose([
28              transforms.Resize(226),
29                  # transforms.InterpolationMode.BILINEAR
30              transforms.CenterCrop(224),
31              transforms.ToTensor(),     # [0, 1]
32              transforms.Normalize(mean = [0.485, 0.456, 0.406],
33                                 std = [0.229, 0.224, 0.225])])
34      def setup(self, stage = None):
35          print('setup: stage=', stage)
```

```
36          if stage == "fit" or stage is None:
37              print('stage: ----fit----')
38              train_data = ImageFolder(root = self.data_dir + 'train',
39                                          transform = self.transform)
40              valid_ratio = 0.2
41              train_size =  len(train_data)
42              n_valid = int(train_size * valid_ratio)
43              n_train = train_size - n_valid
44              self.train_ds, self.valid_ds = \
45                          random_split(train_data,
46                                          [n_train,n_valid])
47          if stage == "test" or stage is None:
48              print('stage: ----test----')
49              self.test_ds = \
50                  ImageFolder(root = self.data_dir + 'validation',
51                              transform = self.transform)
52          if  stage == "predict" :
53              print('stage: ----predict----')
54
55      def train_dataloader(self):
56          return DataLoader(self.train_ds,
57                              batch_size = self.batch_size,
58                          shuffle = True,
59                          num_workers = 8,
60                          persistent_workers = True)
61      def val_dataloader(self):
62          return DataLoader(self.valid_ds,
63                              batch_size = self.batch_size,
64                          shuffle = False,
65                          num_workers = 8,
66                          persistent_workers = True)
67      def test_dataloader(self):
68          return DataLoader(self.test_ds,
69                              batch_size = self.batch_size,
70                          shuffle = False,
71                          num_workers = 8,
72                          persistent_workers = True)
73      def predict_dataloader(self):
74          return DataLoader(self.test_ds,
75                              batch_size = self.batch_size,
76                          shuffle = False,
77                          num_workers = 8,
78                          persistent_workers = True)
79 #2
80 class VGG16_Lite(L.LightningModule):
```

```
81   #2-1
82       def __init__(self, num_class = 2):
83           super().__init__()
84           self.weights = VGG16_Weights.DEFAULT
85           self.vgg16 = vgg16(weights = self.weights)
86
87           # freeze the layers
88           for param in self.vgg16.features.parameters():
89               param.requires_grad = False
90
91           number_features = self.vgg16.classifier[6].in_features
92           layers = list(self.vgg16.classifier.children())[:-1]
93               # remove the last layer
94           layers.extend([nn.Linear(number_features, num_class)])
95           self.vgg16.classifier = nn.Sequential(*layers)
96           # print('model.classifier=', self.vgg16.classifier)
97
98           self.loss_fn = nn.CrossEntropyLoss()
99
100          self.num_class = num_class
101          self.losses = []
102          self.accs   = []
103          self.val_losses = []
104          self.val_accs   = []
105  #2-2
106      def forward(self, x):
107          return self.vgg16(x)
108
109      # def forward(self, x):
110      #     self.vgg16.features.eval()
111      #     with torch.no_grad():
112      #         x = self.vgg16.features(x).flatten(1) # [128, 512 * 7 * 7]
113      #     x = self.vgg16.classifier(x)
114      #     return x
115  #2-3
116      def configure_optimizers(self):
117          optimizer = optim.Adam(params = self.parameters(), lr = 0.001)
118          return optimizer
119  #2-4
120      def training_step(self, batch):
121          loss, acc = self.calc_acc_loss(batch)
122          self.losses.append(loss)
123          self.accs.append(acc)
124          return loss
125
```

```
126      def on_train_epoch_end(self):
127          avg_loss = torch.stack(self.losses).mean()
128          avg_acc = torch.stack(self.accs).mean()
129          self.losses.clear()  # free memory
130          self.accs.clear()
131
132          self.logger.experiment.add_scalars("losses",
133                      {"train_loss": avg_loss}, self.current_epoch)
134          self.logger.experiment.add_scalars("accuracy",
135                      {"train_acc": avg_acc}, self.current_epoch)
136 #2-5
137      def validation_step(self, batch):
138          val_loss, val_acc = self.calc_acc_loss(batch)
139          self.val_losses.append(val_loss)
140          self.val_accs.append(val_acc)
141          # self.log('val_loss', val_loss, prog_bar=True)
142          # self.log('val_acc', val_acc, prog_bar=True)
143          return val_loss
144
145      def on_validation_epoch_end(self):
146          avg_loss = torch.stack(self.val_losses).mean()
147          avg_acc = torch.stack(self.val_accs).mean()
148          self.val_losses.clear()  # free memory
149          self.val_accs.clear()
150
151          self.logger.experiment.add_scalars("losses",
152                      {"val_loss": avg_loss}, self.current_epoch)
153          self.logger.experiment.add_scalars("accuracy",
154                      {"val_acc": avg_acc}, self.current_epoch)
155 #2-6
156      def test_step(self, batch):
157          loss, acc = self.calc_acc_loss(batch)
158          self.log("test_loss", loss)
159          self.log("test_acc", acc)
160          return loss
161 #2-7
162      def predict_step(self, batch):
163          X, y = batch
164          y_pred = self.forward(X)
165          return y_pred
166 #2-8
167      def calc_acc_loss(self, batch):
168          X, y = batch
169          y_pred = self.forward(X)
170          loss = self.loss_fn(y_pred, y)
171          y_label = y_pred.argmax(dim = 1)
```

```
172          acc = accuracy(y_label, y, task = "binary")
173          # acc = accuracy(y_label, y,
174          #                  task = "multiclass",
175          #                  num_classes = self.num_class)
176          return loss, acc
177 #3:
178 def main():
179     L.seed_everything(1)
180 #3-1
181     model = VGG16_Lite()
182     import os
183     trainer = L.Trainer(
184         default_root_dir =  os.getcwd() + '/logs/4901',
185         accelerator = 'auto',                # 'gpu'
186         devices = torch.cuda.device_count()
187                         if torch.cuda.is_available() else None,
188         max_epochs = 10,
189         log_every_n_steps = 10,              # 50
190         enable_progress_bar = False
191         )
192 #3-2
193     data_module = DataModule()
194     trainer.fit(model, data_module)
195     torch.save(model, './saved_model/4901.pt')
196 #3-3
197     trainer.test(model, data_module)
198     preds = trainer.predict(model, data_module)
199     print('type(preds)=', type(preds))        # 'list'
200     preds = torch.concat(preds).argmax(axis = 1)
201     # print('preds[:128]=', preds[:128])
202 #3-4
203     model.eval()
204     data_iter = iter(data_module.test_dataloader())
205     images, labels = next(data_iter)
206     print('images.shape=', images.shape)    # [128, 3, 224, 224]
207     y_pred = model(images).argmax(dim = 1)
208     acc = accuracy(y_pred, labels, task = "binary")
209     # print('y_pred=', y_pred)
210     # print('labels=', labels)
211     print('acc=', acc)
212     print(torch.allclose(y_pred, preds[:128]))
213 #3-5
214 #ref3: https://discuss.pytorch.org/t/simple-way-to-inverse-transform-
215 #normalization/4821/5
216     # inverse of y = (x - mean) / std
217     # x = y * std + mean
```

```
218      # x = (y + mean / std) * std
219      # x = (y - (-mean / std)) / (1 / std)
220      # inv_normalize = transforms.Normalize(
221      #     mean = [-0.485/0.229, -0.456/0.224, -0.406/0.225],
222      #     std = [1/0.229, 1/0.224, 1/0.225])
223      # images = inv_normalize(images)
224
225  #3-6
226      mean = torch.tensor([0.485, 0.456, 0.406])
227      std  = torch.tensor([0.229, 0.224, 0.225])
228      #for i in range(3):
229      #    images[:, i, :, :] = images[:, i, :, :] *  std[i] + mean[i]
230
231  #3-7
232      inv_normalize = transforms.Lambda(
233          lambda y: y * std[:, None, None] + mean[:, None, None])
234      images = inv_normalize(images)
235
236      model.logger.experiment.add_images('cats_dogs:', images[:16])
237
238  #4
239  if __name__ == '__main__':
240      main()
```

▷▷ 실행결과

```
Global seed set to 42
PATH= D:\교재\PyTorch\example/logs/4901
GPU available: True (cuda), used: True
...
setup: stage= TrainerFn.FITTING
stage: ----fit----
...
setup: stage= TrainerFn.TESTING
stage: ----test----
...
```

| Test metric | DataLoader 0 |
|---|---|
| test_acc | 0.9909999966621399 |
| test_loss | 0.11878380179405212 |

```
setup: stage= TrainerFn.PREDICTING
stage: ----predict----
...
```

```
type(preds)= <class 'list'>
images.shape= torch.Size([128, 3, 224, 224])
acc= tensor(1.)
True
```

▷▷▷ 프로그램 설명

1 [예제 44-01]의 고양이 cat와 개 dog의 2종류 분류를 위한 VGG16 전이학습을 pytorch_lightning으로 작성한다.

2 #1의 DataModule 클래스는 data_dir = './data/cats_and_dogs_filtered/' 폴더에 대한 데이터 모듈이다.

3 #2는 L.LightningModule에서 상속받아 VGG16_Lite 클래스를 정의한다.

#2-1의 생성자에서 사전학습모델 vgg16을 가중치와 함께 self.vgg16에 로드한다. self.vgg16.features의 파라미터를 동결하여 학습하지 않도록 한다.

self.vgg16.classifier의 마지막 층을 제거하고, nn.Linear(num_features, num_class)의 완전 연결 층을 추가한다.

4 #2-2의 forward()는 self.vgg16(x)을 반환한다. self.vgg16.features의 파라미터를 동결 freeze하는 대신 self.vgg16.features.eval()을 실행한다. with torch.no_grad() 블록에서 특징을 추출하고, self.vgg16.classifier(x)의 분류기를 적용하여 반환할 수 있다.

5 #2-3, #2-4, #2-5, #2-6, #2-7, #2-8은 Step 46과 같은 최적화 optimizer, 훈련, 검증, 테스트, 예측 단계 메서드이다.

6 #3의 main()은 #3-1에서 VGG16_Lite()로 model을 생성한다. max_epochs = 10으로 trainer를 생성한다.

7 #3-2는 DataModule()로 data_module을 생성하고, trainer.fit(model, data_module)로 모델을 학습하고, 검증한다. trainer.test(model, data_module)로 모델을 테스트한다.

8 #3-3의 trainer.predict()는 predict_step()을 호출한다. predict_dataloader()의 모델 출력 preds를 계산하고, 예측 레이블을 계산한다.

9 #3-4는 data_module.test_dataloader()의 처음 batch_size = 128개 images, labels를 얻어서 model(images).argmax(dim = 1)로 y_pred를 계산한다. y_pred와 preds[:128]은 같다.

10 #3-5는 #1에서 self.transform로 정규화한 images를 transforms.Normalize()로 inv_normalize를 정의하여 images를 역변환한다.

11 #3-6은 mean, std 텐서를 사용하여 for 문으로 images를 역변환한다.

12 #3-7은 transforms.Lambda()로 inv_normalize를 정의하여 images를 역변환한다.

13 model.logger.experiment.add_images()로 images[:16] 영상을 텐서 보드에 출력한다.

14 명령창에서 "tensorboard --logdir logs/4901/lightning_logs"을 실행하고, 웹 브라우저에서 "http://localhost:6006/" 주소를 입력하면 텐서 보드가 표시된다([그림 49.1], [그림 49.2]).

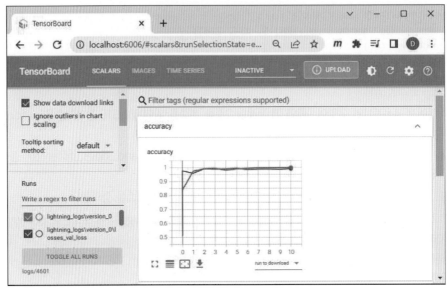

△ 그림 49.1 ▶ 텐서 보드(logs/4901/lightning_logs): SCALARS

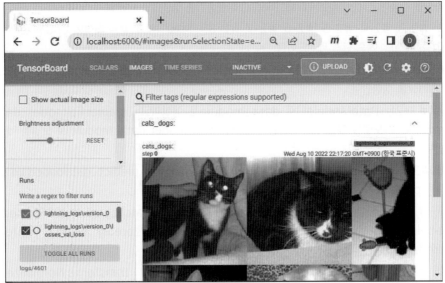

△ 그림 49.2 ▶ 텐서 보드(logs/4901/lightning_logs): IMAGES

```
▷ 예제 49-02     ▶ pytorch_lightning: ResNet50 전이학습[예제 44-02]
01 '''
02 ref1: [예제 44-02] ResNet50 전이학습
03 ref2: https://pytorch-lightning.readthedocs.io/en/latest/advanced/
04 transfer_learning.html
05 '''
06 import torch
07 import torch.nn as nn
08 import torch.optim as optim
09 from torchvision import transforms
10 from torchvision.datasets import ImageFolder
11 from torch.utils.data import  DataLoader, random_split
12 from torchvision.models import resnet50, ResNet50_Weights
13 import matplotlib.pyplot as plt
14 import lightning as L                    # import pytorch_lightning as L
15 from torchmetrics.functional import accuracy
16 torch.set_float32_matmul_precision('medium')     # 'high'
17 #1
18 class DataModule(L.LightningDataModule):
19     def __init__(self, data_dir = './data/cats_and_dogs_filtered/',
20                         batch_size = 128, num_workers = 8):
21         super().__init__()
22         self.data_dir = data_dir
23         self.batch_size = batch_size
24         self.num_workers = num_workers
25
26         self.transform = transforms.Compose([
27             transforms.Resize(226),
28                 # transforms.InterpolationMode.BILINEAR
29             transforms.CenterCrop(224),
30             transforms.ToTensor(),     # [0, 1]
31             transforms.Normalize(mean = [0.485, 0.456, 0.406],
32                             std = [0.229, 0.224, 0.225])])
33     def setup(self, stage = None):
34         print('setup: stage=', stage)
35         if stage == "fit" or stage is None:
36             print('stage: ----fit----')
37             train_data = ImageFolder(root = self.data_dir+'train',
38                             transform = self.transform)
39
40             valid_ratio = 0.2
41             train_size =  len(train_data)
42             n_valid = int(train_size * valid_ratio)
43             n_train = train_size - n_valid
44             self.train_ds, self.valid_ds = random_split(train_data,
45                             [n_train,n_valid])
```

```
46        if stage == "test" or stage is None:
47            print('stage: ----test----')
48            self.test_ds = ImageFolder(root = self.data_dir+'validation',
49                                       transform = self.transform)
50        if  stage == "predict" :
51            print('stage: ----predict----')
52
53    def train_dataloader(self):
54        return DataLoader(self.train_ds, batch_size = self.batch_size,
55                          shuffle = True,
56                          num_workers = 8, persistent_workers = True)
57    def val_dataloader(self):
58        return DataLoader(self.valid_ds, batch_size = self.batch_size,
59                          shuffle = False,
60                          num_workers = 8, persistent_workers = True)
61    def test_dataloader(self):
62        return DataLoader(self.test_ds, batch_size = self.batch_size,
63                          shuffle = False,
64                          num_workers = 8, persistent_workers = True)
65    def predict_dataloader(self):
66        return DataLoader(self.test_ds, batch_size = self.batch_size,
67                          shuffle = False,
68                          num_workers = 8, persistent_workers = True)
69 #2
70 class ResNet50_Lite(L.LightningModule):
71 #2-1
72    def __init__(self, num_class = 2):
73        super().__init__()
74        self.weights = ResNet50_Weights.DEFAULT
75        self.resnet50 = resnet50(weights = self.weights)
76        print('self.resnet50.fc=', self.resnet50.fc)
77
78        # freeze the layers
79        for param in self.resnet50.parameters():
80            param.requires_grad = False
81        num_features = self.resnet50.fc.in_features  # 2048
82        # self.resnet50.fc = nn.Linear(num_features, num_class)
83        fc_layers = [ nn.Linear(num_features, 100),
84                      nn.BatchNorm1d(100),
86                      nn.ReLU(),
86                      nn.Linear(100, num_class) ]
87        self.resnet50.fc = nn.Sequential(*fc_layers)
88
89        layers = list(self.resnet50.children())[:-1]
90            # remove the last layer
```

```
91          self.features = nn.Sequential(*layers)
92
93          # self.classifier = nn.Linear(number_features, num_class)
94          self.classifier = nn.Sequential(*fc_layers)
95          self.loss_fn = nn.CrossEntropyLoss()
96
97          self.num_class = num_class
98          self.losses = []
99          self.accs   = []
100         self.val_losses = []
101         self.val_accs   = []
102 #2-2
103     def forward(self, x):
104         return self.resnet50(x)
105
106     # def forward(self, x):
107     #     self.features.eval()
108     #     with torch.no_grad():
109     #         x = self.features(x).flatten(1)  # [128, 2048 * 1 * 1]
110     #     x = self.classifier(x)
111     #     return x
112 #2-3
113     def configure_optimizers(self):
114         optimizer = optim.Adam(params = self.parameters(),
115                                lr = 0.001)
116         return optimizer
117 #2-4
118     def training_step(self, batch):
119         loss, acc = self.calc_acc_loss(batch)
120         self.losses.append(loss)
121         self.accs.append(acc)
122         return loss
123
124     def on_train_epoch_end(self):
125         avg_loss = torch.stack(self.losses).mean()
126         avg_acc = torch.stack(self.accs).mean()
127         self.losses.clear()       # free memory
128         self.accs.clear()
129
130         self.logger.experiment.add_scalars("losses",
131                     {"train_loss": avg_loss}, self.current_epoch)
132         self.logger.experiment.add_scalars("accuracy",
133                     {"train_acc": avg_acc}, self.current_epoch)
134 #2-5
135     def validation_step(self, batch):
```

```
136              val_loss, val_acc = self.calc_acc_loss(batch)
137              self.val_losses.append(val_loss)
138              self.val_accs.append(val_acc)
139              # self.log('val_loss', val_loss, prog_bar = True)
140              # self.log('val_acc', val_acc, prog_bar = True)
141              return val_loss
142
143          def on_validation_epoch_end(self):
144              avg_loss = torch.stack(self.val_losses).mean()
145              avg_acc = torch.stack(self.val_accs).mean()
146              self.val_losses.clear()         # free memory
147              self.val_accs.clear()
148
149              self.logger.experiment.add_scalars("losses",
150                          {"val_loss": avg_loss}, self.current_epoch)
151              self.logger.experiment.add_scalars("accuracy",
152                          {"val_acc": avg_acc}, self.current_epoch)
153 #2-6
154          def test_step(self, batch):
155              loss, acc = self.calc_acc_loss(batch)
156              self.log("test_loss", loss)
157              self.log("test_acc", acc)
158              return loss
159 #2-7
160          def predict_step(self, batch, batch_idx):
161              X, y = batch
162              y_pred = self.forward(X)
163              return y_pred
164 #2-8
165          def calc_acc_loss(self, batch):
166              X, y = batch
167              y_pred = self.forward(X)
168              loss = self.loss_fn(y_pred, y)
169
170              y_label = y_pred.argmax(dim = 1)
171              acc = accuracy(y_label, y, task = "binary")
172              return loss, acc
173 #3:
174 def main():
175      L.seed_everything(1)
176 #3-1
177      model = ResNet50_Lite()
178
179      import os
180      trainer = L.Trainer(
```

```
181        default_root_dir = os.getcwd() + '/logs/4902',
182        accelerator = 'auto',         # 'gpu'
183        devices = torch.cuda.device_count() \
184                if torch.cuda.is_available() else None,
185        max_epochs = 10,
186        log_every_n_steps = 10,      # 50
187        enable_progress_bar = False
188        )
189 #3-2
190    data_module = DataModule()
191    trainer.fit(model, data_module)
192    torch.save(model, './saved_model/4902.pt')
193
194 #3-3
195    trainer.test(model, data_module)
196    preds = trainer.predict(model, data_module)
197    print('type(preds)=', type(preds))   # 'list'
198    preds = torch.concat(preds).argmax(axis = 1)
199    # print('preds[:128]=', preds[:128])
200 #3-4
201    model.eval()
202    data_iter = iter(data_module.test_dataloader())
203    images, labels = next(data_iter)
204    print('images.shape=', images.shape)    # [128, 3, 224, 224]
205    y_pred = model(images).argmax(dim=1)
206    acc = accuracy(y_pred, labels, task = "binary")
207    # print('y_pred=', y_pred)
208    # print('labels=', labels)
209    print('acc=', acc)
210    print(torch.allclose(y_pred, preds[:128]))
211 #3-5
212 #ref3:https://discuss.pytorch.org/t/simple-way-to-inverse-transform
213 #-normalization/4821/5
214    # inverse of y = (x - mean) / std
215    # x = y * std + mean
216    # x = (y + mean / std) * std
217    # x = (y - (-mean / std)) / (1 / std)
218    # inv_normalize = transforms.Normalize(
219    #     mean = [-0.485 / 0.229, -0.456 / 0.224, -0.406 / 0.225],
220    #     std = [1 / 0.229, 1 / 0.224, 1 / 0.225])
221    # images = inv_normalize(images)
222
223  #3-6
224    mean = torch.tensor([0.485, 0.456, 0.406])
225    std = torch.tensor([0.229, 0.224, 0.225])
```

```
226        # for i in range(3):
227        #        images[:, i, :, :] = images[:, i, :, :] * std[i] + mean[i]
228
229  #3-7
230        inv_normalize = transforms.Lambda(
231            lambda y: y * std[:, None, None] + mean[:, None, None])
232        images = inv_normalize(images)
233        model.logger.experiment.add_images('cats_dogs:', images[:16])
234
235  #4
236  if __name__ == '__main__':
237        main()
```

▷▷ 실행결과

```
Global seed set to 1
self.resnet50.fc= Linear(in_features=2048, out_features=1000, bias=True)
PATH= D:\교재\PyTorch\example/logs/4902
GPU available: True (cuda), used: True
...
setup: stage= TrainerFn.FITTING
stage: ----fit----
...
`Trainer.fit` stopped: `max_epochs=10` reached.
setup: stage= TrainerFn.TESTING
stage: ----test----
...
```

| Test metric | DataLoader 0 |
|:-----------:|:------------:|
| test_acc    | 0.9850000143051147 |
| test_loss   | 0.04165378585457802 |

```
setup: stage= TrainerFn.PREDICTING
stage: ----predict----
...
type(preds)= <class 'list'>
images.shape= torch.Size([128, 3, 224, 224])
acc= tensor(0.9766)
True
```

▷▷▷ 프로그램 설명

1 [예제 44-02]의 고양이 cat와 개 dog의 2종류 분류를 위한 ResNet50 전이학습을 pytorch_lightning으로 작성한다.

2 #1의 DataModule 클래스는 data_dir = './data/cats_and_dogs_filtered/' 폴더에 대한 데이터모듈이다.

3 #2는 L.LightningModule에서 상속받아 ResNet50_Lite 클래스를 정의한다.

#2-1의 생성자에서 사전학습모델 resnet50을 가중치와 함께 self.resnet50에 로드한다. self.resnet50의 파라미터를 동결하여 학습하지 않도록 한다.

self.resnet50.fc을 nn.Linear(num_features, num_class) 또는 nn.Sequential(*fc_layers)로 변경한다.

self.resnet50의 마지막 층을 제거하여 특징추출 부분을 self.features에 생성한다. 분류기는 self.classifier에 생성한다.

4 #2-2의 forward() 메서드는 self.resnet50(x)을 반환한다. self.features의 파라미터를 동결 freeze하는 대신 self.features.eval()을 실행하고, with torch.no_grad() 블록에서 특징을 추출하고, self.classifier(x)의 분류기를 적용하여 반환할 수 있다.

5 #2-3, #2-4, #2-5, #2-6, #2-7, #2-8은 [예제 49-01] 같은 최적화 optimizer, 훈련, 검증, 테스트, 예측 단계 메서드이다.

6 #3의 main()은 #3-1에서 ResNet50_Lite()로 model을 생성한다. max_epochs = 10으로 trainer를 생성한다.

7 #3-2, #3-3, #3-4, #3-5, #3-6, #3-7은 [예제 49-01]과 같다.

8 명령 창에서 "tensorboard --logdir logs/4902/lightning_logs"를 실행하고, 웹브라우저에서 "http://localhost:6006/" 주소를 입력하면 텐서보드가 표시된다.

PyTorch

*Deep Learning Programming with PyTorch*: **PART 2**

# CHAPTER 14

# U-Net 영상 분할

STEP 44의 전이학습과 STEP 49의 pytorch_lightning에서 폴더형태로 분류되어 저장되어 있는 고양이 cat와 개 dog의 영상 분류에 대해 설명하였다. 여기서는 oxford-iiit-pet 데이터 셋에서 U-Net을 이용한 영상 분할 image segmentation을 설명한다.

# oxford-iiit-pet
# 데이터셋

oxford-iiit-pet 데이터셋(https://www.robots.ox.ac.uk/~vgg/data/pets/)은 고양이 cat와 개 dog의 영상(images.tar.gz)과 어노테이션(annotations.tar.gz)으로 구성되어 있다. images.tar.gz의 압축을 풀면 'images' 폴더가 생성되고, annotations.tar.gz의 압축을 풀면 'annotations' 폴더가 생성된다. [표 50.1]은 데이터셋의 간단한 설명이다. 'images' 폴더의 JPG 파일 일부는 헤더에 b"JFIF"가 없거나, 마지막에 EOI end of image 마커 b'\xff\xd9'가 없는 Corrupt JPEG 파일이 있다.

▽ 표 50.1 ▶ oxford-iiit-pet

| 데이터셋 이름 | 설명 |
|---|---|
| /images | JPG 영상 7393개 파일, 영상일부는 Corrupt JPEG (헤더에 b"JFIF"이 없거나, 마지막에 b'\xff\xd9'가 없는) 파일이 있다. |
| /annotations/trimap | 픽셀 트라이맵(1: Foreground 2:Background, 3: Not classified), 7390개의 PNG 파일 |
| /annotations/xmls | 머리부분 바운딩 박스, 3686개의 XML 파일 |
| /annotations/list.txt | 전체 데이터(7349), [그림 50.1] |
| /annotations/test.txt | 테스트 데이터(3669) |
| /annotations/trainval.txt | 훈련 데이터(3680) |

```
#Image CLASS-ID SPECIES BREED ID
#ID: 1:37 Class ids
#SPECIES: 1:Cat 2:Dog
#BREED ID: 1-25:Dog 1-12:Cat
#All images with 1st letter as captial are cat images
#images with small first letter are dog images
Abyssinian_100 1 1 1
...
```

△ 그림 50.1 ▶ list.txt

▷ 예제 50-01   ▶ OxfordIIITPet: target_types = 'category'

```
01 '''
02 ref1: http://www.robots.ox.ac.uk/~vgg/data/pets/
03 ref2: https://pytorch.org/vision/main/generated/torchvision.datase
04 ts.OxfordIIITPet.html
05 '''
06 import torch
07 import torchvision.transforms as T
08 from torchvision.datasets import OxfordIIITPet
09 from torch.utils.data import RandomSampler, DataLoader
10 import matplotlib.pyplot as plt
11
12 #1
13 mean=torch.tensor([0.485, 0.456, 0.406])
14 std =torch.tensor([0.229, 0.224, 0.225])
15 image_transform = T.Compose([
16     T.Resize(226),        # T.InterpolationMode.BILINEAR
17     T.CenterCrop(224),
18     T.ToTensor(),         # [0, 1]
19     T.Normalize(mean, std)
20     ])
21 inv_normalize = T.Lambda(           # 4901.py
22         lambda y: y * std[:, None, None] + mean[:, None, None])
23
24 #2: target_types = 'category'
25 #2-1
26 train_ds = OxfordIIITPet(root = "./data",     # split='trainval',
27                          transform = image_transform,
28                          download = True)     # ./data/oxford-iiit-pet
29 test_ds  = OxfordIIITPet(root="./data", split = 'test',
30                          transform = image_transform)
31 #2-2
32 print('len(train_ds)= ', len(train_ds))        # 3680
33 print('len(test_ds) = ', len(test_ds))         # 3669
34 #print('train_ds.classes= ', train_ds.classes)
35 #print('train_ds.class_to_idx= ', train_ds.class_to_idx)
36
37 # sample_sampler = RandomSampler(train_ds)
38 # train_loader = DataLoader(train_ds, sampler = sample_sampler,
39                             batch_size = 32)
40 train_loader = DataLoader(train_ds, batch_size = 32,
41                           shuffle = True)
42 test_loader  = DataLoader(test_ds, batch_size = 32,
43                           shuffle = False)
44
```

```
45  #2-3: sample display
46  images, labels = next(iter(train_loader))  # iter(train_loader).__0next__()
47  images = inv_normalize(i)
48  print('labels[:10]=', labels[:10])
49
50  fig, axes = plt.subplots(nrows = 2, ncols = 5, figsize = (10, 4))
51  fig.canvas.manager.set_window_title('Oxford_Pets: (images, labels)')
52
53  for i, ax in enumerate(axes.flat):
54      img_tensor = images[i]
55      label = labels[i]                           # [0, 36]
56
57      img_tensor = img_tensor.permute(1, 2, 0) # (224, 224, 3)
58      ax.imshow(img_tensor)                       # (H, W, C)
59      ax.set_title(train_ds.classes[label])
60      ax.axis("off")
61  fig.tight_layout()
    plt.show()
```

▷▷ 실행결과

```
len(train_ds)=  3680
len(test_ds)  =  3669
labels[:10]= tensor([ 3,  9, 13, 12, 35, 28, 16, 13, 21, 25])
```

▷▷▷ 프로그램 설명

**1** torchvision.datasets.OxfordIIITPet 데이터셋에서 분류(target_types = 'category') 데이터셋을 생성하고, DataLoader로 데이터로더를 생성한다.

**2** #1의 image_transform은 영상 크기를 (224, 224)로 변경하고, ImageNet의 평균 (mean), 표준편차(std)로 정규화한다. inv_normalize는 T.Normalize(mean, std)의 역변환이다.

**3** #2-1은 OxfordIIITPet에서 데이터셋(train_ds, test_ds)을 생성한다. download = True이면 처음 실행할 때 root = "./data" 폴더에 oxford-iiit-pet 폴더를 생성하여 images. tar.gz, annotations.tar.gz을 다운로드하고 압축을 해제한다. split = 'trainval'은 trainval.txt 파일로 train_ds 데이터셋을 생성한다. split = 'test'는 "test.txt" 파일로 test_ds 데이터셋을 생성한다.

**4** #2-2는 데이터셋(train_ds, test_ds)으로 데이터로더(train_loader, test_loader)를 생성한다. train_ds.classes는 훈련 데이터 클래스 이름이다.

**5** #2-3은 train_loader에서 배치 크기의 images, labels를 생성하여 표시한다([그림 50.2]). labels는 [0, 36] 범위의 37 클래스(Class ids) 값을 갖는다. 영상은 inv_normalize(images)로 역변환하여 표시한다.

△ 그림 50.2 ▶ oxford-iiit-pet: images, train_ds.classes[label]

▷ 예제 50-02  ▶ OxfordIIITPet: target_types = 'segmentation'

```
01  '''
02  ref1: http://www.robots.ox.ac.uk/~vgg/data/pets/
03  ref2: https://albumentations.ai/docs/examples/pytorch_semantic_
04  segmentation/
05  ref3: https://www.kaggle.com/code/yosshi999/oxfordiiit-pet-
06  segmentation
07  '''
08  import torch
09  import torchvision.transforms as T
10  from torchvision.datasets import OxfordIIITPet
11  from torch.utils.data import DataLoader
12  import numpy as np
13  import matplotlib.pyplot as plt
14  #1
15  mean = torch.tensor([0.485, 0.456, 0.406])
16  std  = torch.tensor([0.229, 0.224, 0.225])
17  image_transform = T.Compose([
18      T.Resize(226),          # T.InterpolationMode.BILINEAR
19      T.CenterCrop(224),
20      T.ToTensor(),           # [0, 1]
21      T.Normalize(mean, std)
22      ])
23  mask_transform = T.Compose([
24      T.Resize(226, interpolation = T.InterpolationMode.NEAREST),
25      T.CenterCrop(224),
26      # T.Lambda(lambda x: binary_mask(x))
27      T.Lambda(lambda x: tri_mask(x))
28      ])
```

```
29  inv_normalize = T.Lambda(        # 4901.py
30          lambda y: y * std[:, None, None] + mean[:, None, None])
31
32  #2: trimaps: foreground(1), background(2), Not classified(3)
33  #2-1
34  def binary_mask(mask):
35      mask = T.functional.pil_to_tensor(mask)
36      # mask = np.asarray(mask)
37      mask[mask == 2] = 0        # 2 -> 0
38      mask[mask == 3] = 1        # (1, 3) -> 1
39      #mask[(mask == 1)|(mask == 3)] = 1
40      return mask
41  #2-2
42  def tri_mask(mask):           # [0, 1, 2]
43      mask = T.functional.pil_to_tensor(mask).float()
44      mask[mask == 2] = 0        # background: 0
45      mask[mask == 3] = 2
46      #print('torch.unique(mask)=', torch.unique(mask))
47      return mask
48
49  #3: target_types = 'segmentation'
50  #3-1
51  train_ds = OxfordIIITPet(root = "./data",   # split='trainval',
52                          target_types = 'segmentation',
53                          transform = image_transform,
54                          target_transform = mask_transform,
55                          download = True)
56  test_ds  = OxfordIIITPet(root = "./data", split = 'test',
57                          target_types = 'segmentation',
58                          transform = image_transform,
59                          target_transform = mask_transform)
60  print(torch.unique(test_ds[0][1]))
61
62  train_loader = DataLoader(train_ds, batch_size = 32,
63                              shuffle = True)
64  test_loader  = DataLoader(test_ds, batch_size = 32,
65                              shuffle = False)
66
67  #3-2: sample display
68  images, masks = \
69          next(iter(train_loader)) # iter(train_loader).__next__()
70  images = inv_normalize(images)
71
72  fig = plt.figure(figsize = (10, 4))
73  fig.canvas.manager.set_window_title('Oxford_Pets: (images, masks)')
74
```

```
75  n = 5
76  for i in range(n):
77      plt.subplot(2, n, i + 1)
78      img_tensor = images[i]
79      img_tensor = img_tensor.permute(1, 2, 0)    # (224, 224, 3)
80      plt.imshow(img_tensor)
81      plt.axis("off")
82
83      plt.subplot(2, n, i+1+n)
84      mask_tensor = masks[i]                        # [1, 224, 224]
85      mask_tensor = mask_tensor.permute(1, 2, 0)  # (224, 224, 1)
86      plt.imshow(mask_tensor)                       #, cmap = 'gray')
87      plt.axis("off")
88  fig.tight_layout()
89  plt.show()
```

▷▷ 실행결과

```
#T.Lambda(lambda x: tri_mask(x))
tensor([0., 1., 2.])


#T.Lambda(lambda x: binary_mask(x))
tensor([0., 1.])
```

▷▷▷ 프로그램 설명

1 torchvision.datasets.OxfordIIITPet에서 영상 분할(target_types = 'segmentation') 데이터셋을 생성하고, DataLoader로 데이터로더를 생성한다.

2 #1의 image_transform은 BILINEAR 보간 Resize와 CenterCrop으로 영상 크기를 (224, 224)로 변환하고, ImageNet의 평균(mean), 표준편차(std)로 정규화한다. inv_normalize는 T.Normalize(mean, std)의 역 변환이다.  mask_transform는 NEAREST 보간 Resize와 CenterCrop으로 영상 크기 (224, 224)로 변환하고, binary_mask(x)로 이진 마스크 영상으로 변환하거나 tri_mask(x)로 3-클래스(0, 1, 2) 마스크 영상으로 변환한다.

3 trimaps의 영상 파일에서 foreground(1), background(2), Not classified(3)이다. #2-1의 binary_mask() 함수는 배경은 0, 물체 또는 미분류는 1로 변경한다. #2-2의 tri_mask() 함수는 배경은 0, 물체(고양이, 개)는 1, 미분류는 2로 변경한다.

4 #3-1은 OxfordIIITPet에서 데이터셋(train_ds, test_ds)을 생성한다. download = True이면 처음 실행할 때 root = "./data" 폴더에 oxford-iiit-pet 폴더를 생성하여 images. tar.gz, annotations.tar.gz을 다운로드하고 압축을 해제한다. split = 'trainval'로 train_ds 데이터셋을 생성한다. split = 'test'로 test_ds 데이터셋을 생성한다. 데이터셋(train_ds, test_ds)으로 데이터로더(train_loader, test_loader)를 생성한다.

5 #3-2는 train_loader에서 배치 크기의 images, masks를 생성하여 표시한다. 영상은 inv_normalize(images)로 역 변환하여 표시한다.

[그림 50.3]은 #1의 mask_transform에서 tri_mask(x)을 사용한 결과이다.

[그림 50.4]는 #1의 mask_transform에서 binary_mask(x)을 사용한 결과이다.

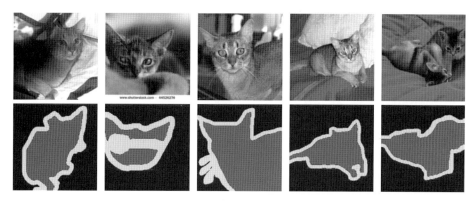

△ 그림 50.3 ▶ T.Lambda(lambda x: tri_mask(x)): images, masks

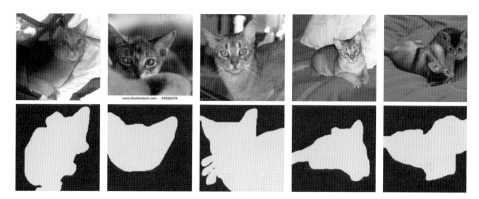

△ 그림 50.4 ▶ T.Lambda(lambda x: binary_mask(x)): images, masks

▷ 예제 50-03　▶ 커스텀 데이터셋 PetDataset: 'list.txt'

```
01 #ref: http://www.robots.ox.ac.uk/~vgg/data/pets/
02 import torch
03 import torchvision.io.image as image
04 import torchvision.transforms as T
05 from torch.utils.data import Dataset, DataLoader, Subset, random_split
06 from PIL import Image
07 import numpy as np
08 import matplotlib.pyplot as plt
09 import os
10
```

```
11  #1-1
12  mean = torch.tensor([0.485, 0.456, 0.406])
13  std  = torch.tensor([0.229, 0.224, 0.225])
14  inv_normalize = T.Lambda(               # 4901.py
15          lambda y: y * std[:, None, None] + mean[:, None, None])
16
17  #1-2: trimaps: foreground(1), background(2), Not classified(3)
18  def binary_mask(mask):
19      mask = T.functional.pil_to_tensor(mask)
20      mask[mask == 2] = 0                  # 2 -> 0
21      mask[mask == 3] = 1                  # (1, 3) -> 1
22      return mask
23  #1-3
24  def tri_mask(mask, label = None):
25      mask = T.functional.pil_to_tensor(mask).float()
26      if label == None: # [0:back, 1: cat or dog, 2: not classified]
27          mask[mask == 2] = 0              # background: 0
28          mask[mask == 3] = 2
29      else:
30          mask[mask == 2] = 0              # background: 0
31          mask[mask == 1] = label
32          mask[mask == 3] = label
33      return mask
34
35  #2: target_type: 'category_class', 'category_catdog'
36  #                'binary_mask',     'tri_mask',
37                   'tri_mask_catdog'
38  class PetDataset(Dataset):
39      def __init__(self, PATH = "./data/oxford-iiit-pet/",
40                   target_type = 'category_catdog',
41                   target_size = (224, 224), shuffle = True):
42          self.PATH = PATH
43          self.target_type = target_type     # 'category_catdog'
44          self.target_size = target_size
45          self.image_transform = T.Compose([
46                          T.Resize(target_size[0]+2),   # 226
47                          T.CenterCrop(target_size),    # 224
48                          T.ToTensor(),                 # [0, 1]
49                          T.Normalize(mean, std)])
50          self.mask_transform = T.Compose([
51                          T.Resize(target_size[0] + 2, #226
52                            interpolation =
53                                T.InterpolationMode.NEAREST),
54                            T.CenterCrop(target_size) ])
55          file_name = PATH + "annotations/list.txt"
```

```
56      with open(file_name) as file:
56          list_txt = file.readlines()
57      list_txt = list_txt[6:]        # skip header in list.txt"
58
59      if shuffle:
60        np.random.shuffle(list_txt)
61
62      self.image_names = []
63      self.labels = []
64      for line in list_txt:
65          image_name, class_id, species, breed_id = line.split()
66          self.image_names.append(image_name)     # with image_id
67
68          if self.target_type == 'category_class':
69              self.labels.append(int(class_id)-1)     # [0, 36]
70          else:    # 'category_catdog', 'binary_mask',
71                    # 'tri_mask', 'tri_mask_catdog'
72              self.labels.append(int(species)-1)  # Cat: 0, Dog: 1
73  def __len__(self):
74      return len(self.image_names)
75
76  def __getitem__(self, idx):
77      image_file = self.PATH + "images/" +
78                    self.image_names[idx] + ".jpg"
79      if not os.path.exists(image_file):
80          print(f'File not found: {image_file}')
81          return
82      img = Image.open(image_file).convert('RGB')    # PIL
83      assert isinstance(img, Image.Image), "Corrupt JPEG..."
84      img = self.image_transform(img)
85
86      if (self.target_type == 'category_catdog' or
87          self.target_type == 'category_class') :
88              return img, self.labels[idx]
89
90      else:     # 'binary_mask', 'tri_mask',
91                  # 'tri_mask_catdog' for segmentation
92          mask_file  = self.PATH + "annotations/trimaps/"
93          mask_file += self.image_names[idx] + ".png"
94          mask = Image.open(mask_file).convert('L')        # PIL
95          assert isinstance(mask, Image.Image),
96                          "Corrupt PNG..."
97
98          if self.target_type == 'binary_mask':
99              mask = binary_mask(mask)
100
```

```
101                 elif self.target_type == 'tri_mask':
102                     mask = tri_mask(mask)  # 0:back, 1:cat,dog,
103                                            # 2:not classified
104                 elif self.target_type == 'tri_mask_catdog':
105                                            # 0: back, 1: cat, 2: dog
106                     mask = tri_mask(mask, label = self.labels[idx] + 1)
107                 else:
108                     mask = None
109             if mask != None:
110                 mask = self.mask_transform(mask)
111             return img, mask, self.labels[idx]
112 #3
113 def dataset_split(dataset, ratio = 0.2):
114     data_size = len(dataset)
115     n2 = int(data_size * ratio)
116     n = data_size - n2
117 #    indices  = np.arange(data_size)
118 #    indices1 = indices[:n]
119 #    indices2 = indices[n:]
120 #    ds1 = Subset(dataset, indices1)
121 #    ds2 = Subset(dataset, indices2)
122     ds1, ds2 = random_split(dataset, [n, n2],
123                             generator =
124                                 torch.Generator().manual_seed(0))
125     return ds1, ds2
126 #4:
127 dataset = PetDataset()        # target_type = 'category_catdog'
128 train_ds, test_ds = dataset_split(dataset)
129 print('len(train_ds)= ', len(train_ds))        # 5880
130 print('len(test_ds) = ', len(test_ds))         # 1469
131
132 train_loader = DataLoader(train_ds, batch_size = 32,
133                           shuffle = True)
134 test_loader  = DataLoader(test_ds, batch_size = 32,
135                           shuffle = False)
136 print('len(train_loader)= ', len(train_loader))   # 184
137 print('len(test_loader) = ', len(test_loader))    # 46
138
139 #: sample display
140 images, labels = next(iter(train_loader))
141 images = inv_normalize(images)
142
143 class_names = ['Cat', 'Dog']
144 fig, axes = plt.subplots(nrows = 2, ncols = 5, figsize = (10, 4))
145 fig.canvas.manager.set_window_title(dataset.target_type)
```

```
146 for i, ax in enumerate(axes.flat):
147     img_tensor = images[i]
148     label = labels[i]
149     img_tensor = img_tensor.permute(1, 2, 0)     # (224, 224, 3)
150     ax.imshow(img_tensor)
151     ax.set_title(class_names[label])
152     ax.axis("off")
153 fig.tight_layout()
154 plt.show()
155
156 #5:
157 dataset = PetDataset(target_type = 'category_class')
158 train_ds, test_ds = dataset_split(dataset)
159 train_loader = DataLoader(train_ds, batch_size = 32,
160                           shuffle = True)
161 test_loader  = DataLoader(test_ds, batch_size = 32,
162                           shuffle = True)
163
164 #: sample display
165 images, labels = next(iter(train_loader))
166 images = inv_normalize(images)
167 class_names = [
168     'Abyssinian', 'American Bulldog', 'American Pit Bull Terrier',
169     'Basset Hound', 'Beagle',  'Bengal', 'Birman', 'Bombay',
170     'Boxer', 'British Shorthair', 'Chihuahua', 'Egyptian Mau',
171     'English Cocker Spaniel', 'English Setter', 'German Shorthaired',
172     'Great Pyrenees', 'Havanese', 'Japanese Chin', 'Keeshond',
173     'Leonberger', 'Maine Coon', 'Miniature Pinscher', 'Newfoundland',
174     'Persian', 'Pomeranian', 'Pug', 'Ragdoll', 'Russian Blue',
175     'Saint Bernard', 'Samoyed', 'Scottish Terrier', 'Shiba Inu',
176     'Siamese', 'Sphynx', 'Staffordshire Bull Terrier',
177     'Wheaten Terrier', 'Yorkshire Terrier']
178 fig, axes = plt.subplots(nrows = 2, ncols = 5, figsize = (10, 4))
179 fig.canvas.manager.set_window_title(dataset.target_type)
180 for i, ax in enumerate(axes.flat):
181     img_tensor = images[i]
182     label = labels[i]
183
184     img_tensor = img_tensor.permute(1, 2, 0)     # (224, 224, 3)
185     ax.imshow(img_tensor)
186     ax.set_title(class_names[label])
187     ax.axis("off")
188 fig.tight_layout()
189 plt.show()
190
```

```
191 #6:
192 dataset = PetDataset(target_type = 'binary_mask')
193                                  #'tri_mask', 'tri_mask_catdog'
194 train_ds, test_ds = dataset_split(dataset)
195
196 train_loader = DataLoader(train_ds, batch_size = 32,
197                           shuffle = True)
198 test_loader  = DataLoader(test_ds, batch_size = 32,
199                           shuffle = False)
200
201 #: sample display
202 # images, masks, labels = next(iter(train_loader))
203 images, masks, labels = next(iter(test_loader))
204 images = inv_normalize(images)
205
206 class_names = ['Cat', 'Dog']
207 fig = plt.figure(figsize = (10, 4))
208 fig.canvas.manager.set_window_title(dataset.target_type)
209 n = 5
210 for i in range(n):
211     plt.subplot(2, n, i + 1)
212     img_tensor = images[i]
213     img_tensor = img_tensor.permute(1, 2, 0)    # (224, 224, 3)
214     plt.imshow(img_tensor)
215     plt.axis("off")
216     plt.title(class_names[labels[i]])
217
218     plt.subplot(2, n, i + 1 + n)
219     mask_tensor = masks[i]
220     mask_tensor = mask_tensor.permute(1, 2, 0)  # (224, 224, 1)
221
222     # plt.imshow(mask_tensor, cmap = plt.get_cmap('hot'),
223     #            vmin = 0, vmax = 2)
224     plt.imshow(mask_tensor, vmin = 0, vmax = 2)
225     plt.axis("off")
226 fig.tight_layout()
227 plt.show()
```

▷▷ 실행결과

```
len(train_ds)= 5880
len(test_ds) = 1469
len(train_loader)= 184
len(test_loader) = 46
```

▷▷▷ 프로그램 설명

**1** OxfordIIITPet 데이터셋의 전체 파일 "annotations/list.txt"를 이용하여 커스텀 데이터셋 클래스 PetDataset를 정의한다.

**2** #1-1의 inv_normalize는 ImageNet의 평균(mean), 표준편차(std)로 정규화된 영상을 역 변환한다. #1-2의 binary_mask(mask) 함수는 (0: 배경, 1:물체)의 이진 마스크 영상으로 변환한다.

#1-3의 tri_mask(mask, label = None) 함수는 label = None이면 (0:배경, 1:물체(cat, dog), 2: 경계)의 마스크 영상으로 변환한다.

label None이면, 개와 고양이를 구분하여 (0:배경, 1: cat, 2: dog)의 마스크 영상으로 변환한다.

**3** #2의 PetDataset 클래스는 PATH = "./data/oxford-iiit-pet/" 폴더의 "annotations/list.txt" 파일을 이용하여 커스텀 데이터셋을 정의한다.

target_type = 'category_class', 'category_catdog'은 분류 데이터셋, target_type = 'binary_mask', 'tri_mask', 'tri_mask_catdog'은 분할 데이터셋이다.

"list.txt" 파일에서 영상이름은 self.image_names, 레이블은 self.labels에 저장한다. target_type = 'category_class'이면 int(class_id) - 1의 레이블, target_type 'category_class'이면 int(species) - 1로 Cat = 0, Dog = 1의 레이블로 변환한다.

**4** __getitem__() 메서드에서 영상(img)은 PIL.Image로 읽고 self.image_transform(img)로 BILINEAR 보간으로 target_size 크기로 변환하고 정규화한다. 마스크 영상은 self.target_type에 따라 binary_mask(mask), tri_mask(mask), tri_mask(mask, label = self.labels[idx] + 1)로 변환하고, self.mask_transform(mask)로 NEAREST 보간으로 target_size 크기로 변환한다. target_type이 'category_catdog', 'category_class' 이면 분류를 위해 img, self.labels[idx]를 반환한다. 'binary_mask', 'tri_mask', 'tri_mask_catdog'이면 분할을 위해 img, mask, self.labels[idx]를 반환한다.

**5** #3의 dataset_split() 함수는 dataset을 ds1, ds2로 분리한다.

**6** #4의 PetDataset는 target_type = 'category_catdog'의 2클래스(Cat, Dog) 분류를 위한 dataset을 생성하고, train_ds, test_ds로 분리하고, 데이터로더(train_loader, test_loader)를 생성한다. train_loader에서 배치 크기의 images, labels를 생성하여 표시한다. class_names = ['Cat', 'Dog']이다. 영상은 inv_normalize(images)로 역 변환하여 표시한다([그림 50.5]).

**7** #5의 PetDataset(target_type = 'category_class')는 37 클래스 분류를 위한 dataset을 생성하고, train_ds, test_ds로 분리하고, 데이터로더(train_loader, test_loader)를 생성한다. class_names는 37개 클래스 이름이다. train_loader에서 배치 크기의 images, labels를 생성하여 표시한다([그림 50.6]).

**8** #6의 PetDataset(target_type = 'tri_mask')는 영상 분할을 위한 dataset을 생성한다. masks 영상에서 0은 배경, 1은 물체(cat, dog), 2는 분류되지 않은 경계의 마스크 영상이다([그림 50.7]). target_type = 'tri_mask_catdog' 영상 분할을 위한 dataset을 생성한다. masks 영상에서 0은 배경, 1은 cat, 2는 dog의 마스크 영상이다([그림 50.8]). target_type = 'binary_mask'는 이진마스크를 생성한다.

△ 그림 50.5 ▶ target_type= 'category_CatDog': images, labels

△ 그림 50.6 ▶ target_type= 'category_class': images, labels

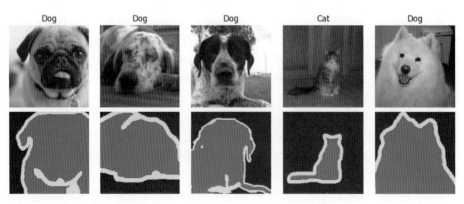

△ 그림 50.7 ▶ target_type= 'tri_mask': images, masks, labels

△ 그림 50.8 ▶ target_type= 'tri_mask_catdog': images, masks, labels

▷ 예제 50-04 ▶ 커스텀 데이터셋 PetDataset: 'trainval.txt', 'test.txt'

```
01 #ref: http://www.robots.ox.ac.uk/~vgg/data/pets/
02 import torch
03 import torchvision.transforms as T
04 from torch.utils.data import Dataset, Subset, DataLoader
05 from PIL import Image
06 import numpy as np
07 import matplotlib.pyplot as plt
08 import xml.etree.ElementTree as ET
09 import os
10 import cv2
11 #1
12 mean = torch.tensor([0.485, 0.456, 0.406])
13 std  = torch.tensor([0.229, 0.224, 0.225])
14 inv_normalize = T.Lambda(                   # 4901.py
15         lambda y: y * std[:, None, None] + mean[:, None, None])
16 #2: collate_fn in DataLoader
17 def collate_fn(batch):
18     images, boxes, labels = zip(*batch)    # tuple(zip(*batch))
19     #print("type(images)=", type(images))
20     images = torch.stack(images, dim = 0)
21     #print("images.shape=", images.shape) # torch.Size([32, 3, 224, 224])
22     return images, boxes, labels
23 #3
24 class PetDataset(Dataset):
25     def __init__(self, PATH = "./data/oxford-iiit-pet/",
26                  split = 'trainval',        # 'test'
27                  target_type = 'category_catdog',
28                  target_size = (224, 224), shuffle = True ):
```

```
29          self.PATH = PATH
30          self.split = split
31          self.target_type = target_type    # 'category_CatDog'
32          self.target_size = target_size
33          self.image_transform = T.Compose([
34                            T.Resize(target_size[0] + 2), # 226
35                            T.CenterCrop(target_size),     # 224
36                            T.ToTensor(),                  # [0, 1]
37                            T.Normalize(mean, std)])
38          self.mask_transform = T.Compose([
39                  T.Resize(target_size[0] + 2,            # 226
40                        interpolation =
41                          T.InterpolationMode.NEAREST),
42                      T.CenterCrop(target_size),
43                      T.Lambda(lambda x: self.binary_mask(x)
44                      )
45                  ])
46      if split == 'trainval':
47          file_name = PATH + "annotations/trainval.txt"
48      elif split == 'test':
49          file_name = PATH + "annotations/test.txt"
50      else:
51          print('split error!')
52
53      with open(file_name) as file:
54          list_txt = file.readlines()
55      if shuffle:
56        np.random.shuffle(list_txt)
57
58      self.image_names = []
59      self.labels = []
60      for line in list_txt:
61          image_name, class_id, species, breed_id = line.split()
62
63          # check the file exists
64          image_file = PATH + "images/" + image_name + ".jpg"
65          if not os.path.exists(image_file):
66                  continue
67          if target_type == 'detection' and split == 'trainval':
68              box_file = PATH + "annotations/xmls/" +
69                      image_name + ".xml"
70            if not os.path.exists(box_file):
71                  continue
72
73          if target_type == 'binary_mask' or target_type == 'tri_mask':
```

```
74              mask_file = PATH + "annotations/trimaps/" +
75                          image_name+ ".png"
76          if not os.path.exists(mask_file):
77                  continue
78
79          # only if the file exists
80          self.image_names.append(image_name)
81
82          if self.target_type == 'category_class':
83              self.labels.append(int(class_id)-1)  # [0, 36]
84          else:   # 'category_CatDog', 'binary_mask', 'tri_mask'
85              self.labels.append(int(species)-1)   # Cat: 0, Dog: 1
86
87  # trimaps: foreground(1), background(2), Not classified(3)
88  def binary_mask(self, mask):
89      mask = T.functional.pil_to_tensor(mask)
90      mask[mask == 2] = 0              # 2 -> 0
91      mask[mask == 3] = 1             # (1, 3) -> 1
92      return mask
93  def tri_mask(self, mask, label = None):
94      mask = T.functional.pil_to_tensor(mask).float()
95      if label == None: # [0:back, 1: cat or dog, 2: not classified]
96          mask[mask == 2] = 0         # background: 0
97          mask[mask == 3] = 2
98      else:
99          mask[mask == 2] = 0         # background: 0
100         mask[mask == 1] = label
101         mask[mask == 3] = label
102     return mask
103
104 def getBB(self, file_path):    # extract Bounding Box from xml
105     try:
106         tree = ET.parse(file_path)
107     except FileNotFoundError:
108         return None
109     root = tree.getroot()
110     ob = root.find('object')
111     bndbox = ob.find('bndbox')
112     xmin = bndbox.find('xmin').text
113     xmax = bndbox.find('xmax').text
114     ymin = bndbox.find('ymin').text
115     ymax = bndbox.find('ymax').text
116     return [int(xmin), int(ymin), int(xmax), int(ymax)]
117
118 def __len__(self):
119     return len(self.image_names)
```

```
120    def __getitem__(self, idx):
121        image_file = self.PATH + "images/" +
122                         self.image_names[idx] + ".jpg"
123        img = Image.open(image_file).convert('RGB')        # PIL
124        assert isinstance(img, Image.Image), "Corrupt JPEG..."
125        width, height = img.size
126        sx = self.target_size[0] / width    # for rescaling BB
127        sy = self.target_size[1] / height
128
129        img = self.image_transform(img)
130
131        if (self.target_type == 'category_catdog' or
132            self.target_type == 'category_class') :
133            return img, self.labels[idx]
134
135        elif self.target_type == 'detection':
136            box_file  = self.PATH + "annotations/xmls/"
137            box_file += self.image_names[idx] + ".xml"
138
139            if self.split == 'trainval':
140                # read xml, rescale box by target_size
141                box = self.getBB(box_file)
142                if(box == None):
143                    print("None: " + box_file)
144                box[0] = round(box[0] * sx)
145                box[1] = round(box[1] * sy)
146                box[2] = round(box[2] * sx)
147                box[3] = round(box[3] * sy)
148                return img, box, self.labels[idx]
149            elif self.split == 'test':
150                return img, self.labels[idx]
151        else:            # for segmentation
152            mask_file = self.PATH + "annotations/trimaps/"
153            mask_file+= self.image_names[idx] + ".png"
154            mask = Image.open(mask_file).convert('L')    # PIL
155            assert isinstance(mask, Image.Image), "Corrupt PNG..."
156            if self.target_type == 'binary_mask':
157                mask = self.binary_mask(mask)
158            elif self.target_type == 'tri_mask':
159                            # 0: back, 1:cat,dog, 2: not classified
160                mask = self.tri_mask(mask)
161            elif self.target_type == 'tri_mask_catdog':
162                            # 0:back, 1:cat, 2:dog
163                mask = self.tri_mask(mask,
164                            label = self.labels[idx] + 1)
```

```
165            else:
166                mask = None
167
168            if mask != None:
169                mask = self.mask_transform(mask)
170            return img, mask, self.labels[idx]
171 #4:
172 train_ds = \
173     PetDataset(target_type = 'detection') # split = 'trainval'
174 test_ds = \
175     PetDataset(split = 'test', target_type = 'detection')
176 print('len(train_ds)= ', len(train_ds))
177 print('len(test_ds)= ',  len(test_ds))
178
179 train_loader = DataLoader(train_ds, batch_size = 32,
180                           collate_fn = collate_fn, shuffle = True)
181 test_loader = DataLoader(test_ds, batch_size = 32, shuffle = True)
182 print('len(train_loader)= ', len(train_loader))
183 print('len(test_loader) = ', len(test_loader))
184
185 #: sample display
186 images, boxes, labels = next(iter(train_loader))
187 images = inv_normalize(images)
188
189 from matplotlib.patches import Rectangle
190 label_name = ['Cat', 'Dog']
191 fig, axes = plt.subplots(nrows = 2, ncols = 5, figsize = (10, 4))
192 fig.canvas.manager.set_window_title('target_type = category_catdog')
193 for i, ax in enumerate(axes.flat):
194     img_tensor = images[i]
195     label = labels[i]
196     # print(img_tensor.is_contiguous())
197     img_tensor = img_tensor.permute(1, 2, 0)      # (224, 224, 3)
198     img_tensor = img_tensor.contiguous()
199
200     img = img_tensor.numpy()                        # *255
201     #img = np.ascontiguousarray(img)        #, dtype = np.uint8)
202
203     xmin, ymin, xmax, ymax = boxes[i]
204     cv2.rectangle(img, (xmin, ymin), (xmax, ymax),
205                 (0, 1, 0), 5)            # 1 -> 255
206     ax.imshow(img)
207     width  = xmax - xmin
208     height = ymax - ymin
209
```

```
210        rect = Rectangle((xmin, ymin), width, height, linewidth = 2,
211                         edgecolor = 'r',facecolor = 'none')
212        ax.add_patch(rect)
213
214        ax.set_title(label_name[label])
215        ax.axis("off")
216    fig.tight_layout()
217    plt.show()
218
219    #5:
220    train_ds = PetDataset() # split = 'trainval',
221                            # target_type = 'category_catdog'
222    test_ds = \
223        PetDataset(split = 'test', target_type = 'category_catdog')
224    print('len(train_ds)= ', len(train_ds))        # 3680
225    print('len(test_ds) = ', len(test_ds))         # 3669
226
227    train_loader = DataLoader(train_ds, batch_size = 32,
228                              shuffle = True)
229    test_loader  = DataLoader(test_ds, batch_size = 32, shuffle = True)
230    print('len(train_loader)= ', len(train_loader))
231    print('len(test_loader) = ', len(test_loader))
232
233    #: sample display
234    images, labels = next(iter(train_loader))
235    images = inv_normalize(images)
236
237    class_names = ['Cat', 'Dog']
238    fig, axes = plt.subplots(nrows=2, ncols = 5, figsize = (10, 4))
239    fig.canvas.manager.set_window_title(train_ds.target_type)
240    for i, ax in enumerate(axes.flat):
241        img_tensor = images[i]
242        label = labels[i]
243
244        img_tensor = img_tensor.permute(1, 2, 0)    # (224, 224, 3)
245        ax.imshow(img_tensor)
246        ax.set_title(class_names[label])
247        ax.axis("off")
248    fig.tight_layout()
249    plt.show()
250    #6:
251    train_ds = PetDataset(split = 'trainval',
252                          target_type = 'category_class')
253    test_ds = PetDataset(split = 'test',
254                         target_type = 'category_class')
```

```
255  train_loader = DataLoader(train_ds, batch_size = 32,
256                                   shuffle = True)
257  test_loader  = DataLoader(test_ds, batch_size = 32,
258                                   shuffle = False)
259
260  #: sample display
261  images, labels = next(iter(train_loader))
262  images = inv_normalize(images)
263  class_names = [
264      'Abyssinian', 'American Bulldog', 'American Pit Bull Terrier',
265      'Basset Hound', 'Beagle', 'Bengal', 'Birman', 'Bombay', 'Boxer',
266      'British Shorthair', 'Chihuahua', 'Egyptian Mau',
267      'English Cocker Spaniel', 'English Setter', 'German Shorthaired',
268      'Great Pyrenees', 'Havanese', 'Japanese Chin', 'Keeshond',
269      'Leonberger', 'Maine Coon', 'Miniature Pinscher', 'Newfoundland',
270      'Persian', 'Pomeranian', 'Pug', 'Ragdoll', 'Russian Blue',
271      'Saint Bernard', 'Samoyed', 'Scottish Terrier', 'Shiba Inu',
272      'Siamese', 'Sphynx', 'Staffordshire Bull Terrier',
273      'Wheaten Terrier', 'Yorkshire Terrier']
274  fig, axes = plt.subplots(nrows = 2, ncols = 5, figsize = (10, 4))
275  fig.canvas.manager.set_window_title(train_ds.target_type)
276  for i, ax in enumerate(axes.flat):
277      img_tensor = images[i]
278      label = labels[i]
279      img_tensor = img_tensor.permute(1, 2, 0)    # (224, 224, 3)
280      ax.imshow(img_tensor)
281      ax.set_title(class_names[label])
282      ax.axis("off")
283  fig.tight_layout()
284  plt.show()
285  #7:
286  train_ds = PetDataset(split = 'trainval',
287                        target_type = 'tri_mask_catdog')
288  test_ds = PetDataset(split = 'test',
289                       target_type = 'tri_mask_catdog')
290  train_loader = DataLoader(train_ds, batch_size = 32,
291                                   shuffle = True)
292  test_loader  = DataLoader(test_ds, batch_size = 32, shuffle = True)
293
294  #: sample display
295  images, masks, labels = next(iter(train_loader))
296  images = inv_normalize(images)
297
298  class_names = ['Cat', 'Dog']
299  fig = plt.figure(figsize = (10, 4))
```

```
300  fig.canvas.manager.set_window_title(train_ds.target_type)
301  n = 5
302  for i in range(n):
303      plt.subplot(2, n, i + 1)
304      img_tensor = images[i]
305      img_tensor = img_tensor.permute(1, 2, 0)      # (224, 224, 3)
306      plt.imshow(img_tensor)
307      plt.axis("off")
308      plt.title(class_names[labels[i]])
309
310      plt.subplot(2, n, i + 1 + n)
311      mask_tensor = masks[i]
312      mask_tensor = mask_tensor.permute(1, 2, 0)    # (224, 224, 1)
313      plt.imshow(mask_tensor, vmin = 0, vmax = 2)
314      plt.axis("off")
315  fig.tight_layout()
316  plt.show()
```

▷▷ 실행결과

```
len(train_ds)=  3671
len(test_ds)=  3669
len(train_loader)=  115
len(test_loader) =  115
len(train_ds)=  3680
len(test_ds) =  3669
len(train_loader)=  115
len(test_loader) =  115
```

▷▷▷ 프로그램 설명

1 OxfordIIITPet 데이터셋의 "trainval.txt", "test.txt" 파일을 이용하여 커스텀 데이터셋 클래스 PetDataset를 정의한다.

2 #2의 collate_fn() 함수는 #4의 데이터로더에서 호출되어 배치 데이터(batch)에 적용된다. images, boxes, labels = zip(*batch)는 batch 데이터를 튜플로 언팩한다. type(images) = <class 'tuple'>, len(images) = 32, images[0].shape = torch.Size([3, 224, 224])이다. images = torch.stack(images, dim = 0)은 images.shape = torch.Size([32, 3, 224, 224])의 텐서로 변환한다.

3 #3의 PetDataset 클래스는 커스텀 데이터셋을 정의한다.

split = 'trainval'이면 "trainval.txt" 파일로 훈련 데이터셋을 생성한다.

split = 'test'이면 "test.txt" 파일로 테스트 데이터셋을 생성한다.

파일이 존재하는지 확인하여 self.image_names를 생성한다.

PIL.Image로 읽은 영상(img)은 self.image_transform(img)로 변환한다.

target_type = 'category_class'이면 int(class_id)-1로 0에서 36의 레이블로 변환한다. target_type이 'category_CatDog', 'binary_mask', 'tri_mask', 'tri_mask_catdog'이면 int(species) - 1로 Cat = 0, Dog = 1의 레이블을 변환한다.

4  target_type이 'detection'이고 split이 'trainval'인 경우는 xml 파일로부터 박스 정보를 읽어, img, box, self.labels[idx]을 반환한다.

5  target_type이 'category_catdog', 'category_class'이면 분류를 위해 img, self.labels[idx]를 반환한다.

6  target_type이 'binary_mask'이면 0(배경), 1(물체)의 이진마스크, 'tri_mask'이면 0(배경), 1(물체), 2(미분류)의 마스크, 'tri_mask_catdog'이면 0(배경), 1(cat), 2(dog)의 마스크로 변환한다. 영상 분할을 위해 img, mask, self.labels[idx]를 반환한다.

7  #4는 target_type = 'detection'으로 고양이와 개의 얼굴 박스 검출을 위한 데이터셋 (train_ds, test_ds)을 생성하고, 데이터로더(train_loader, test_loader)를 생성한다. train_loader에서 배치 크기의 images, boxes, labels를 생성하여 표시한다([그림 50.9]).

8  #5는 target_type = 'category_catdog'로 고양이와 개의 분류를 위한 데이터셋과 데이터로더를 생성한다. [그림 50.5]와 유사하다.

9  #6은 target_type = 'category_class'로 37 클래스 분류를 위한 데이터셋과 데이터로더를 생성한다. [그림 50.6]과 유사하다.

10  #7은 target_type = 'tri_mask_catdog'로 영상 분할을 위한 데이터셋과 데이터로더를 생성한다. [그림 50.8]과 유사하다.

△ 그림 50.9 ▶ target_type = 'detection': images, boxes, labels

▷ 예제 50-05    ▶ 영상 분할 데이터셋 확장 1: PetSegDataset, SplitDataset

```
01  #ref: http://www.robots.ox.ac.uk/~vgg/data/pets/
02  #ref: 5003.py
03  import torch
```

```
04  import torchvision.io.image as image
05  import torchvision.transforms as T
06  import torchvision.transforms.functional as F
07  from torch.utils.data import Dataset, DataLoader, random_split
08  from PIL import Image
09  import numpy as np
10  import matplotlib.pyplot as plt
11  import os
12  import random
13  #1-1
14  mean = torch.tensor([0.485, 0.456, 0.406])
15  std  = torch.tensor([0.229, 0.224, 0.225])
16  inv_normalize = \
17      T.Lambda(                            # 4901.py
18              lambda y: y * std[:, None, None] +
19              mean[:, None, None] )
20
21  #1-2: trimaps: foreground(1), background(2), Not classified(3)
22  def binary_mask(mask):
23      mask = T.functional.pil_to_tensor(mask)
24      mask[mask == 2] = 0   # 2 -> 0
25      mask[mask == 3] = 1   # (1, 3) -> 1
26      return mask
27  #1-3
28  def tri_mask(mask, label = None):
29      mask = T.functional.pil_to_tensor(mask).float()
30      if label == None:  # [0: back, 1: cat or dog, 2: not classified]
31          mask[mask == 2] = 0                # background: 0
31          mask[mask == 3] = 2
32      else:
33          mask[mask == 2] = 0                # background: 0
34          mask[mask == 1] = label
35          mask[mask == 3] = label
36      return mask
37
38  #2:augmentation
39  class Compose:
40      def __init__(self, transforms):
41          self.transforms = transforms
42      def __call__(self, image, mask):
43          for t in self.transforms:
44              image, mask = t(image, mask)
45          return image, mask
46
```

```
47  class Resize:
48      def __init__(self, h, w = None):
49          if w is None:
50              w = h
51          self.size = (h, w)
52      def __call__(self, image, mask):
53          image = F.resize(image, self.size)
54          mask  = \
55              F.resize(mask, self.size,
56                          interpolation = T.InterpolationMode.NEAREST)
57          return image, mask
58
59  class RandomHorizontalFlip:
60      def __init__(self, prob = 0.5):
61          self.prob = prob
62      def __call__(self, image, mask):
63          if torch.rand(1) < self.prob:
64              image = F.hflip(image)
65              mask  = F.hflip(mask)
66          return image, mask
67
68  class RandomVerticalFlip:
69      def __init__(self, prob=0.5):
70          self.prob = prob
71
72      def __call__(self, image, mask):
73          if torch.rand(1) < self.prob:
74              image = F.vflip(image)
75              mask  = F.vflip(mask)
76          return image, mask
77
78  class RandomRotation:
79      def __init__(self, angle=10):
80          self.angle = angle
81      def __call__(self, image, mask):
82          # angle =  float(random.randint(-self.angle, self.angle))
83          # angle = float(torch.randint(-self.angle,
84                                      self.angle, (1,) ).item() )
85          angle = \
86              float(torch.empty(1).uniform_(-self.angle,
87                                          self.angle ).item() )
88          image = F.rotate(image, angle, expand = True)
89          mask  = F.rotate(mask, angle, expand = True)
90          return image, mask
91
```

```
 92 class ToTensor:
 93     def __call__(self, image, mask):
 94         # image = F.pil_to_tensor(image).float() / 255.0
 95         image = F.to_tensor(image)
 96         mask = torch.as_tensor(mask,
 97                                dtype = torch.int64)
 98         return image, mask
 99
100 class CenterCrop:
101     def __init__(self, size):
102         self.size = size
103     def __call__(self, image, mask):
104         image = F.center_crop(image, self.size)
105         mask = F.center_crop(mask, self.size)
106         return image, mask
107
108 class Normalize:
109     def __init__(self, mean, std):
110         self.mean = mean
111         self.std = std
112     def __call__(self, image, mask):
113         image = F.normalize(image, mean = self.mean,
114                             std = self.std)
115         return image, mask
116
117 class ColorJitter:
118     def __init__(self, brightness = .2, contrast = .2,
119                  saturation = .2, hue = .2):
120         self.b = brightness
121         self.c = contrast
122         self.s = saturation
123         self.h = hue
124     def __call__(self, image, mask):
125         jitter = T.ColorJitter(brightness = self.b,
126                                contrast=self.c,
127                                saturation = self.s, hue = self.h)
128         image = jitter(image)
129         return image, mask
130
131 #3: segmentation target_type: 'binary_mask',
132 #                             'tri_mask', 'tri_mask_catdog'
133 class PetDataset(Dataset):
134     def __init__(self, PATH = "./data/oxford-iiit-pet/",
135                  target_type = 'tri_mask_catdog',
136                  target_size = (224, 224), shuffle = True ):
137         self.PATH = PATH
```

```
138        self.target_type = target_type
139        self.target_size = target_size
140
141        file_name = PATH + "annotations/list.txt"
142        with open(file_name) as file:
143            list_txt = file.readlines()
144        list_txt = list_txt[6:]        # skip header in list.txt
145
146        if shuffle:
147          np.random.shuffle(list_txt)
148
149        self.image_names = []
150        self.labels = []
151        for line in list_txt:
152            image_name, class_id, species, breed_id = line.split()
153            self.image_names.append(image_name)    # with image_id
154            self.labels.append(int(species)-1)     # Cat: 0, Dog: 1
155
156    def __len__(self):
157        return len(self.image_names)
158
159    def __getitem__(self, idx):
160        image_file = self.PATH + "images/" +
161                    self.image_names[idx] + ".jpg"
162        if not os.path.exists(image_file):
163            print(f'File not found: {image_file}')
164            return
165        img = Image.open(image_file).convert('RGB')   # PIL
166        assert isinstance(img, Image.Image), "Corrupt JPEG..."
167
168        mask_file = self.PATH + "annotations/trimaps/"
169        mask_file+= self.image_names[idx]+ ".png"
170        mask = Image.open(mask_file).convert('L')      # PIL
171        assert isinstance(mask, Image.Image), "Corrupt PNG..."
172
173        # segmentation
173        if self.target_type == 'binary_mask':
175            mask = binary_mask(mask)
176        elif self.target_type == 'tri_mask':
177            mask = tri_mask(mask) # 0: back, 1:cat,dog, 2: not classified
178        elif self.target_type == 'tri_mask_catdog':
179            mask = tri_mask(mask, label = self.labels[idx] + 1)
180                                        # 0:back, 1:cat, 2:dog
181        return img, mask, self.labels[idx]
182
```

```
183  #4
184  def dataset_split(dataset, ratio = 0.2):
185    data_size =  len(dataset)
186    n2 = int(data_size*ratio)
187    n = data_size-n2
188    ds1, ds2 = \
189        random_split(dataset, [n, n2],
190                     generator = torch.Generator().manual_seed(0))
191    #print('type(ds1)=',type(ds1)) # torch.utils.data.dataset.Subset
192    ds1.target_type = dataset.target_type
193    ds2.target_type = dataset.target_type
194    ds1.target_size = dataset.target_size
195    ds2.target_size = dataset.target_size
196    return ds1, ds2
197  #5
198  class SplitDataset:
199      def __init__(self, dataset, data_type = 'train'):
200          self.dataset = dataset
201          self.data_type = data_type
202          self.target_type = dataset.target_type
203          self.target_size = dataset.target_size
204          self.train_transforms = Compose([
205                             Resize(self.target_size[0] + 2),
206                             RandomRotation(45),
207                             CenterCrop(self.target_size), # 224
208                             RandomHorizontalFlip(),
209                             ColorJitter(),
210                             ToTensor(),                # [0, 1]
211                             Normalize(mean, std) ])
212          self.valid_test_transforms = Compose([
213                             Resize(self.target_size[0] + 2),
214                             CenterCrop(self.target_size), # 224
215                             ToTensor(),                # [0, 1]
216                             Normalize(mean, std)])
217
218      def __getitem__(self, idx):
219          img, mask, label = self.dataset[idx]
220          if self.data_type == 'train':
221              img, mask = self.train_transforms(img, mask)
222          else:
223              img, mask = self.valid_test_transforms(img, mask)
224          return img, mask, label
225      def __len__(self):
226          return len(self.dataset)
227
```

```
228 #6:
229 dataset = PetDataset()              # target_type = 'tri_mask_catdog'
230 train_ds, test_ds = dataset_split(dataset)
231 train_ds, valid_ds = dataset_split(train_ds, ratio = 0.1)
231
232 train_ds = SplitDataset(train_ds, 'train')
233 test_ds  = SplitDataset(test_ds,  'test')
234 valid_ds = SplitDataset(valid_ds, 'valid')
235 print('len(train_ds)= ', len(train_ds))            # 5292
236 print('len(valid_ds)= ', len(valid_ds))            # 588
237 print('len(test_ds) = ', len(test_ds))             # 1469
238
239 train_loader = DataLoader(train_ds, batch_size = 64,
240                           shuffle = True)
241 valid_loader = DataLoader(valid_ds, batch_size = 64,
242                           shuffle = False)
243 test_loader  = DataLoader(test_ds,  batch_size = 64,
244                           shuffle = False)
245 print('len(train_loader)= ', len(train_loader))  # 83
246 print('len(valid_loader)= ', len(valid_loader))  # 10
247 print('len(test_loader) = ', len(test_loader))   # 23
248
249 #7: sample display
250 for data_loader in [train_loader, valid_loader, test_loader]:
251     images, masks, labels = next(iter(data_loader))
252     images = inv_normalize(images)
253
254     class_names = ['Cat', 'Dog']
255     fig = plt.figure(figsize=(10, 4))
256
257     ds = data_loader.dataset
258     title = ds.data_type + " : "
259     title+= ds.target_type
260     fig.canvas.manager.set_window_title(title)
261     n = 5
262     for i in range(n):
263         plt.subplot(2, n, i + 1)
264         img_tensor = images[i]
265         img_tensor = img_tensor.permute(1, 2, 0) # (224, 224, 3)
266         plt.imshow(img_tensor)
267         plt.axis("off")
268         plt.title(class_names[labels[i]])
269
270         plt.subplot(2, n, i + 1 + n)
271         mask_tensor = masks[i]
```

```
272          mask_tensor = mask_tensor.permute(1, 2, 0) # (224, 224, 1)
273          plt.imshow(mask_tensor, vmin = 0, vmax = 2)
274          plt.axis("off")
275      fig.tight_layout()
276      plt.show()
```

▷▷ 실행결과

```
len(train_ds)= 5292
len(valid_ds)= 588
len(test_ds) = 1469
len(train_loader)= 83
len(valid_loader)= 10
len(test_loader) = 23
```

▷▷▷ 프로그램 설명

1 영상 분할을 위한 PetSegDataset 클래스를 정의한다. 영상과 마스크를 같이 확장augmentation 변환한다.

dataset_split() 함수로 데이터셋을 분리하고, SplitDataset로 데이터 타입('train', 'test', 'valid')에 따라 영상과 마스크를 변환한다.

2 #2는 영상과 마스크를 같이 변환하기 위해 torchvision.transforms를 참조하여 Compose, Resize, RandomHorizontalFlip, RandomVerticalFlip, RandomRotation, ToTensor, CenterCrop, Normalize, ColorJitter 클래스를 정의한다.

3 #3은 "list.txt"를 이용하는 [예제 50-03]의 PetDataset을 수정하여 영상 분할을 위한 PetSegDataset 클래스를 정의한다. target_type은 'binary_mask', 'tri_mask', 또는 'tri_mask_catdog'이다. __getitem__() 메서드에서 영상(img), 마스크(mask), 레이블(self.labels[idx])을 반환한다. 영상(img), 마스크(mask)에 변환을 적용하지 않는다.

4 #4의 dataset_split()는 dataset을 ds1, ds2로 분리한다. ds1, ds2는 Subset 객체이다.

5 #5는 SplitDataset 클래스를 정의한다. data_type = 'train'이면 데이터셋에 self.train_transforms 변환하고, 'test'와 'valid'이면 self.valid_test_transforms 변환한다. __getitem__() 메서드에서 영상(img), 마스크(mask), 레이블(label)을 반환한다.

6 #6은 PetSegDataset로 target_type = 'tri_mask_catdog'의 dataset을 생성한다. dataset_split() 함수로 dataset을 분리하여 train_ds, test_ds를 생성하고, train_ds를 분리하여 valid_ds를 생성한다. SplitDataset로 train_ds, test_ds, valid_ds를 생성한다. DataLoader로 각 데이터셋의 train_loader, valid_loader, test_loader를 생성한다.

7 #7은 각 데이터로더의 샘플 영상을 표시한다. [그림 50.10]의 훈련 데이터는 랜덤 회전을 포함한다. [그림 50.11]은 검증 데이터, [그림 50.12]는 테스트 데이터이다.

△ 그림 50.10 ▶ target_type = 'tri_mask_catdog', data_type = 'train'

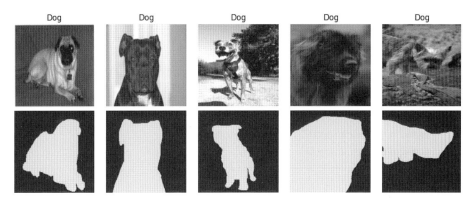

△ 그림 50.11 ▶ target_type = 'tri_mask_catdog', data_type = 'valid'

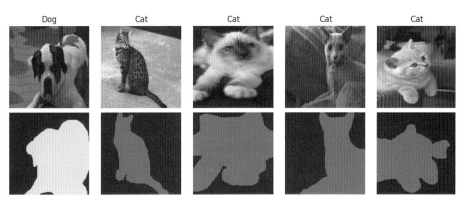

△ 그림 50.12 ▶ target_type = 'tri_mask_catdog', data_type = 'test'

▷ 예제 50-06 ▶ 영상 분할 데이터셋 확장 2: 데이터로더 collate_fn

```
01 #ref: http://www.robots.ox.ac.uk/~vgg/data/pets/
02 #ref: 5003.py, 5005.py
03 import torch
04 import torchvision.io.image as image
05 import torchvision.transforms as T
06 import torchvision.transforms.functional as F
07 from torch.utils.data import Dataset, DataLoader, random_split
08 from PIL import Image
09 import numpy as np
10 import matplotlib.pyplot as plt
11 import os
12 import random
13 #1-1
14 mean = torch.tensor([0.485, 0.456, 0.406])
15 std  = torch.tensor([0.229, 0.224, 0.225])
16 inv_normalize = T.Lambda(        # 4901.py
17         lambda y: y * std[:, None, None] + mean[:, None, None])
18
19 #1-2: trimaps: foreground(1), background(2), Not classified(3)
20 def binary_mask(mask):
21     mask = T.functional.pil_to_tensor(mask)
22     mask[mask == 2] = 0        # 2 -> 0
23     mask[mask == 3] = 1        # (1, 3) -> 1
24     return mask
25 #1-3
26 def tri_mask(mask, label=None):
27     mask = T.functional.pil_to_tensor(mask).float()
28     if label == None:  # [0:back, 1: cat or dog, 2: not classified]
29         mask[mask == 2] = 0     # background: 0
30         mask[mask == 3] = 2
31     else:
32         mask[mask == 2] = 0     # background: 0
33         mask[mask == 1] = label
34         mask[mask == 3] = label
35     return mask
36 #2:augmentation, [예제 50-05] 참조
37 #3: segmentation target_type: 'binary_mask',
38 #                              'tri_mask', 'tri_mask_catdog'
39 class PetSegDataset(Dataset):
40 # ... [예제 50-05] 참조
41 #4
42 def dataset_split(dataset, ratio = 0.2, data_type1 = 'train',
43                 data_type2 = 'test'):
44     data_size =  len(dataset)
```

```
45      n2 = int(data_size * ratio)
46      n = data_size - n2
47      ds1, ds2 = random_split(dataset, [n, n2],
48                      generator = torch.Generator().manual_seed(0))
49
50      #print('type(ds1)=',type(ds1)) # torch.utils.data.dataset.
51      ds1.data_type = data_type1
52      ds2.data_type = data_type2
53      ds1.target_type = dataset.target_type
54      ds2.target_type = dataset.target_type
55      ds1.target_size = dataset.target_size
56      ds2.target_size = dataset.target_size
57      return ds1, ds2
58  #5
59  dataset = PetSegDataset()      # target_type='tri_mask_catdog'
60  train_ds, test_ds = dataset_split(dataset)
61  train_ds, valid_ds = \
62          dataset_split(train_ds, ratio = 0.1, data_type2 = 'valid')
63  print('len(train_ds)= ', len(train_ds))      # 5292
64  print('len(valid_ds)= ', len(valid_ds))      # 588
65  print('len(test_ds) = ', len(test_ds))       # 1469
66  #6:
67  #6-1
68  target_size = dataset.target_size            # (224, 224)
69  train_transforms = Compose([
70                          Resize(target_size[0] + 2),
71                          RandomRotation(45),
72                          CenterCrop(target_size),  # 224
73                          RandomHorizontalFlip(),
74                          ColorJitter(),
75                          ToTensor(),               # [0, 1]
76                          Normalize(mean, std)])
77  valid_test_transforms = Compose([
78                          Resize(target_size[0] + 2),
79                          CenterCrop(target_size),  # 224
80                          ToTensor(),               # [0, 1]
81                          Normalize(mean, std)])
82  #6-2
83  def train_collate_fn(batch):
84      for i, (image, mask, label) in enumerate(batch):
85          image, mask = train_transforms(image, mask)
86          batch[i] = (image, mask, label)
87
88      images, masks, labels= zip(*batch)       # tuple(zip(*batch))
89      images = torch.stack(images, dim = 0)
```

```
 90      masks = torch.stack(masks, dim = 0)
 91      #labels= torch.tensor(labels)
 92      return images, masks, labels
 93  #6-3
 94  def valid_test_collate_fn(batch):
 95      for i, (image, mask, label) in enumerate(batch):
 96          image, mask = valid_test_transforms(image, mask)
 97          batch[i] = (image, mask, label)
 98      images, masks, labels = zip(*batch)      # tuple(zip(*batch))
 99      images = torch.stack(images, dim = 0)
100      masks  = torch.stack(masks, dim = 0)
101      return images, masks, labels
102  #6-4
103  train_loader = DataLoader(train_ds, batch_size = 64,
104                            shuffle = True,
105                            collate_fn = train_collate_fn)
106  valid_loader = DataLoader(valid_ds, batch_size = 64,
107                            shuffle = False,
108                            collate_fn = valid_test_collate_fn)
109  test_loader  = DataLoader(test_ds, batch_size = 64,
110                            shuffle = False,
111                            collate_fn = valid_test_collate_fn)
112  print('len(train_loader)= ', len(train_loader))      # 83
113  print('len(valid_loader)= ', len(valid_loader))      # 10
114  print('len(test_loader) = ', len(test_loader))       # 23
115
116  #7: sample display
117  for data_loader in [train_loader, valid_loader, test_loader]:
118      images, masks, labels = next(iter(data_loader))
119      images = inv_normalize(images)
120
121      class_names = ['Cat', 'Dog']
122      fig = plt.figure(figsize = (10, 4))
123
124      ds = data_loader.dataset
125      title  = ds.data_type + " : "
126      title += ds.target_type
127      fig.canvas.manager.set_window_title(title)
128      n = 5
129      for i in range(n):
130          plt.subplot(2, n, i + 1)
131          img_tensor = images[i]
132          img_tensor = img_tensor.permute(1, 2, 0) # (224, 224, 3)
133          plt.imshow(img_tensor)
134          plt.axis("off")
135          plt.title(class_names[labels[i]])
```

```
136
137        plt.subplot(2, n, i+1+n)
138        mask_tensor = masks[i]
139        mask_tensor = mask_tensor.permute(1, 2, 0) # (224, 224, 1)
140        plt.imshow(mask_tensor, vmin=0, vmax=2)
141        plt.axis("off")
142    fig.tight_layout()
143    plt.show()
```

▷▷▷ 프로그램 설명

**1** 영상과 마스크를 같이 확장 augmentation 변환한다.

dataset_split() 함수로 데이터셋을 분리하고, 데이터로더에서 collate_fn으로 배치 데이터의 영상과 마스크를 변환한다.

**2** #2, #3은 [예제 50-05]와 같다. #4의 dataset_split()는 dataset을 ds1, ds2로 분리한다.

**3** #5는 PetSegDataset로 target_type = 'tri_mask_catdog'의 dataset을 생성한다. dataset_split() 함수로 dataset을 분리하여 train_ds, test_ds, valid_ds를 생성한다.

**4** #6-1은 train_transforms, valid_test_transforms 변환을 생성한다.

**5** #6-2의 train_collate_fn() 함수는 batch의 각 영상(image), 마스크(mask)를 train_transforms 변환한다.

**6** #6-3의 valid_test_collate_fn() 함수는 batch의 image, mask를 valid_test_transforms 변환한다.

**7** #6-4는 DataLoader로 train_ds에서 collate_fn = train_collate_fn로 train_loader를 생성한다. valid_ds에서 collate_fn = valid_test_collate_fn으로 valid_loader를 생성한다. test_ds에서 collate_fn = valid_test_collate_fn으로 test_loader를 생성한다.

**8** #7은 각 데이터로더의 샘플 영상을 표시한다. 실행결과는 [그림 50.10], [그림 50.11], [그림 50.12]와 유사하다.

▷ 예제 50-07  ▶ 영상 분할 데이터셋 확장 3: albumentations

```
01  '''
02  #ref: http://www.robots.ox.ac.uk/~vgg/data/pets/
03  #ref: https://albumentations.ai/docs/examples/pytorch_semantic_
04  segmentation/
05  #ref: 5005.py
06  # pip install albumentations'
07  '''
08  import torch
09  import albumentations as A
10  from albumentations.pytorch import ToTensorV2
```

```python
11 #import albumentations.augmentations.functional as F
12 from torch.utils.data import Dataset, DataLoader, random_split
13 from PIL import Image
14 import cv2
15 import numpy as np
16 import matplotlib.pyplot as plt
17 import os
18 #1-1
19 mean = torch.tensor([0.485, 0.456, 0.406])
20 std  = torch.tensor([0.229, 0.224, 0.225])
21 def inverse_image(image, **kwargs):
22     return image * std[:, None, None] + mean[:, None, None]
23
24 inv_normalize = A.Lambda(image = inverse_image)
25
26 #1-2: trimaps: foreground(1), background(2), Not classified(3)
27 def binary_mask(mask):
28     mask = mask.astype(np.float32)
29     mask[mask == 2] = 0        # 2 -> 0
30     mask[mask == 3] = 1        # (1, 3) -> 1
31     return mask
32 #1-3
33 def tri_mask(mask, label = None):
34     mask = mask.astype(np.float32)
35     if label == None:  # [0: back, 1: cat or dog, 2: not classified]
36         mask[mask == 2] = 0     # background: 0
37         mask[mask == 3] = 2
38     else:
39         mask[mask == 2] = 0     # background: 0
40         mask[mask == 1] = label
41         mask[mask == 3] = label
42     return mask
43
44 #2: segmentation target_type: 'binary_mask', 'tri_mask',
45 #                             'tri_mask_catdog'
46 class PetSegDataset(Dataset):
47     def __init__(self, PATH = "./data/oxford-iiit-pet/",
48                  target_type = 'tri_mask_catdog',
49                  target_size = (224, 224), shuffle = True ):
50         self.PATH = PATH
51         self.target_type = target_type
52         self.target_size = target_size
53
54         file_name = PATH + "annotations/list.txt"
55         with open(file_name) as file:
56             list_txt = file.readlines()
```

```
57          list_txt = list_txt[6:]     # skip header in list.txt
58
59          if shuffle:
60              np.random.shuffle(list_txt)
61
62          self.image_names = []
63          self.labels = []
64          for line in list_txt:
65              image_name, class_id, species, breed_id = line.split()
66
67              self.image_names.append(image_name)  # with image_id
68              self.labels.append(int(species)-1)   # Cat: 0, Dog: 1
69
70      def __len__(self):
71          return len(self.image_names)
72
73      def __getitem__(self, idx):
74          image_file = self.PATH + "images/" +
75                      self.image_names[idx] + ".jpg"
76          if not os.path.exists(image_file):
77              print(f'File not found: {image_file}')
78              return
79          # img = cv2.imread(image_file)            # numpy
80          # img = cv2.cvtColor(img, cv2.COLOR_BGR2RGB)
81          img = \
82              np.array(Image.open(image_file).convert('RGB')) # numpy
83          assert isinstance(img, np.ndarray), "Corrupt JPEG..."
84
85          mask_file  = self.PATH + "annotations/trimaps/"
86          mask_file += self.image_names[idx] + ".png"
87          # mask = cv2.imread(mask_file, cv2.IMREAD_UNCHANGED) # Gray
88          mask = np.array(Image.open(mask_file).convert('L'))   # numpy
89          assert isinstance(mask, np.ndarray), "Corrupt PNG..."
90
91          # segmentation
92          if self.target_type == 'binary_mask':
93              mask = binary_mask(mask)
94          elif self.target_type == 'tri_mask':
95              mask = tri_mask(mask) # 0: back, 1: cat, dog, 2: not classified
96          elif self.target_type == 'tri_mask_catdog':
97              mask = tri_mask(mask, label = self.labels[idx] + 1)
98                                          # 0: back, 1: cat, 2:dog
99          return img, mask, self.labels[idx]
100 #3
101 def dataset_split(dataset, ratio = 0.2):
102     data_size = len(dataset)
```

```
103        n2 = int(data_size * ratio)
104        n = data_size - n2
105        ds1, ds2 = random_split(dataset, [n, n2],
106                        generator = torch.Generator().manual_seed(0))
107
108        #print('type(ds1)=', type(ds1)) # torch.utils.data.dataset.Subset
109        ds1.target_type = dataset.target_type
109        ds2.target_type = dataset.target_type
110        ds1.target_size = dataset.target_size
111        ds2.target_size = dataset.target_size
112        return ds1, ds2
113
114 #4
115 class SplitDataset:
116     def __init__(self, dataset, data_type = 'train'):
117         self.dataset = dataset
118         self.data_type = data_type
119         self.target_type = dataset.target_type
120         height, width = dataset.target_size
121
122         self.train_transforms = A.Compose([
123                         A.Resize(height + 2, width + 2),
124                         A.CenterCrop(height, width),
125                         A.Rotate(45),
126                         # A.RandomRotate90(),    # p = 0.5
127                         # A.ShiftScaleRotate(shift_limit = 0.05,
128                         #                        scale_limit = 0.05,
129                         #                        rotate_limit = 20),
130                         A.ColorJitter(),
131                         A.RandomBrightnessContrast(),
132                         A.Normalize(mean.tolist(), std.tolist()),
133                         ToTensorV2()])
134
135         self.valid_test_transforms = A.Compose([
136                         A.Resize(height + 2, width + 2),
137                         A.CenterCrop(height, width),
138                         A.Normalize(mean.tolist(), std.tolist()),
139                         ToTensorV2()])
140
141     def __getitem__(self, idx):
142         img, mask, label = self.dataset[idx]
143         if self.data_type == 'train':
144             transformed = self.train_transforms(image = img, mask = mask)
145         else:
146             transformed = self.valid_test_transforms(image = img, mask = mask)
147
```

```
148         img = transformed["image"]
149         mask= transformed["mask"]
150        return img, mask, label
151    def __len__(self):
152        return len(self.dataset)
153 #5:
154 dataset = PetSegDataset()      # target_type = 'tri_mask_catdog'
155 train_ds, test_ds = dataset_split(dataset)
156 train_ds, valid_ds = dataset_split(train_ds, ratio = 0.1)
157
158 train_ds = SplitDataset(train_ds, 'train')
159 test_ds  = SplitDataset(test_ds,  'test')
160 valid_ds = SplitDataset(valid_ds, 'valid')
161 print('len(train_ds)= ', len(train_ds))          # 5292
162 print('len(valid_ds)= ', len(valid_ds))          # 588
163 print('len(test_ds) = ', len(test_ds))           # 1469
164
165 train_loader = DataLoader(train_ds, batch_size = 64,
166                          shuffle = True)
167 valid_loader = DataLoader(valid_ds, batch_size = 64,
168                          shuffle = False)
169 test_loader  = DataLoader(test_ds, batch_size = 64,
170                          shuffle = False)
171 print('len(train_loader)= ', len(train_loader))    # 83
172 print('len(valid_loader)= ', len(valid_loader))    # 10
173 print('len(test_loader) = ', len(test_loader))     # 23
174
175 #6: sample display
176 for data_loader in [train_loader, valid_loader, test_loader]:
177     images, masks, labels = next(iter(data_loader))
178     transformed = inv_normalize(image = images)
179     images = transformed["image"]
180
181     class_names = ['Cat', 'Dog']
182     fig = plt.figure(figsize = (10, 4))
183
184     ds = data_loader.dataset
185     title  = ds.data_type + " : "
186     title += ds.target_type
187     fig.canvas.manager.set_window_title(title)
188     n = 5
189     for i in range(n):
190         plt.subplot(2, n, i + 1)
191         img_tensor = images[i]
192         img_tensor = img_tensor.permute(1, 2, 0)   # (224, 224, 3)
193         plt.imshow(img_tensor)
```

```
194          plt.axis("off")
195          plt.title(class_names[labels[i]])
196
197          plt.subplot(2, n, i + 1 + n)          mask_tensor = masks[i]
198          #mask_tensor = mask_tensor.permute(1, 2, 0) # (224, 224, 1)
199          plt.imshow(mask_tensor, vmin = 0, vmax = 2)
200          plt.axis("off")
201     fig.tight_layout()
202     plt.show()
```

▷▷▷ 프로그램 설명

**1** albumentations는 영상 분류, 분할, 물체 검출 등의 다양한 컴퓨터비전 태스크를 위한 영상 확장 augmentation을 위한 라이브러리이다. [예제 50-05]와 같이 PetSegDataset로 데이터셋을 생성하고, dataset_split() 함수로 데이터셋을 분리하고, SplitDataset로 data_type에 따라 훈련 데이터와 테스트 데이터, 검증 데이터에서 다른 변환을 적용한다.

**2** #1-1의 inv_normalize 변환은 A.Lambda(image = inverse_image)로 image를 역 변환한다.

**3** #2의 PetSegDataset는 [예제 50-05]와 같이 분류를 위한 데이터셋을 생성한다.

**4** #3의 dataset_split()는 dataset을 ds1, ds2로 분리한다.

**5** #4는 SplitDataset 클래스를 정의한다. albumentations으로 self.train_transforms, self.valid_test_transforms 변환을 정의한다.

__getitem__() 메서드에서 data_type이 'train'이면 self.train_transforms(image = img, mask = mask)로 transformed에 변환한다.

'valid', 'test'이면 self.valid_test_transforms(image = img, mask = mask)로 transformed에 변환한다. type(transformed) = dict이다. transformed["image"], transformed["mask"]는 각각 변환된 영상(img), 마스크(mask)이다.

**6** #5는 PetSegDataset로 target_type='tri_mask_catdog'의 dataset을 생성한다. dataset_split() 함수로 dataset을 분리하여 train_ds, test_ds, valid_ds를 생성한다. SplitDataset로 train_ds, test_ds, valid_ds를 생성한다.

DataLoader로 train_loader, valid_loader, test_loader를 생성한다.

**7** #6은 데이터로더의 샘플 영상을 표시한다. inv_normalize(image = images)로 영상을 transformed에 변환한다. transformed["image"]는 변환된 영상이다.

실행결과는 [그림 50.10], [그림 50.11], [그림 50.12]와 유사하다.

▷ 예제 50-08   ▶ 영상 분할 데이터셋 확장 4: albumentations

```
01  ' ' '
02  #ref: http://www.robots.ox.ac.uk/~vgg/data/pets/
03  #ref: https://albumentations.ai/docs/examples/pytorch_semantic_
04  segmentation/#ref: 5006.py
05  # pip install albumentations
06  ' ' '
06  import torch
07  import albumentations as A
08  from albumentations.pytorch import ToTensorV2
09  from torch.utils.data import Dataset, DataLoader, random_split
10  from PIL import Image
11  import cv2
12  import numpy as np
13  import matplotlib.pyplot as plt
14  import os
15  #1-1
16  #... [예제 50-07] 참조
17  #1-2: trimaps: foreground(1), background(2), Not classified(3)
18  def binary_mask(mask):
19  #... [예제 50-07] 참조
20  #1-3
21  def tri_mask(mask, label=None):
22  #... [예제 50-07] 참조
23  #2: segmentation target_type: 'binary_mask', 'tri_mask',
24  class PetSegDataset(Dataset):
25  #... [예제 50-07] 참조
26  #3
27  def dataset_split(dataset, ratio = 0.2,
28                    data_type1 = 'train', data_type2 = 'test'):
29      data_size =  len(dataset)
30      n2 = int(data_size * ratio)
31      n = data_size - n2
32      ds1, ds2 = random_split(dataset, [n, n2],
33                  generator = torch.Generator().manual_seed(0))
34
35      #print('type(ds1)=', type(ds1))    # torch.utils.data.dataset.Subset
36      ds1.data_type = data_type1
37      ds2.data_type = data_type2
38
39      ds1.target_type = dataset.target_type
40      ds2.target_type = dataset.target_type
41      ds1.target_size = dataset.target_size
42      ds2.target_size = dataset.target_size
43      return ds1, ds2
```

```
44 #4
45 dataset = PetSegDataset()        # target_type = 'tri_mask_catdog'
46 train_ds, test_ds = dataset_split(dataset)
47 train_ds, valid_ds = dataset_split(train_ds, ratio = 0.1,
48                                    data_type2 = 'valid')
49 print('len(train_ds)= ', len(train_ds))       # 5292
50 print('len(valid_ds)= ', len(valid_ds))       # 588
51 print('len(test_ds) = ', len(test_ds))        # 1469
52 #5:
53 #5-1
54 height, width = dataset.target_size           # (224, 224)
55 train_transforms = A.Compose([
56                        A.Resize(height + 2, width + 2),
57                        A.CenterCrop(height, width),
58                        A.Rotate(45),
59                        # A.RandomRotate90(),      # p = 0.5
60                        # A.ShiftScaleRotate(shift_limit = 0.05,
61                        #                    scale_limit = 0.05,
62                        #                    rotate_limit = 20),
63                        A.ColorJitter(),
64                        A.RandomBrightnessContrast(),
65                        A.Normalize(mean.tolist(), std.tolist()),
66                        ToTensorV2()])
67
68 valid_test_transforms = A.Compose([
69                        A.Resize(height + 2, width + 2),
70                        A.CenterCrop(height, width),
71                        A.Normalize(mean.tolist(), std.tolist()),
72                        ToTensorV2()])
73 #5-2
74 def train_collate_fn(batch):
75     for i, (image, mask, label) in enumerate(batch):
76         transformed  = \
77             train_transforms(image = image, mask = mask)
78         image = transformed["image"]
79         mask  = transformed["mask"]
80         batch[i] = (image, mask, label)
81
82     images, masks, labels= zip(*batch)      # tuple(zip(*batch))
83     images  = torch.stack(images, dim = 0)
84     masks   = torch.stack(masks, dim = 0)
85     #labels = torch.tensor(labels)
86     return images, masks, labels
87 #5-3
88 def valid_test_collate_fn(batch):
89     for i, (image, mask, label) in enumerate(batch):
```

```
 90          transformed = \
 91              valid_test_transforms(image = image, mask = mask)
 92          image = transformed["image"]
 93          mask  = transformed["mask"]
 94          batch[i] = (image, mask, label)
 95
 96      images, masks, labels= zip(*batch)      # tuple(zip(*batch))
 97      images= torch.stack(images, dim = 0)
 98      masks = torch.stack(masks, dim = 0)
 99      return images, masks, labels
100  #5-4
101  train_loader = \
102      DataLoader(train_ds, batch_size = 64, shuffle = True,
103                  collate_fn = train_collate_fn)
104  valid_loader = \
105      DataLoader(valid_ds, batch_size = 64, shuffle = False,
106                  collate_fn = valid_test_collate_fn)
107  test_loader  = \
108      DataLoader(test_ds, batch_size = 64, shuffle = False,
109                  collate_fn = valid_test_collate_fn)
110  print('len(train_loader)= ', len(train_loader))    # 83
111  print('len(valid_loader)= ', len(valid_loader))    # 10
112  print('len(test_loader) = ', len(test_loader))     # 23
113
114  #6: sample display
115  for data_loader in [train_loader, valid_loader, test_loader]:
116      images, masks, labels = next(iter(data_loader))
117      transformed = inv_normalize(image = images)
118      images = transformed["image"]
119
120      class_names = ['Cat', 'Dog']
121      fig = plt.figure(figsize = (10, 4))
122
123      ds = data_loader.dataset
124      title = ds.data_type + " : "
125      title+= ds.target_type
126      fig.canvas.manager.set_window_title(title)
127      n = 5
128      for i in range(n):
129          plt.subplot(2, n, i + 1)
130          img_tensor = images[i]
131          img_tensor = img_tensor.permute(1, 2, 0)  # (224, 224, 3)
132          plt.imshow(img_tensor)
133          plt.axis("off")
134          plt.title(class_names[labels[i]])
135
```

```
136          plt.subplot(2, n, i + 1 + n)
137          mask_tensor = masks[i]
138          #mask_tensor = mask_tensor.permute(1, 2, 0) # (224, 224, 1)
139          plt.imshow(mask_tensor, vmin = 0, vmax = 2)
140          plt.axis("off")
141      fig.tight_layout()
142      plt.show()
```

▷▷▷ 프로그램 설명

**1** albumentations 라이브러리를 이용하여 영상과 마스크에 확장 augmentation 변환한다. [예제 50-06]과 같이 PetSegDataset로 데이터셋을 생성하고, dataset_split() 함수로 데이터셋을 분리하고, 데이터로더에서 collate_fn를 이용하여 배치 데이터의 영상과 마스크를 확장 변환한다.

**2** #1, #2는 [예제 50-07]과 같다. #3의 dataset_split()는 dataset을 ds1, ds2로 분리한다.

**3** #4는 PetSegDataset로 target_type = 'tri_mask_catdog'의 dataset을 생성한다. dataset_split() 함수로 데이터셋을 분리하여 train_ds, test_ds, valid_ds를 생성한다.

**4** #5-1은 albumentations으로 train_transforms, valid_test_transforms 변환을 생성한다.

**5** #5-2의 train_collate_fn() 함수는 batch의 각 영상(image), 마스크(mask)에 train_transforms(image = image, mask = mask)로 transformed에 변환한다. transformed["image"], transformed["mask"]은 각각 변환된 영상과 마스크이다.

**6** #5-3의 valid_test_collate_fn() 함수는 batch의 각 image, mask를 valid_test_transforms 변환한다.

**7** #5-4는 DataLoader로 train_ds에서 collate_fn = train_collate_fn로 train_loader를 생성한다. valid_ds에서 collate_fn = valid_test_collate_fn로 valid_loader를 생성한다. test_ds에서 collate_fn = valid_test_collate_fn로 test_loader를 생성한다.

**8** #6은 각 데이터로더의 샘플 영상을 표시한다. 실행결과는 [그림 50.10], [그림 50.11], [그림 50.12]와 유사하다.

# U-Net 영상 분할

U-Net은 Olaf Ronneberger 등에 의해 의료 영상 분할을 위해 제안된 합성곱 신경망이다(U-Net: Convolutional Networks for Biomedical Image Segmentation, https://arxiv.org/pdf/1505.04597.pdf, 2015).

## 1 UNet 모델 구조

UNet은 오토 인코더처럼 인코딩하는 다운 샘플링 down sampling과 디코딩하는 업 샘플링 up sampling 네트워크 구조를 갖는다. 다운 샘플링과 업 샘플링 사이에 단축 연결 shortcut connection이 있다.

[그림 51.1]은 UNet 구조이다. N은 배치 크기이다. x.shape = (N, 3, 224, 224 ) 모양의 입력 배치 데이터가 인코딩에 의해 bridge.shape = (N, 1024, 14, 14) 모양의 특징으로 표현된다. 디코딩에 의해 out.shape = (N, out_channels, 224, 224) 모양으로 출력한다. 인코딩된 특징을 업 샘플링 결과와 연결 concatenate하여 디코딩한다.

인코딩에서 conv_block( )은 특징 채널수를 2배로 증가시키고, maxpool( )로 영상을 축소하는 다운 샘플링 한다. 디코딩에서 conv_block( )은 특징 채널수를 감소시키고, up_sample( )로 영상을 확대하는 업 샘플링한다. up_sample()은 nn.Upsample() 또는 nn.ConvTranspose2d( )로 구현한다. 모델의 출력층은 kernel_size = 1의 완전 연결 합성곱 신경망 fc = nn.Conv2d(64, out_channels, 1)로 입력과 같은 크기의 채널수 out_channels의 영상을 출력한다.

## 2 UNet 손실함수

UNet을 이용한 영상 분할 image segmentation은 훈련 데이터에 입력 영상 images과 마스크 영상 masks을 이용하여 영상의 각 화소를 분류한다. Unet(images)의 출력(outs)과 마스크 영상 masks 사이의 손실 계산과 예측 prediction은 다음과 같이 모델의 출력 채널수 out_channels에 따라 계산한다.

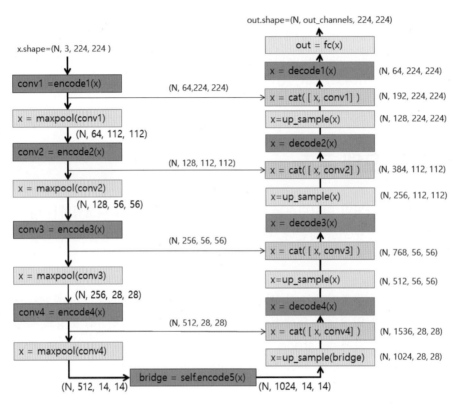

△ 그림 51.1 ▶ UNet 구조

⬛1⬛ out_channels = 1이면, nn.MSELoss(), nn.BCEWithLogitsLoss() 손실함수를 사용하여 이진 영상 분할을 학습할 수 있다. 입력 영상은 images.shape = [N, 3, 224, 224]이고, 이진 마스크 영상은 masks.shape = [N, 1, 224, 224]이다. 영상 분할을 예측할 때 모델 출력(outs)에 pred = torch.sigmoid(outs)를 적용하고 pred_mask = (pred 〉 0.5).float()로 마스크를 생성한다.
[예제 51-01]은 out_channels = 1로 영상을 배경(background, 0)과 물체(cat / dog, 1)로 이진 분할한다.

⬛2⬛ out_channels 〉 1이면, nn.CrossEntropyLoss() 손실함수를 사용하여 멀티 클래스 영상 분할을 학습할 수 있다. 입력 영상은 images.shape = [N, 3, 224, 224]이고,

마스크 영상은 masks.shape = [N, 224, 224]로 클래스 레이블을 갖는 정수 텐서
이다. 영상 분할을 예측할 때 모델 출력(outs)에  pred = torch.softmax(outs,
dim = 1)를 적용하고  pred_mask = torch.argmax(pred, dim = 1)로 마스크를 생성
한다.

[예제 51-01]은 out_channels = 2로 영상을 배경(background, 0)과 물체
(cat / dog, 1)로 이진 분할한다. [예제 51-02]는 out_channels = 3으로 영상을
배경(background, 0), cat(1), dog(2)로 분할한다.

▷ 예제 51-01    ▶ UNet: 이진분할(binary_mask)

```
01  ‘‘‘
02  ref1: 5002.py
03  ref2: https://github.com/usuyama/pytorch-unet/blob/master/pytorch_
04  unet.py
05  ’’’
06  import torch
07  import torch.nn as nn
08  import torch.optim as optim
09  import torchvision.transforms as T
10  from torchvision.datasets import OxfordIIITPet
11  from torch.utils.data import DataLoader, random_split
12  from torchinfo import summary
13  import numpy as np
14  import matplotlib.pyplot as plt
15  from torchmetrics.functional import accuracy, confusion_matrix
16  #1
17  mean = torch.tensor([0.485, 0.456, 0.406])
18  std  = torch.tensor([0.229, 0.224, 0.225])
19  image_transform = T.Compose([
20      T.Resize(226),              # T.InterpolationMode.BILINEAR
21      T.CenterCrop(224),
22      T.ToTensor(),               # [0, 1]
23      T.Normalize(mean, std) ])
24  mask_transform = T.Compose([
25      T.Resize(226,interpolation = T.InterpolationMode.NEAREST),
26      T.CenterCrop(224),
27      T.Lambda(lambda x: binary_mask(x))   ])
28  inv_normalize = T.Lambda(      # 4901.py
29          lambda y: y * std[:, None, None] + mean[:, None, None])
30
```

```python
31  #2: trimaps: foreground(1), background(2), Not classified(3)
32  def binary_mask(mask):
33      mask = T.functional.pil_to_tensor(mask).float()
34      mask[mask == 2] = 0          # 2 -> 0
35      mask[mask == 3] = 1          # (1, 3) -> 1
36      return mask
37
38  #3: target_types = 'segmentation'
39  train_ds = OxfordIIITPet(root = "./data",    # split = 'trainval',
40                           target_types = 'segmentation',
41                           transform = image_transform,
42                           target_transform = mask_transform,
43                           download = True)
44  test_ds  = OxfordIIITPet(root = "./data", split = 'test',
45                           target_types = 'segmentation',
46                           transform = image_transform,
47                           target_transform = mask_transform)
48
49  def dataset_split(dataset, ratio = 0.1):
50      data_size =  len(dataset)
51      n2 = int(data_size * ratio)
52      n = data_size - n2
53      ds1, ds2 = random_split(dataset, [n, n2],
54                      generator = torch.Generator().manual_seed(0))
55
56      return ds1, ds2
57
58  train_ds, valid_ds = dataset_split(train_ds)
59  # print('len(train_ds)= ', len(train_ds))          # 3312
60  # print('len(valid_ds)= ', len(valid_ds))          # 368
61  # print('len(test_ds) = ', len(test_ds))           # 3669
62
63  train_loader = DataLoader(train_ds, batch_size = 64,
64                              shuffle = True)
65  valid_loader = DataLoader(valid_ds, batch_size = 64,
66                              shuffle = False)
67  test_loader = DataLoader(test_ds, batch_size = 64, shuffle = False)
68  # print('len(train_loader)= ', len(train_loader))    # 52
69  # print('len(valid_loader)= ', len(valid_loader))    # 6
70  # print('len(test_loader) = ', len(test_loader))     # 58
71
72  #4
73  DEVICE = 'cuda' if torch.cuda.is_available() else 'cpu'
74  #4-1
75  # def conv_block(in_channels, out_channels):
76  #     return nn.Sequential(
```

```
77  #           nn.Conv2d(in_channels, out_channels,
78  #                    kernel_size = 3, padding = 1),
79  #           nn.BatchNorm2d(out_channels),
80  #           nn.ReLU(inplace=True),
81  #           nn.Conv2d(out_channels, out_channels,
82                       kernel_size = 3, padding = 1),
83  #           nn.BatchNorm2d(out_channels),
84  #           nn.ReLU(inplace = True) )
85  #4-2
86  class conv_block(nn.Module):
87      def __init__(self,in_channels, out_channels):
88          super().__init__()
89          self.conv = nn.Sequential(
90              nn.Conv2d(in_channels, out_channels,
91                       kernel_size = 3, padding = 1),
92              nn.BatchNorm2d(out_channels),
93              nn.ReLU(inplace = True),
94              nn.Conv2d(out_channels, out_channels,
95                       kernel_size = 3, padding = 1),
96              nn.BatchNorm2d(out_channels),
97              nn.ReLU(inplace = True) )
98      def forward(self, x):
99          return self.conv(x)
100 #4-3
101 class UNet(nn.Module):
102     def __init__(self, out_channels = 1 ):
103         super().__init__()
104         self.out_channels = out_channels
105         self.maxpool = nn.MaxPool2d(kernel_size = 2)
106
107         self.encode1 = conv_block(3, 64)
108         self.encode2 = conv_block(64, 128)
109         self.encode3 = conv_block(128, 256)
110         self.encode4 = conv_block(256, 512)
111         self.encode5 = conv_block(512, 1024)
112
113         self.decode4 = conv_block(1024 + 512, 512)  # x + shortcut
114         self.decode3 = conv_block( 512 + 256, 256)
115         self.decode2 = conv_block( 256 + 128, 128)
116         self.decode1 = conv_block( 128 +  64,  64)
117
118         self.fc = nn.Conv2d(64, out_channels, 1)    # classify
119
120     def up_sample(self, x, mode = 'Upsample'):
121         in_channels = x.size()[1]              # NCHW: [1] : C
```

```
122             if mode == 'Upsample':
123                 upsample = nn.Upsample(scale_factor = 2,
124                                        mode = 'bilinear')
125                 x = upsample(x)
126             elif mode == "ConvTranspose2d":
127                 upsample = \
128                     nn.ConvTranspose2d(in_channels, in_channels,
129                                        kernel_size = 2, stride = 2,
130                                        bias = False, device = DEVICE)
131                 x = upsample(x)
132                 x = nn.ReLU(inplace = True)(x)
133             else:
134                 raise NotImplemented(f'{mode} is not implemented.')
135             return x
136
137     def predict(self, images):
138         self.eval()
139         with torch.no_grad():
140             images = images.to(DEVICE)
141             outs = self.forward(images)
142
143             if self.out_channels == 1:
144                 pred = torch.sigmoid(outs)
145                 pred_mask = (pred > 0.5).float()
146             else:
147                 pred = torch.softmax(outs, dim = 1) # about channel
148                 pred_mask = torch.argmax(pred, dim = 1)
149         return pred_mask
150
151     def forward(self, x):
152         # encoder
153         conv1 = self.encode1(x)        # [, 64, 224, 224]
154         x = self.maxpool(conv1)
155
156         conv2 = self.encode2(x)        # [, 128, 112, 112])
157         x = self.maxpool(conv2)
158
159         conv3 = self.encode3(x)        # [, 256, 56, 56])
160         x = self.maxpool(conv3)
161
162         conv4 = self.encode4(x)        # [, 512, 28, 28])
163         x = self.maxpool(conv4)
164
165         bridge = self.encode5(x)       # [, 1024, 14, 14])
166
```

```
167          # decoder
168          x = self.up_sample(bridge)            # [, 1024, 28, 28]
169          x = torch.cat([x, conv4], dim = 1)    # [, 1536, 28, 28]
170          x = self.decode4(x)                   # [,  512, 28, 28]
171
172          x = self.up_sample(x)                 # [,  512, 56, 56]
173          x = torch.cat([x, conv3], dim = 1)    # [,  768, 56, 56]
174          x = self.decode3(x)                   # [,  256, 56, 56]
175
176          x = self.up_sample(x)                 # [,  256, 112, 112]
177          x = torch.cat([x, conv2], dim = 1)    # [,  384, 112, 112]
178          x = self.decode2(x)                   # [,  128, 112, 112]
179
180          x = self.up_sample(x)                 # [,  128, 224, 224]
181          x = torch.cat([x, conv1], dim=1)      # [,  192, 224, 224]
182          x = self.decode1(x)                   # [,   64, 224, 224]
183
184          out = self.fc(x)              # [, out_channels, 224, 224]
185          return out
186 #5
187 def train_epoch(train_loader, model, optimizer, loss_fn):
188     K = len(train_loader)
189     batch_loss = 0.0
190     for images, masks in train_loader:
191         images = images.to(DEVICE)            # [, 3, 224, 224]
192
193         if model.out_channels != 1:  # for nn.CrossEntropyLoss()
194             masks = masks.squeeze().long()    # [, 224, 224]
195         masks = masks.to(DEVICE)
196
197         outs = model(images)     # [, model.out_channels, 224, 224]
198         loss = loss_fn(outs, masks)
199
200         optimizer.zero_grad()
201         loss.backward()
202         optimizer.step()
203
204         batch_loss += loss.item()
205     batch_loss /= K
206     return batch_loss
207 #6
208 def evaluate(loader, model):
209     K = len(loader)
210     model.eval()
211     loss_fn = nn.CrossEntropyLoss()
212
```

```
213        batch_loss = 0.0
214        batch_acc = 0.0
215        with torch.no_grad():
216            for images, masks in loader:
217                images = images.to(DEVICE)            # [, 3, 224, 224]
218
219                if model.out_channels != 1: # for nn.CrossEntropyLoss()
220                    masks = masks.squeeze().long() # [, 224, 224]
221                masks = masks.to(DEVICE)
222
223                outs = model(images) #
224                loss = loss_fn(outs, masks)
225                batch_loss += loss.item()
226
227                if model.out_channels == 1:
228                    pred = (outs.sigmoid() > 0.5).float() ##
229                else:
230                    pred = outs.argmax(dim=1)     # about channel
231
232                # C = confusion_matrix(pred, masks, task = 'binary')
233                # acc = torch.diag(C, 0).sum() / C.sum()
234                acc = accuracy(pred, masks, task = 'binary')
235                batch_acc += acc
236            batch_loss /= K
237            batch_acc /= K
238            return batch_loss, batch_acc
239 #7:
240 def main(EPOCHS = 50):
241 #7-1
242    # unet = UNet().to(DEVICE)                    # out_channels = 1
243    unet = UNet(out_channels = 2).to(DEVICE)
244    # summary(unet, input_size = (1, 3, 224, 224), device = DEVICE)
245
246    optimizer = optim.Adam(params = unet.parameters(), lr = 0.001)
247    scheduler = optim.lr_scheduler.StepLR(
248                        optimizer, step_size = 10, gamma = 0.9)
249
250    if unet.out_channels == 1:
251        # loss_fn = nn.MSELoss()
252        loss_fn = nn.BCEWithLogitsLoss()
253    else:
254        loss_fn = nn.CrossEntropyLoss()
255
256    train_losses = []
257
```

```
258 #7-2
259     print('training.....')
260     unet.train()
261     for epoch in range(EPOCHS):
262         train_loss = train_epoch(train_loader, unet,
263                                  optimizer, loss_fn)
264         scheduler.step()
265         train_losses.append(train_loss)
266         if not epoch % 10 or epoch == EPOCHS - 1:
267             valid_loss, valid_acc = evaluate(valid_loader, unet)
268             print(f"epoch={epoch}: train_loss={train_loss:.4f},
269                     ', end='")
270             print(f'valid_loss={valid_loss:.4f},
271                     valid_acc={valid_acc:.4f}')
272
273     train_loss, train_acc = evaluate(train_loader, unet)
274     print(f'train_loss={train_loss:.4f},
275             train_acc={train_acc:.4f}')
276
277     test_loss, test_acc = evaluate(test_loader, unet)
278     print(f'test_loss={test_loss:.4f}, test_acc={test_acc:.4f}')
279     torch.save(unet, './saved_model/5101_unet.pt')
280
281 #7-3: display loss, pred
282     plt.xlabel('epoch')
283     plt.ylabel('loss')
284     plt.plot(train_losses, label = 'train_losses')
285     plt.legend()
286     plt.show()
287
288 #7-4: predict for test_loader
289     images, masks = next(iter(test_loader))     # train_loader
290     pred_masks = unet.predict(images)
291     images = inv_normalize(images)
292
293     fig, axes = plt.subplots(nrows = 3, ncols = 8, figsize = (8, 3))
294     fig.canvas.manager.set_window_title('U-net: segmentation')
295     for i in range(8):
296         image = images[i].cpu()            # .detach().cpu().numpy()
297         axes[0, i].imshow(image.permute(1, 2, 0),
298                           cmap = 'gray')      # (H, W, C)
299         axes[0, i].axis("off")
300
301         image = masks[i].cpu()
302         axes[1, i].imshow(image.squeeze(), cmap = 'gray')
303         axes[1, i].axis("off")
```

```
304          image = pred_masks[i].cpu()
305          axes[2, i].imshow(image.squeeze(), cmap = 'gray')
306          axes[2, i].axis("off")
307      fig.tight_layout()
308      plt.show()
309  #8
310  if __name__ == '__main__':
311      main()
```

▷▷ 실행결과

```
training.....
epoch=0: train_loss=0.5301, valid_loss=0.5255, valid_acc=0.7585
epoch=10: train_loss=0.3552, valid_loss=0.3742, valid_acc=0.8361
epoch=20: train_loss=0.2680, valid_loss=0.2567, valid_acc=0.8933
epoch=30: train_loss=0.1959, valid_loss=0.2181, valid_acc=0.9113
epoch=40: train_loss=0.1503, valid_loss=0.2208, valid_acc=0.9172
epoch=49: train_loss=0.1060, valid_loss=0.2454, valid_acc=0.9161
train_loss=0.0970, train_acc=0.9606
test_loss=0.2449, test_acc=0.9190
```

▷▷▷ 프로그램 설명

**1** UNet으로 binary_mask를 이용하여 영상에서 배경(0)과 물체(cat, dog: 1)를 화소별로 이진분할 binary segmentation한다.

**2** #1, #2, #3은 분류를 위한 train_loader, test_loader를 생성한다([예제 50-02 참조]).

**3** #4의 conv_block은 nn.Conv2d()를 2회 적용하여 특징을 추출한다. #4-1의 함수 또는 #4-2의 클래스로 작성할 수 있다.

**4** #4-3은 [그림 51.1]의 UNet 클래스를 정의한다. forward(self, x) 메서드는 입력 x의 UNet 출력 out을 계산한다. predict(self, images) 메서드는 images를 UNet에 적용하여 예측 마스크 pred_mask를 계산한다.

up_sample(self, x, mode = 'Upsample') 메서드는 mode에 따라 nn.Upsample() 또는 nn.ConvTranspose2d()로 UNet의 디코더에서 x를 확대한다.

**5** #5의 train_epoch() 함수는 train_loader 데이터를 이용하여 model을 1회 에폭 학습한다. model.out_channels != 1이면 nn.CrossEntropyLoss() 손실함수를 위해 masks = masks.squeeze().long()로 [, 224, 224] 모양으로 변환한다.

**6** #6의 evaluate() 함수는 loader 데이터를 평가 모드에서 model에 적용하여 배치손실 (batch_loss)과 화소 정확도(batch_acc)를 계산한다.

**7** main() 함수의 #7-1에서 unet = UNet()는 unet.out_channels=1의 unet 모델을 생성한다. unet = UNet(out_channels=2)는 unet.out_channels=2의 unet 모델을 생성한다.

unet.out_channels=1이면 nn.MSELoss(), nn.BCEWithLogitsLoss() 손실함수를 사용한다. unet.out_channels=2이면 nn.CrossEntropyLoss() 손실함수를 사용한다.

8 #7-2는 train_epoch() 함수를 호출하여 train_loader 데이터로 unet 모델을 학습한다.

9 #7-3은 train_losses의 손실그래프를 표시한다.

10 #7-4는 test_loader의 샘플 images, masks에 대해 unet.predict(images)로 예측 분할 마스크 pred_masks를 계산하여 표시한다. [그림 51.2]는 out_channels=2, loss_fn = nn.CrossEntropyLoss()의 UNet 이진분할 결과이다. 첫 번째 행은 원본 영상 images, 두 번째 행은 원본 masks, 마지막 행은 모델의 예측 pred_masks이다.

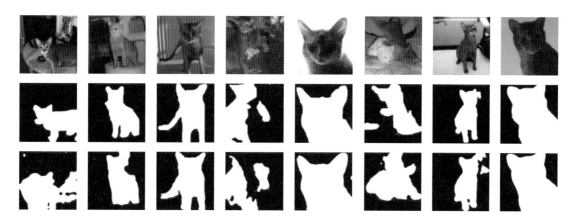

△ 그림 51.2 ▶ UNet 이진분할: out_channels = 2, loss_fn = nn.CrossEntropyLoss()

▷ 예제 51-02 ▶ UNet: 시맨틱 분할: 배경(0), cat(1), dog(2)

```
01 '''
02 #ref1: 5007.py, 5101.py
03 #ref2: https://github.com/usuyama/pytorch-unet/blob/master/
04 pytorch_unet.py
05 #ref3: https://albumentations.ai/docs/examples/pytorch_semantic_
06 segmentation/
07 '''
08 import torch
09 import torch.nn as nn
10 import torch.optim as optim
11 from torch.utils.data import Dataset, DataLoader, random_split
12 from torchmetrics.functional import accuracy, confusion_matrix
13 import albumentations as A
14 from albumentations.pytorch import ToTensorV2
15 from torchinfo import summary
16 from PIL import Image
```

```python
17  import cv2
18  import numpy as np
19  import matplotlib.pyplot as plt
20  import os
21  #1-1
22  mean = torch.tensor([0.485, 0.456, 0.406])
23  std  = torch.tensor([0.229, 0.224, 0.225])
24
25  def inverse_image(image, **kwargs):
26      return image * std[:, None, None] + mean[:, None, None]
27  inv_normalize = A.Lambda(image = inverse_image)
28
29  #1-2: trimaps: foreground(1), background(2), Not classified(3)
30  def binary_mask(mask):
31      mask = mask.astype(np.float32)
32      mask[mask == 2] = 0           # 2 -> 0
33      mask[mask == 3] = 1           # (1, 3) -> 1
34      return mask
35  #1-3
36  def tri_mask(mask, label = None):
37      mask = mask.astype(np.float32)
38      if label == None:  # [0: back, 1: cat or dog, 2: not classified]
39          mask[mask == 2] = 0       # background: 0
40          mask[mask == 3] = 2
41      else:
42          mask[mask == 2] = 0       # background: 0
43          mask[mask == 1] = label
44          mask[mask == 3] = label
45      return mask
46
47  #2: segmentation target_type: 'binary_mask', 'tri_mask',
48  #                             'tri_mask_catdog'
49  class PetSegDataset(Dataset):
50      def __init__(self, PATH = "./data/oxford-iiit-pet/",
51                   target_type = 'tri_mask_catdog',
52                   target_size = (224, 224), shuffle = True ):
53          self.PATH = PATH
54          self.target_type = target_type
55          self.target_size = target_size
56
57          file_name = PATH + "annotations/list.txt"
58          with open(file_name) as file:
59              list_txt = file.readlines()
60          list_txt = list_txt[6:]    # skip header in list.txt
61
```

```
62          if shuffle:
63            np.random.shuffle(list_txt)
64
65          self.image_names = []
66          self.labels = []
67          for line in list_txt:
68              image_name, class_id, species,  breed_id = line.split()
69              self.image_names.append(image_name)  # with image_id
70              self.labels.append(int(species)-1)    # Cat: 0, Dog: 1
71
72      def __len__(self):
73          return len(self.image_names)
74
75      def __getitem__(self, idx):
76          image_file = self.PATH + "images/" +
77                       self.image_names[idx] + ".jpg"
78          if not os.path.exists(image_file):
79              print(f'File not found: {image_file}')
80              return
81          img = \
82              np.array(Image.open(image_file).convert('RGB')) # numpy
83          assert isinstance(img, np.ndarray), "Corrupt JPEG..."
84
85          mask_file  = self.PATH + "annotations/trimaps/"
86          mask_file += self.image_names[idx] + ".png"
87          mask = np.array(Image.open(mask_file).convert('L'))
88          assert isinstance(mask, np.ndarray), "Corrupt PNG..."
89
90          # segmentation
91          if self.target_type == 'binary_mask':
92              mask = binary_mask(mask)
93          elif self.target_type == 'tri_mask':
94              mask = tri_mask(mask) # 0: back, 1: cat, dog, 2: not classified
95
96          elif self.target_type == 'tri_mask_catdog':
97              mask = tri_mask(mask, label = self.labels[idx] + 1)
98                              # 0: back, 1: cat, 2: dog
99          return img, mask, self.labels[idx]
100 #3
101 def dataset_split(dataset, ratio = 0.2):
102     data_size = len(dataset)
103     n2 = int(data_size*ratio)
104     n = data_size-n2
105     ds1, ds2 = random_split(dataset, [n, n2],
106                 generator = torch.Generator().manual_seed(0))
107
```

```
108    #print('type(ds1)=',type(ds1)) # torch.utils.data.dataset.Subset
109    ds1.target_type = dataset.target_type
110    ds2.target_type = dataset.target_type
111    ds1.target_size = dataset.target_size
112    ds2.target_size = dataset.target_size
113    return ds1, ds2
114
115 #4
116 class SplitDataset:
117    def __init__(self, dataset, data_type = 'train'):
118        self.dataset = dataset
119        self.data_type = data_type
120        self.target_type = dataset.target_type
121        height, width = dataset.target_size
122
123        self.train_transforms = A.Compose([
124                    A.Resize(height + 2, width + 2),
125                    A.CenterCrop(height, width),
126                    A.Rotate(45),
127                 # A.RandomRotate90(),    # p = 0.5
128                 # A.ShiftScaleRotate(shift_limit = 0.05,
129                 #                    scale_limit = 0.05,
130                 #                    rotate_limit = 20),
131                    A.ColorJitter(),
132                    A.RandomBrightnessContrast(),
133                    A.Normalize(mean.tolist(), std.tolist()),
134                    ToTensorV2()])
135
136        self.valid_test_transforms = A.Compose([
137                    A.Resize(height + 2, width + 2),
138                    A.CenterCrop(height, width),
139                    A.Normalize(mean.tolist(), std.tolist()),
140                    ToTensorV2()])
141
142    def __getitem__(self, idx):
143        img, mask, label = self.dataset[idx]
144        if self.data_type == 'train':
145            transformed = self.train_transforms(image = img, mask = mask)
146        else:
147            transformed = self.valid_test_transforms(image = img, mask = mask)
148
149        img = transformed["image"]
150        mask= transformed["mask"]
151        return img, mask, label
152
```

```
153    def __len__(self):
154        return len(self.dataset)
155 #5:
156 dataset = PetSegDataset()    # target_type = 'tri_mask_catdog'
157 train_ds, test_ds = dataset_split(dataset)
158 train_ds, valid_ds = dataset_split(train_ds, ratio = 0.1)
159
160 train_ds = SplitDataset(train_ds, 'train')
161 test_ds  = SplitDataset(test_ds,  'test')
162 valid_ds = SplitDataset(valid_ds, 'valid')
163 # print('len(train_ds)= ', len(train_ds))        # 5292
164 # print('len(valid_ds)= ', len(valid_ds))        # 588
165 # print('len(test_ds) = ', len(test_ds))         # 1469
166
167 train_loader = DataLoader(train_ds, batch_size = 64,
168                           shuffle = True)
169 valid_loader = DataLoader(valid_ds, batch_size = 64,
170                           shuffle = False)
171 test_loader  = DataLoader(test_ds, batch_size = 64,
172                           shuffle = False)
173 # print('len(train_loader)= ', len(train_loader))    # 83
174 # print('len(valid_loader)= ', len(valid_loader))    # 10
175 # print('len(test_loader) = ', len(test_loader))     # 23
176
177 #6
178 DEVICE = 'cuda' if torch.cuda.is_available() else 'cpu'
179 #6-1
180 class conv_block(nn.Module):
181     def __init__(self,in_channels, out_channels):
182         super().__init__()
183         self.conv = nn.Sequential(
184             nn.Conv2d(in_channels, out_channels,
185                     kernel_size = 3, padding = 1),
186             nn.BatchNorm2d(out_channels),
187             nn.ReLU(inplace = True),
188             nn.Conv2d(out_channels, out_channels,
189                     kernel_size = 3, padding = 1),
190             nn.BatchNorm2d(out_channels),
191             nn.ReLU(inplace = True) )
192     def forward(self, x):
193         return self.conv(x)
194 #6-2
195 class UNet(nn.Module):
196     def __init__(self, out_channels = 1):
197         super().__init__()
198
```

```python
199            self.out_channels = out_channels
200            self.maxpool = nn.MaxPool2d(kernel_size = 2)
201
202            self.encode1 = conv_block(3, 64)
203            self.encode2 = conv_block(64, 128)
204            self.encode3 = conv_block(128, 256)
205            self.encode4 = conv_block(256, 512)
206            self.encode5 = conv_block(512, 1024)
207
208            self.decode4 = conv_block(1024 + 512, 512)  # x + shortcut
209            self.decode3 = conv_block( 512 + 256, 256)
210            self.decode2 = conv_block( 256 + 128, 128)
211            self.decode1 = conv_block( 128 +  64,  64)
212            self.fc = nn.Conv2d(64, out_channels, 1)    # classify
213
214        def up_sample(self, x, mode = 'Upsample'):
215            in_channels = x.size()[1]                    # NCHW: [1] : C
216            if mode == 'Upsample':
217                upsample = nn.Upsample(scale_factor = 2,
218                                       mode = 'bilinear')
219                x = upsample(x)
220            elif mode == "ConvTranspose2d":
221                upsample = \
222                    nn.ConvTranspose2d(in_channels, in_channels,
223                                       kernel_size = 2, stride = 2,
224                                       bias = False, device = DEVICE)
225                x = upsample(x)
226                x = nn.ReLU(inplace = True)(x)
227            else:
228                raise NotImplemented(f'{mode} is not implemented.')
229            return x
230
231        def predict(self, images):
232            self.eval()
233            with torch.no_grad():
234                images = images.to(DEVICE)
235                outs = self.forward(images)
236
237            pred = torch.softmax(outs, dim = 1)      # about channel
238            pred_mask = torch.argmax(pred, dim = 1)
239            return pred_mask
240
241        def forward(self, x):
242            # encoder
243            conv1 = self.encode1(x)                   # [, 64, 224, 224]
244            x = self.maxpool(conv1)
```

```
245
246            conv2 = self.encode2(x)                # [, 128, 112, 112])
247            x = self.maxpool(conv2)
248
249            conv3 = self.encode3(x)                # [, 256, 56, 56])
250            x = self.maxpool(conv3)
251
252            conv4 = self.encode4(x)                # [, 512, 28, 28])
253            x = self.maxpool(conv4)
254
255            bridge = self.encode5(x)               # [, 1024, 14, 14])
256
257            # decoder
258            x = self.up_sample(bridge)             # [, 1024, 28, 28]
259            x = torch.cat([x, conv4], dim = 1)     # [, 1536, 28, 28]
260            x = self.decode4(x)                    # [,  512, 28, 28]
261
262            x = self.up_sample(x)                  # [, 512, 56, 56]
263            x = torch.cat([x, conv3], dim = 1)     # [, 768, 56, 56]
264            x = self.decode3(x)                    # [, 256, 56, 56]
265
266            x = self.up_sample(x)                  # [, 256, 112, 112]
267            x = torch.cat([x, conv2], dim = 1)     # [, 384, 112, 112]
268            x = self.decode2(x)                    # [, 128, 112, 112]
269
270            x = self.up_sample(x)                  # [, 128, 224, 224]
271            x = torch.cat([x, conv1], dim = 1)     # [, 192, 224, 224]
272            x = self.decode1(x)                    # [,  64, 224, 224]
273
274            out = self.fc(x)               # [, out_channels, 224, 224]
275            return out
276  #7
277  def train_epoch(train_loader, model, optimizer, loss_fn):
278      K = len(train_loader)
279      batch_loss = 0.0
280      model.train()
281      for images, masks, _ in train_loader:
282          images = images.to(DEVICE)               # [, 3, 224, 224]
283
284          if model.out_channels != 1:    # for nn.CrossEntropyLoss()
285              masks = masks.squeeze().long()   # [, 224, 224]
286          masks =masks.to(DEVICE)
287
288          outs = model(images)     # [, model.out_channels, 224, 224]
289          loss = loss_fn(outs, masks)
290
```

```
291            optimizer.zero_grad()
292            loss.backward()
293            optimizer.step()
294
295            batch_loss += loss.item()
296        batch_loss /= K
297        return batch_loss
298 #8
299 def evaluate(loader, model):
300     model.eval()
301     loss_fn = nn.CrossEntropyLoss()
302     batch_loss = 0.0
303     batch_acc = 0.0
304     K = len(loader)
305     with torch.no_grad():
306         for images, masks, _ in loader:
307             images = images.to(DEVICE)  # [, 3, 224, 224]
308
309             if model.out_channels != 1: # for nn.CrossEntropyLoss()
310                 masks = masks.squeeze().long()   # [, 224, 224]
311             masks = masks.to(DEVICE)
312
313             outs = model(images) #[, model.out_channels, 224, 224]
314             loss = loss_fn(outs, masks)
315             batch_loss += loss.item()
316
317             pred = outs.argmax(dim = 1)    # about channel
318             # C= confusion_matrix(pred, masks,
319             #                         task = 'multiclass',
320             #                         num_classes = 3)
321             # acc = torch.diag(C, 0).sum() / C.sum()
322             acc = accuracy(pred, masks,
323                         task = 'multiclass', num_classes = 3)
324
325             batch_acc += acc
326         batch_loss /= K
327         batch_acc /= K
328         return batch_loss, batch_acc
329 #9
330 PATH = "./data/51_2/"
331 if os.path.isdir(PATH):
332     import shutil
333     shutil.rmtree(PATH)
334 os.mkdir(PATH)
335
```

```
336  def show_predict_images(unet, data_loader, title):
337      images, masks, _ = next(iter(data_loader))
338
339      pred_masks = unet.predict(images)
340
341      transformed = inv_normalize(image = images)
342      images = transformed["image"]
343
344      fig, axes = plt.subplots(nrows = 3, ncols = 8, figsize = (8, 3))
345      fig.canvas.manager.set_window_title('U-net segmentation:' + title)
346      #fig = plt.gcf()
347      for i in range(8):
348          image = images[i].cpu()       # .detach().cpu().numpy()
349          axes[0,i].imshow(image.permute(1, 2, 0),
350                          cmap = 'gray')       # (H, W, C)
351          axes[0,i].axis("off")
352
353          image = masks[i].cpu()
354          axes[1,i].imshow(image.squeeze(), vmin = 0, vmax = 2)
355          axes[1,i].axis("off")
356
357          image = pred_masks[i].cpu()
358          axes[2,i].imshow(image.squeeze(), vmin = 0, vmax = 2)
359          axes[2,i].axis("off")
360      fig.tight_layout()
361      # fig.canvas.draw()
362      # fig.canvas.draw_idle()
363      # fig.canvas.flush_events()
364
365      plt.savefig(PATH + title + '.png')
366      plt.close(fig)
367  #10:
368  def main(EPOCHS = 50):
369  #10-1
370      unet = UNet(out_channels = 3).to(DEVICE)
371      optimizer = optim.Adam(params = unet.parameters(), lr = 0.001)
372      scheduler = \
373          optim.lr_scheduler.StepLR(optimizer,
374                                    step_size = 10,
375                                    gamma = 0.9)
376
377      loss_fn = nn.CrossEntropyLoss()
378      train_losses = []
379  #10-2
380      print('training.....')
381
```

```
382      unet.train()
383      for epoch in range(EPOCHS):
384          train_loss = train_epoch(train_loader, unet,
385                                  optimizer, loss_fn)
386          train_losses.append(train_loss)
387          scheduler.step()
388
389          if not epoch % 10 or epoch == EPOCHS - 1:
390              valid_loss, valid_acc = evaluate(valid_loader, unet)
391              print(f'epoch={epoch}: train_loss={train_loss:.4f}, ',
392                  end = '')
393              print(f'valid_loss={valid_loss:.4f},
394                  valid_acc={valid_acc:.4f}')
395
396              show_predict_images(unet, train_loader, str(epoch))
397
398      train_loss, train_acc = evaluate(train_loader, unet)
399      print(f'train_loss={train_loss:.4f},
400          train_acc={train_acc:.4f}')
401
402      test_loss, test_acc = evaluate(test_loader, unet)
403      print(f'test_loss={test_loss:.4f}, test_acc={test_acc:.4f}')
404      torch.save(unet, './saved_model/5102_unet.pt')
405
406  #10-3: display loss, pred
407      #plt.ioff()
408      plt.xlabel('epoch')
409      plt.ylabel('loss')
410      plt.plot(train_losses, label='train_losses')
411      plt.legend()
412      plt.savefig(PATH + '5102_loss.png')
413      plt.show()
414
415  #10-4: predict for test_loader
416      show_predict_images(unet, test_loader, "test_sample")
417  if __name__ == '__main__':
418      main()
```

▷▷ 실행결과

```
training.....
epoch=0: train_loss=0.7940, valid_loss=0.7046, valid_acc=0.6989
epoch=10: train_loss=0.3896, valid_loss=0.3490, valid_acc=0.8619
epoch=20: train_loss=0.2425, valid_loss=0.2934, valid_acc=0.8895
epoch=30: train_loss=0.1699, valid_loss=0.1992, valid_acc=0.9263
epoch=40: train_loss=0.1336, valid_loss=0.2314, valid_acc=0.9187
```

```
epoch=49: train_loss=0.1135, valid_loss=0.1933, valid_acc=0.9337
train_loss=0.1062, train_acc=0.9584
test_loss=0.2012, test_acc=0.9334
```

▷▷▷ 프로그램 설명

**1** [예제 50-07]의 albumentations를 이용한 데이터 확장과 UNet으로 영상에서 배경(0), 고양이(cat, 1), 개(dog, 2)를 시맨틱 분할 semantic segmentation한다. 시맨틱 분할은 같은 종류의 물체 화소에서 같은 레이블을 갖는다.

**2** #1, #2, #3, #4, #5는 [예제 50-07]과 같다. PetSegDataset로 데이터셋을 생성하고, dataset_split()로 데이터셋을 분리하고, SplitDataset에서 albumentations를 이용한 데이터 확장 데이터셋 train_ds, test_ds, valid_ds를 생성한다. DataLoader로 각 데이터셋의 데이터로더 train_loader, test_loader, valid_loader를 생성한다.

**3** #6은 [예제 51-01]과 같이 UNet 클래스를 정의한다. 3개의 클래스(배경, cat, dog)를 구분하기 위하여 out_channels = 3을 사용한다.

**4** #7의 train_epoch() 함수는 train_loader 데이터를 이용하여 model을 1 에폭 학습한다. model.out_channels = 3에서 nn.CrossEntropyLoss() 손실함수를 위해 masks = masks. squeeze().long()로 [, 224, 224] 모양으로 변환한다.

**5** #8의 evaluate() 함수는 loader 데이터를 평가 모드에서 model에 적용하여 배치손실 (batch_loss)과 화소 정확도(batch_acc)를 계산한다.

**6** #9의 show_predict_images() 함수는 data_loader의 샘플 영상(images), 마스크(masks)를 생성하고, unet.predict(images)로 영상(images)의 분할 마스크 (pred_masks)를 예측한다. inv_normalize(image = images)로 영상을 역 정규화한다. transformed["image"]는 역 정규화 영상이다.

**7** main() 함수의 #10-1에서 unet = UNet()는 unet.out_channels = 3의 unet 모델을 생성한다. Adam 최적화, StepLR 스케줄러, nn.CrossEntropyLoss() 손실함수를 사용한다.

**8** #10-2는 train_epoch() 함수로 train_loader로 unet 모델을 1회 학습한다. 훈련 중간 결과로 훈련 데이터의 손실(train_loss), 검증 데이터의 손실(valid_loss), 정확도(valid_acc)를 출력한다.

show_predict_images()로 훈련 데이터의 샘플 영상(images), 정답 마스크(masks), 분할 영상(pred_masks)을 PATH 폴더에 저장한다([그림 51.3]).

EPOCHS 훈련을 종료하고, evaluate() 함수로 훈련 데이터의 train_loss, train_acc와 테스트 데이터의 test_loss, test_acc를 출력한다.

torch.save()로 학습된 unet 모델을 '5102_unet.pt' 파일에 저장한다.

**9** #10-3은 train_losses의 손실그래프를 표시한다. #10-4는 테스트 데이터의 샘플 영상 (images), 정답 마스크(masks), 분할 영상(pred_masks)을 PATH 폴더에 저장한다([그림 51.4]).

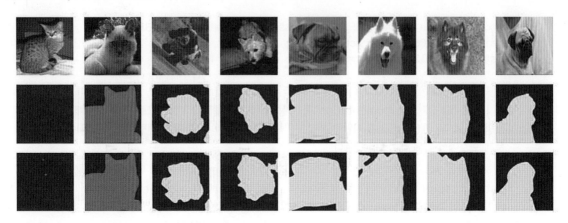

△ 그림 51.3 ▶ Net 시맨틱 분할U(epoch = 49): 배경(0), cat(1), dog(2)

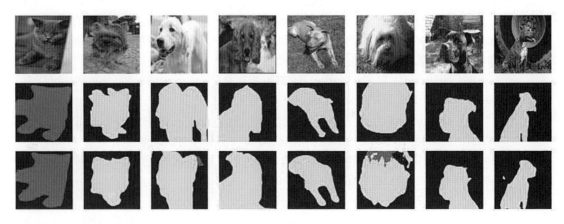

△ 그림 51.4 ▶ UNet 시맨틱 분할(test_sample.png): 배경(0), cat(1), dog(2)

# 영상 분할 손실 (IOU, FOCAL)

다양한 손실함수를 영상 분할 image segmentation에 사용할 수 있다("A survey of loss functions for semantic segmentation," https://arxiv.org/pdf/2006.14822.pdf, 2020). 여기서는 IOU, DICE, FOCAL 손실에 대해 설명한다. 멀티 클래스(multi-class) 분류는 원-핫 인코딩하여 클래스별로 손실의 평균으로 계산할 수 있다.

## 1 IOU

[그림 52.1]의 IOU Intersection over Union, Jaccard index 는 목표(T)와 모델 예측(P)의 교집합의 개수를 합집합의 개수로 나누어 계산한다. 목표(T)와 모델 예측(P)이 완전히 겹치면 IOU = 1, 분리되면 IOU = 0이다. 이진 영상(배경:0, 물체:1) 경우 화소별 곱셈과 합계로 계산하거나 또는 TP true positive, FP false positive, FN false negative로 계산할 수 있다(Jaccard index).

IOU는 분할 정확도로 사용할 수 있고, loss = 1 - IOU로 영상 분할의 손실에 사용할 수 있다("Optimizing Intersection-Over-Union in Deep Neural Networks for Image Segmentation," ISVC 2016). 물체의 바운딩 박스 검출에서 IOU는 사각영역의 겹침을 이용하여 계산한다.

$$IOU(P, T) = \frac{|T \cap P|}{|T \cup P|} = \frac{|T \cap P|}{|T| + |P| - |T \cap P|} =$$

$$= \frac{TP}{TP+FP+FN}$$

△ 그림 52.1 ▶ IOU(Intersection over Union)

## 2  DICE 손실

[그림 52.2]는 영상의 유사도를 측정하는 DICE 계수와 DICE_loss를 설명한다. DICE_coef(P, T)은 목표(T)와 모델 예측(P)이 완전히 일치하면 DICE_coef = 1, 분리되면 DICE_coef = 0이다. DICE_loss(P, T)는 완전히 일치하면 0, 분리되면 1이다. P, T가 이진 영상(배경:0, 물체:1)인 경우 화소별 곱셈과 합계로 계산하거나 또는 TP [true positive], FP [false positive], FN [false negative]로 계산할 수 있다. DICE_coef 계산에서 분모, 분자에 0이 아닌 상수(예, smooth = 1)를 추가하여 계산한다.

$$\text{DICE\_coef}(P, T) = \frac{2 \times |T \cap P|}{|T| + |P|} = \frac{2TP}{2TP+FP+FN} = $$

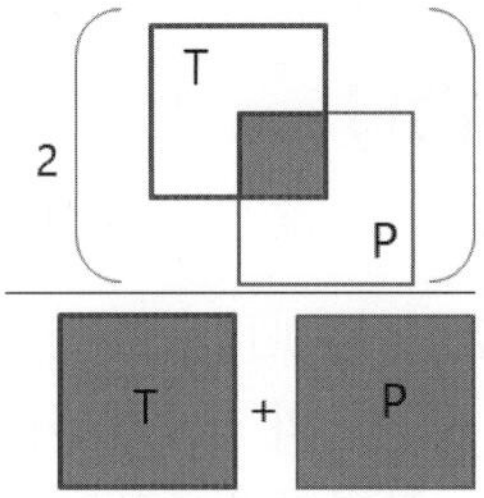

$$\text{DICE\_loss}(P, T) = 1 - \text{DICE\_coef}(P, T)$$

△ 그림 52.2 ▶ DICE_coeff, DICE_loss

## 3  집중손실 focal loss

집중손실 [focal loss]은 이진 교차 엔트로피 [binary cross-entropy]에 조절인자 [modulating factor]를 곱하여 쉽게 분류되는 샘플의 기여도를 낮추고 어려운 샘플에 집중하도록 한다. 영상 분할에서 배경 [background]과 전경 [foreground]의 클래스 데이터 샘플의 개수에 대한 불균형 [imbalance] 문제를 다룬다("Focal Loss for Dense Object Detection," https://arxiv.org/pdf/1708.02002.pdf, 2018).

[수식 52-1]은 이진 교차 엔트로피 손실이다. t는 정답이고, p는 t = 1 클래스에서 모델의 예측확률이다. 이진 클래스 확률을 [수식 52-2]의 pt로 표시하면 이진 교차 엔트로피는 [수식 52-3]과 같다.

[수식 52-4]는 클래스 균형 balanced 이진 교차 엔트로피이다. $\alpha$는 t = 1 클래스에 대한 가중치이다. t = 0에 대한 가중치는 $(1-\alpha)$이다.

[수식 52-5]는 이진 교차 엔트로피에 $(1-pt)^{\gamma}$의 조절인자를 곱한 집중손실이다. pt > 0.5인 쉽게 분류되는 샘플의 손실을 작게 한다.

[수식 52-6]은 클래스 균형 집중손실 balanced focal loss이다. 디폴트 집중인자는 $\gamma = 2$, 가중치는 $\alpha = 0.25$을 사용한다.

$$CE(p, t) = \begin{cases} -\log(p), & \text{if } t = 1 \\ -\log(1-p), & o.w \end{cases} \qquad \triangleleft \text{수식 52.1}$$

$$pt = \begin{cases} p, & \text{if } t = 1 \\ (1-p), & o.w \end{cases} \qquad \triangleleft \text{수식 52.2}$$

$$CE(pt) = -\log(pt) \;:\; \text{binary cross entropy} \qquad \triangleleft \text{수식 52.3}$$

$$CE(pt) = -\alpha_t \log(pt): \text{balanced binary cross entropy} \qquad \triangleleft \text{수식 52.4}$$

$$FL(p,t) = FL(pt) = -(1-pt)^{\gamma}\log(pt) \qquad \triangleleft \text{수식 52.5}$$

$$FL(p,t) = FL(pt) = -\alpha_t(1-pt)^{\gamma}\log(pt) \qquad \triangleleft \text{수식 52.6}$$

▷ 예제 52-01  ▶ IOU(Intersection over Union, Jaccard index)

```
01  '''
02  ref1:https://en.wikipedia.org/wiki/Jaccard_index
03  ref2:https://torchmetrics.readthedocs.io/en/stable/classification/jaccard_
04  index.html
05  ref3:https://www.kaggle.com/code/bigironsphere/loss-function-library-keras-
06  pytorch/notebook
07  '''
08  import torch
09  import torch.nn as nn
10  import torch.nn.functional as F
11  from torchmetrics.functional import jaccard_index
12  from torchmetrics.functional.classification import binary_jaccard_index
13  from torchmetrics.functional.classification import multiclass_jaccard_index
14  from torchmetrics.functional import confusion_matrix
15  import torchmetrics
16  print(torchmetrics.__version__)          # 0.11.0
17  #1
18  y_true = torch.tensor([0, 1, 2, 1])
19  y_true = F.one_hot(y_true)               # [4, 3]
20  print('y_true=', y_true)
21
22  # y_pred = torch.tensor([[1, 0, 0],       # 0
23  #                        [0, 1, 0],       # 1
24  #                        [0, 0, 1],       # 2
25  #                        [0, 0, 1]])      # 2
26  y_pred = torch.tensor([[.7, .2, .1],      # 0
27                         [.1, .6, .2],      # 1
28                         [.0, .2, .8],      # 2
29                         [.3, .1, .6]])     # 2
30  # iou = jaccard_index(y_pred, y_true, task = 'binary')
31  iou = binary_jaccard_index(y_pred, y_true)
32  print("#1-1: iou=", iou)
33
34  C = confusion_matrix(y_pred, y_true, task = 'binary')
35  print('C=', C)
36  tn = C[0, 0]
37  fp = C[0, 1]
38  fn = C[1, 0]
39  tp = C[1, 1]
40  iou = tp / (tp + fp + fn)
41  print("#1-2: iou=", iou)
42
43  y_pred = (y_pred>0.5).int()
44  intersect = (y_pred * y_true).sum()
```

```
45 union = y_pred.sum() + y_true.sum() - intersect
46 iou = intersect / union
47 print("#1-3: iou=", iou)
48
49 #2: multi-class
50 y_true = torch.argmax(y_true, dim = 1)    # [0, 1, 2, 1]
51 y_pred = torch.argmax(y_pred, dim = 1)    # [0, 1, 2, 2]
52 C = confusion_matrix(y_pred, y_true,
53                      task = 'multiclass', num_classes = 3)
54 print('#2: C=', C)
55 def class_iou(C, average = False):
56     class_iou= []
57     for i in range(C.shape[0]):          # 3
58         union = sum(C[i, :]) + sum(C[:, i]) - C[i, i]
59         intersection = C[i, i]
60         iou = intersection / union
61         class_iou.append(iou)
62     if average:
63         return sum(class_iou) / len(class_iou)
64     return class_iou
65 print('#2-1: class_iou=', class_iou(C))
66
67 # iou = jaccard_index(y_pred, y_true, task = 'multiclass',
68 #                     num_classes = 3, average = None)
69 iou = multiclass_jaccard_index(y_pred, y_true,
70                      num_classes = 3, average = None)
71 print("#2-2: iou=", iou)
72
73 # iou = jaccard_index(y_pred, y_true,task = 'multiclass',
74 #                    num_classes = 3)    # average = 'macro'
75 iou = multiclass_jaccard_index(y_pred, y_true, num_classes = 3)
76 print("#2-3: iou=", iou)
77
78 iou = multiclass_jaccard_index(y_pred, y_true, num_classes = 3,
79                      average = 'micro') # Sum stat over all labels
80 print("#2-4: iou=", iou)
81
82 #3: 예제 31-2: [그림 31.7]
83 y_true = torch.tensor([0, 1, 2, 0, 1, 2, 0, 1, 2, 0])
84 y_pred = torch.tensor([1, 0, 2, 1, 1, 2, 0, 1, 1, 1])
85 print('#3: C=', C)
86 print('#3-1: class_iou=', class_iou(C))
87
88 iou = multiclass_jaccard_index(y_pred, y_true,
89                      num_classes = 3, average = None)
```

```
90  print("#3-2: iou=", iou)
91
92  iou = multiclass_jaccard_index(y_pred, y_true,
93                                 num_classes = 3) # average = 'macro'
94  print("#3-3: iou=", iou)
95
96  iou = multiclass_jaccard_index(y_pred, y_true,
97                                 num_classes = 3, average = 'micro')
98  print("#3-4: iou=", iou)
```

▷▷ 실행결과

```
0.11.0
y_true= tensor([[1, 0, 0],
                [0, 1, 0],
                [0, 0, 1],
                [0, 1, 0]])
#1-1: iou= tensor(0.6000)
C= tensor([[7, 1],
           [1, 3]])
#1-2: iou= tensor(0.6000)
#1-3: iou= tensor(0.6000)
#2: C= tensor([[1, 0, 0],
               [0, 1, 1],
               [0, 0, 1]])
#2-1: class_iou= [tensor(1.), tensor(0.5000), tensor(0.5000)]
#2-2: iou= tensor([1.0000, 0.5000, 0.5000])
#2-3: iou= tensor(0.6667)
#2-4: iou= tensor(0.6000)
#3: C= tensor([[1, 3, 0],
               [1, 2, 0],
               [0, 1, 2]])
#3-1: class_iou= [tensor(0.2000), tensor(0.2857), tensor(0.6667)]
#3-2: iou= tensor([0.2000, 0.2857, 0.6667])
#3-3: iou= tensor(0.3841)
#3-4: iou= tensor(0.3333)
```

▷▷ 프로그램 설명

1 torchmetrics(torchmetrics.__version__ = 0.11.0)를 이용하여 y_true와 y_pred의 IOU(Intersection over Union, Jaccard index)를 계산한다.

2 #1-1은 binary_jaccard_index(y_pred, y_true)로 이진('binary') iou를 계산한다. threshold = 0.5를 적용하여 이진수(0:negative, 1:positive)로 변환한다.

task = 'binary'의 컨퓨전 행렬 C로부터 계산한 #1-2의 iou와 같다. 합집합, 교집합의 개수를 카운트한 #1-3의 iou와 같다.

3  #2는  task = 'multiclass', num_classes = 3의 멀티 클래스에서 컨퓨전 행렬 C와 iou를 계산한다.

#2-1의 class_iou() 함수는 컨퓨전 행렬 C에서 각 클래스의 class_iou를 계산한다.

#2-2는 average = None으로 각 클래스의 iou를 계산한다([그림 52.3]). #2-1과 결과는 같다.

#2-3은 average = 'macro'로 #2-2의 각 클래스 iou의 평균을 계산한다.

#2-4는 각 클래스의 tp, fp, fn의 합하여 iou을 계산한다.

4  #3은 [예제 31-02]의 y_true와 y_pred에서 iou를 계산한다.

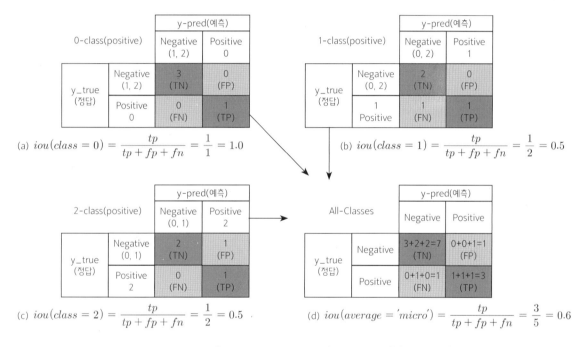

△ 그림 52.3 ▶ jaccard_index(y_pred, y_true, task = 'multiclass', num_classes = 3)

▷ 예제 52-02   ▶ DICE: torchmetrics

```
01  '''
02  ref1:https://en.wikipedia.org/wiki/S%C3%B8rensen%E2%80%93Dice_coefficient
03  ref2:https://torchmetrics.readthedocs.io/en/stable/classification/dice.html
04  '''
05
06  import torch
07  import torch.nn as nn
08  import torch.nn.functional as F
09  from torchmetrics.functional import dice
10  from torchmetrics.functional import confusion_matrix
11  from torchmetrics.functional.classification import binary_stat_scores
12  from torchmetrics.functional.classification import multiclass_stat_scores
13  # from torchmetrics.functional import stat_scores
14
15  #1
16  y_true = torch.tensor([0, 1, 2, 1])
17  y_true = F.one_hot(y_true)              # [4, 3]
18  print('y_true=', y_true)
19
20  y_pred = torch.tensor([[1, 0, 0],        # 0
21                         [0, 1, 0],        # 1
22                         [0, 0, 1],        # 2
23                         [0, 0, 1]])       # 2
24
25  # y_pred = torch.tensor([[.7, .2, .1],   # 0
26  #                        [.1, .6, .2],   # 1
27  #                        [.0, .2, .8],   # 2
28  #                        [.3, .1, .6]])  # 2
29
30  tp, fp, tn, fn, sup = binary_stat_scores(y_pred, y_true)
31  print(f'tp={tp}, fp={fp}, tn={tn}, fn={fn}, support={sup}')
32  dice_coef = 2 * tp / (2 * tp + fp + fn)
33  print("#1-1: dice_coef=", dice_coef)
34
35  # y_pred = (y_pred > 0.5).int()
36  dice_coef = dice(y_pred, y_true, num_classes = 2, average = None)
37  print("#1-2: dice_coef=", dice_coef)
38
39  dice_coef = dice(y_pred, y_true, num_classes = 2, average = 'macro')
40  print("#1-3: dice_coef=", dice_coef)
41
42  dice_coef = dice(y_pred, y_true, num_classes = 2, average = 'micro')
43  print("#1-4: dice_coef=", dice_coef)
44
```

```
45 C = confusion_matrix(y_pred, y_true, task = 'binary')
46 print('C=', C)
47 tn = C[0, 0]
48 fp = C[0, 1]
49 fn = C[1, 0]
50 tp = C[1, 1]
51 dice_coef = 2 * tp / (2 * tp + fp + fn)
52 print("#1-5: dice_coef=", dice_coef)
53
54 #y_pred = (y_pred > 0.5).int()
55 numerator = 2 * (y_pred * y_true).sum()
56 denominator = y_pred.sum() + y_true.sum()
57 dice_coef = numerator / denominator if denominator != 0 else 0
58 print("#1-6: dice_coef=", dice_coef)
59
60 #2: multi-class
61 y_pred = torch.tensor([[.7, .2, .1],          # 0
62                        [.1, .6, .2],          # 1
63                        [.0, .2, .8],          # 2
64                        [.3, .1, .6]])         # 2
65
66 dice_coef = dice(y_pred, y_true, num_classes = 3, average = None)
67 print("#2-1: dice_coef=", dice_coef)
68
69 dice_coef = dice(y_pred, y_true, num_classes = 3, average = 'macro')
70 print("#2-2: dice_coef=", dice_coef)
71
72 dice_coef = dice(y_pred, y_true, num_classes = 3, average = 'micro')
73 print("#2-3: dice_coef=", dice_coef)
74
75 #3: multi-class by multiclass_stat_scores
76 y_true =  torch.argmax(y_true, dim = 1)     # [0, 1, 2, 1]
77 y_pred = torch.argmax(y_pred, dim = 1)      # [0, 1, 2, 2]
78 score  = multiclass_stat_scores(y_pred,y_true, num_classes = 3,
79                                  average = None)
80 print('#3:score=', score)
81 for i,(tp, fp, tn, fn, sup) in enumerate(score):
82     print(f'class-{i}: tp={tp}, fp={fp}, tn={tn}, fn={fn},
83            support={sup}')
84     dice_coef = 2 * tp / (2 * tp + fp + fn)
85     print('\t dice_coef=', dice_coef)
```

▷▷ 실행결과

```
 y_true= tensor([[1, 0, 0],
                 [0, 1, 0],
```

```
                [0, 0, 1],
                [0, 1, 0]])
tp=3, fp=1, tn=7, fn=1, support=4
#1-1: dice_coef= tensor(0.7500)
#1-2: dice_coef= tensor([0.8750, 0.7500])
#1-3: dice_coef= tensor(0.8125)
#1-4: dice_coef= tensor(0.8333)
C= tensor([[7, 1],
           [1, 3]])
#1-5: dice_coef= tensor(0.7500)
#1-6: dice_coef= tensor(0.7500)
#2-1: dice_coef= tensor([1.0000, 0.6667, 0.6667])
#2-2: dice_coef= tensor(0.7778)
#2-3: dice_coef= tensor(0.7500)
#3:score= tensor([[1, 0, 3, 0, 1],
                  [1, 0, 2, 1, 2],
                  [1, 1, 2, 0, 1]])
class-0: tp=1, fp=0, tn=3, fn=0, support=1
         dice_coef= tensor(1.)
class-1: tp=1, fp=0, tn=2, fn=1, support=2
         dice_coef= tensor(0.6667)
class-2: tp=1, fp=1, tn=2, fn=0, support=1
         dice_coef= tensor(0.6667)
```

▷▷▷ 프로그램 설명

1  #1은 num_classes = 2인 이진 y_pred, y_true에서 dice_coef를 계산한다 ([그림 52.4]). #1-1은 binary_stat_scores()로 계산한 tp, fp, fn를 이용하여 dice_coef를 계산한다. threshold = 0.5를 적용하여 이진수(0:negative, 1:positive)로 변환한다.

2  #1-2는 dice()로 num_classes = 2, average = None로 평균을 계산하지 않고 각 클래스의 dice_coef를 계산한다.

3  #1-3은 average = 'macro'로 #1-2의 평균을 계산한다.

4  #1-4는 average = 'micro'로 클래스 0, 1의 tp, fp, fn을 합산하여 계산한다.

5  #1-5는 task = 'binary'의 컨퓨전 행렬 C로부터 계산한다.

6  #2는 num_classes = 3의 멀티 클래스에서 dice_coef를 계산한다(#3, [그림 52.3] 참조).

7  #3은 multiclass_stat_scores()로 num_classes = 3의 멀티 클래스에서 계산한 tp, fp, fn를 이용하여 dice_coef를 계산한다. #2의 결과와 같다.

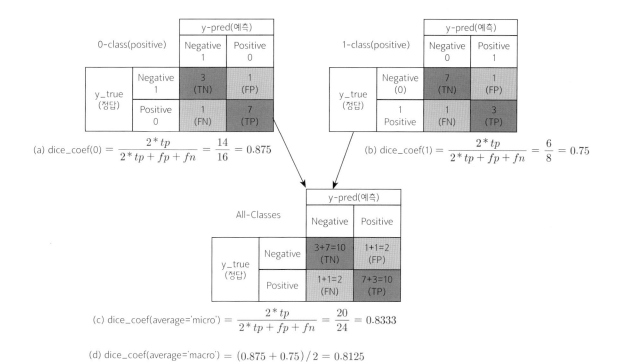

(a) dice_coef(0) = $\dfrac{2*tp}{2*tp+fp+fn} = \dfrac{14}{16} = 0.875$

(b) dice_coef(1) = $\dfrac{2*tp}{2*tp+fp+fn} = \dfrac{6}{8} = 0.75$

(c) dice_coef(average='micro') = $\dfrac{2*tp}{2*tp+fp+fn} = \dfrac{20}{24} = 0.8333$

(d) dice_coef(average='macro') = $(0.875 + 0.75)/2 = 0.8125$

△ 그림 52.4 ▶ dice(y_pred, y_true, num_classes = 2)

▷ 예제 52-03 ▶ 사용자 정의 MultiClassDiceLoss

```
01  '''
02  ref1:https://github.com/milesial/Pytorch-UNet/blob/master/train.py
03  ref2:https://kornia.readthedocs.io/en/latest/_modules/kornia/
04  losses/dice.html
05  ref3:https://github.com/kevinzakka/pytorch-goodies/blob/master/
06  losses.py
07  ref4:https://www.kaggle.com/code/bigironsphere/loss-function-
08  library-keras-pytorch/notebook
09  ref5:https://github.com/milesial/Pytorch-UNet/blob/23c14e6f908720c
10  2d6ff4f828f494ab17539869e/utils/dice_score.py#L36
11  '''
12
```

```python
13  import torch
14  import torch.nn as nn
15  import torch.nn.functional as F
16  torch.random.manual_seed(0)
17  #1
18  def multiclass_dice_loss(pred, target, smooth = 1, reduce = True):
19      '''
20          pred:   (N, C, H, W), pred.softmax(dim = 1)
21          target: (N, C, H, W), one_hot
22      '''
23      dims = (0, 2, 3)                          # N, H, W
24      intersection = torch.sum(pred * target, dims)
25      cardinality  = torch.sum(pred + target, dims)
26      dice = (2. * intersection + smooth) / (cardinality + smooth)
27      if reduce:
28          dice = dice.mean()
29      return 1.0 - dice
30  #2
31  class MulticlassDice(nn.Module):
32      def __init__(self, mode = 'loss'):
33          super().__init__()
34          self.mode = mode
35
36      def dice_coef(self, pred, target, smooth = 1):
37          #pred   = pred.contiguous()
38          #target = target.contiguous()
39          #pred   = pred.view(-1)
40          #target = target.view(-1)
41          pred    = pred.reshape(-1)
42          target  = target.reshape(-1)
43
44          intersection = (pred * target).sum()
45          dice  =  (2. * intersection + smooth)
46          dice /= (pred.sum() + target.sum()+ smooth)
47          return dice
48
49      def forward(self, pred, target, reduce = True):
50          assert pred.size() == target.size()
51
52          class_dice = []
53          for C in range(pred.shape[1]):        # channel
54              d = self.dice_coef(pred[:, C, ...], target[:, C, ...])
55              if self.mode == 'loss':
56                  d = 1 - d
57              class_dice.append(d)
58
```

```
59          if reduce:
60              return sum(class_dice) / len(class_dice)
61          return class_dice
62 #3
63 #3-1
64 N, C, H, W = 4, 3, 128, 128
65 pred = torch.randn(N, C, H, W)
66 target = torch.empty(N, H, W, dtype = torch.long).random_(C)
67 #print('pred.shape=', pred.shape)
68 #print('target=', target.shape)
69 #3-2
70 y_true = F.one_hot(target)
71 y_true = y_true.permute(0, 3, 1, 2)           # .float()
72 y_pred = pred.softmax(dim = 1)
73 print('y_true.shape=', y_true.shape)
74 print('y_pred.shape=', y_pred.shape)
75
76 #3-3
77 loss1 = multiclass_dice_loss(y_pred, y_true)
78 print('loss1=', loss1)
79
80 multiclass_dice = MulticlassDice()
81 loss2 = multiclass_dice(y_pred, y_true, reduce = False)
82 print('loss2=', loss2)
83
84 loss3 = multiclass_dice(y_pred, y_true)
85 print('loss3=', loss3)
86
87 #4
88 from kornia.losses import DiceLoss
89 criterion  = DiceLoss(eps = 1)
90 dice_loss = criterion (pred, target)
91 print('dice_loss=', dice_loss)
```

▷▷ 실행결과

```
y_true.shape= torch.Size([4, 3, 128, 128])
y_pred.shape= torch.Size([4, 3, 128, 128])
loss1= tensor(0.6677)
loss2= [tensor(0.6658), tensor(0.6699), tensor(0.6674)]
loss3= tensor(0.6677)
dice_loss= tensor(0.6677)
```

▷▷▷ 프로그램 설명

1 채널별로 이진 DICE 손실을 계산하여 멀티 클래스 DICE 손실을 계산한다.

pred는 dim = 1(C)에 대해 softmax가 적용된 (N, C, H, W) 모양이다. target은 dim = 1(C)에 대해 원-핫 인코딩된 (N, C, H, W) 모양이다.

2 #1의 multiclass_dice_loss() 함수는 reduce = False이면 각 채널에 대한 DICE 손실을 반환하고, reduce = True이면 평균 손실을 반환한다.

3 #2의 MulticlassDice 클래스는 (pred, target)의 멀티 클래스 DICE 손실을 계산한다. mode = 'loss'이면 #1의 결과와 같다.

4 #3-1은 pred는 [0, 1] 범위의 난수를 [N, C, H, W] 모양으로 생성하고, target은 [0, C-1] 범위의 정수의 난수를 [N, H, W] 모양으로 생성한다.

#3-2는 y_true는 target을 원-핫 인코딩하고 [N, C, H, W] 모양으로 변경한다.

y_pred는 pred.softmax(dim = 1)으로 채널(C)에 대해 소프트맥스 함수를 적용한다.

5 #3-3은 multiclass_dice_loss()로 DICE 손실 loss1을 계산한다.

6 #3-4는 MulticlassDice()로 multiclass_dice를 생성하고, reduce = False로 클래스별 DICE 손실 loss2를 계산한다.

7 #3-5는 reduce = True로 평균 DICE 손실 loss3을 계산한다. loss1과 같다.

8 #4는 kornia.losses.DiceLoss로 criterion을 생성하고, criterion (pred, target)로 dice_loss를 계산한다.

## ▷ 예제 52-04 ▶ 이진 집중손실 focal loss

```
01  '''
02  #ref1: https://arxiv.org/abs/1708.02002
03  #ref2:https://pytorch.org/vision/main/generated/torchvision.ops.
04  sigmoid_focal_loss.html
05  '''
06  import torch
07  import torch.nn as nn
08  import torch.nn.functional as F
09  torch.random.manual_seed(1111)
10  #1
11  class FocalLoss(nn.Module):          # binary focal loss
12      def __init__(self, alpha = 0.25, gamma = 2):
13          super(FocalLoss, self).__init__()
14          self.alpha = alpha
15          self.gamma = gamma
16
17      def forward(self, pred, target, sigmoid = False,
18                  balance = True, reduction = "mean"):
19          p =  torch.sigmoid(pred) if sigmoid else pred
20          pt = (target == 0) * (1 - p) + (target == 1) * p
21          # pt = p * target + (1.0 - p) * (1 - target)
```

```
22
23          pt = torch.clamp(pt, min = 1e-10, max = 1.0) # avoid zero
24          bce_loss = -torch.log(pt)
25          # print('bce_loss 1: ', bce_loss.mean())
26          # if sigmoid:
27          #    bce_loss = F.binary_cross_entropy_with_logits(
28          #                      pred, target, reduction = "none")
29          # else:
30          #    bce_loss = F.binary_cross_entropy(p, target,
31          # print('bce_loss 2: ', bce_loss.mean())
32
33          loss = bce_loss * ((1 - pt) ** self.gamma)
34
35       if balance:
36          at = target * self.alpha + (1 - target) * (1 - self.alpha)
37          loss =  at * loss
38
39       if reduction == "mean":
40          return loss.mean()
41       elif reduction == "sum":
42          return loss.sum()
43       elif reduction == "none":
44          return loss
45       else:
46          raise ValueError(
47             f"Supported reduction modes: 'none', 'mean', 'sum'")
48 #2
49 y = torch.tensor([0.1, 0.7, 0.9])
50 t = torch.tensor([0., 1., 1.])
51
52 focal_loss = FocalLoss()
53 loss1 = focal_loss(y, t, balance = False)
54 print('loss1= ', loss1)
55
56 loss2 = focal_loss(y, t)        # balance with alpha = 0.25
57 print('loss2= ', loss2)
58
59 #3
60 p = torch.linspace(0, 1, 100)  # 0.0001, 1, 100
61 t = torch.ones((100, ))
62
63 gammas = (0, 0.5, 1, 2, 5)
64 import matplotlib.pyplot as plt
65 plt.figure()
66
```

```python
67  for gamma in gammas:
68      # focal_loss = FocalLoss(gamma = gamma)
69      focal_loss.gamma = gamma
70      loss = focal_loss(p, t, balance = False, reduction = "none")
71      label = f'$\\gamma$={gamma}'
72      if gamma == 0:
73          label += '(cross-entropy)'
74      plt.plot(p, loss, label = label)
75  plt.legend(loc = 'best', frameon = True, shadow = True)
76  plt.xlim(0, 1)
77  plt.ylim(0, 5)
78  plt.xlabel('Probability of positive class p')
79  plt.ylabel('Loss')
80  plt.title('Plot of focal loss FL(1, p) for different $\\gamma$')
81  plt.show()
82
83  #4: multiclass
84  #4-1
85  true_masks = torch.randint(low = 0, high = 3, size = (2, 4, 5))
86  y_true = F.one_hot(true_masks)          # torch.Size([2, 4, 5, 3])
87  y_true = y_true.permute(0, 3, 1, 2).float()
88                                          # torch.Size([2, 3, 4, 5])
89
90  #4-2
91  pred_masks = torch.rand(size = (2, 3, 4, 5))
92  y_pred=F.softmax(pred_masks, dim = 1) # channel
93
94  #4-3
95  loss3 = focal_loss(y_pred, y_true, balance = False)
96  print('loss3= ', loss3)
97
98  #4-4
99  loss4 = focal_loss(y_pred, y_true, balance = True)
100 print('loss4= ', loss4)
101
102 #4-5
103 #focal_loss = FocalLoss()
104 focal_loss.gamma =  2
105 loss5 = focal_loss(y_pred, y_true, sigmoid = True, balance = True)
106 print('loss5= ', loss5)
107
108 #4-6
109 from torchvision.ops import sigmoid_focal_loss
110 loss6 = sigmoid_focal_loss(y_pred, y_true, reduction = 'mean')
111 print('loss6= ', loss6)
```

▷▷ 실행결과

```
loss1=   tensor(0.0114)
loss2=   tensor(0.0030)
loss3=   tensor(0.0596)
loss4=   tensor(0.0161)
loss5=   tensor(0.1555)
loss6=   tensor(0.1555)
```

▷▷▷ 프로그램 설명

**1** #1의 FocalLoss 클래스는 (pred, target)의 이진 집중손실 focal loss을 계산한다. pred는 모델 출력이고, target은 0 또는 1의 이진 정답 레이블이다.

**2** forward() 메서드에서 balance = False이면 수식 (52-5)의 집중손실을 계산한다. balance = True이면 [수식 52-6]의 균형 집중손실 balanced focal loss을 계산한다. sigmoid = True이면 torch.sigmoid(pred)로 정규화한다.

**3** #2는 y, t의 집중손실을 계산한다. loss1은 balance = False로 계산하고, loss2는 balance = True로 alpha = 0.25의 균형 집중손실을 계산한다.

**4** #3은 gammas = (0, 0.5, 1, 2, 5)에서 [수식 52-5]의 집중손실 함수 FL(p, t = 1)를 표시한다. gamma = 0은 이진 크로스 엔트로피이다([그림 52.5]).

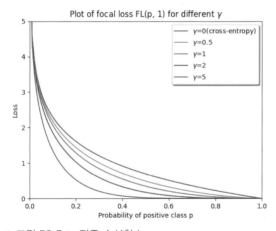

△ 그림 52.5 ▶ 집중 손실함수

**5** #4는 pred.shape = [N, C, H, W]의 모델 출력과 target.shape = [N, C, H, W]의 원-핫 정답 레이블의 멀티 클래스에서 이진 집중손실을 계산한다. #4-1은 3-클래스(0, 1, 2) 정답 y_true를 원-핫으로 생성한다.

#4-2는 모델 출력 y_pred를 생성한다. 채널에 대해 F.softmax()를 적용한다.

#4-3은 balance = False로 집중손실 loss3을 계산하고, #4-4는 balance = True로 균형 집중손실 loss4를 계산한다. #4-5는 sigmoid = True, balance = True로 균형 집중손실 loss5를 계산한다.

**6** #4-6은 torchvision.ops의 sigmoid_focal_losssigmoid로 균형 집중손실 loss6을 계산한다. #4-5와 같다.

**7** 멀티 클래스에서 집중손실을 계산할 때 모델의 출력에 대해 softmax()와 sigmoid() 함수의 적용 여부에 따라 결과가 다르다.

▷ 예제 52-05   ▶ 멀티 클래스 집중손실 focal loss

```
01  '''
02  #ref1:https://arxiv.org/abs/1708.02002
03  #ref2:https://github.com/yassouali/pytorch-segmentation/blob/master/utils/
04  losses.py
05  '''
06  import torch
07  import torch.nn as nn
08  import torch.nn.functional as F
09  torch.random.manual_seed(1111)
10  #1
11  class FocalLoss(nn.Module):    # default, alpha: 3-classes weights
12      def __init__(self, alpha = [0.2, 0.4, 0.4], gamma = 2):
13          super(FocalLoss, self).__init__()
14          self.alpha = torch.Tensor(alpha)
15          self.gamma = gamma
16          self.ce_loss = nn.CrossEntropyLoss(reduction = "none")
17
18      def forward(self, pred, target, reduction = "mean"):
19          logpt = self.ce_loss(pred, target)
20          logpt  = logpt.view(-1)
21          pt = torch.exp(-logpt)
22
23          origin_shape = target.shape
24          #target = target.view(-1, 1)
25          target = target.contiguous().view(-1, 1)
26          at = self.alpha.gather(0, target.view(-1)) # target.data.view(-1)
27          loss = at * (1 - pt) ** self.gamma * logpt
28          if reduction == "mean":
29              loss = loss.mean()
30          elif reduction == "sum":
31              loss = loss.sum()
32          elif reduction == "none":
33              loss = loss.view(origin_shape)
34          else:
35              raise ValueError(
36              f"Supported reduction modes: 'none', 'mean', 'sum'")
37          return loss
```

```
38
39  #2: multiclass
40  #2-1
41  y_true = torch.randint(low = 0, high = 3, size = (2, 4, 5))
42  # print("y_true=", y_true)
43
44  #2-2
45  pred_masks = torch.rand(size = (2, 3, 4, 5))
46  y_pred=F.softmax(pred_masks, dim = 1)          # channel
47  #print("y_pred=", y_pred)
48
49  #2-3
50  focal_loss = FocalLoss()
51  loss = focal_loss(y_pred, y_true)
52  print('loss= ', loss)
```

▷▷ 실행결과

```
loss=  tensor(0.1739)
```

▷▷▷ 프로그램 설명

**1** #1의 FocalLoss 클래스는 pred.shape = [N, C, H, W]의 모델 출력과 target.shape = [N, H, W]의 정답 레이블(0, 1, ..., C-1)의 멀티 클래스에서 집중손실을 계산한다. alpha는 각 클래스의 가중치이다. 디폴트 alpha=[0.2, 0.4, 0.4]는 3-클래스의 가중치이다. nn.CrossEntropyLoss()로 멀티 클래스에서 엔트로피를 계산한다.

**2** forward() 메서드에서 멀티 클래스에서 균형 집중손실을 계산한다.

**3** #2는 3-클래스에서 y_pred, y_true의 집중손실을 계산한다. #2-1은 3-클래스(0, 1, 2) 정답을 갖는 y_true를 생성한다. y_true.shape = [2, 4, 5]이다.

#2-2는 pred.shape = [2, 3, 4, 5]의 모델 출력 y_pred를 생성한다. 채널에 대해 F.softmax()를 적용한다. #2-3은 focal_loss(y_pred, y_true)로 멀티 클래스의 집중손실 loss를 계산한다. [예제 52-04]의 이진 집중손실과 약간 다른 결과를 갖는다.

▷ 예제 52-06  ▶ UNet 시맨틱 분할 1: CE, DICE, FOCAL

```
01  '''
02  #ref1: 5102.py, 5203.py, 5205.py
03  #ref2: https://github.com/usuyama/pytorch-unet/blob/master/
04  pytorch_unet.py
05  #ref3: https://github.com/milesial/Pytorch-UNet/blob/master/train.
06  py
07  '''
```

```
08  import torch
09  import torch.nn as nn
10  import torch.optim as optim
11  import torch.nn.functional as F
12  from torch.utils.data import Dataset, DataLoader, random_split
13  from torchmetrics.functional import accuracy, confusion_matrix
14  import albumentations as A
15  from albumentations.pytorch import ToTensorV2
16  from torchinfo import summary
17  from PIL import Image
18  import cv2
19  import numpy as np
20  import matplotlib.pyplot as plt
21  import os
22  DEVICE = 'cuda' if torch.cuda.is_available() else 'cpu'
23  #1
24  def multiclass_dice_loss(pred, target, smooth = 1, reduce = True):
25      '''
26        pred:   (N, C, H, W), pred.softmax(dim = 1)
27        target: (N, C, H, W), one_hot
28      '''
29      dims = (0, 2, 3)              # N, H, W
30      intersection = torch.sum(pred * target, dims)
31      cardinality  = torch.sum(pred + target, dims)
32      dice = (2. * intersection + smooth) / (cardinality + smooth)
33      if reduce:
34          dice = dice.mean()
35      return 1.0 - dice
36  #2
37  class FocalLoss(nn.Module):    # default, alpha: 3-classes weights
38      def __init__(self, alpha = [0.2, 0.4, 0.4], gamma = 2):
39          super(FocalLoss, self).__init__()
40          self.alpha = torch.Tensor(alpha).to(DEVICE)
41          self.gamma = gamma
42          self.ce_loss = nn.CrossEntropyLoss(reduction = "none")
43
44      def forward(self, pred, target, reduction = "mean"):
45          logpt = self.ce_loss(pred, target)
46          logpt  = logpt.view(-1)
47          pt = torch.exp(-logpt)
48
49          origin_shape = target.shape
50          target = target.contiguous().view(-1, 1)    # target.view(-1, 1)
51          at = self.alpha.gather(0, target.view(-1)) # target.data.view(-1)
```

```
52          loss = at * (1 - pt) ** self.gamma * logpt
53          if reduction == "mean":
54              loss = loss.mean()
55          elif reduction == "sum":
56              loss = loss.sum()
57          elif reduction == "none":
58              loss = loss.view(origin_shape)
59          else:
60              raise ValueError(
61              f"Supported reduction modes: 'none', 'mean', 'sum'")
62          return loss
63 #3
64 mean = torch.tensor([0.485, 0.456, 0.406])
65 std  = torch.tensor([0.229, 0.224, 0.225])
66 def inverse_image(image, **kwargs):
67     return image * std[:, None, None] + mean[:, None, None]
68 inv_normalize = A.Lambda(image = inverse_image)
69
70 #: trimaps: foreground(1), background(2), Not classified(3)
71 def binary_mask(mask):
72     mask = mask.astype(np.float32)
73     mask[mask == 2] = 0        # 2 -> 0
74     mask[mask == 3] = 1        # (1, 3) -> 1
75     return mask
76 def tri_mask(mask, label = None):
77     mask = mask.astype(np.float32)
78     if label == None:  # [0: back, 1: cat or dog, 2: not classified]
79         mask[mask == 2] = 0    # background: 0
80         mask[mask == 3] = 2
81     else:
82         mask[mask == 2] = 0    # background: 0
83         mask[mask == 1] = label
84         mask[mask == 3] = label
85     return mask
86
87 #4: segmentation target_type: 'binary_mask', 'tri_mask',
88 #                             'tri_mask_catdog'
89 #4-1
90 class PetSegDataset(Dataset):
91     def __init__(self, PATH = "./data/oxford-iiit-pet/",
92                 target_type = 'tri_mask_catdog',
93                 target_size = (224, 224), shuffle = True ):
94         self.PATH = PATH
95         self.target_type = target_type
96         self.target_size = target_size
```

```python
 97
 98         file_name = PATH + "annotations/list.txt"
 99         with open(file_name) as file:
100             list_txt = file.readlines()
101         list_txt = list_txt[6:]        # skip header in list.txt
102
103         if shuffle:
104           np.random.shuffle(list_txt)
105
106         self.image_names = []
107         self.labels = []
108         for line in list_txt:
109             image_name, class_id, species,  breed_id = line.split()
110
111             self.image_names.append(image_name)    # with image_id
112             self.labels.append(int(species) - 1)  # Cat: 0, Dog: 1
113
114     def __len__(self):
115         return len(self.image_names)
116
117     def __getitem__(self, idx):
118         image_file = self.PATH + "images/" +
119                     self.image_names[idx] + ".jpg"
120         if not os.path.exists(image_file):
121             print(f'File not found: {image_file}')
122             return
123         img = np.array(Image.open(image_file).convert('RGB')) # numpy
124         assert isinstance(img, np.ndarray), "Corrupt JPEG..."
125
126         mask_file = self.PATH +"annotations/trimaps/"
127         mask_file+= self.image_names[idx]+ ".png"
128         mask = np.array(Image.open(mask_file).convert('L'))
129         assert isinstance(mask, np.ndarray), "Corrupt PNG..."
130
131         # segmentation
132         if self.target_type == 'binary_mask':
133             mask = binary_mask(mask)
134         elif self.target_type == 'tri_mask':
135             mask = tri_mask(mask)     # 0: back, 1:cat,dog, 2: not classified
136         elif self.target_type == 'tri_mask_catdog':
137             mask = tri_mask(mask, label = self.labels[idx] + 1)
138                                      # 0: back, 1: cat, 2: dog
139
140         return img, mask, self.labels[idx]
```

```
141 #4-2
142 def dataset_split(dataset, ratio = 0.2):
143     data_size = len(dataset)
144     n2 = int(data_size * ratio)
145     n = data_size - n2
146     ds1, ds2 = random_split(dataset, [n, n2],
147                             generator =
148                                 torch.Generator().manual_seed(0))
149     ds1.target_type = dataset.target_type
150     ds2.target_type = dataset.target_type
151     ds1.target_size = dataset.target_size
152     ds2.target_size = dataset.target_size
153     return ds1, ds2
154 #4-3
155 class SplitDataset:
156     def __init__(self, dataset, data_type = 'train'):
157         self.dataset = dataset
158         self.data_type = data_type
159         self.target_type = dataset.target_type
160         height, width = dataset.target_size
161         self.train_transforms = A.Compose([
162                     A.Resize(height+2, width+2),
163                     A.CenterCrop(height, width),
164                     A.Rotate(45),
165                 # A.RandomRotate90(),    # p = 0.5
166                 # A.ShiftScaleRotate(shift_limit = 0.05,
167                 #                    scale_limit = 0.05,
168                 #                    rotate_limit = 20),
169                   A.ColorJitter(),
170                   A.RandomBrightnessContrast(),
171                   A.Normalize(mean.tolist(), std.tolist()),
172                   ToTensorV2()])
173
174         self.valid_test_transforms = A.Compose([
175                     A.Resize(height + 2, width + 2),
176                     A.CenterCrop(height, width),
177                     A.Normalize(mean.tolist(), std.tolist()),
178                     ToTensorV2()])
179
180     def __getitem__(self, idx):
181         img, mask, label = self.dataset[idx]
182         if self.data_type=='train':
183             transformed = self.train_transforms(image = img, mask = mask)
184         else:
185             transformed = self.valid_test_transforms(image = img, mask = mask)
```

```
186              img = transformed["image"]
187              mask= transformed["mask"]
188              return img, mask, label
189      def __len__(self):
190              return len(self.dataset)
191  #4-4
192  dataset = PetSegDataset()     # target_type = 'tri_mask_catdog'
193  train_ds, test_ds = dataset_split(dataset)
194  train_ds, valid_ds = dataset_split(train_ds, ratio = 0.1)
195
196  train_ds = SplitDataset(train_ds, 'train')
197  test_ds  = SplitDataset(test_ds,  'test')
198  valid_ds = SplitDataset(valid_ds, 'valid')
199  # print('len(train_ds)= ', len(train_ds))              # 5292
200  # print('len(valid_ds)= ', len(valid_ds))              # 588
201  # print('len(test_ds) = ', len(test_ds))               # 1469
202
203  train_loader = DataLoader(train_ds, batch_size = 64,
204                              shuffle = True)
205  valid_loader = DataLoader(valid_ds, batch_size = 64,
206                              shuffle = False)
207  test_loader  = DataLoader(test_ds,  batch_size = 64,
208                              shuffle = False)
209  # print('len(train_loader)= ', len(train_loader))      # 83
210  # print('len(valid_loader)= ', len(valid_loader))      # 10
211  # print('len(test_loader) = ', len(test_loader))       # 23
212
213  #5
214  #5-1
215  class conv_block(nn.Module):
216      def __init__(self,in_channels, out_channels):
217          super().__init__()
218          self.conv = nn.Sequential(
219              nn.Conv2d(in_channels, out_channels,
220                      kernel_size = 3, padding = 1),
221              nn.BatchNorm2d(out_channels),
222              nn.ReLU(inplace = True),
223              nn.Conv2d(out_channels, out_channels,
224                      kernel_size = 3, padding = 1),
225              nn.BatchNorm2d(out_channels),
226              nn.ReLU(inplace = True) )
227      def forward(self, x):
228          return self.conv(x)
229  #5-2
230  class UNet(nn.Module):
231      def __init__(self, out_channels = 1):
```

```
232            super().__init__()
233            self.out_channels = out_channels
234            self.maxpool = nn.MaxPool2d(kernel_size = 2)
235
236            self.encode1 = conv_block(3, 64)
237            self.encode2 = conv_block(64, 128)
238            self.encode3 = conv_block(128, 256)
239            self.encode4 = conv_block(256, 512)
240            self.encode5 = conv_block(512, 1024)
241
242            self.decode4 = conv_block(1024 + 512, 512) # x + shortcut
243            self.decode3 = conv_block( 512 + 256, 256)
244            self.decode2 = conv_block( 256 + 128, 128)
245            self.decode1 = conv_block( 128 +  64,  64)
246
247            self.fc = nn.Conv2d(64, out_channels, 1)    # classify
248
249        def up_sample(self, x, mode = 'Upsample'):
250            in_channels = x.size()[1]                  # NCHW: [1]: C
251            if mode == 'Upsample':
252                upsample = nn.Upsample(scale_factor = 2,
253                                       mode = 'bilinear')
254                x = upsample(x)
255            elif mode == "ConvTranspose2d":
256                upsample = nn.ConvTranspose2d(in_channels,
257                                              in_channels,
258                                              kernel_size = 2,
259                                              stride=2,
260                                              bias = False,
261                                              device = DEVICE)
262                x = upsample(x)
263                x = nn.ReLU(inplace = True)(x)
264            else:
265                raise NotImplemented(f'{mode} is not implemented.')
266            return x
267
268        def predict(self, images):
269            self.eval()
270            with torch.no_grad():
271                images = images.to(DEVICE)
272                outs = self.forward(images)
273
274            pred = torch.softmax(outs, dim = 1)        # about channel
275            pred_mask = torch.argmax(pred, dim = 1)
276            return pred_mask
```

```
277
278    def forward(self, x):
279        # encoder
280        conv1 = self.encode1(x)                    # [, 64, 224, 224]
281        x = self.maxpool(conv1)
282
283        conv2 = self.encode2(x)                    # [, 128, 112, 112])
284        x = self.maxpool(conv2)
285
286        conv3 = self.encode3(x)                    # [, 256, 56, 56])
287        x = self.maxpool(conv3)
288
289        conv4 = self.encode4(x)                    # [, 512, 28, 28])
290        x = self.maxpool(conv4)
291
292        bridge = self.encode5(x)                   # [, 1024, 14, 14])
293
294        # decoder
295        x = self.up_sample(bridge)                 # [, 1024, 28, 28]
296        x = torch.cat([x, conv4], dim = 1)         # [, 1536, 28, 28]
297        x = self.decode4(x)                        # [,  512, 28, 28]
298
299        x = self.up_sample(x)                      # [, 512, 56, 56]
300        x = torch.cat([x, conv3], dim = 1)         # [, 768, 56, 56]
301        x = self.decode3(x)                        # [, 256, 56, 56]
302
303        x = self.up_sample(x)                      # [, 256, 112, 112]
304        x = torch.cat([x, conv2], dim = 1)         # [, 384, 112, 112]
305        x = self.decode2(x)                        # [, 128, 112, 112]
306
307        x = self.up_sample(x)                      # [, 128, 224, 224]
308        x = torch.cat([x, conv1], dim = 1)         # [, 192, 224, 224]
309        x = self.decode1(x)                        # [,  64, 224, 224]
310
311        out = self.fc(x)                           #[, out_channels, 224, 224]
312        return out
313 #6
314 #from kornia.losses import DiceLoss  #pip install kornia
315 from torchmetrics.functional.classification import multiclass_jaccard_index
316 def train_epoch(train_loader, model, config):
317     optimizer  = config["optimizer"]
318     loss_list  = config["loss"]
319     ce_loss_fn = nn.CrossEntropyLoss()
320     focal_loss_fn = FocalLoss()
321     #kornia_dice_fn= DiceLoss()
```

```
322
323     K = len(train_loader)
324     batch_loss = 0.0
325     batch_acc  = 0.0
326     batch_iou  = 0.0
327     model.train()
328     for images, masks, _ in train_loader:
329         images = images.to(DEVICE)          # [, 3, 224, 224]
330         masks  = masks.long().to(DEVICE)    # [, 224, 224]
331         outs   = model(images)  # [, model.out_channels, 224, 224]
332         y_pred = F.softmax(outs, dim = 1)  # outs.softmax(dim = 1)
333
334         loss = 0.0
335         if "CE" in loss_list:
336             loss += ce_loss_fn(outs, masks)
337         if "DICE" in loss_list:
338             y_true = F.one_hot(masks)       # [, 224, 224, 3]
339             y_true = y_true.permute(0, 3, 1, 2).float() # [, 3, 224, 224]
340             loss   += multiclass_dice_loss(y_pred, y_true)
341             #loss  += kornia_dice_fn(outs, masks)
342         if "FOCAL" in loss_list:
343             loss += focal_loss_fn(y_pred, masks)
344         batch_loss += loss.item()
345
346         acc = accuracy(y_pred.argmax(dim = 1),
347                        masks, task = 'multiclass', num_classes = 3)
348         iou = multiclass_jaccard_index(y_pred, masks,
349                                        num_classes = 3)
350         batch_acc += acc
351         batch_iou += iou
352
353         optimizer.zero_grad()
354         loss.backward()
355         optimizer.step()
356
357     batch_loss /= K
358     batch_acc  /= K
359     batch_iou  /= K
360     return batch_loss, batch_acc, batch_iou
361 #7
362 def evaluate(loader, model, config):
363     loss_list = config["loss"]
364     ce_loss_fn    = nn.CrossEntropyLoss()
365     focal_loss_fn = FocalLoss()
366     #kornia_dice_fn= DiceLoss()
```

```
367
368        K = len(loader)
369        batch_loss = 0.0
370        batch_acc  = 0.0
371        batch_iou  = 0.0
372        model.eval()
373        with torch.no_grad():
374            for images, masks, _ in loader:
375                images = images.to(DEVICE)        # [, 3, 224, 224]
376                masks = masks.long().to(DEVICE)   # [, 224, 224]
377
378                outs = model(images)        # [, model.out_channels = 3, 224, 224]
379                loss = ce_loss_fn(outs, masks)
380                y_pred = F.softmax(outs, dim = 1) # outs.softmax(dim = 1)
381
382                loss = 0.0
383                if "CE" in loss_list:
384                    loss += ce_loss_fn(outs, masks)
385                if "DICE" in loss_list:
386                    y_true = \
387                        F.one_hot(masks).permute(0, 3, 1, 2).float()  # [3, 224, 224]
388                    loss  += multiclass_dice_loss(y_pred, y_true)
389                    #loss += kornia_dice_fn(outs, masks)
390                if "FOCAL" in loss_list:
391                    loss += focal_loss_fn(y_pred, masks)
392
393                batch_loss += loss.item()
394
395                acc = accuracy(y_pred.argmax(dim = 1), masks,
396                            task = 'multiclass', num_classes = 3)
397                iou = multiclass_jaccard_index(y_pred, masks,
398                                num_classes = 3)
399                batch_acc += acc
400                batch_iou += iou
401
402        batch_acc  /= K
403        batch_loss /= K
404        batch_iou  /= K
405        return batch_loss, batch_acc, batch_iou
406
407  #8
408  PATH = "./data/52_6/"
409  if os.path.isdir(PATH):
410      import shutil
411      shutil.rmtree(PATH)
412  os.mkdir(PATH)
```

```
413 def show_predict_images(unet, data_loader, title):
414     images, masks, _ = next(iter(data_loader))
415
416     pred_masks = unet.predict(images)
417
418     transformed = inv_normalize(image = images)
419     images = transformed["image"]
420
421     fig, axes = plt.subplots(nrows = 3, ncols = 8, figsize = (8, 3))
422     fig.canvas.manager.set_window_title('U-net segmentation:' +
423                                         title)
424
425     for i in range(8):
426         image = images[i].cpu()      #.detach().cpu().numpy()
427         axes[0, i].imshow(image.permute(1, 2, 0),
428                           cmap = 'gray')      # (H, W, C)
429         axes[0, i].axis("off")
430
431         image = masks[i].cpu()
432         axes[1, i].imshow(image.squeeze(), vmin = 0, vmax = 2)
433         axes[1, i].axis("off")
434
435         image = pred_masks[i].cpu()
436         axes[2, i].imshow(image.squeeze(), vmin = 0, vmax = 2)
437         axes[2, i].axis("off")
438     fig.tight_layout()
439     plt.savefig(PATH + title + '.png')
440     plt.close(fig)
441
442 #9:
443 def main():
444 #9-1
445     unet = UNet(out_channels = 3).to(DEVICE)
446     optimizer = optim.Adam(params = unet.parameters(), lr = 0.01)
447     scheduler = \
448         optim.lr_scheduler.StepLR(optimizer,
449                                   step_size = 10, gamma = 0.9)
450
451     train_losses = []
452     train_accs = []
453
454 #9-2
455     print('training.....')
456
457     config = dict()
458     config["optimizer"] = optimizer
```

```
459     config["loss"] = ["CE"]          # "CE", "DICE", "FOCAL"
460     config["epoch"] = 100            # 120
461
462     EPOCHS = config["epoch"]
463     unet.train()
464     for epoch in range(EPOCHS):
465         try:
466             train_loss, train_acc, train_iou = \
467                 train_epoch(train_loader, unet, config)
468             scheduler.step()
469             train_losses.append(train_loss)
470             train_accs.append(train_acc.cpu().item())
471             if not epoch % 10 or epoch == EPOCHS - 1:
472                 valid_loss, valid_acc, valid_iou = \
473                     evaluate(valid_loader, unet, config)
474                 print(f"epoch={epoch}: \
475                         train_loss={train_loss:.4f}, ', end='")
476                 print(f"valid_loss={valid_loss:.4f}, ', end='")
477                 print(f'valid_acc={valid_acc:.4f},
478                         valid_iou={valid_iou:.4f}')
479                 show_predict_images(unet, train_loader, str(epoch))
480         except:
481             print("break loop....")
482             break
483
484     train_loss, train_acc, train_iou = \
485         evaluate(train_loader, unet, config)
486     print(f'train_loss={train_loss:.4f},
487             train_acc={train_acc:.4f}, train_iou={train_iou:.4f}')
488
489     test_loss, test_acc, test_iou = \
490         evaluate(test_loader, unet, config)
491     print(f'test_loss={test_loss:.4f},
492             test_acc={test_acc:.4f}, test_iou={test_iou:.4f}')
493
494     torch.save(unet, './saved_model/5206_unet.pt')
495
496 #9-3: display loss, pred
497     plt.clf()
498     plt.cla()
499     plt.xlabel('epoch')
500     plt.ylabel('loss')
501     plt.plot(train_losses, label = 'train_losses')
502     plt.plot(train_accs,   label = 'train_accuracy')
503     plt.legend()
```

```
504     plt.savefig(PATH + '5206_loss_accuracy.png')
505     plt.show()
506
507 #9-4: predict for test_loader
508     show_predict_images(unet, test_loader, 'test_sample')
509 #10
510 if __name__ == '__main__':
511     main()
```

▷▷ 실행결과

```
#config["epoch"] = 100
#config["loss"] = ["CE"]
train_loss=0.0558, train_acc=0.9772, train_iou=0.9518
test_loss=0.2654, test_acc=0.9310, test_iou=0.8442

#config["loss"] = ["DICE"]
train_loss=0.0431, train_acc=0.9607, train_iou=0.9177
test_loss=0.0946, test_acc=0.9245, test_iou=0.8296

#config["loss"] = ["FOCAL"]
train_loss=0.0335, train_acc=0.9735, train_iou=0.9451
test_loss=0.0442, test_acc=0.9344, test_iou=0.8545
```

▷▷▷ 프로그램 설명

**1** "CE", "DICE" "FOCAL" 손실을 사용한 UNet 모델을 사용하여 배경(0), 고양이(cat, 1), 개(dog, 2)를 시맨틱 분할한다.

**2** #1의 multiclass_dice_loss()는 "DICE" 손실을 계산한다([예제 52-03]).

**3** #2의 FocalLoss는 멀티 클래스 집중손실을 계산한다([예제 52-05]).

**4** #3, #4, #5는 [예제 51-02]와 같다. 데이터셋을 생성하고, 데이터셋을 분리하고, 확장 데이터셋 train_ds, test_ds, valid_ds와 데이터로더 train_loader, test_loader, valid_loader를 생성한다.

**5** #6의 train_epoch() 함수는 train_loader 데이터, config 환경을 이용하여 model을 1 에폭 학습한다. config["loss"]의 손실을 계산하고  config["optimizer"]로 최적화한다. 배치의 batch_loss, batch_acc, batch_iou를 반환한다.

**6** #7의 evaluate() 함수는 loader 데이터, config 환경을 이용하여 평가 모드에서 model을 평가한다. batch_loss, batch_acc, batch_iou를 반환한다.

**7** #8은 PATH 폴더를 생성하고, show_predict_images() 함수는 data_loader의 images, masks를 생성하고, unet.predict(images)로 분할 마스크(pred_masks)를 예측한다.

**8** #9의 main() 함수에서 #9-1은 unet = UNet()는 unet.out_channels = 3의 unet 모델을 생성한다. Adam 최적화, StepLR 스케줄러를 생성한다.

9 #9-2는 config 사전에 최적화, 손실, 에폭을 설정한다. 반복문에서 train_epoch() 함수로 unet 모델을 학습한다. 훈련 중간결과로 train_loss, valid_loss, valid_acc, valid_iou를 출력한다.

show_predict_images()로 훈련 데이터의 샘플에 대해 images, masks, pred_masks 영상을 PATH 폴더에 저장한다.

10 학습훈련을 종료하고, evaluate() 함수로 훈련 데이터의 train_loss, train_acc, train_iou와 테스트 데이터의 test_loss, test_acc, test_iou를 출력한다. torch.save()로 학습된 unet 모델을 '5206_unet.pt' 파일에 저장한다.

11 #9-3은 train_losses, train_accs 그래프를 표시한다. #9-4는 테스트 데이터의 images, masks, pred_masks를 PATH 폴더에 저장한다([그림 52.6], [그림 52.7], [그림 52.8]).

12 "CE", "DICE", "FOCAL" 손실에서 훈련 데이터와 테스트 데이터의 화소 정확도와 IOU를 계산하였다. 테스트 데이터의 결과에서 약간 낮은 화소 정확도와 IOU를 계산하였다.

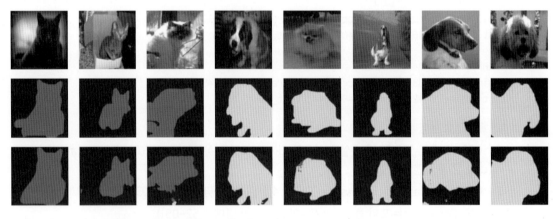

△ 그림 52.6 ▶ UNet 시맨틱 분할: config["loss"] = ["CE"]

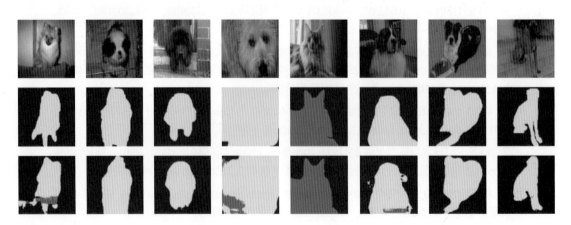

△ 그림 52.7 ▶ UNet 시맨틱 분할: config["loss"] = ["DICE"]

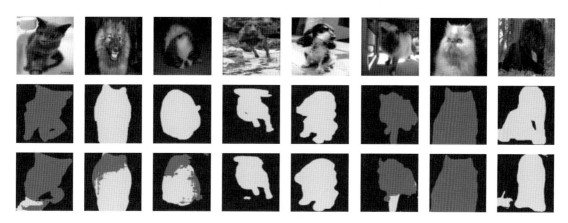

△ 그림 52.8 ▶ UNet 시맨틱 분할: config["loss"] = ["FOCAL"]

▷ 예제 52-07　▶ UNet 시맨틱 분할 2: calc_supervision_loss()

```
01  #ref: 5206.py
02  import torch
03  import torch.nn as nn
04  import torch.optim as optim
05  import torch.nn.functional as F
06  from torch.utils.data import Dataset, DataLoader, random_split
07  from torchmetrics.functional import accuracy, confusion_matrix
08  import albumentations as A
09  from albumentations.pytorch import ToTensorV2
10  from PIL import Image
11  import numpy as np
12  import matplotlib.pyplot as plt
13  import os
14  DEVICE = 'cuda' if torch.cuda.is_available() else 'cpu'
15  #1
16  def multiclass_dice_loss(pred, target, smooth = 1.0,
17                           reduce = True):
18      '''
19        pred:   (N, C, H, W), pred.softmax(dim=1)
20        target: (N, C, H, W), one_hot
21      '''
22      # pred   = pred.contiguous()
23      # target = target.contiguous()
24
25      dims = (0, 2, 3) # N, H, W
26      intersection = torch.sum(pred * target, dims)
```

```python
27        cardinality = torch.sum(pred + target, dims)v
28        dice = (2. * intersection + smooth) / (cardinality + smooth)
29
30        if reduce:
31            dice = dice.mean()
32        return 1.0 - dice
33 #2
34 class FocalLoss(nn.Module):  # default, alpha: 3-classes weights
35     def __init__(self, alpha = [0.2, 0.4, 0.4], gamma = 2):
36         super(FocalLoss, self).__init__()
37         self.alpha = torch.Tensor(alpha).to(DEVICE)
38         self.gamma = gamma
39         self.ce_loss = nn.CrossEntropyLoss(reduction = "none")
40
41     def forward(self, pred, target, reduction = "mean"):
42         target = target.long()
43         logpt = self.ce_loss(pred, target)
44         logpt  = logpt.view(-1)
45         pt = torch.exp(-logpt)
46
47         target = target.contiguous().view(-1, 1)   # target.view(-1, 1)
48         at = self.alpha.gather(0, target.view(-1)) # target.data.view(-1)
49         loss = at * (1 - pt) ** self.gamma * logpt
50         if reduction == "mean":
51             loss = loss.mean()
52         elif reduction == "sum":
53             loss = loss.sum()
54         elif reduction == "none":
55             loss = loss.view(target.shape)
56         else:
57             raise ValueError(
58             f"Supported reduction modes: 'none', 'mean', 'sum'")
59         return loss
60 #3
61 def calc_supervision_loss(outs, masks, config):
62     loss_list = config["loss"]
63     ce_loss_fn    = nn.CrossEntropyLoss()
64     focal_loss_fn = FocalLoss()
65     subsample_fn  = nn.MaxPool2d(2, 2)
66
67     outs = outs[::-1]      # decending order
68     sub_mask_lists = [masks]
69
70     # fig, axes = plt.subplots(nrows = 1, ncols = 4, figsize = (8, 2) )
71     # axes[0].imshow(masks[0].squeeze().cpu(), vmin = 0, vmax = 2)
72     # axes[0].axis("off")
```

```
73        # mask sub-sampling
74        for i, out in enumerate(outs[1:], start=1):
75            # masks = F.interpolate(masks,
76            #                          size = out.shape[-2:],
77            #                          mode = 'nearest')
78            masks = subsample_fn(masks.float())
79            sub_mask_lists.append(masks)
80
81            # axes[i].imshow(masks[0].squeeze().cpu(),
82            #                 vmin = 0, vmax = 2)
83            # axes[i].axis("off")
84            # axes[i].set_xlim(axes[0].get_xlim())
85            # axes[i].set_ylim(axes[0].get_ylim())
86        # plt.show()
87
88        loss = 0.0
89        #w = [0.1, 0.2, 0.3, 0.4]
90        w = [0.25, 0.25, 0.25, 0.25]
91        for i, (out, y_true) in enumerate(zip(outs, sub_mask_lists)):
92            #print(f'i = {i}, y_true.shape={y_true.shape}')
93            y_pred = F.softmax(out, dim = 1)    # out.softmax(dim = 1)
94
95            if "CE" in loss_list:
96                loss += ce_loss_fn(y_pred, y_true.long()) * w[i]
97            if "DICE" in loss_list:
98                loss += \
99                    multiclass_dice_loss(
100                        y_pred,
101                        F.one_hot(y_true.long()).permute(0, 3, 1, 2).float()) * w[i]
102            if "FOCAL" in loss_list:
103                loss += focal_loss_fn(y_pred, y_true) * w[i]
104        return loss
105
106  #4
107  mean = torch.tensor([0.485, 0.456, 0.406])
108  std  = torch.tensor([0.229, 0.224, 0.225])
109  def inverse_image(image, **kwargs):
110      return image * std[:, None, None] + mean[:, None, None]
111
112  inv_normalize = A.Lambda(image = inverse_image)
113
114  #: trimaps: foreground(1), background(2), Not classified(3)
115  def binary_mask(mask):
116      mask = mask.astype(np.float32)
117      mask[mask == 2] = 0    # 2 -> 0
```

```
118        mask[mask == 3] = 1    # (1, 3) -> 1
119        return mask
120  def tri_mask(mask, label = None):
121        mask = mask.astype(np.float32)
122        if label == None: # [0:back, 1: cat or dog, 2: not classified]
123            mask[mask == 2] = 0       # background: 0
124            mask[mask == 3] = 2
125        else:
126            mask[mask == 2] = 0       # background: 0
127            mask[mask == 1] = label
128            mask[mask == 3] = label
129        return mask
130
131  #5: segmentation target_type: 'binary_mask',
132  #                              'tri_mask', 'tri_mask_catdog'
133  #5-1
134  class PetSegDataset(Dataset):
135      def __init__(self, PATH = "./data/oxford-iiit-pet/",
136                   target_type = 'tri_mask_catdog',
137                   target_size = (224, 224), shuffle = True ):
138          self.PATH = PATH
139          self.target_type = target_type
140          self.target_size = target_size
141
142          file_name = PATH + "annotations/list.txt"
143          with open(file_name) as file:
144              list_txt = file.readlines()
145          list_txt = list_txt[6:]    # skip header in list.txt
146
147          if shuffle:
148            np.random.shuffle(list_txt)
149
150          self.image_names = []
151          self.labels = []
152          for line in list_txt:
153              image_name, class_id, species,  breed_id = line.split()
154
155              self.image_names.append(image_name) # with image_id
156              self.labels.append(int(species)-1)  # Cat: 0, Dog: 1
157
158      def __len__(self):
159          return len(self.image_names)
160
161      def __getitem__(self, idx):
162          image_file = self.PATH + \
163                      "images/"+ self.image_names[idx] + ".jpg"
```

```
164          if not os.path.exists(image_file):
165              print(f'File not found: {image_file}')
166              return
167          img = np.array(Image.open(image_file).convert('RGB')) # numpy
168          assert isinstance(img, np.ndarray), "Corrupt JPEG..."
169
170          mask_file = self.PATH + "annotations/trimaps/"
171          mask_file+= self.image_names[idx] + ".png"
172          mask = np.array(Image.open(mask_file).convert('L'))
173          assert isinstance(mask, np.ndarray), "Corrupt PNG..."
174
175          # segmentation
176          if self.target_type == 'binary_mask':
177              mask = binary_mask(mask)
178          elif self.target_type == 'tri_mask':
179              mask = tri_mask(mask) # 0: back, 1:cat,dog, 2: not classified
180          elif self.target_type == 'tri_mask_catdog':
181              mask = tri_mask(mask,
182                      label = self.labels[idx]+1)  # 0:back, 1:cat, 2:dog
183
184          return img, mask, self.labels[idx]
185 #5-2
186 def dataset_split(dataset, ratio = 0.2):
187     data_size =  len(dataset)
188     n2 = int(data_size * ratio)
189     n = data_size - n2
190     ds1, ds2 = random_split(dataset, [n, n2],
191                     generator = torch.Generator().manual_seed(0))
192     ds1.target_type = dataset.target_type
193     ds2.target_type = dataset.target_type
194     ds1.target_size = dataset.target_size
195     ds2.target_size = dataset.target_size
196     return ds1, ds2
197 #5-3
198 class SplitDataset:
199     def __init__(self, dataset, data_type = 'train'):
200         self.dataset = dataset
201         self.data_type = data_type
202         self.target_type = dataset.target_type
203         height, width = dataset.target_size
204         self.train_transforms = A.Compose([
205                     A.Resize(height + 2, width + 2),
206                     A.CenterCrop(height, width),
207                     A.Rotate(45),
208                     A.ColorJitter(),
```

```
209                            A.RandomBrightnessContrast(),
210                            A.Normalize(mean.tolist(),
211                                    std.tolist()),
212                            ToTensorV2()])
213
214        self.valid_test_transforms = A.Compose([
215                            A.Resize(height + 2, width + 2),
216                            A.CenterCrop(height, width),
217                            A.Normalize(mean.tolist(),
218                                    std.tolist()),
219                            ToTensorV2()])
220
221    def __getitem__(self, idx):
222        img, mask, label = self.dataset[idx]
223        if self.data_type == 'train':
224            transformed = \
225                self.train_transforms(image = img, mask = mask)
226        else:
227            transformed = \
228                self.valid_test_transforms(image = img, mask = mask)
229        img = transformed["image"]
230        mask= transformed["mask"]
231        return img, mask, label
232    def __len__(self):
233        return len(self.dataset)
234 #5-4
235 dataset = PetSegDataset()        # target_type = 'tri_mask_catdog'
236 train_ds, test_ds = dataset_split(dataset)
237 train_ds, valid_ds = dataset_split(train_ds, ratio = 0.1)
238
239 train_ds = SplitDataset(train_ds, 'train')
240 test_ds  = SplitDataset(test_ds,  'test')
241 valid_ds = SplitDataset(valid_ds, 'valid')
242 # print('len(train_ds)= ', len(train_ds)) # 5292
243 # print('len(valid_ds)= ', len(valid_ds)) # 588
244 # print('len(test_ds) = ', len(test_ds))  # 1469
245
246 train_loader = DataLoader(train_ds, batch_size = 64, shuffle = True)
247 valid_loader = DataLoader(valid_ds, batch_size = 64, shuffle = False)
248 test_loader  = DataLoader(test_ds,  batch_size = 64, shuffle = False)
249 # print('len(train_loader)= ', len(train_loader)) # 83
250 # print('len(valid_loader)= ', len(valid_loader)) # 10
251 # print('len(test_loader) = ', len(test_loader))  # 23
252
```

```
253  #6
254  #6-1
255  class conv_block(nn.Module):
256      def __init__(self,in_channels, out_channels):
257          super().__init__()
258          self.conv = nn.Sequential(
259              nn.Conv2d(in_channels, out_channels,
260                      kernel_size = 3, padding = 1),
261              nn.BatchNorm2d(out_channels),
262              nn.ReLU(inplace = True),
263              nn.Conv2d(out_channels, out_channels,
264                      kernel_size = 3, padding = 1),
265              nn.BatchNorm2d(out_channels),
266              nn.ReLU(inplace = True) )
267      def forward(self, x):
268          return self.conv(x)
269  #6-2
270  class UNet(nn.Module):
271      def __init__(self, out_channels = 1):
272          super().__init__()
273          self.out_channels = out_channels
274          self.maxpool = nn.MaxPool2d(kernel_size=2)
275
276          self.encode1 = conv_block(3, 64)
277          self.encode2 = conv_block(64, 128)
278          self.encode3 = conv_block(128, 256)
279          self.encode4 = conv_block(256, 512)
280          self.encode5 = conv_block(512, 1024)
281
282          self.decode4 = conv_block(1024 + 512, 512)  # x + shortcut
283          self.decode3 = conv_block( 512 + 256, 256)
284          self.decode2 = conv_block( 256 + 128, 128)
285          self.decode1 = conv_block( 128 +  64,  64)
286
287          self.fc4 = nn.Conv2d(512, out_channels, 1) # classify
288          self.fc3 = nn.Conv2d(256, out_channels, 1) # classify
289          self.fc2 = nn.Conv2d(128, out_channels, 1) # classify
290          self.fc1 = nn.Conv2d(64,  out_channels, 1) # classify
291
292      def up_sample(self, x, mode = 'Upsample'):
293          in_channels = x.size()[1] # NCHW: [1] : C
294          if mode == 'Upsample':
295              x = nn.Upsample(scale_factor = 2, mode = 'bilinear')(x)
296          elif mode == "ConvTranspose2d":
297              x = nn.ConvTranspose2d(in_channels, in_channels,
298                                      kernel_size = 2, stride = 2,
```

```
299                                  bias = False,
300                                  device = DEVICE)(x)
301                x = nn.ReLU(inplace = True)(x)
302            else:
303                raise NotImplemented(f'{mode} is not implemented.')
304            return x
305
306        def predict(self, images):
307            self.eval()
308            with torch.no_grad():
309                images = images.to(DEVICE)
310                outs = self.forward(images)
311
312            pred = torch.softmax(outs[-1], dim=1) # outs[-1]: last out
313            pred_mask = torch.argmax(pred, dim = 1)
314            return pred_mask
315
316        def forward(self, x):
317            # encoder
318            conv1 = self.encode1(x) # [, 64, 224, 224]
319            x = self.maxpool(conv1)
320
321            conv2 = self.encode2(x) #[, 128, 112, 112])
322            x = self.maxpool(conv2)
323
324            conv3 = self.encode3(x) #[, 256, 56, 56])
325            x = self.maxpool(conv3)
326
327            conv4 = self.encode4(x) #[, 512, 28, 28])
328            x = self.maxpool(conv4)
329
330            bridge = self.encode5(x) #[, 1024, 14, 14])
331
332            #decoder
333            outs = []
334            x = self.up_sample(bridge)          #[, 1024, 28, 28]
335            x = torch.cat([x, conv4], dim = 1) #[, 1536, 28, 28]
336            x = self.decode4(x)                 #[,  512, 28, 28]
337            outs.append(self.fc4(x))            #[, out_channels, 28, 28]
338
339            x = self.up_sample(x)               #[, 512, 56, 56]
340            x = torch.cat([x, conv3], dim = 1) #[, 768, 56, 56]
341            x = self.decode3(x)                 #[, 256, 56, 56]
342            outs.append(self.fc3(x))            #[, out_channels, 56, 56]
343
```

```
344        x = self.up_sample(x)                #[, 256, 112, 112]
345        x = torch.cat([x, conv2], dim = 1)  #[, 384, 112, 112]
346        x = self.decode2(x)                  #[, 128, 112, 112]
347        outs.append(self.fc2(x))            #[, out_channels, 112, 112]
348
349        x = self.up_sample(x)                #[, 128, 224, 224]
350        x = torch.cat([x, conv1], dim = 1)  #[, 192, 224, 224]
351        x = self.decode1(x)                  #[,  64, 224, 224]
352        outs.append(self.fc1(x))            #[, out_channels, 224, 224]
353        #out = self.fc(x)                    #[, out_channels, 224, 224]
354        return outs
355
356 #7
357 from torchmetrics.functional.classification \
358     import multiclass_jaccard_index
359 def train_one_epoch(train_loader, model, config):
360     optimizer = config["optimizer"]
361
362     K = len(train_loader)
363     batch_loss = 0.0
364     batch_acc  = 0.0
365     batch_iou  = 0.0
366     model.train()
367     for images, masks, _ in train_loader:
368         images = images.to(DEVICE)        #[, 3, 224, 224]
369         masks =masks.long().to(DEVICE)   #[, 224, 224]
370         #print('masks.shape = ', masks.shape)
371
372         outs = model(images)   #[, model.out_channels, 224, 224]
373         #print("len(outs)=", len(outs)) # 4
374         #for i, out in enumerate(outs):
375         #    print(f"i={i}, out.shape={out.shape}")
376
377         loss = calc_supervision_loss(outs, masks, config)
378
379         batch_loss += loss.item()
380         y_pred = outs[-1].argmax(dim=1)
381
382         acc = accuracy(y_pred, masks, task = 'multiclass',
383                         num_classes = 3)
384         iou = multiclass_jaccard_index(y_pred, masks,
385                                         num_classes = 3)
386         batch_acc += acc
387         batch_iou += iou
388
```

```
389            optimizer.zero_grad()
390            loss.backward()
391            optimizer.step()
392
393        batch_loss /= K
394        batch_acc  /= K
395        batch_iou  /= K
396        return batch_loss, batch_acc, batch_iou
397 #8
398 def evaluate(loader, model, config):
399        K = len(loader)
400        batch_loss = 0.0
401        batch_acc  = 0.0
402        batch_iou  = 0.0
403        model.eval()
404        with torch.no_grad():
405            for images, masks, _ in loader:
406                images = images.to(DEVICE)    #[, 3, 224, 224]
407                masks =masks.long().to(DEVICE)
408
409
410                batch_loss += loss.item()
411
412                y_pred = outs[-1].argmax(dim=1)
413                acc = accuracy(y_pred, masks,
414                               task = 'multiclass', num_classes = 3)
415                iou = multiclass_jaccard_index(y_pred,
416                                          masks, num_classes = 3)
417
418                batch_acc += acc
419                batch_iou += iou
420
421            batch_loss /= K
422            batch_acc  /= K
423            batch_iou  /= K
424            return batch_loss, batch_acc, batch_iou
425 #9
426 PATH = "./data/52_7/"
427 if os.path.isdir(PATH):
428     import shutil
429     shutil.rmtree(PATH)
430 os.mkdir(PATH)
431 def show_predict_images(unet, data_loader, title):
432     images, masks, _ = next(iter(data_loader))
433
```

```
434        pred_masks = unet.predict(images)
435
436        transformed = inv_normalize(image = images)
437        images = transformed["image"]
438        fig, axes = plt.subplots(nrows = 3, ncols = 8, figsize = (8, 3))
439        fig.canvas.manager.set_window_title('U-net segmentation:' + title)
440        for i in range(8):
441            image = images[i].cpu()    #.detach().cpu().numpy()
442            axes[0,i].imshow(image.permute(1,2,0), cmap = 'gray') #(H,W,C)
443            axes[0,i].axis("off")
444
445            image = masks[i].cpu()
446            axes[1,i].imshow(image.squeeze(), vmin = 0, vmax = 2)
447            axes[1,i].axis("off")
448
449            image = pred_masks[i].cpu()
450            axes[2,i].imshow(image.squeeze(), vmin = 0, vmax = 2)
451            axes[2,i].axis("off")
452        fig.tight_layout()
453        plt.savefig(PATH + title + '.png')
454        plt.close(fig)
455
456 #10:
457 def main():
458 #10-1
459        unet = UNet(out_channels = 3).to(DEVICE)
460        optimizer = optim.Adam(params = unet.parameters(), lr = 0.01)
461        scheduler = optim.lr_scheduler.StepLR(optimizer,
462                                        step_size = 10, gamma = 0.9)
463        #scheduler = \
464        #    optim.lr_scheduler.OneCycleLR(optimizer, max_lr = 0.9,
465        #                                total_steps = 100)
466        # scheduler = \
467        # optim.lr_scheduler.ReduceLROnPlateau(optimizer, mode = 'min',
468        #                                factor = 0.5, patience = 5,
469        #                                threshold = 0.01)
470        lrs = []
471        train_losses = []
472        train_accs = []
473 #10-2
474        print('training.....')
475
476        config = dict()
477        config["optimizer"] = optimizer
478        config["loss"] = ["CE"]      # "CE", "DICE", "FOCAL"
479        config["epoch"] = 100
```

```
480        EPOCHS = config["epoch"]
481        unet.train()
482        for epoch in range(EPOCHS):
483            try:
484                lrs.append(optimizer.param_groups[0]["lr"])
485                train_loss, train_acc, train_iou = \
486                    train_one_epoch(train_loader, unet, config)
487                scheduler.step()
488
489                valid_loss, valid_acc, valid_iou = \
490                    evaluate(valid_loader, unet, config)
491                # scheduler.step(valid_loss)      # ReduceLROnPlateau
492
493                train_losses.append(train_loss)
494                train_accs.append(train_acc.cpu().item())
495
496                if not epoch%10 or epoch == EPOCHS - 1:
497                    # valid_loss, valid_acc, valid_iou = \
498                    #      evaluate(valid_loader, unet, config)
499                    print(f'epoch={epoch}: train_loss={train_loss:.4f}, ',
500                        end = '')
501                    print(f'valid_loss={valid_loss:.4f}, ', end = '')
502                    print(f'valid_acc={valid_acc:.4f},'
503                        f'valid_iou={valid_iou:.4f}')
504
505                    show_predict_images(unet, train_loader, str(epoch))
506            except:
507                print("break loop....")
508                break
509
510    train_loss, train_acc, train_iou = \
511        evaluate(train_loader, unet, config)
512    print(f'train_loss={train_loss:.4f},'
513        f'train_acc={train_acc:.4f},'
514        f'train_iou={train_iou:.4f}')
515
516    print(f'test_loss={test_loss:.4f},'
517        f'test_acc={test_acc:.4f},'
518        f'test_iou={test_iou:.4f}')
519    torch.save(unet, './saved_model/5207_unet.pt')
520
521 #10-3: display lrs, loss, pred
522    plt.clf()
523    plt.cla()
524    plt.xlabel('epoch')
```

```
525    plt.ylabel('lr')
526    plt.plot(lrs)
527    plt.savefig(PATH + '5207_lr.png')
528    # plt.show()
529
530    plt.clf()
531    plt.cla()
532    plt.xlabel('epoch')
533    plt.ylabel('loss, accuracy')
534    plt.plot(train_losses, label = 'train_losses')
535    plt.plot(train_accs,   label = 'train_accuracy')
536    plt.legend()
537    plt.savefig(PATH + '5207_loss_accuracy.png')
538    # plt.show()
539
540 #10-4: predict for test_loader
541    show_predict_images(unet, test_loader, 'test_sample')
542 #11
543 if __name__ == '__main__':
544    main()
```

▷▷ 실행결과

```
#config["epoch"] = 100
#config["loss"] = ["CE"]
train_loss=0.5752, train_acc=0.9765, train_iou=0.9504
test_loss=0.6242, test_acc=0.9313, test_iou=0.8443

#config["loss"] = ["DICE"]
train_loss=0.0365, train_acc=0.9675, train_iou=0.9333
test_loss=0.0916, test_acc=0.9302, test_iou=0.8452

#config["loss"] = ["FOCAL"]
train_loss=0.0348, train_acc=0.9702, train_iou=0.9386
test_loss=0.0450, test_acc=0.9347, test_iou=0.8584
```

▷▷▷ 프로그램 설명

1 UNet의 decoder에서 중간의 출력을 outs에 반환하여 calc_supervision_loss()를 계산하여 시맨틱 분할한다. #1, #2, #4, #5, #9는 [예제 52-06]과 같다.

2 #3의 calc_supervision_loss(outs, masks, config)는 loss_list의 손실을 계산한다. len(outs) = 4로 UNet의 4개의 출력을 갖는 리스트이다.

    outs[0].shape = torch.Size([64, 3, 28, 28])
    outs[1].shape = torch.Size([64, 3, 56, 56])
    outs[2].shape = torch.Size([64, 3, 112, 112])
    outs[3].shape = torch.Size([64, 3, 224, 224])

masks.shape = torch.Size([64, 3, 224, 224])이다. outs = outs[::-1]로 영상의 크기를 내림차순으로 한다. sub_mask_lists에 outs와 같은 크기의 마스크 영상을 생성한다.

(outs, sub_mask_lists) 사이의 손실을 계산한다. 각 크기에 가중치를 주어 손실을 계산할 수 있다.

3  #6은 UNet의 decoder에서 outs.append(self.fc4(x)), outs.append(self.fc3(x)), outs.append(self.fc2(x)), outs.append(self.fc1(x))로 중간 출력을 outs 리스트에 반환한다.

4  #7의 train_epoch()은 train_loader, config를 이용하여 model을 1 에폭 학습한다. outs = model(images)로 출력 outs 리스트를 계산하고, calc_supervision_loss(outs, masks, config)로 loss을 계산하여 최적화한다. acc, iou는 원본 크기의 출력 outs[-1]에 대해 계산한다.

5  #8의 evaluate()는 loader, config를 이용하여 model을 1 에폭 평가한다.

6  #10의 main()은 unet 모델을 생성하고, train_epoch()로 unet 모델을 학습한다.

7  실행 결과는 [예제 52-06]과 유사하다.

*Deep Learning Programming with Py Torch*: **PART 2**

# CHAPTER 15

# Attention · SPP · ASPP 모듈

# SE-Net

SE-Nets Squeeze-and-Excitation Networks는 전역 채널 정보를 활용하기 위한 Squeeze 단계와 정보를 통합하는 Excitation 단계를 사용하여 채널 가중치를 학습한다. 학습한 채널 가중치를 특징 맵 feature map에 곱하여 중요한 채널에 관심을 집중한다. 이러한 방법을 채널 어텐션 channel attention이라 한다. VGG, Inception, ResNet 등의 합성곱(CNN) 모델에 채널 어텐션 블록(모듈)을 추가할 수 있다.

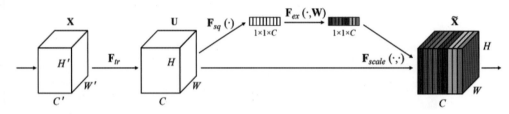

△ 그림 53.1 ▶ SE 블록(https://arxiv.org/abs/1709.01507, 2017)

[그림 53.1]은 하나의 SE 블록이다. 입력 영상 X[C', H', W']에 합성곱 연산을 적용하여 특징 U[C, H, W]를 얻는다. 전역 풀링 Global Average/Max Pooling 같은 Squeeze 연산으로 출력 U의 각 채널에 대해 하나의 값을 얻는다. Excitation 연산으로 각 채널의 가중치(W)를 계산하고, 특징 벡터 U에 곱하여 재계산 recalibration 한다. [그림 53.2]는 기존의 ResNet 블록과 SE 블록이 추가된 SEResNet 모듈을 보여준다.

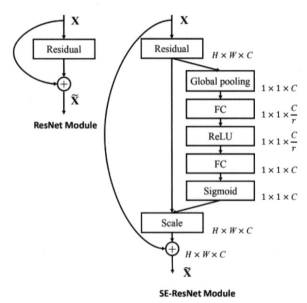

△ 그림 53.2 ▶ ResNet, SEResNet 모듈
(https://arxiv.org/abs/1709.01507, 2019)

▷ 예제 53-01  ▶ PetDataset 분류 classification: SE_VGG16

```
01  '''
02  ref1: https://amaarora.github.io/2020/07/24/SeNet.html
03  ref2: https://github.com/moskomule/senet.pytorch/blob/master/senet/
04  se_module.py
05  '''
06  import torch
07  import torch.nn as nn
08  import torch.optim as optim
09  import torch.nn.functional as F
10  from torchvision.models import vgg16_bn, VGG16_BN_Weights
11  from torchinfo import summary
12  import torchvision.transforms as T
13  from torch.utils.data import Dataset, DataLoader, random_split
14  from torchmetrics.functional import accuracy
15  import numpy as np
16  from PIL import Image
17  import matplotlib.pyplot as plt
18  import os
19  DEVICE = 'cuda' if torch.cuda.is_available() else 'cpu'
20  #1: ref1, ref2
21  class SE_Block(nn.Module):
22      def __init__(self, c, r = 16):
23          super().__init__()
24          self.squeeze = nn.AdaptiveAvgPool2d(1)
25          self.excitation = nn.Sequential(
26              nn.Linear(c, c // r, bias = False),
27              nn.ReLU(inplace = True),
28              nn.Linear(c // r, c, bias = False),
29              nn.Sigmoid() ).to(DEVICE)
30      def forward(self, x):
31          bs, c, _, _ = x.shape
32          y = self.squeeze(x).view(bs, c)
33          y = self.excitation(y).view(bs, c, 1, 1)
34          out = x * y.expand_as(x)
35          # print('out.shape=', out.shape)     # the same as x.shape
36          return out
37  #2
38  class SE_VGG16(nn.Module):
39      def __init__(self, num_classes = 2,
40                   pretrained = True, SE = True):
41          super(SE_VGG16, self).__init__()
42          self.SE = SE
43          self.num_classes = num_classes
44
```

```
45        #2-1: torchvision.models.vgg16_bn
46        vgg_model = \
47            vgg16_bn(
48                weights =
49                    VGG16_BN_Weights.DEFAULT if pretrained else None
50                    ).features
51        # print("vgg_model=", vgg_model)
52        self.maxpool = nn.MaxPool2d(kernel_size = 2, stride = 2)
53        self.block1 = nn.Sequential(*vgg_model[:6])        # 64
54        # self.maxpool = vgg_model[6]
55
56        self.block2 = nn.Sequential(*vgg_model[7:13])      # 128
57        # self.maxpool = vgg_model[13]
58
59        self.block3 = nn.Sequential(*vgg_model[14:23])     # 256
60        # self.maxpool = vgg_model[23]
61
62        self.block4 = nn.Sequential(*vgg_model[24:33])     # 512
63        # self.maxpool = vgg_model[33]
64
65        self.block5 = nn.Sequential(*vgg_model[34:-1])     # 512
66        # self.maxpool = vgg_model[-1]
67        #2-2: SE-Nets
68        if self.SE:
69            self.se1 = SE_Block(64)
70            self.se2 = SE_Block(128)
71            self.se3 = SE_Block(256)
72            self.se4 = SE_Block(512)
73            self.se5 = SE_Block(512)
74
75        self.fc = nn.Sequential(
76            nn.Dropout(0.5),
77            nn.Linear(7 * 7 * 512, 4096),
78            nn.ReLU())
79        self.fc1 = nn.Sequential(
80            nn.Dropout(0.5),
81            nn.Linear(4096, 4096),
82            nn.ReLU())
83        self.fc2= nn.Sequential(
84            nn.Linear(4096, num_classes))
85    #2-3:
86    def forward(self, x):
87        x = self.block1(x)
88        if self.SE: x = self.se1(x)
89        x = self.maxpool(x)
90
```

```
 91            x = self.block2(x)
 92            if self.SE: x = self.se2(x)
 93            x = self.maxpool(x)
 94
 95            x = self.block3(x)
 96            if self.SE: x = self.se3(x)
 97            x = self.maxpool(x)
 98
 99            x = self.block4(x)
100            if self.SE: x = self.se4(x)
101            x = self.maxpool(x)
102
103            x = self.block5(x)
104            if self.SE: x = self.se5(x)
105            x = self.maxpool(x)
106            #print('x.shape=', x.shape);        # [, 512, 7, 7]
107
108            x = x.reshape(x.size(0), -1)
109            x = self.fc(x)
110            x = self.fc1(x)
111            x = self.fc2(x)
112            return x
113 #3
114 def model_test():
115     N, C, H, W = 3, 3,  224, 224
116     X =  torch.randn((N, C, H, W)).to(DEVICE)
117     model = SE_VGG16(SE = True).to(DEVICE)
118     print('model=', model)
119     # summary(model, input_size = (1, 3, 224, 224), device = DEVICE)
120
121     Y = model(X)
122     print('Y.shape = ', Y.shape)
123
124 #4: ref, 5003.py
125 mean = torch.tensor([0.485, 0.456, 0.406])
126 std  = torch.tensor([0.229, 0.224, 0.225])
127 #4-1
128 class PetDataset(Dataset):
129     def __init__(self, PATH = "./data/oxford-iiit-pet/",
130                     target_type = 'category_catdog',
131                     target_size = (224, 224), shuffle = True ):
132         self.PATH = PATH
133         self.target_type = target_type
134         self.target_size = target_size
135
```

```
136            self.image_transform = T.Compose([
137                            T.Resize(target_size[0] + 2), # 226
138                            T.RandomHorizontalFlip(),
139                            T.CenterCrop(target_size),    # 224
140                            T.ToTensor(),                 # [0, 1]
141                            T.Normalize(mean, std)])
142        file_name = PATH + "annotations/list.txt"
143        with open(file_name) as file:
144            list_txt = file.readlines()
145        list_txt = list_txt[6:]        # skip header in 'list.txt'
146
147        if shuffle:
148          np.random.shuffle(list_txt)
149
150        self.image_names = []
151        self.labels = []
152        for line in list_txt:
153            image_name, class_id, species, breed_id = line.split()
154            self.image_names.append(image_name)        # with image_id
155
156            if self.target_type == 'category_catdog':
157                self.labels.append(int(species) - 1)  # Cat: 0, Dog: 1
158            elif self.target_type == 'category_class':
159                self.labels.append(int(class_id) - 1) # [0, 36]
160            else:
161                # raise NotImplemented(f'{self.target_type} is not implemented.')
162                raise RuntimeError(f'{self.target_type} is not implemented.')
163
164    def __len__(self):
165        return len(self.image_names)
166    def __getitem__(self, idx):
167        image_file = self.PATH + "images/" +
168                     self.image_names[idx] + ".jpg"
169        if not os.path.exists(image_file):
170            raise ValueError(f"'{image_file}' file is not found")
171        img = Image.open(image_file).convert('RGB') # PIL
172        assert isinstance(img, Image.Image), "Corrupt JPEG..."
173        img = self.image_transform(img)
174
175        if self.target_type == 'category_catdog' :
176                return img, self.labels[idx]
177        else:
178            raise ValueError(
179            f"Supported target_type: 'category_catdog', 'category_class'")
```

```
180  #4-2
181  def dataset_split(dataset, ratio = 0.2):
182    data_size =  len(dataset)
183    n2 = int(data_size * ratio)
184    n = data_size - n2
185    ds1, ds2 = random_split(dataset, [n, n2],
186                            generator =
187                               torch.Generator().manual_seed(0))
188    return ds1, ds2
189  #4-3
190  dataset = PetDataset()          # target_type = 'category_catdog'
191  train_ds, test_ds = dataset_split(dataset)
192  train_loader = DataLoader(train_ds, batch_size = 64,
193                            shuffle = True)
194  test_loader  = DataLoader(test_ds, batch_size = 64, shuffle = False)
195  #5
196  def train_epoch(train_loader, model, optimizer, loss_fn):
197      K = len(train_loader)
198      batch_loss = 0.0
199      batch_acc = 0.0
200      for images, labels in train_loader:
201          images = images.to(DEVICE)        # [, 3, 224, 224]
202          labels = labels.to(DEVICE)
203
204          outs = model(images)              # [, model.num_classes]
205          loss = loss_fn(outs, labels)
206          batch_loss += loss.item()
207
208          optimizer.zero_grad()
209          loss.backward()
210          optimizer.step()
211
212          pred = outs.argmax(dim = 1)       # about channel
213          acc = accuracy(pred, labels, task = 'binary')
214          batch_acc += acc
215
216      batch_loss /= K
217      batch_acc  /= K
218      return batch_loss, batch_acc
219  #6
220  def evaluate(loader, model):
221      K = len(loader)
222      loss_fn = nn.CrossEntropyLoss()
223      batch_loss = 0.0
224
```

```
225        batch_acc = 0.0
226        model.eval()
227        with torch.no_grad():
228            for images, labels in loader:
229                images = images.to(DEVICE)       # [, 3, 224, 224]
230                labels = labels.to(DEVICE)
231
232                outs = model(images)              # [, model.num_classes]
233                loss = loss_fn(outs, labels)
234                batch_loss += loss.item()
235
236                pred = outs.argmax(dim = 1)       # about channel
237                acc = accuracy(pred, labels, task = 'binary')
238
239                batch_acc += acc
240            batch_loss /= K
241            batch_acc /= K
242            return batch_loss, batch_acc
243
244  #7:
245  def main(EPOCHS = 10):
246  #7-1
247      model = SE_VGG16().to(DEVICE)    # pretrained = True, SE = True
248
249      optimizer = optim.Adam(params = model.parameters(),
250                             lr = 0.0001)    # lr = 0.001
251      scheduler = \
252          optim.lr_scheduler.StepLR(optimizer,
253                                    step_size = 10,gamma = 0.9)
254      loss_fn = nn.CrossEntropyLoss()
255      train_losses = []
256  #7-2
257      print('training.....')
258      model.train()
259      for epoch in range(EPOCHS):
260          train_loss, train_acc = \
261              train_epoch(train_loader, model,
262                          optimizer, loss_fn)
263          scheduler.step()
264          train_losses.append(train_loss)
265          if not epoch % 10 or epoch == EPOCHS - 1:
266              print(f'epoch={epoch}: train_loss={train_loss:.4f}, ', end = '')
267              print(f'train_acc={train_acc:.4f}')
268
269      train_loss, train_acc = evaluate(train_loader, model)
270
```

```
271      print(f'train_loss={train_loss:.4f}, train_acc={train_acc:.4f}')
272
273      test_loss, test_acc = evaluate(test_loader, model)
274      print(f'test_loss={test_loss:.4f}, test_acc={test_acc:.4f}')
275      #torch.save(model, './saved_model/5301_SE_VGG16_BN.pt')
276
277  #7-3: display loss, pred
278      plt.xlabel('epoch')
279      plt.ylabel('loss')
280      plt.plot(train_losses, label = 'train_losses')
281      plt.legend()
282      plt.show()
283  #8
284  if __name__ == '__main__':
285      # model_test()
286      main()
```

▷▷ 실행결과

```
# EPOCHS=10, pretrained=True, SE=True, lr=0.0001
train_loss=0.0000, train_acc=1.0000
test_loss=0.0058, test_acc=0.9966


# EPOCHS=10, pretrained=True, SE=False, lr=0.0001
train_loss=0.0014, train_acc=0.9998
test_loss=0.0227, test_acc=0.9939


# EPOCHS=50, pretrained=False, SE=True, lr=0.001
train_loss=0.0370, train_acc=0.9847
test_loss=0.1484, test_acc=0.9550


# EPOCHS=50, pretrained=False, SE=False, lr=0.001
train_loss=0.1255, train_acc=0.9476
test_loss=0.2200, test_acc=0.9142
```

▷▷▷ 프로그램 설명

1  #1은 [그림 53.1]의 SE 블록을 정의한다.

2  #2는 VGG16 모델에 SE 블록을 추가하여 num_classes 클래스를 분류하는 SE_VGG16 모델을 정의한다. SE = True이면, 64, 128, 256, 512, 512 채널 뒤에 채널 어텐션 블록인 SE_Block을 추가한다. nn.MaxPool2d()인 6, 13, 23, 33, 43 층을 block1~block5에 포함하지 않았다.

3  #3의 model_test()는 모델을 확인하기 위하여 SE_VGG16 모델을 생성하고, 랜덤 입력 X의 모델 출력 Y를 계산한다.

4 #4는 개, 고양이 분류를 위한 데이터를 train_loader, test_loader를 생성한다.

5 #5의 train_epoch() 함수는 train_loader 데이터를 이용하여 model을 1 에폭 학습한다.

6 #6의 evaluate() 함수는 loader 데이터를 이용하여 model을 평가한다.

7 #7의 main() 함수는 SE_VGG16 모델을 생성하고 학습한다. pretrained = True인 사전 학습모델을 미세조정하기 위해 학습률을 lr = 0.0001로 작게 시작한다.

▷ 예제 53-02 ▶ PetDataset 분류 classification: SE_ResNet

```
01  '''
02  ref1: https://github.com/moskomule/senet.pytorch
03  ref2: https://amaarora.github.io/2020/07/24/SeNet.html
04  ref3: https://github.com/pytorch/vision/blob/main/torchvision/
05  models/resnet.py
06  '''
07  import torch
08  import torch.nn as nn
09  import torch.optim as optim
10  import torch.nn.functional as F
11  from torchvision.models import ResNet
12  from torchinfo import summary
13  import torchvision.transforms as T
14  from torch.utils.data import Dataset, DataLoader, random_split
15  from torchmetrics.functional import accuracy
16  import numpy as np
17  from PIL import Image
18  import matplotlib.pyplot as plt
19  import os
20  DEVICE = 'cuda' if torch.cuda.is_available() else 'cpu'
21  #1: ref1, ref2
22  class SE_Block(nn.Module):
23      def __init__(self, c, r=16):
24          super().__init__()
25          self.squeeze = nn.AdaptiveAvgPool2d(1)
26          self.excitation = nn.Sequential(
27              nn.Linear(c, c // r, bias = False),
28              nn.ReLU(inplace = True),
29              nn.Linear(c // r, c, bias = False),
30              nn.Sigmoid() ).to(DEVICE)
31      def forward(self, x):
32          bs, c, _, _ = x.shape
33          y = self.squeeze(x).view(bs, c)
34          y = self.excitation(y).view(bs, c, 1, 1)
35          out = x * y.expand_as(x)
```

```
36              return out
37 #2: ref1, ref2, ref3
38 #2-1
39 def conv3x3(in_planes, out_planes,
40              stride = 1, groups = 1, dilation = 1):
41    """"3x3 convolution with padding""""
42    return nn.Conv2d(in_planes, out_planes,
43                     kernel_size = 3, stride = stride,
44                     padding = dilation, groups = groups,
45                     bias = False, dilation = dilation)
46 def conv1x1(in_planes, out_planes, stride=1):
47    """"1x1 convolution""""
48    return nn.Conv2d(in_planes, out_planes, kernel_size = 1,
49                     stride = stride, bias = False)
50
51 #2-2
52 class SEBasicBlock(nn.Module):
53    expansion = 1
54    def __init__(self, inplanes, planes,
55                 stride = 1, downsample = None, groups = 1,
56                 base_width = 64, dilation = 1,
57                 norm_layer = None, r = 16):
58        super(SEBasicBlock, self).__init__()
59        if norm_layer is None:
60            norm_layer = nn.BatchNorm2d
61        if groups != 1 or base_width != 64:
62            raise ValueError('BasicBlock only supports groups=1 \
63                             and base_width=64')
64        if dilation > 1:
65            raise NotImplementedError("Dilation > 1 not supported \
66                                     in BasicBlock")
67        # Both self.conv1 and self.downsample layers
68        # downsample the input when stride != 1
69        self.conv1 = conv3x3(inplanes, planes, stride)
70        self.bn1 = norm_layer(planes)
71        self.relu = nn.ReLU(inplace=True)
72        self.conv2 = conv3x3(planes, planes)
73        self.bn2 = norm_layer(planes)
74        self.downsample = downsample
75        self.stride = stride
76        # add SE block
77        self.se = SE_Block(planes, r)
78
79    def forward(self, x):
80        identity = x
```

```python
 81
 82          out = self.conv1(x)
 83          out = self.bn1(out)
 84          out = self.relu(out)
 85
 86          out = self.conv2(out)
 87          out = self.bn2(out)
 88          out = self.se(out)              # rescale out by SE
 89
 90          if self.downsample is not None:
 91              identity = self.downsample(x)
 92
 93          out += identity
 94          out = self.relu(out)
 95          return out
 96  #2-3
 97  class SEBottleneck(nn.Module):
 98      expansion = 4
 99      def __init__(self, inplanes, planes,
100                   stride = 1, downsample = None, groups = 1,
101                   base_width = 64, dilation = 1,
102                   norm_layer = None, r = 16):
103          super(SEBottleneck, self).__init__()
104          if norm_layer is None:
105              norm_layer = nn.BatchNorm2d
106          width = int(planes * (base_width / 64.)) * groups
107          # Both self.conv2 and self.downsample layers
108          # downsample the input when stride != 1
109          self.conv1 = conv1x1(inplanes, width)
110          self.bn1 = norm_layer(width)
111          self.conv2 = conv3x3(width, width,
112                               stride, groups, dilation)
113          self.bn2 = norm_layer(width)
114          self.conv3 = conv1x1(width, planes * self.expansion)
115          self.bn3 = norm_layer(planes * self.expansion)
116          self.relu = nn.ReLU(inplace=True)
117          self.downsample = downsample
118          self.stride = stride
119          # Add SE block
120          self.se = SE_Block(planes*self.expansion, r)  # planes * 4
121
122      def forward(self, x):
123          identity = x
124
125          out = self.conv1(x)
126
```

```
127         out = self.bn1(out)
128         out = self.relu(out)
129
130         out = self.conv2(out)
131         out = self.bn2(out)
132         out = self.relu(out)
133
134         out = self.conv3(out)
135         out = self.bn3(out)
136         out = self.se(out)    # SE-Nets, c = [256, 512, 1024, 2048]
137
138         if self.downsample is not None:
139             identity = self.downsample(x)
140
141         out += identity
142         out = self.relu(out)
143         return out
144 #3
145 def SE_ResNet(resnet_type = "resnet34", **kwargs):
146     if resnet_type == "resnet18":
147         layers = [2, 2, 2, 2]
148         block = SEBasicBlock
149     elif resnet_type == "resnet34":
150         layers = [3, 4, 6, 3]
151         block = SEBasicBlock
152     elif resnet_type == "resnet50":
153         layers = [3, 4, 6, 3]
154         block = SEBottleneck
155     elif resnet_type == "resnet101":
156         layers = [3, 4, 23, 3]
157         block = SEBottleneck
158     else:
159         raise ValueError(f'{resnet_type} is not supported')
160     model = ResNet(block, layers, **kwargs)
161     return model
162 #4
163 def model_test():
164     N, C, H, W = 2, 3,  224, 224
165     X =  torch.randn((N, C, H, W)).to(DEVICE)
166     model = SE_ResNet(resnet_type = "resnet50",
167                       num_classes = 2).to(DEVICE)
168     # print('model=', model)
169     # summary(model, input_size = (1, 3, 224, 224),
170     #         device = DEVICE)
171
```

```
172      Y = model(X)
173       print('Y.shape = ', Y.shape)
174
175  #5: dataset, train_ds, test_ds, train_loader,
176  #    test_loader(ref: 5301.py)
177  # ... 생략 ...
178  #6
179  def train_epoch(train_loader, model, optimizer, loss_fn):
180  # ... 생략 ...
181  #7
182  def evaluate(loader, model):
183  # ... 생략 ...
184  #8:
185  def main(EPOCHS=100):
186  #8-1
187      model = SE_ResNet(resnet_type = "resnet34",
188                         num_classes = 2).to(DEVICE)
189      optimizer = optim.Adam(params = model.parameters(), lr = 0.001)
190      # ... 생략 ...
191  #9
192  if __name__ == '__main__':
193      # model_test()
194      main()
```

▷▷ 실행결과

```
# EPOCHS=100, SE_ResNet(resnet_type="resnet34")
train_loss=0.0000, train_acc=1.0000
test_loss=0.3336, test_acc=0.9461

# EPOCHS=100, SE_ResNet(resnet_type="resnet50")
train_loss=0.0008, train_acc=0.9998
test_loss=0.4177, test_acc=0.9191
```

▷▷▷ 프로그램 설명

1  #1은 [그림 53.1]의 SE 블록을 정의한다.

2  #2는 SEBasicBlock, SEBottleneck의 SE 블록을 정의한다.

ResNet의 BasicBlock에 SE 블록을 추가하여 SEBasicBlock을 정의한다([그림 53.2]). SEBasicBlock은 "resnet18", "resnet34" 모델에서 사용한다.

ResNet의 Bottleneck에 SE 블록을 추가하여 "resnet50", "resnet101" 모델에서 사용하는 SEBasicBlock을 정의한다.

3  #3의 SE_ResNet 함수는 resnet_type에 따라 layers, block을 설정하고 ResNet(block, layers, **kwargs)으로 model을 생성한다.

**4** #4의 model_test()는 랜덤 입력 X의 모델 출력 Y를 계산한다.

**5** #5의 데이터셋, 데이터로더 생성, #6의 train_epoch() 함수, #7의 evaluate() 함수는 [예제 53-01]과 같다.

**6** #8의 main() 함수는 SE_ResNet(resnet_type = "resnet34", num_classes = 2)로 개, 고양이 분류를 위한 model을 생성하고 학습한다.

▷ 예제 53-03  ▶ PetDataset 분류 classification: SE_ResNet34, pretrained = True

```
01 '''
02 ref1: https://github.com/moskomule/senet.pytorch
03 ref2: https://amaarora.github.io/2020/07/24/SeNet.html
04 ref3: https://github.com/pytorch/vision/blob/main/torchvision/
05 models/resnet.py
06 '''
07 import torch
08 import torch.nn as nn
09 import torch.optim as optim
10 import torch.nn.functional as F
11 from torchvision.models import resnet34, ResNet34_Weights
12 from torchinfo import summary
13 import torchvision.transforms as T
14 from torch.utils.data import Dataset, DataLoader, random_split
15 from torchmetrics.functional import accuracy
16 import numpy as np
17 from PIL import Image
18 import matplotlib.pyplot as plt
19 import os
20 DEVICE = 'cuda' if torch.cuda.is_available() else 'cpu'
21 #1
22 class SE_Block(nn.Module):
23     def __init__(self, c, r=16):
24         super().__init__()
25         self.squeeze = nn.AdaptiveAvgPool2d(1)
26         self.excitation = nn.Sequential(
27             nn.Linear(c, c // r, bias = False),
28             nn.ReLU(inplace = True),
29             nn.Linear(c // r, c, bias = False),
30             nn.Sigmoid() ).to(DEVICE)
31     def forward(self, x):
32         bs, c, _, _ = x.shape
33         y = self.squeeze(x).view(bs, c)
34         y = self.excitation(y).view(bs, c, 1, 1)
```

```
35          out = x * y.expand_as(x)
36          return out
37 #2
38 class SE_ResNet34(nn.Module):
39     #2-1
40     def __init__(self, num_classes = 2,
41                  pretrained = True, SE=True):
42         super(SE_ResNet34, self).__init__()
43         self.SE = SE
44         self.num_classes = num_classes
45         self.net = \
46             resnet34(weights =
47                 ResNet34_Weights.DEFAULT if pretrained else None)
48         #print("self.net=", self.net)
49         # print("len(self.net.layer1)=", len(self.net.layer1)) # 3
50         # print("len(self.net.layer2)=", len(self.net.layer2)) # 4
51         # print("len(self.net.layer3)=", len(self.net.layer3)) # 6
52         # print("len(self.net.layer4)=", len(self.net.layer4)) # 3
53
54         if self.SE:            # SE-Nets
55             self.se = [SE_Block(64), SE_Block(128),
56                        SE_Block(256), SE_Block(512)]
57         in_features = self.net.fc.in_features              # 512
58         self.net.fc = nn.Linear(in_features, num_classes)
59     #2-2:
60     def forward(self, x):
61         x = self.net.conv1(x)
62         x = self.net.bn1(x)
63         x = self.net.relu(x)
64         x = self.net.maxpool(x)
65         # print('0: x.shape=', x.shape)        # [, 64, 56, 56]
66
67         # x = self.net.layer1(x)
68         # print('1: x.shape=', x.shape)        # [, 64, 56, 56]
69
70         # x = self.net.layer2(x)
71         # print('2: x.shape=', x.shape)        # [, 128, 28, 28]
72
73         # x = self.net.layer3(x)
74         # print('3: x.shape=', x.shape)        # [, 256, 14, 14]
75
76         # x = self.net.layer4(x)
77         # print('4: x.shape=', x.shape)        # [, 512, 7, 7]
78
79
```

```
 80          for i, layer in enumerate([self.net.layer1,
 81                                       self.net.layer2,
 82                                       self.net.layer3,
 83                                       self.net.layer4]):
 84              for block in layer:
 85                  identity = x
 86                  out = block.conv1(x)
 87                  out = block.bn1(out)
 88                  out = block.relu(out)
 89
 90                  out = block.conv2(out)
 91                  out = block.bn2(out)
 92                  if self.SE: out = self.se[i](out)       # SE-Nets
 93                  if block.downsample is not None:
 94                      identity = block.downsample(x)
 95                  out += identity
 96                  x = block.relu(out)
 97          # print('4: x.shape=', x.shape)              # [, 512, 7, 7]
 98
 99          x = self.net.avgpool(x)                       # [, 512, 1, 1]
100          x = x.reshape(x.size(0), -1)                  # [, 512]
101          x = self.net.fc(x)                            # [, 2]
102          return x
103  #3
104  def model_test():
105      N, C, H, W = 2, 3,  224, 224
106      X =  torch.randn((N, C, H, W)).to(DEVICE)
107      model = SE_ResNet34(SE = True).to(DEVICE)
108      print('model=', model)
109      # summary(model, input_size = (1, 3, 224, 224), device = DEVICE)
110      Y = model(X)
111      print('Y.shape = ', Y.shape)
112
113  #4: dataset, train_ds, test_ds, train_loader, test_loader
114  # ... 생략 ...
115  #5
116  def train_epoch(train_loader, model, optimizer, loss_fn):
117  # ... 생략 ...
118  #6
119  def evaluate(loader, model):
120  # ... 생략 ...
121  #7:
122  def main(EPOCHS = 10):
123  #7-1
124      model = SE_ResNet34().to(DEVICE)    # pretrained = True, SE = True
125      optimizer = optim.Adam(params = model.parameters(), lr = 0.0001)
```

```
126  # ... 생략 ...
127  #8
128  if __name__ == '__main__':
129      # model_test()
130      main()
```

▷▷ 실행결과

```
# EPOCHS=10, pretrained=True, SE=True
training.....
epoch=0: train_loss=0.0737, train_acc=0.9735
epoch=5: train_loss=0.0055, train_acc=0.9986
epoch=9: train_loss=0.0006, train_acc=1.0000
train_loss=0.0007, train_acc=0.9998
test_loss=0.0144, test_acc=0.9952

# EPOCHS=10, pretrained=True, SE=False
training.....
epoch=0: train_loss=0.0652, train_acc=0.9704
epoch=5: train_loss=0.0022, train_acc=0.9993
epoch=9: train_loss=0.0097, train_acc=0.9969
train_loss=0.0078, train_acc=0.9978
test_loss=0.0348, test_acc=0.9878
```

▷▷▷ 프로그램 설명

**1** 사전 학습된 resnet34 모델의 가중치를 로드하고, SE 블록을 추가하여 SE_ResNet34 클래스를 정의한다.

**2** #2의 SE_ResNet34 클래스는 #2-1에서 pretrained = True이면 사전 학습된 resnet34 모델을 self.net에 생성한다. SE = True이면 self.se 리스트에 SE 블록을 생성한다.

#2-2의 forward() 메서드에서 [self.net.layer1, self.net.layer2, self.net.layer3, self.net.layer4]의 각 layer에서 out = self.se[i](out)로 SE블록을 추가한다.

**3** #3의 model_test()는 랜덤 입력 X의 모델 출력 Y를 계산한다.

**4** #4의 데이터셋, 데이터로더 생성, #5의 train_epoch() 함수, #6의 evaluate() 함수는 [예제 53-01]과 같다.

**5** #7의 main() 함수는 SE_ResNet34()로 개, 고양이 분류를 위한 model을 생성하고 학습한다. pretrained = True인 사전 학습모델을 미세조정하기 위해 학습률을 lr = 0.0001로 작게 시작한다.

▷ 예제 53-04　▶ PetDataset 분할 <sup>segmentation</sup>: SE_UNet

```
01 '''
02 ref:  5101.py
03 ref1: https://amaarora.github.io/2020/07/24/SeNet.html
04 ref2: https://github.com/moskomule/senet.pytorch/blob/master/
05 senet/se_module.py
06 ref3: https://github.com/zhoudaxia233/PyTorch-Unet/blob/master/
07 vgg_unet.py
08 '''
09 import torch
10 import torch.nn as nn
11 import torch.optim as optim
12 import torch.nn.functional as F
13 from torchvision.models import vgg16_bn, VGG16_BN_Weights
14 from torchinfo import summary
15 import torchvision.transforms as T
16 from torchvision.datasets import OxfordIIITPet
17 from torch.utils.data import Dataset, DataLoader, random_split
18 from torchmetrics.functional import accuracy
19 import numpy as np
20 from PIL import Image
21 import matplotlib.pyplot as plt
22 DEVICE = 'cuda' if torch.cuda.is_available() else 'cpu'
23 #1: ref1, ref2
24 class SE_Block(nn.Module):
25     def __init__(self, c, r=16):
26         super().__init__()
27         self.squeeze = nn.AdaptiveAvgPool2d(1)
28         self.excitation = nn.Sequential(
29             nn.Linear(c, c // r, bias = False),
30             nn.ReLU(inplace=True),
31             nn.Linear(c // r, c, bias = False),
32             nn.Sigmoid() ).to(DEVICE)
33     def forward(self, x):
34         bs, c, _, _ = x.shape
35         y = self.squeeze(x).view(bs, c)
36         y = self.excitation(y).view(bs, c, 1, 1)
37         out = x * y.expand_as(x)
38         # print('out.shape=', out.shape)    # the same as x.shape
39         return out
40 #2
41 #2-1
42 class conv_block(nn.Module):
43     def __init__(self,in_channels, out_channels, SE):
44         super().__init__()
```

```
45          self.se_block = SE_Block(out_channels) if SE else None
46
47          self.conv = nn.Sequential(
48              nn.Conv2d(in_channels, out_channels,
49                      kernel_size = 3, padding = 1),
50              nn.BatchNorm2d(out_channels),
51              nn.ReLU(inplace = True),
52              nn.Conv2d(out_channels, out_channels,
53                      kernel_size = 3, padding = 1),
54              nn.BatchNorm2d(out_channels),
55              nn.ReLU(inplace = True) )
56      def forward(self, x):
57          x = self.conv(x)
58          if self.se_block is not None:
59              x = self.se_block(x)
60          return x
61  #2-2
62  class SE_UNet(nn.Module):
63      def __init__(self, num_classes = 2, SE = True):
64          super().__init__()
65          self.num_classes = num_classes
66          self.maxpool = nn.MaxPool2d(kernel_size = 2)
67
68          self.encode1 = conv_block(3, 64, SE)
69          self.encode2 = conv_block(64, 128, SE)
70          self.encode3 = conv_block(128, 256, SE)
71          self.encode4 = conv_block(256, 512, SE)
72          self.encode5 = conv_block(512, 1024, SE)
73
74          self.decode4 = \
75              conv_block(1024 + 512, 512, SE)      # x + shortcut
76          self.decode3 = conv_block( 512 + 256, 256, SE)
77          self.decode2 = conv_block( 256 + 128, 128, SE)
78          self.decode1 = conv_block( 128 +  64,  64, SE)
79
80          self.fc = \
81              nn.Conv2d(64,  num_classes, 1)      # classify pixels
82
83      def up_sample(self, x, mode = 'Upsample'):
84          in_channels = x.size()[1]                # NCHW: [1] : C
85          if mode == 'Upsample':
86              x = nn.Upsample(scale_factor = 2, mode = 'bilinear')(x)
87          elif mode == "ConvTranspose2d":
88              x = nn.ConvTranspose2d(in_channels, in_channels,
89                                  kernel_size = 2, stride = 2,
```

```
90                                      bias = False,
91                                      device = DEVICE)(x)
92              x = nn.ReLU(inplace = True)(x)
93          else:
94              raise NotImplemented(f'{mode} is not implemented.')
95          return x
96
97      def forward(self, x):
98          # encoder
99          conv1 = self.encode1(x)              # [, 64, 224, 224]
100         x = self.maxpool(conv1)
101
102         conv2 = self.encode2(x)              # [, 128, 112, 112])
103         x = self.maxpool(conv2)
104
105         conv3 = self.encode3(x)              # [, 256, 56, 56])
106         x = self.maxpool(conv3)
107
108         conv4 = self.encode4(x)              # [, 512, 28, 28])
109         x = self.maxpool(conv4)
110
111         bridge = self.encode5(x)             # [, 1024, 14, 14])
112
113         # decoder
114         x= self.up_sample(bridge)            # [, 1024, 28, 28]
115         x= torch.cat([x, conv4], dim = 1)    # [, 1536, 28, 28]
116         x= self.decode4(x)                   # [,  512, 28, 28]
117
118         x= self.up_sample(x)                 # [, 512, 56, 56]
119         x= torch.cat([x, conv3], dim = 1)    # [, 768, 56, 56]
120         x= self.decode3(x)                   # [, 256, 56, 56]
121
122         x= self.up_sample(x)                 # [, 256, 112, 112]
123         x= torch.cat([x, conv2], dim = 1)    # [, 384, 112, 112]
124         x= self.decode2(x)                   # [, 128, 112, 112]
125
126         x= self.up_sample(x)                 # [, 128, 224, 224]
127         x= torch.cat([x, conv1], dim = 1)    # [, 192, 224, 224]
128         x= self.decode1(x)                   # [,  64, 224, 224]
129
130         out = self.fc(x)                     # [, num_classes, 224, 224]
131         return out
132
133     def predict(self, images):
134         self.eval()
```

```
135            with torch.no_grad():
136                images = images.to(DEVICE)
137                outs = self.forward(images)
138
139            pred = torch.softmax(outs, dim = 1)         # about channel
140            pred_mask = torch.argmax(pred, dim = 1)
141            return pred_mask
142  #3
143  def model_test():
144      N, C, H, W = 3, 3,  224, 224
145      X =  torch.randn((N, C, H, W)).to(DEVICE)
146      model = SE_UNet(SE = True).to(DEVICE)
147      # print('model=', model)
148      # summary(model, input_size = (1, 3, 224, 224), device = DEVICE)
149
150      Y = model(X)
151      print('Y.shape = ', Y.shape)
152      # pred = model.predict(X)
153      # print('pred.shape = ', pred.shape)
154
155  #4: dataset, train_ds, test_ds, train_loader, test_loader
156  #4-1
157  mean=torch.tensor([0.485, 0.456, 0.406])
158  std =torch.tensor([0.229, 0.224, 0.225])
159  image_transform = T.Compose([
160      T.Resize(226),                        # T.InterpolationMode.BILINEAR
161      T.CenterCrop(224),
162      T.ToTensor(),                         # [0, 1]
163      T.Normalize(mean, std) ])
164
165  #trimaps: foreground(1), background(2), Not classified(3)
166  def binary_mask(mask):
167      mask = T.functional.pil_to_tensor(mask).float()
168      mask[mask == 2] = 0                   # 2 -> 0
169      mask[mask == 3] = 1                   # (1, 3) -> 1
170      return mask
171  mask_transform = T.Compose([
172      T.Resize(226,interpolation = T.InterpolationMode.NEAREST),
173      T.CenterCrop(224),
174      T.Lambda(lambda x: binary_mask(x)) ])
175
176  #4-2: target_types = 'segmentation'
177  train_ds = OxfordIIITPet(root="./data",      # split = 'trainval',
178                           target_types = 'segmentation',
179                           transform = image_transform,
```

```
180                                target_transform = mask_transform,
181                                download = True)
182 test_ds  = OxfordIIITPet(root = "./data", split = 'test',
183                                target_types = 'segmentation',
184                                transform = image_transform,
185                                target_transform = mask_transform)
186
187 def dataset_split(dataset, ratio = 0.1):
188     data_size =  len(dataset)
189     n2 = int(data_size * ratio)
190     n = data_size - n2
191     ds1, ds2 = random_split(dataset, [n, n2],
192                              generator =
193                                  torch.Generator().manual_seed(0))
194     return ds1, ds2
195 train_ds, valid_ds = dataset_split(train_ds)
196 train_loader = DataLoader(train_ds, batch_size = 64,
197                              shuffle = True)
198 valid_loader = DataLoader(valid_ds, batch_size = 64,
199                              shuffle = False)
200 test_loader  = DataLoader(test_ds, batch_size = 64, shuffle = False)
201 #5
202 def train_epoch(train_loader, model, optimizer, loss_fn):
203     K = len(train_loader)
204     batch_loss = 0.0
205     for images, masks in train_loader:
206         images = images.to(DEVICE)        # [, 3, 224, 224]
207         masks  = masks.squeeze().long()   # [, 224, 224]
208         masks  = masks.to(DEVICE)
209
210         outs = model(images)      # [, model.num_classes, 224, 224]
211         loss = loss_fn(outs, masks)
212
213         optimizer.zero_grad()
214         loss.backward()
215         optimizer.step()
216
217         batch_loss += loss.item()
218     batch_loss /= K
219     return batch_loss
220 #6
221 def evaluate(loader, model):
222     K = len(loader)
223     model.eval()
224     loss_fn = nn.CrossEntropyLoss()
```

```
225         batch_loss = 0.0
226         batch_acc = 0.0
227         with torch.no_grad():
228             for images, masks in loader:
229                 images = images.to(DEVICE)          # [, 3, 224, 224]
230                 masks = masks.squeeze().long()      # [, 224, 224]
231                 masks = masks.to(DEVICE)
232
233                 outs = model(images) # [, model.num_classes, 224, 224]
234                 loss = loss_fn(outs, masks)
235                 batch_loss += loss.item()
236
237                 pred = outs.argmax(dim = 1)         # about channel
238                 acc = accuracy(pred, masks, task = 'binary')
239                 batch_acc += acc
240         batch_loss /= K
241         batch_acc /= K
242         return batch_loss, batch_acc
243 #7:
244 def main(EPOCHS = 50):
245 #7-1
246     unet = SE_UNet().to(DEVICE)                     # SE = True
247     optimizer = optim.Adam(params = unet.parameters(), lr = 0.001)
248     scheduler = \
249         optim.lr_scheduler.StepLR(optimizer,
250                                   step_size = 10, gamma = 0.9)
251     loss_fn = nn.CrossEntropyLoss()
252
253     train_losses = [] v
254 #7-2
255     print('training.....')
256     unet.train()
257     for epoch in range(EPOCHS):
258         train_loss = train_epoch(train_loader, unet,
259                                  optimizer, loss_fn)
260
261         scheduler.step()
262         train_losses.append(train_loss)
263         if not epoch % 10 or epoch == EPOCHS - 1:
264             valid_loss, valid_acc = evaluate(valid_loader, unet)
265             print(f'epoch={epoch}: train_loss={train_loss:.4f}, ', end = '')
266             print(f'valid_loss={valid_loss:.4f}, valid_acc={valid_acc:.4f}')
267
268     train_loss, train_acc = evaluate(train_loader, unet)
```

```
269     print(f'train_loss={train_loss:.4f}, train_acc={train_acc:.4f}')
270
271     test_loss, test_acc = evaluate(test_loader, unet)
272
273     print(f'test_loss={test_loss:.4f}, test_acc={test_acc:.4f}')
274     # torch.save(unet, './saved_model/5304_SE_UNet.pt')
275 #8
276 if __name__ == '__main__':
277     # model_test()
278     main()
```

▷▷ 실행결과

```
# EPOCHS=50, SE_UNet(SE=True)
training.....
epoch=0: train_loss=0.5267, valid_loss=0.5029, valid_acc=0.7710
epoch=10: train_loss=0.3213, valid_loss=0.3035, valid_acc=0.8705
epoch=20: train_loss=0.2083, valid_loss=0.2207, valid_acc=0.9099
epoch=30: train_loss=0.1512, valid_loss=0.2164, valid_acc=0.9196
epoch=49: train_loss=0.0778, valid_loss=0.2269, valid_acc=0.9322
train_loss=0.0753, train_acc=0.9687
test_loss=0.2471, test_acc=0.9290

# EPOCHS=50, SE_UNet(SE=False)
training.....
epoch=0: train_loss=0.5362, valid_loss=0.5610, valid_acc=0.7479
epoch=10: train_loss=0.2869, valid_loss=0.2848, valid_acc=0.8816
epoch=20: train_loss=0.1960, valid_loss=0.2211, valid_acc=0.9089
epoch=30: train_loss=0.1215, valid_loss=0.2446, valid_acc=0.9153
epoch=40: train_loss=0.0744, valid_loss=0.3109, valid_acc=0.9193
epoch=49: train_loss=0.0452, valid_loss=0.4047, valid_acc=0.9182
train_loss=0.0445, train_acc=0.9809
test_loss=0.3779, test_acc=0.9231
```

▷▷▷ 프로그램 설명

1 UNet의 conv_block에 SE 블록을 추가하여 SE_UNet 클래스를 정의한다.

2 #1은 SE_Block 블록을 정의한다. #2-1의 conv_block에서 SE = True이면 self.conv(x)의 출력 x에 self.se_block(x)을 적용한다. #2-2는 SE_UNet 클래스를 정의한다.

3 #3의 model_test()는 랜덤 입력 X의 모델 출력을 계산한다.

4 #4의 데이터셋, 데이터로더 생성, #5의 train_epoch() 함수, #6의 evaluate() 함수는 [예제 51-01]과 같다.

5 #7의 main() 함수는 SE_UNet(SE = True)로 분할을 위한 model을 생성하고 학습한다.

▷ 예제 53-05 ▶ PetDataset 분할 segmentation: SE_UNet_VGG16

```python
01 '''
02 ref1: https://amaarora.github.io/2020/07/24/SeNet.html
03 ref2: https://github.com/moskomule/senet.pytorch/blob/master/
04 senet/se_module.py
05 ref3: https://github.com/zhoudaxia233/PyTorch-Unet/blob/master/
06 vgg_unet.py
07 '''
08 import torch
09 import torch.nn as nn
10 import torch.optim as optim
11 import torch.nn.functional as F
12 from torchvision.models import vgg16_bn, VGG16_BN_Weights
13 from torchinfo import summary
14 import torchvision.transforms as T
15 from torchvision.datasets import OxfordIIITPet
16 from torch.utils.data import Dataset, DataLoader, random_split
17 from torchmetrics.functional import accuracy
18 import numpy as np
19 from PIL import Image
20 import matplotlib.pyplot as plt
21 DEVICE = 'cuda' if torch.cuda.is_available() else 'cpu'
22 #1: ref1, ref2
23 #1-1
24 class SE_Block(nn.Module):
25     def __init__(self, c, r = 16):
26         super().__init__()
27         self.squeeze = nn.AdaptiveAvgPool2d(1)
28         self.excitation = nn.Sequential(
29             nn.Linear(c, c // r, bias = False),
30             nn.ReLU(inplace = True),
31             nn.Linear(c // r, c, bias = False),
32             nn.Sigmoid() ).to(DEVICE)
33     def forward(self, x):
34         bs, c, _, _ = x.shape
35         y = self.squeeze(x).view(bs, c)
36         y = self.excitation(y).view(bs, c, 1, 1)
37         out = x * y.expand_as(x)
38         # print('out.shape=', out.shape)    # the same as x.shape
39         return out
40 #1-2
41 class conv_block(nn.Module):
42     def __init__(self, in_channels, out_channels, SE):
43         super().__init__()
44
```

```
45          self.se_block = SE_Block(out_channels) if SE else None
46
47          self.conv = nn.Sequential(
48              nn.Conv2d(in_channels, out_channels,
49                      kernel_size = 3, padding = 1),
50              nn.BatchNorm2d(out_channels),
51              nn.ReLU(inplace = True),
52              nn.Conv2d(out_channels, out_channels,
53                      kernel_size = 3, padding = 1),
54              nn.BatchNorm2d(out_channels),
55              nn.ReLU(inplace = True) )
56      def forward(self, x):
57          x = self.conv(x)
58          if self.se_block is not None:
59              x = self.se_block(x)
60          return x
61  #1-3
62  class pretrained_conv_block(nn.Module):
63      def __init__(self, pretrained, SE):
64          super().__init__()
65          self.SE = SE
66          self.conv = pretrained
67          self.se_block = SE_Block if SE else None
68
69      def forward(self, x):
70          x = self.conv(x)
71          if self.se_block is not None:
72              x = self.se_block(x.size(1))(x)
73          return x
74  #2
75  class SE_UNet_VGG16(nn.Module):
76      def __init__(self, num_classes = 2,
77                  pretrained = True, SE = True):
78          super(SE_UNet_VGG16, self).__init__()
79          self.num_classes = num_classes
80          self.SE = SE
81
82          #2-1: torchvision.models.vgg16_bn
83          vgg_model = vgg16_bn(
84                      weights =
85                      VGG16_BN_Weights.DEFAULT if pretrained else None
86                          ).features
87
88          # print("vgg_model=", vgg_model)
89          # maxpool: vgg_model[6], vgg_model[13], vgg_model[23],
90          #           vgg_model[33], vgg_model[-1]
```

```
 91          self.maxpool = nn.MaxPool2d(kernel_size = 2, stride = 2)
 92          block1 = nn.Sequential(*vgg_model[:6])
 93          self.encode1 = pretrained_conv_block(block1, SE)
 94
 95          block2 = nn.Sequential(*vgg_model[7:13])
 96          self.encode2 = pretrained_conv_block(block2, SE)
 97
 98          block3 = nn.Sequential(*vgg_model[14:23])
 99          self.encode3 = pretrained_conv_block(block3, SE)
100
101          block4 = nn.Sequential(*vgg_model[24:33])
102          self.encode4 = pretrained_conv_block(block4, SE)
103
104          block5 = nn.Sequential(*vgg_model[34:-1])
105          self.encode5  = pretrained_conv_block(block5, SE)
106
107          self.bridge = conv_block(512, 1024, SE)
108
109          # decoder
110          self.decode5 = \
111              conv_block(1024 + 512, 512, SE)      # x + shortcut
112          self.decode4 = conv_block( 512 + 512, 512, SE)
113          self.decode3 = conv_block( 512 + 256, 256, SE)
114          self.decode2 = conv_block( 256 + 128, 128, SE)
115          self.decode1 = conv_block( 128 +  64,  64, SE)
116          self.fc = nn.Conv2d(64,  num_classes, 1) # classify pixels
117     #2-2
118     def up_sample(self, x, mode = 'Upsample'):
119          in_channels = x.size()[1]           # NCHW: [1] : C
120          if mode == 'Upsample':
121            x = nn.Upsample(scale_factor = 2,
122                            mode = 'bilinear')(x)
123          elif mode == "ConvTranspose2d":
124            x = nn.ConvTranspose2d(in_channels, in_channels,
125                                   kernel_size = 2, stride = 2,
126                                   bias = False,
127                                   device = DEVICE)(x)
128            x = nn.ReLU(inplace = True)(x)
129          else:
130            raise NotImplemented(f'{mode} is not implemented.')
131          return x
132
133     #2-3
134     def forward(self, x):
135          conv1 = self.encode1(x)
136          x = self.maxpool(conv1)
```

```
137
138            conv2 = self.encode2(x)
139            x = self.maxpool(conv2)
140
141            conv3 = self.encode3(x)
142            x = self.maxpool(conv3)
143
144            conv4 = self.encode4(x)
145            x = self.maxpool(conv4)
146
147            conv5 = self.encode5(x)               # [, 512, 14, 14]
148            x = self.maxpool(conv5)
149            # print('x.shape=', x.shape)          # [, 512, 7, 7]
150
151            bridge = self.bridge(x)               # [, 1024, 7, 7]
152
153            # decoder
154            x= self.up_sample(bridge)             # [, 1024, 14, 14]
155            x= torch.cat([x, conv5], dim = 1)     # [, 1536, 14, 14]
156            x= self.decode5(x)                    # [,  512, 14, 14]
157
158            x= self.up_sample(x)                  # [,  512, 28, 28]
159            x= torch.cat([x, conv4], dim = 1)     # [, 1024, 28, 28]
160            x= self.decode4(x)                    # [,  512, 28, 28]
161
162            x= self.up_sample(x)                  # [, 512, 56, 56]
163            x= torch.cat([x, conv3], dim = 1)     # [, 768, 56, 56]
164            x= self.decode3(x)                    # [, 256, 56, 56]
165
166            x= self.up_sample(x)                  # [, 256, 112, 112]
167            x= torch.cat([x, conv2], dim=1)       # [, 384, 112, 112]
168            x= self.decode2(x)                    # [, 128, 112, 112]
169
170            x= self.up_sample(x)                  # [, 128, 224, 224]
171            x= torch.cat([x, conv1], dim=1)       # [, 192, 224, 224]
172            x= self.decode1(x)                    # [,  64, 224, 224]
173
174            x = self.fc(x)
175            return x
176    #2-4
177    def predict(self, images):
178            self.eval()
179            with torch.no_grad():
180                images = images.to(DEVICE)
181                outs = self.forward(images)
182
```

```
183              pred = torch.softmax(outs, dim = 1)        # about channel
184              pred_mask = torch.argmax(pred, dim = 1)
185              return pred_mask
186  #3
187  def model_test():
188       N, C, H, W = 3, 3,  224, 224
189       X =  torch.randn((N, C, H, W)).to(DEVICE)
190       model = SE_UNet_VGG16(SE = True).to(DEVICE)
191       # print('model=', model)
192       # summary(model, input_size = (1, 3, 224, 224),
193       #          device = DEVICE)
194
195       Y = model(X)
196       print('Y.shape = ', Y.shape)
197
198  #4: dataset, train_ds, test_ds, train_loader, test_loader
199  # ... 생략 ...
200  #5
201  def train_epoch(train_loader, model, optimizer, loss_fn):
202  # ... 생략 ...
203  #6
204  def evaluate(loader, model):
205  # ... 생략 ...
206  #7
207  def main(EPOCHS = 10):
208  #7-1
209      unet = SE_UNet_VGG16().to(DEVICE)               # SE = True
210      optimizer = optim.Adam(params = unet.parameters(),
211                             lr = 0.00001)
212  # ... 생략 ...
213  #8
214  if __name__ == '__main__':
215      # model_test()
216      main()
```

▷▷ 실행결과

```
# EPOCHS=10, SE=True
training.....
epoch=0: train_loss=0.2704, valid_loss=0.2019, valid_acc=0.9472
epoch=9: train_loss=0.0552, valid_loss=0.1128, valid_acc=0.9610
train_loss=0.0529, train_acc=0.9774
test_loss=0.1266, test_acc=0.9607


# EPOCHS=10, SE=False
```

```
#training.....
epoch=0: train_loss=0.2120, valid_loss=0.1463, valid_acc=0.9521
epoch=9: train_loss=0.0709, valid_loss=0.1150, valid_acc=0.9590
train_loss=0.0593, train_acc=0.9750
test_loss=0.1239, test_acc=0.9602
```

▷▷▷ 프로그램 설명

1 UNet의 인코더를 vgg16_bn으로 변경하고 SE 블록을 추가하여 SE_UNet_VGG16 클래스를 정의한다. pretrained = True이면 vgg16_bn 모델의 사전 학습 가중치를 사용한다. SE = True이면 SE 블록을 추가한다.

2 #1-1은 SE_Block 블록을 정의한다. #1-2의 conv_block에서 SE = True이면 self.conv(x)의 출력 x에 self.se_block(x)을 적용한다. #1-3의 pretrained_conv_block은 pretrained에 사전 학습된 vgg16_bn 블록을 전달 받고, SE = True이면 self.se_block(x)을 적용한다.

3 #2는 SE_UNet_VGG16 클래스를 정의한다. #2-1에서 pretrained = True이면 vgg16_bn 모델의 사전 학습 가중치로 초기화된 vgg_model을 로드한다. vgg_model의 각 블록을 pretrained_conv_block()에 전달하여 SE = True이면 SE 블록을 추가한다. 5개의 단축 연결 (self.encode1~self.encode5)을 사용하고, self.bridge = conv_block(512, 1024, SE) 블록을 추가하고, 단축 연결에 따른 5개의 디코더(self.decode5~self.decode1)를 적용한다.

4 #3의 model_test()는 랜덤 입력 X의 모델 출력을 계산한다.

5 #4의 데이터셋, 데이터로더 생성, #5의 train_epoch() 함수, #6의 evaluate() 함수는 [예제 53-04]와 같다.

6 #7의 main() 함수는 SE_UNet_VGG16()로 분할을 위한 model을 생성하고, 학습한다.

▷ 예제 53-06  ▶ PetDataset 분할 $^{segmentation}$: SE_UNet_ResNet

```
01  '''
02  ref1: https://amaarora.github.io/2020/07/24/SeNet.html
03  ref2: https://github.com/moskomule/senet.pytorch/blob/master/
04  senet/se_module.py
05  ref3: https://github.com/zhoudaxia233/PyTorch-Unet/blob/master/
06  resnet_unet.py
07  '''
08  import torch
09  import torch.nn as nn
10  import torch.optim as optim
11  import torch.nn.functional as F
12  from torchvision.models import resnet34, ResNet34_Weights
13  from torchvision.models import resnet50, ResNet50_Weights
14  from torchinfo import summary
```

```
15  import torchvision.transforms as T
16  from torchvision.datasets import OxfordIIITPet
17  from torch.utils.data import Dataset, DataLoader, random_split
18  from torchmetrics.functional import accuracy
19  import numpy as np
20  from PIL import Image
21  import matplotlib.pyplot as plt
22  DEVICE = 'cuda' if torch.cuda.is_available() else 'cpu'
23  #1
24  #1-1
25  class SE_Block(nn.Module):
26      def __init__(self, c, r = 16):
27          super().__init__()
28          self.squeeze = nn.AdaptiveAvgPool2d(1)
29          self.excitation = nn.Sequential(
30              nn.Linear(c, c // r, bias = False),
31              nn.ReLU(inplace = True),
32              nn.Linear(c // r, c, bias = False),
33              nn.Sigmoid() ).to(DEVICE)
34      def forward(self, x):
35          bs, c, _, _ = x.shape
36          y = self.squeeze(x).view(bs, c)
37          y = self.excitation(y).view(bs, c, 1, 1)
38          out = x * y.expand_as(x)
39          return out
40  #1-2
41  class conv_block(nn.Module):
42      def __init__(self, in_channels, out_channels, SE):
43          super().__init__()
44          self.se_block = SE_Block(out_channels) if SE else None
45
46          self.conv = \
48              nn.Sequential(
49               nn.Conv2d(in_channels, out_channels,
50                      kernel_size = 3, padding = 1),
51              nn.BatchNorm2d(out_channels),
52              nn.ReLU(inplace = True),
53              nn.Conv2d(out_channels, out_channels,
54                      kernel_size=3, padding=1),
55              nn.BatchNorm2d(out_channels),
56              nn.ReLU(inplace = True) )
57      def forward(self, x):
58          x = self.conv(x)
59          if self.se_block is not None:
60              x = self.se_block(x)
61          return x
```

```
62  #1-3
63  class ResNet_Block(nn.Module):
64      def __init__(self, bottleneck, layer, SE):
65          super().__init__()
66          self.bottleneck = bottleneck
67          self.layer = layer
68          self.se_block = SE_Block if SE else None
69
70      def forward(self, x):
71          for block in self.layer:
72              identity = x                    # BasicBlock
73              out = block.conv1(x)
74              out = block.bn1(out)
75              out = block.relu(out)
76
77              out = block.conv2(out)
78              out = block.bn2(out)
79
80              if self.bottleneck:             # Bottleneck
81                  out = block.relu(out)
82                  out = block.conv3(out)
83                  out = block.bn3(out)
84
85              if self.se_block is not None:
86                  out = self.se_block(out.size(1))(out)  # SE-Nets
87              if block.downsample is not None:
88                  identity = block.downsample(x)
89              out += identity
90              x = block.relu(out)
91          return x
92  #2
93  class SE_UNet_ResNet(nn.Module):
94      #2-1
95      def __init__(self, resnet_type = "resnet50",
96                   num_classes = 2, pretrained = True, SE = True):
97          super(SE_UNet_ResNet, self).__init__()
98          self.SE = SE
99          self.num_classes = num_classes
100
101         if resnet_type == "resnet34":
102             bottleneck = False
103             self.net = \
104                 resnet34( weights =
105                     ResNet34_Weights.DEFAULT if pretrained else None)
106         elif resnet_type == "resnet50":
107             bottleneck =  True
```

```
108            self.net = \
109                resnet50( weights =
110                    ResNet50_Weights.DEFAULT if pretrained else None)
111        else:
112            raise NotImplemented(f'{resnet_type} is not implemented.')
113
114        print("resnet_type=", resnet_type)
115        # print("self.net=", self.net)
116        # self.layers = list(self.net.children())
117        # print("len(self.layers)=", len(self.layers)) # 10
118        # print("self.layers[:3]=", self.layers[:3])    # conv1, bn1, relu
119        # print("self.layers[3:5]=", self.layers[3:5]) # maxpool, net.layer1
120        # print("self.layers[5]=", self.layers[5])      # net.layer2
121        # print("self.layers[6]=", self.layers[6])      # net.layer3
122        # print("self.layers[7]=", self.layers[7])      # net.layer4
123        # print("self.layers[8]=", self.layers[8])      # avgpool
124        # print("self.layers[9]=", self.layers[9])      # fc
125
126        # print("len(self.net.layer1)=", len(self.net.layer1)) # 3표
127        # print("len(self.net.layer2)=", len(self.net.layer2)) # 4
128        # print("len(self.net.layer3)=", len(self.net.layer3)) # 6
129        # print("len(self.net.layer4)=", len(self.net.layer4)) # 3
130
131        self.se64 = SE_Block(64)
132        # encoder1 for header
133        self.encoder2 = ResNet_Block(bottleneck, self.net.layer1, SE)
134        self.encoder3 = ResNet_Block(bottleneck, self.net.layer2, SE)
135        self.encoder4 = ResNet_Block(bottleneck, self.net.layer3, SE)
136        self.encoder5 = ResNet_Block(bottleneck, self.net.layer4, SE)
137
138        # decoder
139        if resnet_type == "resnet34":표
140            self.bridge  = conv_block(512, 1024, SE)
141            self.decode5 = conv_block(1024+ 256, 512, SE)    # x + shortcut
142            self.decode4 = conv_block(512 + 128, 256, SE)
143            self.decode3 = conv_block(256 +  64, 128, SE)
144            self.decode2 = conv_block(128 +  64,  64, SE)
145            self.decode1 = conv_block(        64,  64, SE)
146        elif resnet_type == "resnet50":
147            self.bridge  = conv_block(2048, 1024, SE)
148            self.decode5 = conv_block(1024 + 1024, 512, SE)  # x + shortcut
149            self.decode4 = conv_block(512 + 512, 256, SE)
150            self.decode3 = conv_block(256 + 256, 128, SE)
151            self.decode2 = conv_block(128 +  64,  64, SE)
152            self.decode1 = conv_block(        64,  64, SE)
153
```

```
154        self.fc = nn.Conv2d(64,  num_classes, 1)   # classify pixels
155
156    #2-2
157    def up_sample(self, x, mode = 'Upsample'):
158        in_channels = x.size()[1]              # NCHW: [1] : C
159        if mode == 'Upsample':
160            x = nn.Upsample(scale_factor = 2,
161                            mode = 'bilinear')(x)
162        elif mode == "ConvTranspose2d":
163            x = nn.ConvTranspose2d(in_channels, in_channels,
164                               kernel_size = 2, stride = 2,
165                               bias = False, device = DEVICE)(x)
166            x = nn.ReLU(inplace = True)(x)
167        else:
168            raise NotImplemented(f'{mode} is not implemented.')
169        return x
170    #2-3:
171    def forward(self, x):
172        # header
173        # print('x: x.shape=', x.shape)
174        x = self.net.conv1(x)
175        x = self.net.bn1(x)
176        conv1 = self.net.relu(x)
177        if self.SE:
178            conv1 = self.se64(conv1)
179        # print('conv1.shape=', conv1.shape)   # [, 64, 112, 112]
180        x = self.net.maxpool(conv1)
181
182        conv2 = self.encoder2(x)               # [,  64, 56, 56]
183        # print('conv2.shape=', conv2.shape)
184        conv3 = self.encoder3(conv2)           # [, 128, 28, 28]
185        # print('conv3.shape=', conv3.shape)
186        conv4 = self.encoder4(conv3)           # [, 256, 14, 14]
187        # print('conv4.shape=', conv4.shape)
188        conv5 = self.encoder5(conv4)           # [, 512,  7,  7]
189        # print('conv5.shape=', conv5.shape)
190        bridge = self.bridge(conv5)            # [,1024,  7,  7]
191        # print('bridge.shape=', bridge.shape)
192
193        x = self.up_sample(bridge)
194        # print('1: x.shape=', x.shape)
195        x = torch.cat([x, conv4], dim = 1)
196        # print('2: x.shape=', x.shape)
197        x = self.decode5(x)
198        # print('3: x.shape=', x.shape)
199
```

```
200         x = self.up_sample(x)
201         # print('4: x.shape=', x.shape)
202         x = torch.cat([x, conv3], dim = 1)
203         # print('5: x.shape=', x.shape)
204         x = self.decode4(x)
205         # print('6: x.shape=', x.shape)
206
207         x = self.up_sample(x)
208         # print('7: x.shape=', x.shape)
209         x = torch.cat([x, conv2], dim = 1)
210         # print('8: x.shape=', x.shape)
211         x = self.decode3(x)
212         # print('9: x.shape=', x.shape)
213
214         x = self.up_sample(x)
215         # print('10: x.shape=', x.shape)
216         x = torch.cat([x, conv1], dim = 1)
217         # print('11: x.shape=', x.shape)
218         x = self.decode2(x)
219         # print('12: x.shape=', x.shape)
220
221         x = self.up_sample(x)
222         x = self.decode1(x)
223         x = self.fc(x)
224         #print('13: x.shape=', x.shape)
225         return x
226     #2-4
227     def predict(self, images):
228         self.eval()
229         with torch.no_grad():
230             images = images.to(DEVICE)
231             outs = self.forward(images)
232         pred = torch.softmax(outs, dim = 1)      # about channel
233         pred_mask = torch.argmax(pred, dim = 1)
234         return pred_mask
235 #3
236 def model_test():
237     N, C, H, W = 2, 3,  224, 224
238     X =  torch.randn((N, C, H, W)).to(DEVICE)
239     model = SE_UNet_ResNet(resnet_type = "resnet50", SE = True).to(DEVICE)
240     #print('model=', model)
241     #summary(model, input_size = (1, 3, 224, 224), device = DEVICE)
242     Y = model(X)
243     print('Y.shape = ', Y.shape)
244
```

```python
245 #4: dataset, train_ds, test_ds, train_loader, test_loader
246 # ... 생략 ...
247 #5
248 def train_epoch(train_loader, model, optimizer, loss_fn):
249 # ... 생략 ...
250 #6
251 def evaluate(loader, model):
252 # ... 생략 ...
253 #7
254 def main(EPOCHS=50):
255 #7-1
256     unet = SE_UNet_ResNet(resnet_type = "resnet34",
257                           pretrained = True, SE = True).to(DEVICE)
258     optimizer = optim.Adam(params = unet.parameters(), lr = 0.0001)
259     scheduler = \
260         optim.lr_scheduler.StepLR(optimizer, step_size = 10,
261                                   gamma = 0.9)
262     # scheduler = \
263     #    optim.lr_scheduler.ReduceLROnPlateau(optimizer,
264     #                                         mode = 'min',
265     #                                         patience = 2)
266     loss_fn = nn.CrossEntropyLoss()
267     train_losses = []
268
269 #7-2
270     print('training.....')
271     unet.train()
272     for epoch in range(EPOCHS):
273         train_loss = \
274             train_epoch(train_loader, unet,
275                         optimizer, loss_fn)
276         valid_loss, valid_acc = evaluate(valid_loader, unet)
277         scheduler.step()                        # StepLR
278         # scheduler.step(valid_loss)            # ReduceLROnPlateau
279
280         train_losses.append(train_loss)
281
282         if not epoch % 10 or epoch == EPOCHS - 1:
283             print(f'epoch={epoch}: train_loss={train_loss:.4f}, ', end = '')
284             print(f'valid_loss={valid_loss:.4f}, valid_acc={valid_acc:.4f}')
285
286     train_loss, train_acc = evaluate(train_loader, unet)
287     print(f'train_loss={train_loss:.4f}, train_acc={train_acc:.4f}')
288
```

```
289        test_loss, test_acc = evaluate(test_loader, unet)
290        print(f'test_loss={test_loss:.4f}, test_acc={test_acc:.4f}')
291        # torch.save(unet, './saved_model/5306_SE_UNet_ResNet.pt')
292 #8
293 if __name__ == '__main__':
294        # model_test()
295        main()
```

▷▷ 실행결과

```
# unet = SE_UNet_ResNet(resnet_type="resnet34", pretrained=True, SE=True)
resnet_type= resnet34
training.....
train_loss=0.0164, train_acc=0.9930
test_loss=0.3084, test_acc=0.9597

# unet = SE_UNet_ResNet(resnet_type="resnet50", pretrained=True, SE=True)
resnet_type= resnet50
training.....
train_loss=0.0182, train_acc=0.9922
test_loss=0.2658, test_acc=0.9614
```

▷▷▷ 프로그램 설명

1 ResNet(resnet34, resnet50)을 UNet의 인코더로 하는 SE_UNet_ResNet 클래스를 정의한다. pretrained = True이면 ResNet의 사전 학습 가중치를 사용한다. SE = True이면 conv_block, ResNet_Block에 SE 블록을 추가한다.

2 #1-1은 ResNet_Block블록을 정의한다. #1-2의 conv_block에서 SE = True이면 self.conv(x)의 출력 x에 self.se_block(x)을 적용한다.

3 #1-3의 ResNet_Block은 self.bottleneck = False이면 BasicBlock을 구현하고, self.bottleneck = True이면 Bottleneck을 구현한다. SE = True이면 SE 블록을 추가한다.

4 #2는 SE_UNet_ResNet 클래스를 정의한다. #2-1에서 resnet_type에 따라 self.net에 resnet34, resnet50 모델을 로드한다. SE_BlockLayer로 self.net.layer1~self.net.layer4에 SE 블록을 추가하여 인코더(self.encoder2~self.encoder5)를 생성한다. resnet_type에 따라 self.bridge와 디코더(self.decode5~self.decode1)를 생성한다.

5 #2-3의 forward() 메서드에서 self.net의 헤드부분에 SE블록을 추가하고, 인코더, 디코더를 적용하여 UNet의 출력을 계산한다.

6 #3의 model_test()는 랜덤 입력 X의 모델 출력을 계산한다.

7 #4의 데이터셋, 데이터로더 생성, #5의 train_epoch() 함수, #6의 evaluate() 함수는 [예제 53-04]와 같다.

8 #7의 main() 함수는 SE_UNet_ResNet()로 분할을 위한 model을 생성하고, 학습한다.

STEP 54 〈 어텐션 모듈: BAM · CBAM 〉

[그림 54.1]의 BAM ^bottleneck attention module^과 [그림 54.2]의 CBAM ^convolutional block attention^ ^module^은 채널 가중치를 학습하는 채널 어텐션 ^channel attention^과 화소 가중치를 학습하는 공간 어텐션 ^spatial attention^을 하나의 모듈에 통합한다. BAM은 채널집중과 공간 집중을 병렬로 연결하고, CBAM은 직렬로 연결한다.

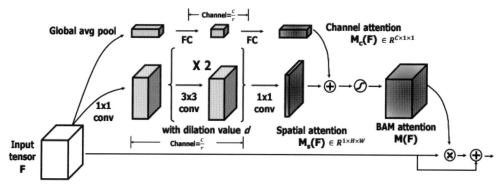

△ 그림 54.1 ▶ BAM(Bottleneck Attention module,
https://arxiv.org/abs/1807.06514, 2017)

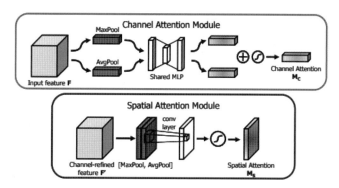

△ 그림 54.2 ▶ CBAM(convolutional block attention module,
https://arxiv.org/abs/1807.06521, 2018) (계속)

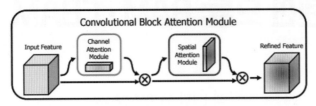

△ 그림 54.2 ▶ CBAM(convolutional block attention module,
https://arxiv.org/abs/1807.06521, 2018)

▷ 예제 54-01  ▶ PetDataset 분류: Attention_VGG16

```
01  '''
02  ref1: https://blog.paperspace.com/attention-mechanisms-in-computer-
03  vision-cbam/
04  ref2:  https://github.com/Jongchan/attention-module/tree/master/
05  MODELS
06  ref3: https://github.com/liumency/SRCDNet/tree/main/model
07  '''
08  import torch
09  import torch.nn as nn
10  import torch.optim as optim
11  import torch.nn.functional as F
12  from torchvision.models import vgg16_bn, VGG16_BN_Weights
13  from torchinfo import summary
14  import torchvision.transforms as T
15  from torchvision.datasets import OxfordIIITPet
16  from torch.utils.data import Dataset, DataLoader, random_split
17  from torchmetrics.functional import accuracy, confusion_matrix
18  import numpy as np
19  from PIL import Image
20  import matplotlib.pyplot as plt
21  import os
22  DEVICE = 'cuda' if torch.cuda.is_available() else 'cpu'
23
24  #1: ref1
25  class ChannelPool(nn.Module):
26      def forward(self, x):
27          return torch.cat( (torch.max(x,1)[0].unsqueeze(1),
28                            torch.mean(x,1).unsqueeze(1)), dim = 1 )
29  class SpatialGate(nn.Module):
30      def __init__(self, kernel_size = 7):
31          super().__init__()
32          self.channelPool = ChannelPool()
```

```
33          self.spatial = nn.Sequential(
34              nn.Conv2d(2, 1, kernel_size, stride = 1,
35                          padding = (kernel_size - 1) // 2),
36              nn.BatchNorm2d(1))
37      def forward(self, x):
38          x_pool = self.channelPool(x)  # (, 2, h, w) 2: max, mean about channel
39          x_out = self.spatial(x_pool)
40          # print("x_out.shape=", x_out.shape)
41          scale = torch.sigmoid(x_out)
42          return x * scale
43
44 #2: ref1, ref2
45 class SpatialGate2(nn.Module):
46      def __init__(self, c, r = 16, d = 4):
47          super().__init__()
48          self.layer1 = \
49              nn.Sequential(nn.Conv2d(c, c // r, kernel_size = 1),
50                          nn.BatchNorm2d(c//r),
51                          nn.ReLU() )
52          self.layer2 = \
53              nn.Sequential(nn.Conv2d(c // r, c // r, kernel_size = 3,
54                                  padding = d, dilation = d),
55                          nn.BatchNorm2d(c // r),
56                          nn.ReLU() )
57          self.layer3 =
58              nn.Sequential(nn.Conv2d(c // r, c // r, kernel_size = 3,
59                                  padding = d, dilation = d),
60                          nn.BatchNorm2d(c // r),
61                          nn.ReLU() )
62          self.layer4 = nn.Conv2d(c // r, 1, kernel_size = 1)
63
64      def forward(self, x):
65          y = self.layer1(x)
66          y = self.layer2(y)
67          y = self.layer3(y)
68          y = self.layer4(y)
69          # print('y.shape=', y.shape)
70          return y.expand_as(x)
71
72 #3: ref1, #ref2
73 class Flatten(nn.Module):
74      def forward(self, x):
75          return x.view(x.size(0), -1)
76 class ChannelGate(nn.Module):
77      def __init__(self, c, r, pool_types):
78          super().__init__()
```

```
79          self.pool_types = pool_types
80          self.mlp = nn.Sequential(
81              Flatten(),
82              nn.Linear(c, c // r),
83              nn.ReLU(),
84              nn.Linear(c // r, c))
85      def forward(self, x):
86          _, _, h, w = x.size()
87          channel_att = None
88          for pool_type in self.pool_types:
89              if pool_type == 'avg':
90                  avg_pool = \
91                      F.avg_pool2d(x, kernel_size = (h, w),
92                                  stride = (h, w))        # [, c, 1, 1]
93                  channel_att_raw = self.mlp( avg_pool ) # [, c]
94              elif pool_type == 'max':
95                  max_pool = \
96                      F.max_pool2d(x, kernel_size = (h, w),
97                                  stride = (h, w))        # [, c, 1, 1]
98                  channel_att_raw = self.mlp(max_pool )  # [, c]
99
100             if channel_att is None:
101                 channel_att = channel_att_raw
102             else:
103                 channel_att = channel_att + channel_att_raw
104         scale = \
105             torch.sigmoid(channel_att).unsqueeze(2).unsqueeze(3).expand_as(x)
106                                                         # [, c, h, w]
107         # print('scale.shape=', scale.shape)
108         return x * scale
109 #4: ref2
110 class BAM(nn.Module):
111     def __init__(self, c):ㅍ
112         super(BAM, self).__init__()
113         self.channel_att = ChannelGate(c)
114         self.spatial_att = SpatialGate()        # SpatialGate2(c)
115     def forward(self,x):
116         # att = 1 + F.sigmoid( self.channel_att(x) *
117                              self.spatial_att(x) )
118         # return att * x
119         bam = torch.sigmoid( self.channel_att(x) +
120                             self.spatial_att(x) )
121         return (bam + 1.0) * x                    # bam * x + x
122 #5: ref2
123 class CBAM(nn.Module):
```

```
124     def __init__(self, c, r = 16, pool_types = ['avg', 'max']):
125         super(CBAM, self).__init__()
126         self.channel_att = ChannelGate(c, r, pool_types)
127         self.spatial_att = SpatialGate()
128     def forward(self, x):
129         x_out = self.channel_att(x)
130         x_out = self.spatial_att(x_out)
131         return x_out
132
133 #6: ref3, CDNet in SRCDNet
134 #6-1
135 class ChannelAttention(nn.Module):
136     def __init__(self, c, r = 8):
137         super(ChannelAttention, self).__init__()
138         self.avg_pool = nn.AdaptiveAvgPool2d(1)    # [, c, 1, 1]
139         self.max_pool = nn.AdaptiveMaxPool2d(1)    # [, c, 1, 1]
140
141         self.fc1 = nn.Conv2d(c, c // r, 1, bias = False)
142         self.relu1 = nn.ReLU()
143         self.fc2 = nn.Conv2d(c // r, c, 1, bias = False)
144         self.sigmoid = nn.Sigmoid()
145
146     def forward(self, x):
147         avg_out = self.fc2(self.relu1(self.fc1(self.avg_pool(x))))
148         max_out = self.fc2(self.relu1(self.fc1(self.max_pool(x))))
149         out = avg_out + max_out
150         channel_att = self.sigmoid(out)            # [, c, 1, 1]
151         return channel_att
152 #6-2
153 class SpatialAttention(nn.Module):
154     def __init__(self, kernel_size = 7):
155         super(SpatialAttention, self).__init__()
156         assert kernel_size in (3, 7), 'kernel size must be 3 or 7'
157         pad = (kernel_size - 1) // 2
158
159         self.conv1 = nn.Conv2d(2, 1, kernel_size,
160                                 padding = pad, bias = False)
161         self.sigmoid = nn.Sigmoid()
162
163     def forward(self, x):
164         avg_out = torch.mean(x, dim = 1, keepdim = True)
165         max_out, _ = torch.max(x, dim = 1, keepdim = True)
166         c_pool = torch.cat([max_out, avg_out], dim = 1)
167         # c_pool= ChannelPool()(x)                  # 1, (, 2, h, w)
168         x = self.conv1(c_pool)
```

```
169            spatial_att = self.sigmoid(x)                    # [, 1, h, w]
170            return spatial_att
171 #6-3
172 class CBAM2(nn.Module):
173     def __init__(self, c, r = 8, kernel_size = 7):
174         super(CBAM2, self).__init__()
175         self.ca = ChannelAttention(c, r)
176         self.sa = SpatialAttention(kernel_size)
177     def forward(self, x):
178         x = self.ca(x) * x
179         x = self.sa(x) * x
180         return x
181 #7
182 class Attention_VGG16(nn.Module):
183     def __init__(self, num_classes = 2,
184                  pretrained = True, attention = 'CBAM'):
185         super(Attention_VGG16, self).__init__()
186         self.attention = attention
187         self.num_classes = num_classes
188
189         #7-1: torchvision.models.vgg16_bn
190         vgg_model = \
191             vgg16_bn(weights =
192                 VGG16_BN_Weights.DEFAULT if pretrained else None
193                     ).features
194         # print("vgg_model=", vgg_model)
195         self.maxpool = nn.MaxPool2d(kernel_size = 2, stride = 2)
196         self.block1 = nn.Sequential(*vgg_model[:6])      # 64
197         # self.maxpool = vgg_model[6]
198
199         self.block2 = nn.Sequential(*vgg_model[7:13])    # 128
200         # self.maxpool = vgg_model[13]
201
202         self.block3 = nn.Sequential(*vgg_model[14:23])   # 256
203         # self.maxpool = vgg_model[23]
204
205         self.block4 = nn.Sequential(*vgg_model[24:33])   # 512
206         # self.maxpool = vgg_model[33]
207
208         self.block5 = nn.Sequential(*vgg_model[34:-1])   # 512
209         #7-2
210         if self.attention == "BAM":
211             self.att1 = BAM(64)
212             self.att2 = BAM(128)
213             self.att3 = BAM(256)
214
```

```
215             self.att4 = BAM(512)
216             self.att5 = BAM(512)
217         elif self.attention == "CBAM":
218             self.att1 = CBAM(64)
219             self.att2 = CBAM(128)
220             self.att3 = CBAM(256)
221             self.att4 = CBAM(512)
222             self.att5 = CBAM(512)
223         elif self.attention == "CBAM2":
224             self.att1 = CBAM2(64)
225             self.att2 = CBAM2(128)
226             self.att3 = CBAM2(256)
227             self.att4 = CBAM2(512)
228             self.att5 = CBAM2(512)
229         else:
230             self.attention = None
231
232         self.fc = nn.Sequential(
233             nn.Dropout(0.5),
234             nn.Linear(7*7*512, 4096),
235             nn.ReLU())
236         self.fc1 = nn.Sequential(
237             nn.Dropout(0.5),
238             nn.Linear(4096, 4096),
239             nn.ReLU())
240         self.fc2= nn.Sequential(
241             nn.Linear(4096, num_classes))
242     #7-3
243     def forward(self, x):
244         x = self.block1(x)
245         if self.attention is not None: x = self.att1(x)
246         x = self.maxpool(x)
247
248         x = self.block2(x)
249         if self.attention is not None: x = self.att2(x)
250         x = self.maxpool(x)
251
252         x = self.block3(x)
253         if self.attention is not None: x = self.att3(x)
254         x = self.maxpool(x)
255
256         x = self.block4(x)
257         if self.attention is not None: x = self.att4(x)
258         x = self.maxpool(x)
259
```

```
260            x = self.block5(x)
261            if self.attention is not None: x = self.att5(x)
262            x = self.maxpool(x)
263            # print('x.shape=', x.shape)          # [, 512, 7, 7]
264            x = x.reshape(x.size(0), -1)
265            x = self.fc(x)
266            x = self.fc1(x)
267            x = self.fc2(x)
268            return x
269  #8
270  def model_test():
271      N, C, H, W = 3, 3, 224, 224
272      X =  torch.randn((N, C, H, W)).to(DEVICE)
273      model = Attention_VGG16(attention = "CBAM").to(DEVICE)
274      # summary(model, input_size = (1, 3, 224, 224),
275      #             device = DEVICE)
276      Y = model(X)
277      print('Y.shape = ', Y.shape)
278
279  #9: dataset, train_ds, test_ds, train_loader,
280  #    test_loader(ref: 5301.py)
281  # ... 생략 ...
282  #10
283  def train_epoch(train_loader, model, optimizer, loss_fn):
284  # ... 생략 ...
285  #11
286  def evaluate(loader, model):
287  # ... 생략 ...
288  #12:
289  def main(EPOCHS = 20):
290  #12-1
291      model = Attention_VGG16().to(DEVICE)
292      optimizer = optim.Adam(params = model.parameters(), lr = 0.0001)
293  # ... 생략 ...
294  #13
295  if __name__ == '__main__':
296      # model_test()
297      main()
```

▷▷ 실행결과

```
# model = Attention_VGG16(attention="BAM")
train_loss=0.0161, train_acc=0.9969
test_loss=0.0487, test_acc=0.9857


# model = Attention_VGG16(attention="CBAM")
```

```
train_loss=0.0000, train_acc=1.0000
test_loss=0.0270, test_acc=0.9918

# model = Attention_VGG16(attention="CBAM2")
train_loss=0.0097, train_acc=0.9969
test_loss=0.0337, test_acc=0.9871
```

▷▷▷ 프로그램 설명

**1** "BAM", "CBAM", "CBAM2" 어텐션 모듈을 갖는 Attention_VGG16 클래스를 정의한다. pretrained = True이면 vgg16_bn의 사전 학습 가중치를 사용한다.

**2** #1은 SpatialGate 모듈을 정의한다([ref1]). torch.max(), torch.mean()의 ChannelPool을 이용하여 (, 2, h, w) 모양으로 채널 어텐션을 계산하고, kernel_size = 7의 padding = (kernel_size - 1) // 2의 합성곱으로 공간 어텐션을 계산하여 입력(x)을 스케일한다.

**3** #2는 SpatialGate2 모듈을 정의한다([ref1, ref2]).

**4** #3은 ChannelGate 모듈을 정의한다([ref1, ref2]).

**5** #4는 [그림 54.1]의 BAM 모듈을 정의한다([ref1, ref2]). 입력 x의 채널 어텐션 self.channel_att(x)와 공간 어텐션 self.spatial_att(x)를 덧셈한다. 공간 어텐션으로 SpatialGate() 또는 SpatialGate2(c)를 사용할 수 있다.

**6** #5는 [그림 54.2]의 CBAM 모듈을 정의한다([ref2]). self.channel_att(x)의 채널 어텐션 결과(x_out)에 self.spatial_att(x_out)의 공간 집중을 적용한다.

**7** #6은 SRCDNet의 CDNet에서 사용한 ChannelAttention, SpatialAttention을 사용한 CBAM2 모듈이다([ref3]).

**8** #7은 num_classes 분류를 위한 attention을 갖는 Attention_VGG16 모델을 정의한다.

#7-1은 vgg16_bn 모델로부터 self.maxpool, self.block1~self.block5를 생성한다. pretrained = True이면 사전 학습 가중치를 사용한다.

#7-2는 self.attention에 따라 64, 128, 256, 512, 512 채널의 어텐션 모듈(self.att1~self.att5)을 생성한다.

**9** #8의 model_test()는 랜덤 입력 X의 모델 출력을 계산한다.

**10** #9의 데이터셋, 데이터로더 생성, #10의 train_epoch() 함수, #11의 evaluate() 함수는 [예제 53-01]과 같다.

**11** #12의 main() 함수는 Attention_VGG16()로 분류를 위한 model을 생성하고, 학습한다.

▷ 예제 54-02   ▶ PetDataset 분할 1: Attention_UNet

```
01  ‘‘‘
02  ref1: 5401.py, 5304.py
03  ref2: https://github.com/liumency/SRCDNet/tree/main/model
04  ’’’
05  import torch
06  import torch.nn as nn
07  import torch.optim as optim
08  import torch.nn.functional as F
09  from torchvision.models import vgg16_bn, VGG16_BN_Weights
10  from torchinfo import summary
11  import torchvision.transforms as T
12  from torchvision.datasets import OxfordIIITPet
13  from torch.utils.data import Dataset, DataLoader, random_split
14  from torchmetrics.functional import accuracy
15  import numpy as np
16  from PIL import Image
17  import matplotlib.pyplot as plt
18
19  DEVICE = ‘cuda’ if torch.cuda.is_available() else ‘cpu’
20  #1-1, ref, CDNet in SRCDNet, 5401.py(#6)
21  class ChannelAttention(nn.Module):
22      def __init__(self, c, r=8):
23          super(ChannelAttention, self).__init__()
24          self.avg_pool = nn.AdaptiveAvgPool2d(1)     # [, c, 1, 1]
25          self.max_pool = nn.AdaptiveMaxPool2d(1)     # [, c, 1, 1]
26
27          self.fc1 = nn.Conv2d(c, c // r, 1, bias = False)
28          self.relu1 = nn.ReLU()
29          self.fc2 = nn.Conv2d(c // r, c, 1, bias = False)
30          self.sigmoid = nn.Sigmoid()
31
32      def forward(self, x):
33          avg_out = self.fc2(self.relu1(self.fc1(self.avg_pool(x))))
34          max_out = self.fc2(self.relu1(self.fc1(self.max_pool(x))))
35          out = avg_out + max_out
36          channel_att = self.sigmoid(out)              # [, c, 1, 1]
37          return channel_att
38  #1-2
39  class SpatialAttention(nn.Module):
40      def __init__(self, kernel_size = 7):
41          super(SpatialAttention, self).__init__()
42          assert kernel_size in (3, 7), ‘kernel size must be 3 or 7’
43          pad = (kernel_size - 1) // 2
```

```
44        self.conv1 = \
45            nn.Conv2d(2, 1, kernel_size,
46                      padding = pad, bias = False)
47        self.sigmoid = nn.Sigmoid()
48
49    def forward(self, x):
50        avg_out = torch.mean(x, dim = 1, keepdim = True)
51        max_out, _ = torch.max(x, dim = 1, keepdim = True)
52        c_pool = torch.cat([max_out, avg_out], dim = 1)
53        # c_pool = ChannelPool()(x)        # 1, (, 2, h, w)
54        x = self.conv1(c_pool)
55        spatial_att = self.sigmoid(x)      # [,1,h,w]
56        return spatial_att
57 #1-3
58 class CBAM(nn.Module):
59    def __init__(self, c, r = 8, kernel_size = 7):
60        super(CBAM, self).__init__()
61        self.ca = ChannelAttention(c, r)
62        self.sa = SpatialAttention(kernel_size)
63    def forward(self, x):
64        x = self.ca(x) * x
65        x = self.sa(x) * x
66        return x
67 #2
68 #2-1
69 class conv_block(nn.Module):
70    def __init__(self,in_channels, out_channels, attention = True):
71        super().__init__()
72        self.attention = CBAM(out_channels) if attention else None
73
74        self.conv = \
75            nn.Sequential(
76                        nn.Conv2d(in_channels, out_channels,
77                                  kernel_size = 3, padding = 1),
78            nn.BatchNorm2d(out_channels),
79            nn.ReLU(inplace = True),
80            nn.Conv2d(out_channels, out_channels,
81                    kernel_size = 3, padding = 1),
82            nn.BatchNorm2d(out_channels),
83            nn.ReLU(inplace = True) )
84    def forward(self, x):
85        x = self.conv(x)
86        if self.attention is not None:
87            x = self.attention(x)
88        return x
```

```python
89  #2-2
90  class Attention_UNet(nn.Module):
91      def __init__(self, num_classes = 2, attention = True):
92          super().__init__()
93          self.num_classes = num_classes
94          self.maxpool = nn.MaxPool2d(kernel_size = 2)
95
96          self.encode1 = conv_block(3, 64, attention)
97          self.encode2 = conv_block(64, 128, attention)
98          self.encode3 = conv_block(128, 256, attention)
99          self.encode4 = conv_block(256, 512, attention)
100         self.encode5 = conv_block(512, 1024, attention)
101
102         self.decode4 = \
103             conv_block(1024 + 512, 512, attention)  # x + shortcut
104         self.decode3 = conv_block( 512 + 256, 256, attention)
105         self.decode2 = conv_block( 256 + 128, 128, attention)
106         self.decode1 = conv_block( 128 +  64,  64, attention)
107
108         self.fc = nn.Conv2d(64,  num_classes, 1) # classify pixels
109
110     def up_sample(self, x, mode = 'Upsample'):
111         in_channels = x.size()[1]        # NCHW: [1] : C
112         if mode == 'Upsample':
113             x = nn.Upsample(scale_factor = 2, mode = 'bilinear')(x)
114         elif mode == "ConvTranspose2d":
115             x = nn.ConvTranspose2d(in_channels, in_channels,
116                                    kernel_size = 2, stride = 2,
117                                    bias = False,
118                                    device = DEVICE )(x)
119             x = nn.ReLU(inplace = True)(x)
120         else:
121             raise NotImplemented(f'{mode} is not implemented.')
122         return x
123
124     def forward(self, x):
125         # encoder
126         conv1 = self.encode1(x)           # [, 64, 224, 224]
127         x = self.maxpool(conv1)
128
129         conv2 = self.encode2(x)           # [, 128, 112, 112])
130         x = self.maxpool(conv2)
131
132         conv3 = self.encode3(x)           # [, 256, 56, 56])
133         x = self.maxpool(conv3)
```

```
134         conv4 = self.encode4(x)              # [, 512, 28, 28])
135         x = self.maxpool(conv4)
136
137         bridge = self.encode5(x)             # [, 1024, 14, 14])
138
139         #decoder
140         x= self.up_sample(bridge)            # [, 1024, 28, 28]
141         x= torch.cat([x, conv4], dim = 1)    # [, 1536, 28, 28]
142         x= self.decode4(x)                   # [,  512, 28, 28]
143
144         x= self.up_sample(x)                 # [, 512, 56, 56]
145         x= torch.cat([x, conv3], dim = 1)    # [, 768, 56, 56]
146         x= self.decode3(x)                   # [, 256, 56, 56]
147
148         x= self.up_sample(x)                 # [, 256, 112, 112]
149         x= torch.cat([x, conv2], dim = 1)    # [, 384, 112, 112]
150         x= self.decode2(x)                   # [, 128, 112, 112]
151
152         x= self.up_sample(x)                 # [, 128, 224, 224]
153         x= torch.cat([x, conv1], dim = 1)    # [, 192, 224, 224]
154         x= self.decode1(x)                   # [,  64, 224, 224]
155
156         out = self.fc(x)               # [, num_classes, 224, 224]
157         return out
158
159     def predict(self, images):
160         self.eval()
161         with torch.no_grad():
162             images = images.to(DEVICE)
163             outs = self.forward(images)
164
165         pred = torch.softmax(outs, dim = 1)   # about channel
166         pred_mask = torch.argmax(pred, dim = 1)
167         return pred_mask
168 #3
169 def model_test():
170     N, C, H, W = 3, 3,  224, 224
171     X =  torch.randn((N, C, H, W)).to(DEVICE)
172     model = Attention_UNet(attention = True).to(DEVICE)
173     #summary(model, input_size = (1, 3, 224, 224),
174             device = DEVICE)
175
176     Y = model(X)
177     print('Y.shape = ', Y.shape)
178
```

```python
179 #4: dataset, train_ds, test_ds, train_loader, test_loader
180 #4-1
181 #... 생략 ...
182 #4-2: target_types = 'segmentation'
183 #5
184 def train_epoch(train_loader, model, optimizer, loss_fn):
185 #... 생략 ...
186 #6
187 def evaluate(loader, model):
188 #... 생략 ...
189 #7:
190 def main(EPOCHS = 50):
191 #7-1
192     unet = Attention_UNet().to(DEVICE)
193     optimizer = optim.Adam(params = unet.parameters(), lr = 0.001)
194     scheduler = \
195         optim.lr_scheduler.StepLR(optimizer, step_size = 10, gamma = 0.9)
196     loss_fn = nn.CrossEntropyLoss()
197
198     train_losses = []
199 #7-2
200     print('training.....')
201     unet.train()
202     for epoch in range(EPOCHS):
203         train_loss = train_epoch(train_loader, unet,
204                                  optimizer, loss_fn)
205         scheduler.step()
206         train_losses.append(train_loss)
207         if not epoch % 10 or epoch == EPOCHS - 1:
208             valid_loss, valid_acc = evaluate(valid_loader, unet)
209             print(f'epoch={epoch}: train_loss={train_loss:.4f}, ', end = '')
210             print(f'valid_loss={valid_loss:.4f}, valid_acc={valid_acc:.4f}')
211
212     train_loss, train_acc = evaluate(train_loader, unet)
213     print(f'train_loss={train_loss:.4f}, ',
214           f'train_acc={train_acc:.4f}')
215
216     test_loss, test_acc = evaluate(test_loader, unet)
217     print(f'test_loss={test_loss:.4f}, test_acc={test_acc:.4f}')
218     # torch.save(unet, './saved_model/5402_Attention_UNet.pt')
219
220 #8
221 if __name__ == '__main__':
222     # model_test()
223     main()
```

▷▷ 실행결과

```
# EPOCHS=50, unet = Attention_UNet().to(DEVICE)
train_loss=0.0362, train_acc=0.9845
test_loss=0.3115, test_acc=0.9307
```

▷▷▷ 프로그램 설명

1 UNet의 conv_block에 CBAM 모듈을 추가하여 Attention_UNet 클래스를 정의한다.

2 #1-1의 ChannelAttention, #1-2의 SpatialAttention, #1-3의 CBAM 모듈은 [예제 54-01]의 #6의 SRCDNet과 같다.

3 #2-1의 conv_block에서 attention = True이면 self.conv(x)의 출력 x에 self.attention(x)으로 CBAM 어텐션 모듈을 적용한다.

4 #2-2는 Attention_UNet 클래스를 정의한다. 풀링, 인코더(self.encode1~self.encode5), 디코더(self.decode4 ~ self.decode1), 화소 분할을 위한 self.fc = nn.Conv2d(64, num_classes, 1)를 적용한다.

5 #3의 model_test()는 랜덤 입력 X의 모델 출력을 계산한다.

6 #4의 데이터셋, 데이터로더 생성, #5의 train_epoch() 함수, #6의 evaluate() 함수는 [예제 53-04]와 같다.

7 #7의 main() 함수는 Attention_UNet로 분할을 위한 model을 생성하고 학습한다.

▷ 예제 54-03  ▶ PetDataset 분할 2: Attention_UNet_VGG16

```
01 '''
02 ref: 5401.py, 5305.py
03 ref: https://github.com/liumency/SRCDNet/tree/main/model
04 '''
05 import torch
06 import torch.nn as nn
07 import torch.optim as optim
08 import torch.nn.functional as F
09 from torchvision.models import vgg16_bn, VGG16_BN_Weights
10 from torchinfo import summary
11 import torchvision.transforms as T
12 from torchvision.datasets import OxfordIIITPet
13 from torch.utils.data import DataLoader, random_split
14 from torchmetrics.functional import accuracy
15 import numpy as np
16 from PIL import Image
17 import matplotlib.pyplot as plt
18 DEVICE = 'cuda' if torch.cuda.is_available() else 'cpu'
```

```python
19  #1-1, ref, CDNet in SRCDNet, 5401.py
20  class ChannelAttention(nn.Module):
21      def __init__(self, c, r = 8):
22          super(ChannelAttention, self).__init__()
23          self.avg_pool = nn.AdaptiveAvgPool2d(1)      # [, c, 1, 1]
24          self.max_pool = nn.AdaptiveMaxPool2d(1)      # [, c, 1, 1]
25
26          self.fc1 = nn.Conv2d(c, c // r, 1, bias = False)
27          self.relu1 = nn.ReLU()
28          self.fc2 = nn.Conv2d(c // r, c, 1, bias = False)
29          self.sigmoid = nn.Sigmoid()
30
31      def forward(self, x):
32          avg_out = self.fc2(self.relu1(self.fc1(self.avg_pool(x))))
33          max_out = self.fc2(self.relu1(self.fc1(self.max_pool(x))))
34          out = avg_out + max_out
35          channel_att = self.sigmoid(out)         # [, c, 1, 1]
36          return channel_att
37  #1-2
38  class SpatialAttention(nn.Module):
39      def __init__(self, kernel_size = 7):
40          super(SpatialAttention, self).__init__()
41          assert kernel_size in (3, 7), 'kernel size must be 3 or 7'
42          pad = (kernel_size - 1) // 2
43
44          self.conv1 = nn.Conv2d(2, 1, kernel_size,
45                                      padding = pad, bias = False)
46          self.sigmoid = nn.Sigmoid()
47
48      def forward(self, x):
49          avg_out = torch.mean(x, dim = 1, keepdim = True)
50          max_out, _ = torch.max(x, dim = 1, keepdim = True)
51          c_pool = torch.cat([max_out, avg_out], dim = 1)
52          # c_pool= ChannelPool()(x)              # 1, (, 2, h, w)
53          x = self.conv1(c_pool)
54          spatial_att = self.sigmoid(x)           # [, 1, h, w]
55          return spatial_att
56  #1-3
57  class CBAM(nn.Module):
58      def __init__(self, c, r = 8, kernel_size = 7):
59          super(CBAM, self).__init__()
60          self.ca = ChannelAttention(c, r)
61          self.sa = SpatialAttention(kernel_size)
62      def forward(self, x):
63          x = self.ca(x) * x
```

```
64          x = self.sa(x) * x
65          return x
66  #2
67  #2-1
68  class conv_block(nn.Module):
69      def __init__(self,in_channels, out_channels, attention = True):
70          super().__init__()
71
72          self.attention = CBAM(out_channels) if attention else None
73          self.conv = \
74              nn.Sequential(nn.Conv2d(in_channels, out_channels,
75                          kernel_size = 3, padding = 1),
76              nn.BatchNorm2d(out_channels),
77              nn.ReLU(inplace = True),
78              nn.Conv2d(out_channels, out_channels,
79                      kernel_size = 3, padding = 1),
80              nn.BatchNorm2d(out_channels),
81              nn.ReLU(inplace = True) )
82      def forward(self, x):
83          x = self.conv(x)
84          if self.attention is not None:
85              x = self.attention(x)
86          return x
87  #2-2
88  class pretrained_conv_block(nn.Module):
89      def __init__(self, pretrained, attention):
90          super().__init__()
91          self.conv = pretrained
92          self.attention = CBAM if attention else None
93
94      def forward(self, x):
95          x = self.conv(x)
96          if self.attention is not None:
97              x = self.attention(x.size(1)).to(DEVICE)(x)
98          return x
99  #3
100 class Attention_UNet_VGG16(nn.Module):
101     def __init__(self, num_classes = 2,
102                 pretrained = True, attention = True):
103         super(Attention_UNet_VGG16, self).__init__()
104         self.num_classes = num_classes
105
106         #3-1: torchvision.models.vgg16_bn
107         vgg_model = vgg16_bn(
108             weights = VGG16_BN_Weights.DEFAULT if pretrained else None
109             ).features
```

```
110          # print("vgg_model=", vgg_model)
111          # maxpool: vgg_model[6], vgg_model[13], vgg_model[23],
112          #          vgg_model[33], vgg_model[-1]
113
114          self.maxpool = nn.MaxPool2d(kernel_size = 2, stride = 2)
115          block1 = nn.Sequential(*vgg_model[:6])
116          self.encode1 = pretrained_conv_block(block1, attention)
117
118          block2 = nn.Sequential(*vgg_model[7:13])
119          self.encode2 = pretrained_conv_block(block2, attention)
120
121          block3 = nn.Sequential(*vgg_model[14:23])
122          self.encode3 = pretrained_conv_block(block3, attention)
123
124          block4 = nn.Sequential(*vgg_model[24:33])
125          self.encode4 = pretrained_conv_block(block4, attention)
126
127          block5 = nn.Sequential(*vgg_model[34:-1])
128          self.encode5  = pretrained_conv_block(block5, attention)
129
130          self.bridge = conv_block(512, 1024, attention)
131
132          #decoder
133          self.decode5 = conv_block(1024 + 512, 512, attention)  # x + shortcut
134          self.decode4 = conv_block( 512 + 512, 512, attention)
135          self.decode3 = conv_block( 512 + 256, 256, attention)
136          self.decode2 = conv_block( 256 + 128, 128, attention)
137          self.decode1 = conv_block( 128 +  64,  64, attention)
138
139          self.fc = nn.Conv2d(64,  num_classes, 1) # classify pixels
140  #3-2
141  def up_sample(self, x, mode = 'Upsample'):
142          in_channels = x.size()[1]           # NCHW: [1] : C
143          if mode == 'Upsample':
144              x = nn.Upsample(scale_factor = 2, mode = 'bilinear')(x)
145          elif mode == "ConvTranspose2d":
146              x = nn.ConvTranspose2d(in_channels, in_channels,
147                                     kernel_size = 2, stride = 2,
148                                     bias = False,
149                                     device = DEVICE)(x)
150              x = nn.ReLU(inplace = True)(x)
151          else:
152              raise NotImplemented(f'{mode} is not implemented.')
153          return x
154
```

```
155     #3-3
156     def forward(self, x):
157         conv1 = self.encode1(x)
158         x = self.maxpool(conv1)
159
160         conv2 = self.encode2(x)
161         x = self.maxpool(conv2)
162
163         conv3 = self.encode3(x)
164         x = self.maxpool(conv3)
165
166         conv4 = self.encode4(x)
167         x = self.maxpool(conv4)
168
169         conv5 = self.encode5(x)
170         x = self.maxpool(conv5)
171         # print('x.shape=', x.shape)          # [, 512, 7, 7]
172
173         bridge = self.bridge(x)               # [, 1024, 7, 7]
174
175         # decoder
176         x= self.up_sample(bridge)             # [, 1024, 14, 14]
177         x= torch.cat([x, conv5], dim = 1)     # [, 1536, 14, 14]
178         x= self.decode5(x)                    # [,  512, 14, 14]
179
180         x= self.up_sample(x)                  # [,  512, 28, 28]
181         x= torch.cat([x, conv4], dim = 1)     # [, 1024, 28, 28]
182         x= self.decode4(x)                    # [,  512, 28, 28]
183
184         x= self.up_sample(x)                  # [, 512, 56, 56]
185         x= torch.cat([x, conv3], dim = 1)     # [, 768, 56, 56]
186         x= self.decode3(x)                    # [, 256, 56, 56]
187
188         x= self.up_sample(x)                  # [, 256, 112, 112]
189         x= torch.cat([x, conv2], dim = 1)     # [, 384, 112, 112]
190         x= self.decode2(x)                    # [, 128, 112, 112]
191
192         x= self.up_sample(x)                  # [, 128, 224, 224]
193         x= torch.cat([x, conv1], dim = 1)     # [, 192, 224, 224]
194         x= self.decode1(x)                    # [,  64, 224, 224]
195
196         x = self.fc(x)
197         return x
198     #3-4
199     def predict(self, images):
```

```
200          self.eval()
201          with torch.no_grad():
202              images = images.to(DEVICE)
203              outs = self.forward(images)
204
205          pred = torch.softmax(outs, dim = 1)      # about channel
206          pred_mask = torch.argmax(pred, dim = 1)
207          return pred_mask
208
209 #4
210 def model_test():
211     N, C, H, W = 3, 3,  224, 224
212     X =  torch.randn((N, C, H, W)).to(DEVICE)
213     model = Attention_UNet_VGG16(attention = True).to(DEVICE)
214     # print('model=', model)
215     # summary(model, input_size = (1, 3, 224, 224),
216     #           device=DEVICE)
217
218     Y = model(X)
219     print('Y.shape = ', Y.shape)
220
221 #5: dataset, train_ds, test_ds, train_loader, test_loader
222 #... 생략 ...
223 #6
224 def train_epoch(train_loader, model, optimizer, loss_fn):
225 #... 생략 ...
226 #7
227 def evaluate(loader, model):
228 #... 생략 ...
229 #8:
230 def main(EPOCHS = 10):
231 #8-1
232     unet = Attention_UNet_VGG16().to(DEVICE)
233     optimizer = optim.Adam(params = unet.parameters(), lr = 0.0001)
234     scheduler = \
235         optim.lr_scheduler.StepLR(optimizer,
236                                     step_size = 10, gamma = 0.9)
237     loss_fn = nn.CrossEntropyLoss()
238
239     train_losses = []
240 #8-2
241     print('training.....')
242     unet.train()
243     for epoch in range(EPOCHS):
244         train_loss = train_epoch(train_loader, unet,
245                                     optimizer, loss_fn)
```

```
246            scheduler.step()
247            train_losses.append(train_loss)
248            if not epoch % 10 or epoch == EPOCHS - 1:
249                valid_loss, valid_acc = evaluate(valid_loader, unet)
250                print(f'epoch={epoch}: train_loss={train_loss:.4f}, ',end = '')
251                print(f'valid_loss={valid_loss:.4f}, valid_acc={valid_acc:.4f}')
252
253        train_loss, train_acc = evaluate(train_loader, unet)
254        print(f'train_loss={train_loss:.4f}, train_acc={train_acc:.4f}')
255
256        test_loss, test_acc = evaluate(test_loader, unet)
257        print(f'test_loss={test_loss:.4f}, test_acc={test_acc:.4f}')
258        # torch.save(unet,
259        #                  './saved_model/5403_Attention_UNet_VGG16.pt')
260 #9
261 if __name__ == '__main__':
262     # model_test()
263     main()
```

▷▷ 실행결과

```
# unet = Attention_UNet_VGG16().to(DEVICE)
train_loss=0.0986, train_acc=0.9613
test_loss=0.1229, test_acc=0.9539
```

▷▷▷ 프로그램 설명

**1** UNet의 인코더를 vgg16_bn으로 변경하고 CBAM 어텐션 모듈을 추가하여 Attention_ UNet_VGG16 클래스를 정의한다. pretrained = True이면 vgg16_bn 모델의 사전 학습 가중치를 사용한다.

**2** #1-1의 ChannelAttention, #1-2의 SpatialAttention, #1-3의 CBAM 모듈은 [예제 54-01]의 #6의 SRCDNet과 같다.

**3** #2-1의 conv_block에서 attention = True이면 self.conv(x)의 출력 x에 self.attention(x)으로 CBAM 모듈을 적용한다.

**4** #2-2의 pretrained_conv_block은 pretrained에 사전 학습된 vgg16_bn 블록을 전달 받고 attention = True이면 self.attention(x.size(1))을 적용한다.

**5** #3은 Attention_UNet_VGG16 클래스를 정의한다. 인코더(self.encode1~self. encode5)는 pretrained_conv_block()으로 구현한다. 디코더(self.decode5 ~ self. decode1)는 conv_block()으로 구현한다.

**6** #4의 model_test()는 랜덤 입력 X의 모델 출력을 계산한다.

**7** #5의 데이터셋, 데이터로더 생성, #5의 train_epoch() 함수, #6의 evaluate() 함수는 [예제 53-04]와 같다.

**8** #7의 main() 함수는 Attention_UNet_VGG16로 분할을 위한 model을 생성하고 학습한다.

▷ 예제 54-04　► PetDataset 분할 3: Attention_UNet_ResNet

```
01  '''
02  ref: 5401.py, 5306.py
03  ref: https://github.com/liumency/SRCDNet/tree/main/model
04  '''
05  import torch
06  import torch.nn as nn
07  import torch.optim as optim
08  import torch.nn.functional as F
09  from torchvision.models import resnet34, ResNet34_Weights
10  from torchvision.models import resnet50, ResNet50_Weights
11  from torchinfo import summary
12  import torchvision.transforms as T
13  from torchvision.datasets import OxfordIIITPet
14  from torch.utils.data import DataLoader, random_split
15  from torchmetrics.functional import accuracy
16  import numpy as np
17  from PIL import Image
18  import matplotlib.pyplot as plt
19
20  DEVICE = 'cuda' if torch.cuda.is_available() else 'cpu'
21  #1-1, ref, CDNet in SRCDNet, 5401.py
22  class ChannelAttention(nn.Module):
23      def __init__(self, c, r=8):
24          super(ChannelAttention, self).__init__()
25          self.avg_pool = nn.AdaptiveAvgPool2d(1)     # [, c, 1, 1]
26          self.max_pool = nn.AdaptiveMaxPool2d(1)     # [, c, 1, 1]
27
28          self.fc1 = nn.Conv2d(c, c // r, 1, bias = False)
29          self.relu1 = nn.ReLU()
30          self.fc2 = nn.Conv2d(c // r, c, 1, bias = False)
31          self.sigmoid = nn.Sigmoid()
32
33      def forward(self, x):
34          avg_out = self.fc2(self.relu1(self.fc1(self.avg_pool(x))))
35          max_out = self.fc2(self.relu1(self.fc1(self.max_pool(x))))
36          out = avg_out + max_out
37          channel_att = self.sigmoid(out)                 # [, c, 1, 1]
38          return channel_att
39  #1-2
40  class SpatialAttention(nn.Module):
41      def __init__(self, kernel_size=7):
42          super(SpatialAttention, self).__init__()
43          assert kernel_size in (3, 7), 'kernel size must be 3 or 7'
44          pad = (kernel_size - 1) // 2
```

```
45
46          self.conv1 = nn.Conv2d(2, 1, kernel_size,
47                                  padding = pad, bias = False)
48          self.sigmoid = nn.Sigmoid()
49
50      def forward(self, x):
51          avg_out = torch.mean(x, dim = 1, keepdim = True)
52          max_out, _ = torch.max(x, dim = 1, keepdim = True)
53          c_pool = torch.cat([max_out, avg_out], dim = 1)
54          # c_pool= ChannelPool()(x)
55          x = self.conv1(c_pool)
56          spatial_att = self.sigmoid(x)           # [, 1, h, w]
57          return spatial_att
58  #1-3
59  class CBAM(nn.Module):
60      def __init__(self, c, r = 8, kernel_size = 7):
61          super(CBAM, self).__init__()
62          self.ca = ChannelAttention(c, r).to(DEVICE)
63          self.sa = SpatialAttention(kernel_size).to(DEVICE)
64      def forward(self, x):
65          x = self.ca(x) * x
66          x = self.sa(x) * x
67          return x
68  #2
69  #2-1
70  class conv_block(nn.Module):
71      def __init__(self,in_channels, out_channels, attention = True):
72          super().__init__()
73
74          self.attention = CBAM(out_channels) if attention else None
75
76          self.conv = nn.Sequential(
77              nn.Conv2d(in_channels, out_channels,
78                      kernel_size = 3, padding = 1),
79              nn.BatchNorm2d(out_channels),
80              nn.ReLU(inplace=True),
81              nn.Conv2d(out_channels, out_channels,
82                      kernel_size = 3, padding = 1),
83              nn.BatchNorm2d(out_channels),
84              nn.ReLU(inplace = True) )
85      def forward(self, x):
86          x = self.conv(x)
87          if self.attention is not None:
88              x = self.attention(x)
89          return x
```

```python
90  #2-2
91  class ResNet_Block(nn.Module):
92      def __init__(self, bottleneck, layer, attention):
93          super().__init__()
94          self.bottleneck = bottleneck
95          self.layer = layer
96          self.attention = CBAM if attention else None
97      def forward(self, x):
98          for block in self.layer:
99              identity = x                    # BasicBlock
100             out = block.conv1(x)
101             out = block.bn1(out)
102             out = block.relu(out)
103
104             out = block.conv2(out)
105             out = block.bn2(out)
106
107             if self.bottleneck:           # Bottleneck
108                 out = block.relu(out)
109                 out = block.conv3(out)
110                 out = block.bn3(out)
111
112             if self.attention is not None:
113                 out = self.attention(out.size(1))(out)
114                 # out = self.attention(out.size(1)).to(DEVICE)(out)
115             if block.downsample is not None:
116                 identity = block.downsample(x)
117             out += identity
118             x = block.relu(out)
119         return x
120 #3
121 class Attention_UNet_ResNet(nn.Module):
122     #3-1
123     def __init__(self, resnet_type = "resnet50", num_classes = 2,
124                 pretrained = True, attention = True):
125         super(Attention_UNet_ResNet, self).__init__()
126         self.num_classes = num_classes
127         self.attention  = attention
128         if resnet_type == "resnet34":
129             bottleneck = False
130             self.net = \
131                 resnet34(weights =
132                     ResNet34_Weights.DEFAULT if pretrained else None
133         elif resnet_type == "resnet50":
134             bottleneck = True
```

```
135        self.net = \
136            resnet50(weights =
137                ResNet50_Weights.DEFAULT if pretrained else None)
138        else:
139            raise NotImplemented(f'{resnet_type} is not \
140                              implemented.')
141        print("resnet_type=", resnet_type)
142
143        self.attention1 = CBAM(64)
144        # encoder1 for header
145        self.encoder2 = \
146            ResNet_Block(bottleneck, self.net.layer1, attention)
147        self.encoder3 = \
148            ResNet_Block(bottleneck, self.net.layer2, attention)
149        self.encoder4 = \
150            ResNet_Block(bottleneck, self.net.layer3, attention)
151        self.encoder5 = \
152            ResNet_Block(bottleneck, self.net.layer4, attention)
153
154        # decoder
155        if resnet_type == "resnet34":
156            self.bridge  = conv_block(512, 1024, attention)
157            self.decode5 = conv_block(1024 + 256, 512, attention)  # x + shortcut
158            self.decode4 = conv_block( 512 + 128, 256, attention)
159            self.decode3 = conv_block( 256 +  64, 128, attention)
160            self.decode2 = conv_block( 128 +  64,  64, attention)
161            self.decode1 = conv_block(          64,  64, attention)
162        elif resnet_type == "resnet50":
163            self.bridge  = conv_block(2048, 1024, attention)
164            self.decode5 = conv_block(1024 + 1024, 512, attention) # x + shortcut
165            self.decode4 = conv_block( 512 + 512,  256, attention)
166            self.decode3 = conv_block( 256 + 256,  128, attention)
167            self.decode2 = conv_block( 128 +  64,   64, attention)
168            self.decode1 = conv_block(          64,   64, attention)
169
170        self.fc = nn.Conv2d(64,  num_classes, 1)     # classify
171
172    #3-2
173    def up_sample(self, x, mode = 'Upsample'):
174        in_channels = x.size()[1]            # NCHW: [1] : C
175        if mode == 'Upsample':
176            x = nn.Upsample(scale_factor = 2, mode = 'bilinear')(x)
177        elif mode == "ConvTranspose2d":
178            x = nn.ConvTranspose2d(in_channels, in_channels,
179                                  kernel_size = 2, stride = 2,
180                                  bias = False, device = DEVICE(x)
```

```
181                    x = nn.ReLU(inplace=True)(x)
182            else:
183                raise NotImplemented(f'{mode} is not implemented.')
184            return x
185        #3-3:
186        def forward(self, x):
187            #header
188            # print('x: x.shape=', x.shape)
189            x = self.net.conv1(x)
190            x = self.net.bn1(x)
191            conv1 = self.net.relu(x)
192            if self.attention:
193                conv1 = self.attention1(conv1)
194            # print('conv1.shape=', conv1.shape)  # [, 64, 112, 112]
195            x = self.net.maxpool(conv1)
196
197            conv2 = self.encoder2(x)              # [,  64, 56, 56]
198            # print('conv2.shape=', conv2.shape)
199            conv3 = self.encoder3(conv2)          # [, 128, 28, 28]
200            # print('conv3.shape=', conv3.shape)
201            conv4 = self.encoder4(conv3)          # [, 256, 14, 14]
202            # print('conv4.shape=', conv4.shape)
203            conv5 = self.encoder5(conv4)          # [, 512,  7,  7]
204            # print('conv5.shape=', conv5.shape)
205            bridge= self.bridge(conv5)            # [, 1024,  7,  7]
206            # print('bridge.shape=', bridge.shape)
207
208            x = self.up_sample(bridge)
209            # print('1: x.shape=', x.shape)
210            x = torch.cat([x, conv4], dim = 1)
211            # print('2: x.shape=', x.shape)
212            x = self.decode5(x)
213            # print('3: x.shape=', x.shape)
214
215            x = self.up_sample(x)
216            # print('4: x.shape=', x.shape)
217            x = torch.cat([x, conv3], dim = 1)
218            # print('5: x.shape=', x.shape)
219            x = self.decode4(x)
220            # print('6: x.shape=', x.shape)
221
222            x = self.up_sample(x)
223            # print('7: x.shape=', x.shape)
224            x = torch.cat([x, conv2], dim = 1)
225            # print('8: x.shape=', x.shape)
```

```
226        x = self.decode3(x)
227        # print('9: x.shape=', x.shape)
228
229        x = self.up_sample(x)
230        # print('10: x.shape=', x.shape)
231        x = torch.cat([x, conv1], dim = 1)
232        # print('11: x.shape=', x.shape)
233        x = self.decode2(x)
234        # print('12: x.shape=', x.shape)
235
236        x = self.up_sample(x)
237        x = self.decode1(x)
238        x = self.fc(x)
239        #print('13: x.shape=', x.shape)
240        return x
241    #3-4
242    def predict(self, images):
243        self.eval()
244        with torch.no_grad():
245            images = images.to(DEVICE)
246            outs = self.forward(images)
247        pred = torch.softmax(outs, dim = 1)      # about channel
248        pred_mask = torch.argmax(pred, dim = 1)
249        return pred_mask
250
251 #4
252 def model_test():
253     N, C, H, W = 3, 3, 224, 224
254     X =  torch.randn((N, C, H, W)).to(DEVICE)
255     model = Attention_UNet_ResNet(attention = True).to(DEVICE)
256     # print('model=', model)
257     # summary(model, input_size = (1, 3, 224, 224),
258     #          device = DEVICE)
259
260     Y = model(X)
261     print('Y.shape = ', Y.shape)
262
263 #5: dataset, train_ds, test_ds, train_loader, test_loader
264 #... 생략 ...
265 #6
266 def train_epoch(train_loader, model, optimizer, loss_fn):
267 #... 생략 ...
268 #7
269 def evaluate(loader, model):
270 #... 생략 ...
```

```
271  #8:
272  def main(EPOCHS=10):
273  #8-1
274      unet = \
275          Attention_UNet_ResNet(resnet_type = "resnet50").to(DEVICE)
276      optimizer = optim.Adam(params = unet.parameters(), lr = 0.0001)
277      scheduler = \
278          optim.lr_scheduler.StepLR(optimizer,
279                                    step_size = 10,gamma = 0.9)
280      loss_fn = nn.CrossEntropyLoss()
281      train_losses = []
282  #8-2
283      print('training.....')
284      unet.train()
285      for epoch in range(EPOCHS):
286          train_loss = \
287              train_epoch(train_loader, unet,
288                          optimizer, loss_fn)
289          scheduler.step()
290          train_losses.append(train_loss)
291          if not epoch % 10 or epoch == EPOCHS - 1:
292              valid_loss, valid_acc = evaluate(valid_loader, unet)
293              print(f'epoch={epoch}: train_loss={train_loss:.4f}, ', end = '')
294              print(f'valid_loss={valid_loss:.4f}, valid_acc = {valid_acc:.4f}')

296      train_loss, train_acc = evaluate(train_loader, unet)
297      print(f'train_loss={train_loss:.4f}, train_acc={train_acc:.4f}')

299      test_loss, test_acc = evaluate(test_loader, unet)
300      print(f'test_loss={test_loss:.4f}, test_acc={test_acc:.4f}')
301      # torch.save(unet,
302              './saved_model/5404_Attention_UNet_ResNet.pt')
303  #9
304  if __name__ == '__main__':
305      # model_test()
306      main()
```

▷▷ 실행결과

```
# unet = Attention_UNet_ResNet().to(DEVICE)
resnet_type= resnet34
epoch=0: train_loss=0.3206, valid_loss=0.2144, valid_acc=0.9405
epoch=9: train_loss=0.0671, valid_loss=0.1289, valid_acc=0.9567
train_loss=0.0618, train_acc=0.9738
test_loss=0.1286, test_acc=0.9586
```

```
resnet_type= resnet50
training.....
epoch=0: train_loss=0.5343, valid_loss=0.4425, valid_acc=0.8381
epoch=9: train_loss=0.1207, valid_loss=0.1552, valid_acc=0.9388
train_loss=0.1137, train_acc=0.9550
test_loss=0.1587, test_acc=0.9408
```

▷▷▷ 프로그램 설명

**1** UNet의 인코더로 ResNet(resnet34, resnet50)을 사용하는 Attention_UNet_ResNet 클래스를 정의한다. pretrained = True이면 인코더에서 ResNet의 사전 학습 가중치를 사용한다. attention = True이면 conv_block, ResNet_Block에 CBAM 어텐션 블록을 추가한다.

**2** #1-1의 ChannelAttention, #1-2의 SpatialAttention, #1-3의 CBAM 모듈은 [예제 54-01]의 #6의 SRCDNet과 같다.

**3** #2-1의 conv_block에서 attention = True이면 self.conv(x)의 출력에 self.attention(x)으로 CBAM 집중 모듈을 적용한다.

**4** #2-2의 ResNet_Block 블록은 bottleneck = False이면 BasicBlock, bottleneck = True이면 Bottleneck을 구현한다. attention = True이면 self.attention(x)으로 CBAM 어텐션 모듈을 적용한다.

**5** #3은 Attention_UNet_ResNet 클래스를 정의한다. #3-1에서 resnet_type에 따라 self.net에 resnet34, resnet50 모델을 로드한다. 인코더는 ResNet_Block()으로 구현한다. 디코더는 conv_block()으로 구현한다.

**6** #4의 model_test()는 랜덤 입력 X의 모델 출력을 계산한다.

**7** #5의 데이터셋, 데이터로더 생성, #6의 train_epoch() 함수, #7의 evaluate() 함수는 [예제 53-04]와 같다.

**8** #8의 main() 함수는 Attention_UNet_ResNet()로 분할을 위한 model을 생성하고, 학습한다.

# SPP 네트워크

SPP <sup>Spatial Pyramid Pooling</sup>는 합성곱(CNN)의 특징 맵을 피라미드 방식으로 풀링하여 고정 크기의 벡터를 생성한다. [그림 55.1]은 SPP 구조이다. 임의 크기의 입력 영상에 합성 곱을 적용하여 추출된 특징 맵(conv5)은 임의의 크기이다. 예를 들어 conv5.shape = [N, C, H, W]에서 필터 개수(채널 개수)는 C = 255, levels = [1, 2, 4]이면, SPP는 피라미드 level = 1은 필터 크기(H, W)로 하나의 256-d 벡터를 계산하고, 피라미드 level = 2는 필터 크기 (H / 2, W / 2)로 4개의 256-d 벡터를 계산하고, 피라미드 level = 4는 필터 크기 (H / 4, W / 4)로 16개의 256-d 벡터를 계산한다. 최종적으로 1 + 4 + 16 = 21개의 256-d 벡터 연결하여 21 × 256 = 5376-d의 벡터를 생성하고, SPP는 [N, 5376] 모양의 텐서를 완전 연결 층 <sup>fully-connected layers</sup>의 입력으로 전달한다. SPP를 사용하면 입력 영상의 크기를 자르거나(crop), 변형(warp)하여 모델 입력 크기를 맞추는 작업을 하지 않아도 된다.

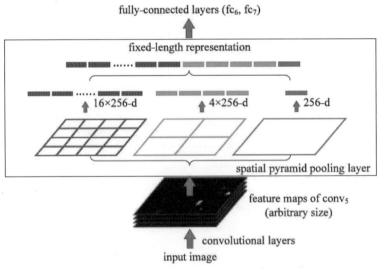

△ 그림 55.1 ▶ SPP 모듈 구조(https://arxiv.org/pdf/1406.4729.pdf, 2015)

▷ 예제 55-01 ▸ SPP 풀링

```
01 #ref1:https://github.com/revidee/pytorch-pyramid-pooling/blob/master/
02 pyramidpooling.py
03 #import math
04 import torch
05 import torch.nn as nn
06 import torch.nn.functional as F
07 DEVICE = 'cuda' if torch.cuda.is_available() else 'cpu'
08
09 #1
10 class SPP(nn.Module):
11     def __init__(self, levels, mode = "max"):         # "avg"
12         super(SPP, self).__init__()
13         self.levels = levels
14         self.mode = mode
15     #1-1
16     def forward(self, x):
17         return self.spatial_pyramid_pool(x, self.levels, self.mode)
18
19     def spatial_pyramid_pool(self, previous_conv, levels, mode):
20         N, C, H, W = previous_conv.size()
21         for i in range(len(levels)):
22 #1-2
23 ##             h_kernel = int(math.ceil(H / levels[i]))
24 ##             w_kernel = int(math.ceil(W / levels[i]))
25 ##             w_pad1   = int(math.floor((w_kernel * levels[i] - W) / 2))
26 ##             w_pad2   = int(math.ceil((w_kernel * levels[i] - W) / 2))
27 ##             h_pad1   = int(math.floor((h_kernel * levels[i] - H) / 2))
28 ##             h_pad2   = int(math.ceil( (h_kernel * levels[i] - H) / 2))
29 ##             assert (w_pad1 + w_pad2 == (w_kernel * levels[i] - W) and
30 ##                     h_pad1 + h_pad2 == (h_kernel * levels[i] - H))
31             #1-3
32             h_kernel = H // levels[i]
33             w_kernel = W // levels[i]
34
35             padW = W - w_kernel * levels[i]
36             w_pad1   = padW // 2
37             w_pad2   = padW - w_pad1
38
39             padH = H - h_kernel * levels[i]
40
41             h_pad1   = padH // 2
42             h_pad2   = padH - h_pad1
43             assert (w_pad1 + w_pad2 == (W - w_kernel * levels[i]) and
44                     h_pad1 + h_pad2 == (H - h_kernel * levels[i]))
```

```
45
46          print(f"level i={i}:  h_kernel={h_kernel}, w_kernel={w_kernel}")
47          #print(f"pad:  w_pad1={w_pad1}, w_pad2={w_pad2}, ", end = ' ')
48          #print(f"h_pad1={h_pad1}, h_pad2={h_pad2}")
49
50          #1-4
51          padded_input = \
52              F.pad(input = previous_conv,
53                      pad = [w_pad1, w_pad2, h_pad1, h_pad2],
54                      mode = 'constant', value = 0)
55          #1-5
56          if mode == "max":
57              pool = \
58                  nn.MaxPool2d((h_kernel, w_kernel),
59                              stride = (h_kernel, w_kernel),
60                              padding = (0, 0))
61          elif mode == "avg":
62              pool = \
63                  nn.AvgPool2d((h_kernel, w_kernel),
64                              stride = (h_kernel, w_kernel),
65                              padding = (0, 0))
66          else:
67              raise RuntimeError(f"Unknown pooling mode: {mode}")
68
69          x = pool(padded_input)
70
71          #1-6
72          if i == 0:
73              spp = x.view(N, -1)
74          else:
75              spp = torch.cat((spp, x.view(N, -1)), 1)
76          print(f"spp.shape ={spp.shape}")
77      return spp
78  #2
79  if __name__ == '__main__':
80      N, C, H, W = 2, 256,  224, 224
81      X =  torch.randn((N, C, H, W)).to(DEVICE)
82
83      spp = SPP(levels = [1, 2, 4])      #.to(DEVICE)
84      Y = spp(X)
85      print('Y.shape = ', Y.shape)
86      #print('Y = ', Y)
```

▷▷ 실행결과

```
level i=0:  h_kernel=224, w_kernel=224
level i=1:  h_kernel=112, w_kernel=112
level i=2:  h_kernel=56, w_kernel=56
Y.shape =  torch.Size([2, 5376])
```

▷▷▷ 프로그램 설명

1　#1은 [그림 55.1]의 SPP 모듈을 구현한다([ref1]). levels는 리스트로 피라미드 레벨을 지정하고, mode는 "max", "avg" 풀링 모드를 지정한다.

2　#1-1의 forward() 메서드는 self.spatial_pyramid_pool(x, self.levels, self.mode)로 입력 x에 SPP 풀링을 적용한다.

3　#1-3은 레벨에 따라 커널 크기 (h_kernel, w_kernel)와 패딩 크기(w_pad1, w_pad2, h_pad1, h_pad2)를 계산한다. #1-2와 #1-3은 같은 결과이다.

4　#1-4는 F.pad()로 입력 previous_conv을 padded_input로 패딩한다.

5　#1-5는 padded_input을 nn.MaxPool2d() 또는 nn.AvgPool2d()로 풀링 x를 계산한다.

6　#1-6은 각 레벨의 풀링 벡터를 x.view(N, -1)로 변환하여 spp에 연결하여 모은다.

7　#2는 SPP(levels = [1, 2, 4])로 모델 spp를 생성하고, 랜덤 입력 X의 모델 출력 Y를 계산한다.

▷ 예제 55-02　▶ PetDataset 분류: SPP_VGG16

```
01 '''
02 ref1: 5501.py
03 ref2: https://github.com/arp95/spp_net_image_classification/blob/
04 master/notebooks/spp_vgg16.ipynb
05 '''
06 import torch
07 import torch.nn as nn
08 import torch.optim as optim
09 import torch.nn.functional as F
10 from torchvision.models import vgg16_bn, VGG16_BN_Weights
11 from torchinfo import summary
12 import torchvision.transforms as T
13 from torch.utils.data import Dataset, DataLoader, random_split
14 from torchmetrics.functional import accuracy
15 import numpy as np
16 from PIL import Image
17 import matplotlib.pyplot as plt
18 import os
```

```
19  DEVICE = 'cuda' if torch.cuda.is_available() else 'cpu'
20  #1:
21  class SPP(nn.Module):
22      def __init__(self, levels, mode = "max"):        # "avg"
23          super(SPP, self).__init__()
24          self.levels = levels
25          self.mode = mode
26      #1-1
27      def forward(self, x):
28          return self.spatial_pyramid_pool(x, self.levels, self.mode)
29
30      def spatial_pyramid_pool(self, previous_conv, levels, mode):
31          N, C, H, W = previous_conv.size()
32          for i in range(len(levels)):
33              #1-3
34              h_kernel = H // levels[i]
35              w_kernel = W // levels[i]
36
37              padW = W - w_kernel * levels[i]
38              w_pad1   = padW // 2
39              w_pad2   = padW - w_pad1
40
41              padH = H - h_kernel * levels[i]
42
43              h_pad1   = padH // 2
44              h_pad2   = padH - h_pad1
45              assert (w_pad1 + w_pad2 == (W - w_kernel * levels[i])  and
46                      h_pad1 + h_pad2 == (H-h_kernel * levels[i]))
47
48              #1-4
49              padded_input = \
50                  F.pad(input = previous_conv,
51                        pad = [w_pad1, w_pad2, h_pad1, h_pad2],
52                        mode = 'constant', value = 0)
53              #1-5
54              if mode == "max":
55                  pool = \
56                      nn.MaxPool2d((h_kernel, w_kernel),
57                              stride = (h_kernel, w_kernel),
58                              padding = (0, 0))
59              elif mode == "avg":
60                  pool = \
61                      nn.AvgPool2d((h_kernel, w_kernel),
62                              stride = (h_kernel, w_kernel),
63                              padding = (0, 0) )
```

```
64              else:
65                  raise RuntimeError(f"Unknown pooling mode: \
66                                  {mode}")
67
68              x = pool(padded_input)
69
70              #1-6
71              if i == 0:
72                  spp = x.view(N, -1)
73              else:
74                  spp = torch.cat((spp, x.view(N, -1)), 1)
75              #print(f"spp.shape ={spp.shape}")
76          return spp
77
78  #2
79  class SPP_VGG16(nn.Module):
80      def __init__(self, num_classes = 2, pretrained = True):
81          super(SPP_VGG16, self).__init__()
82          self.num_classes = num_classes
83
84          #2-1: torchvision.models.vgg16_bn
85          self.vgg_features = \
86              vgg16_bn(
87                  weights =
88                      VGG16_BN_Weights.DEFAULT if pretrained else None
89                      ).features
90          # print("self.vgg_features=", self.vgg_features)
91
92          self.spp = SPP(levels = [1, 2, 3])
93
94          self.classifier = nn.Sequential(
95              nn.Dropout(0.5),
96              nn.Linear(10752, 4096),
97              nn.ReLU(),
98              nn.Dropout(0.5),
99              nn.Linear(4096, 4096),
100             nn.ReLU(),
101             nn.Linear(4096, num_classes))
102     #2-3:
103     def forward(self, x):
104         x = self.vgg_features(x)
105         #print('#1: x.shape=', x.shape)        # [, 512, 7, 7]
106         x = self.spp(x)
107         #print('#2: x.shape=', x.shape)        # [, 10752]
108
```

```
109          x = self.classifier(x)
110          return x
111 #3
112 def model_test():
113     N, C, H, W = 3, 3,  224, 224
114     X =  torch.randn((N, C, H, W)).to(DEVICE)
115     model = SPP_VGG16().to(DEVICE)
116
117     Y = model(X)
118     print('Y.shape = ', Y.shape)
119     # print('Y = ', Y)
120
121 #4: dataset, train_ds, test_ds, train_loader,
122 #   test_loader(ref: 5301.py)
123 # ... 생략 ...
124 #5
125 def train_epoch(train_loader, model, optimizer, loss_fn):
126 # ... 생략 ...
127 #6
128 def evaluate(loader, model):
129 # ... 생략 ...
130 #7:
131 def main(EPOCHS = 10):
132 #7-1
133     model = SPP_VGG16().to(DEVICE)
134     optimizer = optim.Adam(params = model.parameters(), lr = 0.0001)
135     scheduler = \
136         optim.lr_scheduler.StepLR(optimizer,
137                                   step_size = 10, gamma = 0.9)
138     loss_fn = nn.CrossEntropyLoss()
139     train_losses = []
140 #7-2
141 # ... 생략 ...
142 #8
143 if __name__ == '__main__':
144     # model_test()
145     main()
```

▷▷ 실행결과

```
# SPP(levels=[1, 2, 3], mode='max')
training.....
epoch=0: train_loss=0.0706, train_acc=0.9730
epoch=9: train_loss=0.0034, train_acc=0.9988
train_loss=0.0041, train_acc=0.9992
test_loss=0.0223, test_acc=0.9939
```

```
# SPP(levels=[1, 2, 3], mode='avg')
training.....
epoch=0: train_loss=0.0918, train_acc=0.9591
epoch=9: train_loss=0.0052, train_acc=0.9980
train_loss=0.0250, train_acc=0.9924
test_loss=0.0881, test_acc=0.9836
```

▷▷▷ 프로그램 설명

1  #1은 [그림 55.1]의 SPP 모듈을 구현한다([ref1]).

2  #2는 VGG16 모델에 SPP 모듈을 추가하여 num_classes 클래스를 분류하는 SPP_ VGG16 모델을 정의한다. self.vgg_features로 특징을 추출하고 self.spp로 SPP 풀링을 적용 하여 벡터로 변환하고, self.classifier로 분류한다.

3  #3의 model_test()는 SPP_VGG16 모델을 생성하고, 랜덤 입력 X의 모델 출력 Y를 계산 한다.

4  #4의 데이터셋, 데이터로더 생성, #5의 train_epoch() 함수, #6의 evaluate() 함수는 [예제 53-01]과 같다.

5  #7의 main() 함수는 SPP_VGG16 모델을 생성하고 개, 고양이를 분류를 위한 학습한다.

CNN 기반 모델은 모델이 깊어지면서 연속적인 스트라이드, 풀링에 의해 점점 특징 해상도가 작아져 상세정보가 사라져 의미분할 semantic segmentation에서 단점을 갖는다.

아트러스 atrous, dilated 합성곱은 커널이 보다 넓은 범위의 FOV field of view를 갖게 하기 위하여 rate에 따라 구멍 hole을 두어 합성곱을 계산한다. rate = 1은 일반적인 표준 합성곱이고, rate = 2이면 사이에 구멍을 하나씩 두어 커널 크기가 3×3인 경우 5×5의 FOV를 갖는다. 파이토치에서는 nn.Conv1d(), nn.Conv2d()에서 dilation으로 아트러스 합성곱을 계산한다.

[그림 56.1]은 DeepLab_v2에서 사용한 ASPP Atrous Spatial Pyramid Pooling 구조이다. 가운데의 화소를 분류하기 위하여 서로 다른 rate(dilation)의 아트러스 합성곱의 결과를 혼합 Sum-fusion하여 특징을 추출한다.

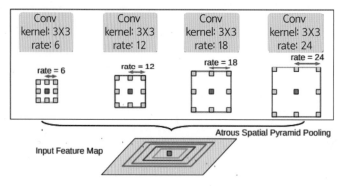

△ 그림 56.1 ▶ ASPP 구조(DeepLab_v2, https://arxiv.org/pdf/1606.00915.pdf, 2016)

[그림 56.2]는 VGG-16 모델 기반의 DeepLab에 ASPP 모듈을 추가하는 구조이다. Pool5는 VGG-16의 특징 추출의 마지막 풀링이다. [그림 56.2](a)는 rate = 12의 고정크기 아트러스 합성곱을 사용하고, [그림 56.2](b)는 rate = [6, 12, 18, 24]의 아트러스 합성곱을 이용한 ASPP 구조이다. 추출된 특징은 선형보간으로 영상 크기로 확대하고, 완전 연결 CRF Conditional Random Field를 거쳐 화소 단위로 분할한다.

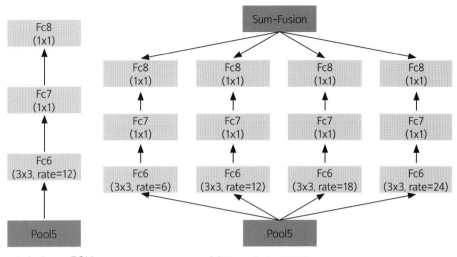

(a) DeepLab-LargeFOV          (b) DeepLab-ASPP

△ 그림 56.2 ▶ DeepLab(VGG-16)-ASPP 구조(DeepLab_v2)

[그림 56.3]은 DeepLab_v3에서 사용한 ASPP 모델 구조이다. (a)의 ASSP는 하나의 1×1 합성곱과 3개(rate = 6, 12, 18)의 3×3 아트러스 합성곱으로 서로 다른 스케일의 특징을 추출한다. (b)의 Image Pooling은 전역 평균 풀링, 1×1 합성곱 결과를 선형보간 (F.interpolate)하여 영상 수준 특징 image-level features을 계산한다. ASPP 특징과 Image Pooling의 특징을 연결 Concat하여 혼합하고 1×1 합성곱과 배치 정규화를 수행하여 ASSP 모듈의 출력을 계산한다([예제 56-01] 참조). output_stride는 입력 영상과 출력영상의 해상도 비율이다. output_stride = 16은 입력 영상의 크기(H, W)에 대해 특징 맵의 크기가 (H/16, W/16)로 줄었음을 의미한다. ASPP 모듈에 의해 특징의 크기가 감소하지 않는다.

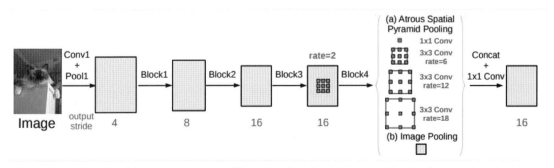

△ 그림 56.3 ▶ ASPP 구조(DeepLab_v3, https://arxiv.org/pdf/1706.05587.pdf, 2017)

▷ 예제 56-01　▶ ASPP 모듈

```
01  '''
02  ref1: https://github.com/fregu856/deeplabv3/blob/master/model/aspp.py
03  '''
04  import torch
05  import torch.nn as nn
06  import torch.nn.functional as F
07  DEVICE = 'cuda' if torch.cuda.is_available() else 'cpu'
08
09  #1
10  class ASPP(nn.Module):
11      def __init__(self, in_channels = 512, out_channels = 256):
12          super(ASPP, self).__init__()
13
14          self.conv1_1 = \
15              nn.Conv2d(in_channels, out_channels, kernel_size = 1)
16          self.bn1_1 = nn.BatchNorm2d(out_channels)
17
18          self.conv3_1 = \
19              nn.Conv2d(in_channels, out_channels,
20                        kernel_size = 3, stride = 1, padding = 6,
21                        dilation = 6)
22          self.bn3_1 = nn.BatchNorm2d(out_channels)
23
24          self.conv3_2 = \
25              nn.Conv2d(in_channels, out_channels,
26                        kernel_size = 3, stride = 1,
27                        padding = 12, dilation = 12)
28          self.bn3_2 = nn.BatchNorm2d(out_channels)
29
30          self.conv3_3 = \
31              nn.Conv2d(in_channels, out_channels,
32                        kernel_size = 3, stride = 1,
33                        padding = 18, dilation = 18)
34          self.bn3_3 = nn.BatchNorm2d(out_channels)
35
36          self.avg_pool = nn.AdaptiveAvgPool2d(1)
37
38          self.conv1_2 = \
39              nn.Conv2d(in_channels, out_channels, kernel_size = 1)
40          self.bn1_2 = nn.BatchNorm2d(out_channels)
41
42          self.conv1_3 = nn.Conv2d(out_channels * 5, out_channels,
43                                   kernel_size = 1)    # (1280 = 5 * 256)
44          self.bn1_3 = nn.BatchNorm2d(out_channels)
```

```
45
46    def forward(self, x): # x is a feature map, NCHW = [2, 512, 224, 224]
47        H, W = x.size()[2:]
48
49        #1-1
50        out1 = F.relu(self.bn1_1(self.conv1_1(x)))
51        print('1:out1.shape=', out1.shape)      # [N, out_channels, H, W]
52
53        out3_1 = F.relu(self.bn3_1(self.conv3_1(x)))
54        print('2:out3_1.shape=', out3_1.shape) # [N, out_channels, H, W]
55
56        out3_2 = F.relu(self.bn3_2(self.conv3_2(x)))
57        print('3:out3_2.shape=', out3_2.shape) # [N, out_channels, H, W]
58
59        out3_3 = F.relu(self.bn3_3(self.conv3_3(x)))
60        print('4:out3_3.shape=', out3_3.shape) # [N, out_channels, H, W]
61
62        #1-2: image level features
63        out_img = self.avg_pool(x)
64        print('5:out_img.shape=', out_img.shape) # [N, in_ channels, 1, 1]
65
66        out_img = F.relu(self.bn1_2(self.conv1_2(out_img)))
67        print('6:out_img.shape=', out_img.shape) # [N, out_channels, 1, 1]
68
69        out_img = \
70            F.interpolate(out_img, size = (H, W), mode = "bilinear")
71        print('7:out_img.shape=',
72            out_img.shape)                    # [N, out_channels, H, W]
73
74        #1-3:
75        out = torch.cat([out1, out3_1, out3_2, out3_3, out_img], 1)
76        print('8:out.shape=', out.shape)
77                    # [N, out_channels * 5, H, W], 256 * 5 = 1280
78
79        #1-4
80        out = F.relu(self.bn1_3(self.conv1_3(out)))
81        print('9:out.shape=', out.shape)  # [N, out_channels, H, W]
82        return out
83 #2
84 if __name__ == '__main__':
85    N, C, H, W = 2, 512, 224, 224
86    X =  torch.randn((N, C, H, W)).to(DEVICE)
87
88    aspp = ASPP(in_channels=C, out_channels = 256).to(DEVICE)
89    Y = aspp(X)
90    print('Y.shape = ', Y.shape)              # [2, 256, 224, 224]
```

▷▷ 실행결과

```
1:out1.shape= torch.Size([2, 256, 224, 224])
2:out3_1.shape= torch.Size([2, 256, 224, 224])
3:out3_2.shape= torch.Size([2, 256, 224, 224])
4:out3_3.shape= torch.Size([2, 256, 224, 224])
5:out_img.shape= torch.Size([2, 512, 1, 1])
6:out_img.shape= torch.Size([2, 256, 1, 1])
7:out_img.shape= torch.Size([2, 256, 224, 224])
8:out.shape= torch.Size([2, 1280, 224, 224])
9:out.shape= torch.Size([2, 256, 224, 224])
Y.shape =  torch.Size([2, 256, 224, 224])
```

▷▷▷ 프로그램 설명

**1** #1은 [그림 56.3]의 ASPP 모듈을 구현한다([ref1]).

**2** #1-1은 [그림 56.3](a)의 ASSP를 구현한다. 각 합성곱 결과에 배치 정규화 batch normalization, 활성화 함수(F.relu)를 적용하여 출력한다.

하나의 1×1 합성곱(conv1_1)과 3개(dilation = 6, 12, 18)의 3×3 아트러스 합성곱 (conv3_1, conv3_2, conv3_3)으로 서로 다른 스케일의 특징을 추출한다.

**3** #1-2는 [그림 56.3](b)의 Image Pooling을 구현한다. Image Pooling은 전역 평균 풀링 (nn.AdaptiveAvgPool2d(1)), 1×1 합성곱(conv1_2), 배치 정규화, 활성화 함수(F.relu)를 적용하를 수행하고 입력 특징 크기(H, W)로 선형보간(F.interpolate)하여 영상 특징 image-level features을 계산한다.

**4** #1-3은  torch.cat([out1, out3_1, out3_2, out3_3, out_img], 1)으로 ASPP 특징과 Image Pooling의 특징을 연결하여 혼합한다. #1-4는 1×1 합성곱(conv1_3), 배치 정규화, 활성화 함수(F.relu)를 수행하여 출력을 계산한다. 출력의 모양은 [N, out_channels, H, W]이다. N은 배치 크기, (H, W)는 입력 특징 크기, out_channels는 출력 특징의 채널수이다.

**5** #2는 샘플 입력 X를 생성하고, aspp = ASPP(in_channels=C, out_channels = 256) 모델을 생성하여 aspp(X)의 출력 Y를 생성한다. Y.shape = [2, 256, 224, 224]이다. 입력 X와 배치(N = 2), 특징 크기(H = 224, W = 224)가 같다. out_channels는 출력 채널수를 변경한다.

▷ 예제 56-02    ▶ ASPP_VGG

```
01 '''
02 ref1: https://github.com/fregu856/deeplabv3/blob/master/model/
03 deeplabv3.py
04 '''
05 import torch
06 import torch.nn as nn
```

```
07  import torch.optim as optim
08  import torch.nn.functional as F
09  from torchvision.models import vgg16_bn, VGG16_BN_Weights
10  from torchvision.models import vgg19_bn, VGG19_BN_Weights
11  from torchinfo import summary
12  import torchvision.transforms as T
13  from torchvision.datasets import OxfordIIITPet
14  from torch.utils.data import DataLoader, random_split
15  from torchmetrics.functional import accuracy
16  from torch.utils.data import DataLoader, random_split
17  from torchmetrics.functional import accuracy
18  from PIL import Image
19  import matplotlib.pyplot as plt
20  import os
21
22  DEVICE = 'cuda' if torch.cuda.is_available() else 'cpu'
23  #1
24  class ASPP(nn.Module):
25      def __init__(self, in_channels = 512, out_channels = 256):
26          super(ASPP, self).__init__()
27
28          self.conv1_1 = \                    nn.Conv2d(in_channels, out_
29  channels, kernel_size = 1)
30          self.bn1_1 = nn.BatchNorm2d(out_channels)
31
32          self.conv3_1 = \
33              nn.Conv2d(in_channels, out_channels,
34                      kernel_size = 3, stride = 1, padding = 6,
35                      dilation = 6)
36          self.bn3_1 = nn.BatchNorm2d(out_channels)
37
38          self.conv3_2 = \
39              nn.Conv2d(in_channels, out_channels,
40                      kernel_size = 3, stride = 1, padding = 12,
41                      dilation = 12)
42          self.bn3_2 = nn.BatchNorm2d(out_channels)
43
44          self.conv3_3 = \
45              nn.Conv2d(in_channels, out_channels,
46                      kernel_size = 3, stride = 1, padding = 18,
47                      dilation = 18)
48          self.bn3_3 = nn.BatchNorm2d(out_channels)
49
50          self.avg_pool = nn.AdaptiveAvgPool2d(1)
51
```

```python
        self.conv1_2 = \
            nn.Conv2d(in_channels, out_channels, kernel_size = 1)
        self.bn1_2 = nn.BatchNorm2d(out_channels)

        self.conv1_3 = \
            nn.Conv2d(out_channels * 5, out_channels,
                    kernel_size = 1)         # (1280 = 5 * 256)
        self.bn1_3 = nn.BatchNorm2d(out_channels)

    def forward(self, x):           # x is a feature map.
        H, W = x.size()[2:]
        #1-1
        out1 = F.relu(self.bn1_1(self.conv1_1(x)))
        out3_1 = F.relu(self.bn3_1(self.conv3_1(x)))
        out3_2 = F.relu(self.bn3_2(self.conv3_2(x)))
        out3_3 = F.relu(self.bn3_3(self.conv3_3(x)))

        #1-2: image level features
        out_img = self.avg_pool(x)
        out_img = F.relu(self.bn1_2(self.conv1_2(out_img)))
        out_img = \
            F.interpolate(out_img, size = (H, W), mode = "bilinear")

        #1-3:
        out = torch.cat([out1, out3_1, out3_2, out3_3, out_img], 1)
        out = F.relu(self.bn1_3(self.conv1_3(out)))
        return out
#2
class ASPP_VGG(nn.Module):
    def __init__(self, backbone = "VGG16",
                num_classes = 2, pretrained = True):
        super(ASPP_VGG, self).__init__()

        self.num_classes = num_classes

        #2-1:
        if backbone == "VGG16":
            vgg_model = \
                vgg16_bn(weights =
        VGG16_BN_Weights.DEFAULT if pretrained else None).features
        elif backbone == "VGG19":
            vgg_model = \
                vgg19_bn(weights =
        VGG19_BN_Weights.DEFAULT if pretrained else None).features

```

```
 97            #2-2
 98            self.vgg = \
 99                nn.Sequential(*vgg_model[:-1])
100                    # except the last pool for output_stride = 16
101            # print("self.vgg=", self.vgg)
102
103            self.aspp = \
104                ASPP(in_channels = 512,
105                    out_channels = 256)        #.to(DEVICE)
106            self.fc = \
107                nn.Conv2d(256, num_classes, 1)
108                    # [3, 2, 14, 14], output_stride = 16
109
110        #2-3:
111        def forward(self, x):
112            h, w = x.size()[2:]
113            feature_map = self.vgg(x)
114            # print('1:feature_map.shape=',
115            #        feature_map.shape)          # [, 512, 14, 14]
116
117            out = self.aspp(feature_map)
118            # print('2:out.shape=', out.shape) # [, 256, 14, 14]
119
120            out = self.fc(out)
121            # print('3:out.shape=',
122            #        out.shape)            # [, num_classes, 14, 14]
123
124            out = F.interpolate(out, size=(h, w),
125                                mode="bilinear")
126                                    # [, num_classes, h, w]
127            return out
128 #3
129 def model_test():
130    N, C, H, W = 2, 3,  224, 224
131    X =  torch.randn((N, C, H, W)).to(DEVICE)
132
133    model = ASPP_VGG().to(DEVICE)
134    # summary(model, input_size = (2, 3, 224, 224),
135            device = DEVICE)
136
137    Y = model(X)
138    print('Y.shape = ', Y.shape)
139
140 #4: dataset, train_ds, test_ds, train_loader, test_loader
141 #4-1
142 mean = torch.tensor([0.485, 0.456, 0.406])
```

```
143  std =torch.tensor([0.229, 0.224, 0.225])
144  image_transform = T.Compose([
145          T.Resize(226),               # T.InterpolationMode.BILINEAR
146          T.CenterCrop(224),
147          T.ToTensor(), #[0, 1]
148          T.Normalize(mean, std) ])
149  #trimaps: foreground(1), background(2), Not classified(3)
150  def binary_mask(mask):               # 0: back, 1: cat / dogdog
151      mask = T.functional.pil_to_tensor(mask).float()
152
153      mask[mask == 2] = 0              # 2 -> 0, background
154      mask[mask == 3] = 1              # (1, 3) -> 1
155      return mask
156  # ... 생략 ...
157
158  #5
159  def train_epoch(train_loader, model, optimizer, loss_fn):
160  # ... 생략 ...
161  #6
162  def evaluate(loader, model):
163  # ... 생략 ...
164  #7:
165  def main(EPOCHS=20):
166  #7-1
167      model = ASPP_VGG(backbone = "VGG16").to(DEVICE)
168      optimizer = optim.Adam(params = model.parameters(), lr = 0.0001)
169      scheduler = \
170          optim.lr_scheduler.StepLR(optimizer,
171                                     step_size = 10, gamma = 0.9)
172      loss_fn = nn.CrossEntropyLoss()
173
174      train_losses = []
175  #7-2
176      print('training.....')
177      model.train()
178      for epoch in range(EPOCHS):
179          train_loss = train_epoch(train_loader, model,
180                                    optimizer, loss_fn)
181
182          scheduler.step()
183          train_losses.append(train_loss)
184          if not epoch % 10 or epoch == EPOCHS - 1:
185              valid_loss, valid_acc = evaluate(valid_loader, model)
186              print(f'epoch={epoch}: train_loss={train_loss:.4f}, ', end = '')
187
```

```
188              print(f'valid_loss={valid_loss:.4f}, ',
189                     f'valid_acc={valid_acc:.4f}')
190
191       train_loss, train_acc = evaluate(train_loader, model)
192       print(f'train_loss={train_loss:.4f},
193              train_acc={train_acc:.4f}')
194
195       test_loss, test_acc = evaluate(test_loader, model)
196       print(f'test_loss={test_loss:.4f}, test_acc={test_acc:.4f}')
197       # torch.save(model, './saved_model/5602_ASPP_VGG.pt')
198 #8
199 if __name__ == '__main__':
200       # model_test()
201       main()
```

▷▷ 실행결과

```
training.....
epoch=0: train_loss=0.2118, valid_loss=0.1526, valid_acc=0.9402
epoch=10: train_loss=0.0438, valid_loss=0.1635, valid_acc=0.9530
epoch=19: train_loss=0.0338, valid_loss=0.1955, valid_acc=0.9531
train_loss=0.0322, train_acc=0.9862
test_loss=0.2007, test_acc=0.9540
```

▷▷▷ 프로그램 설명

**1** #1은 ASPP 모듈을 구현한다([예제 56-01]).

**2** #2의 ASPP_VGG 클래스는 VGG 모델의 특징 추출 뒤에 ASPP 모델을 적용하고, 보간하여 num_classes의 영상 분할을 위한 모델을 생성한다.

#2-1은 VGG 모델의 특징 추출 모델을 vgg_model에 저장한다. pretrained = True이면 사전 학습 가중치를 로드한다.

#2-2는 vgg_model에서 마지막 풀링을 제거한 모델을 self.vgg에 저장한다. self.aspp에 ASPP 모델을 생성하고, self.fc에 num_classes 분할 합성곱을 생성한다.

**3** #2-3의 forward() 메서드에서 self.vgg(x)는 입력 x의 특징(feature_map)을 추출한다. feature_map.shape = [, 512, 14, 14]이다. self.aspp(feature_map)로 특징 맵에 ASPP 모듈을 적용하여 서로 다른 스케일의 특징을 추출한다. self.fc(out)로 num_classes 분할을 위한 출력을 생성한다. F.interpolate()로 입력 영상 크기(h, w)로 보간하여 확대한다.

**4** #3의 model_test()는 ASPP_VGG 모델을 생성하고, 랜덤 입력 X의 모델 출력 Y를 계산한다.

**5** #4의 데이터셋, 데이터로더 생성, #5의 train_epoch() 함수, #6의 evaluate() 함수는 [예제 53-04]와 같다.

**6** #7의 main() 함수는 ASPP_VGG 모델을 생성하고 OxfordIIITPet 데이터로 배경과 물체 (개, 고양이)를 분할하기 위해 학습한다.

▷ 예제 56-03 ▶ ASPP_UNet_VGG16

```
01  '''
02  ref1: https://amaarora.github.io/2020/07/24/SeNet.html
03  ref2: https://github.com/zhoudaxia233/PyTorch-Unet/blob/master/
04  vgg_unet.py
05  ref3:
06  https://saifgazali.medium.com/cell-nuclei-segmentation-using-
07  vgg16-unet-and-double-unet-eafb65bb959a
08  ref4: 5305.py, 5602.py
09  '''
10  import torch
11  import torch.nn as nn
12  import torch.optim as optim
13  import torch.nn.functional as F
14  from torchvision.models import vgg16_bn, VGG16_BN_Weights
15  from torchinfo import summary
16  import torchvision.transforms as T
17  from torchvision.datasets import OxfordIIITPet
18  from torch.utils.data import Dataset, DataLoader, random_split
19  from torchmetrics.functional import accuracy
20  import numpy as np
21  from PIL import Image
22  import matplotlib.pyplot as plt
23
24  DEVICE = 'cuda' if torch.cuda.is_available() else 'cpu'
25  #1
26  class ASPP(nn.Module):
27      def __init__(self, in_channels = 512, out_channels = 256):
28          super(ASPP, self).__init__()
29
30          self.conv1_1 = \
31              nn.Conv2d(in_channels, out_channels, kernel_size = 1)
32          self.bn1_1 = nn.BatchNorm2d(out_channels)
33
34          self.conv3_1 = \
35              nn.Conv2d(in_channels, out_channels,
36                      kernel_size = 3, stride = 1, padding = 6,
37                      dilation = 6)
38          self.bn3_1 = nn.BatchNorm2d(out_channels)
39
40          self.conv3_2 = \
41              nn.Conv2d(in_channels, out_channels,
42                      kernel_size = 3, stride = 1,
43                      padding = 12, dilation = 12)
44          self.bn3_2 = nn.BatchNorm2d(out_channels)
```

```
45          self.conv3_3 = \
46              nn.Conv2d(in_channels, out_channels,
47                      kernel_size = 3, stride = 1,
48                      padding = 18, dilation = 18)
49          self.bn3_3 = nn.BatchNorm2d(out_channels)
50
51          self.avg_pool = nn.AdaptiveAvgPool2d(1)
52
53          self.conv1_2 = \
54              nn.Conv2d(in_channels, out_channels, kernel_size = 1)
55          self.bn1_2 = nn.BatchNorm2d(out_channels)
56
57          self.conv1_3 = \
58              nn.Conv2d(out_channels * 5, out_channels,
59                      kernel_size = 1)      # (1280 = 5 * 256)
60          self.bn1_3 = nn.BatchNorm2d(out_channels)
61
62      def forward(self, x):                    # x is a feature map.
63          H, W = x.size()[2:]
64          #1-1
65          out1  = F.relu(self.bn1_1(self.conv1_1(x)))
66          out3_1 = F.relu(self.bn3_1(self.conv3_1(x)))
67          out3_2 = F.relu(self.bn3_2(self.conv3_2(x)))
68          out3_3 = F.relu(self.bn3_3(self.conv3_3(x)))
69
70          #1-2: image level features
71          out_img = self.avg_pool(x)
72          out_img = F.relu(self.bn1_2(self.conv1_2(out_img)))
73          out_img = \
74              F.interpolate(out_img, size = (H, W), mode = "bilinear")
75
76          #1-3:
77          out = torch.cat([out1, out3_1, out3_2, out3_3, out_img], 1)
78          out = F.relu(self.bn1_3(self.conv1_3(out)))
79          return out
80  #2
81  class conv_block(nn.Module):
82      def __init__(self, in_channels, out_channels):
83          super().__init__()
84
85          self.conv = \
86              nn.Sequential(
87               nn.Conv2d(in_channels, out_channels,
88                      kernel_size = 3, padding = 1),
89              nn.BatchNorm2d(out_channels),
90
```

```
 91                 nn.ReLU(inplace = True),
 92                 nn.Conv2d(out_channels, out_channels,
 93                         kernel_size = 3, padding = 1),
 94                 nn.BatchNorm2d(out_channels),
 95                 nn.ReLU(inplace=True) )
 96
 97     def forward(self, x):
 98         x = self.conv(x)
 99         return x
100
101 #3
102 class ASPP_UNet_VGG16(nn.Module):
103     def __init__(self, num_classes = 2, pretrained = True):
104         super(ASPP_UNet_VGG16, self).__init__()
105         self.num_classes = num_classes
106
107         #3-1:
108         vgg_model = vgg16_bn(
109                 weights = VGG16_BN_Weights.DEFAULT if pretrained else None
110                 ).features
111
112         # print("vgg_model=", vgg_model)
113         # maxpool: vgg_model[6], vgg_model[13], vgg_model[23],
114         #          vgg_model[33], vgg_model[-1]
115         self.maxpool = nn.MaxPool2d(kernel_size = 2, stride = 2)
116         self.encode1 = nn.Sequential(*vgg_model[:6])
117         self.encode2 = nn.Sequential(*vgg_model[7:13])
118         self.encode3 = nn.Sequential(*vgg_model[14:23])
119         self.encode4 = nn.Sequential(*vgg_model[24:33])
120         self.encode5 = nn.Sequential(*vgg_model[34:-1])
121
122         self.aspp = ASPP(in_channels = 512,
123                         out_channels = 256)     #.to(DEVICE)
124
125         #decoder
126         self.decode5 = conv_block(256 + 512, 512)  # x + shortcut
127         self.decode4 = conv_block(512 + 512, 512)
128         self.decode3 = conv_block(512 + 256, 256)
129         self.decode2 = conv_block(256 + 128, 128)
130         self.decode1 = conv_block(128 +  64,  64)
131
132         self.fc = nn.Conv2d(64, num_classes, 1)    # classify pixels
133
134     #3-2
135     def up_sample(self, x, mode = 'Upsample'):
136         in_channels = x.size()[1]                  # NCHW: [1] : C
```

```
137        if mode == 'Upsample':
138            x = nn.Upsample(scale_factor = 2, mode = 'bilinear')(x)
139        elif mode == "ConvTranspose2d":
140            x = nn.ConvTranspose2d(in_channels, in_channels,
141                                    kernel_size = 2, stride = 2,
142                                    bias = False,
143                                    device = DEVICE)(x)
144            x = nn.ReLU(inplace = True)(x)
145        else:
146            raise NotImplemented(f'{mode} is not implemented.')
147        return x
148
149    #3-3
150    def forward(self, x):
151        conv1 = self.encode1(x)              # [, 64, 112, 112]
152        x = self.maxpool(conv1)
153        # print('x.shape=', x.shape)
154
155        conv2 = self.encode2(x)
156        x = self.maxpool(conv2)              # [, 128, 56, 56]
157
158        conv3 = self.encode3(x)
159        x = self.maxpool(conv3)              # [, 256, 28, 28]
160
161        conv4 = self.encode4(x)
162        x = self.maxpool(conv4)              # [, 512, 14, 14]
163
164        x = self.encode5(x)
165        # print('x.shape=', x.shape)         # [, 512, 14, 14]
166
167        bridge = self.aspp(x)                # [, 256, 14, 14]
168        # print('bridge.shape=', bridge.shape)
169
170        # decoder
171        x = torch.cat([x, bridge], dim = 1)  # [, 768, 14, 14]
172        # print('x.shape=', x.shape)
173        x = self.decode5(x)                  # [,  512, 14, 14]
174
175        x= self.up_sample(x)                 # [,  512, 28, 28]
176        x= torch.cat([x, conv4], dim = 1)    # [, 1024, 28, 28]
177        x= self.decode4(x)                   # [,  512, 28, 28]
178
179        x= self.up_sample(x)                 # [, 512, 56, 56]
180        x= torch.cat([x, conv3], dim = 1)    # [, 768, 56, 56]
181        x= self.decode3(x)                   # [, 256, 56, 56]
```

```
182
183            x= self.up_sample(x)                    # [, 256, 112, 112]
184            x= torch.cat([x, conv2], dim = 1)       # [, 384, 112, 112]
185            x= self.decode2(x)                      # [, 128, 112, 112]
186
187            x= self.up_sample(x)                    # [, 128, 224, 224]
188
189            x= torch.cat([x, conv1], dim = 1)       # [, 192, 224, 224]
190            x= self.decode1(x)                      # [,  64, 224, 224]
191
192            x = self.fc(x)              # [,  num_classes, 224, 224]
193            # print('x.shape=', x.shape)
194            return x
195        #3-4
196        def predict(self, images):
197            self.eval()
198            with torch.no_grad():
199                images = images.to(DEVICE)
200                outs = self.forward(images)
201            pred = torch.softmax(outs, dim = 1)
202            pred_mask = torch.argmax(pred, dim = 1)
203            return pred_mask
204 #4
205 def model_test():
206     N, C, H, W = 3, 3,  224, 224
207     X = torch.randn((N, C, H, W)).to(DEVICE)
208     model = ASPP_UNet_VGG16().to(DEVICE)
209     # print('model=', model)
210     # summary(model, input_size = (1, 3, 224, 224),
211     #          device = DEVICE)
212
213     Y = model(X)
214     print('Y.shape = ', Y.shape)
215
216 #5: dataset, train_ds, test_ds, train_loader, test_loader
217 #5-1
218 mean=torch.tensor([0.485, 0.456, 0.406])
219 std =torch.tensor([0.229, 0.224, 0.225])
220 image_transform = T.Compose([
221     T.Resize(226),                    # T.InterpolationMode.BILINEAR
222     T.CenterCrop(224),
223     T.ToTensor(),                     # [0, 1]
224     T.Normalize(mean, std) ])
225 #trimaps: foreground(1), background(2), Not classified(3)
226 def binary_mask(mask):
227     mask = T.functional.pil_to_tensor(mask).float()
```

```
228        mask[mask == 2] = 0            # 2 -> 0
229        mask[mask == 3] = 1            # (1, 3) -> 1
230        return mask
231  #... 생략 ...
232  #6
233  def train_epoch(train_loader, model, optimizer, loss_fn):
234  #... 생략 ...
235
236  #7
237  def evaluate(loader, model):
238  #... 생략 ...
239  #8
240  def main(EPOCHS = 20):
241  #8-1
242      unet = ASPP_UNet_VGG16().to(DEVICE)
243      optimizer = optim.Adam(params = unet.parameters(), lr = 0.0001)
244      scheduler = \
245          optim.lr_scheduler.StepLR(optimizer,
246                                    step_size = 10,gamma = 0.9)
247      loss_fn = nn.CrossEntropyLoss()
248      train_losses = []
249
250  #8-2
251      print('training.....')
252      unet.train()
253      for epoch in range(EPOCHS):
254          train_loss = train_epoch(train_loader, unet,
255                                   optimizer, loss_fn)
256
257          scheduler.step()
258          train_losses.append(train_loss)
259          if not epoch % 10 or epoch == EPOCHS - 1:
260              valid_loss, valid_acc = evaluate(valid_loader, unet)
261              print(f'epoch={epoch}: train_loss={train_loss:.4f}, ', end = '')
262              print(f'valid_loss={valid_loss:.4f},
263                      valid_acc={valid_acc:.4f}')
264
265      train_loss, train_acc = evaluate(train_loader, unet)
266      print(f'train_loss={train_loss:.4f},
267              train_acc={train_acc:.4f}')
268
269      test_loss, test_acc = evaluate(test_loader, unet)
270      print(f'test_loss={test_loss:.4f}, test_acc={test_acc:.4f}')
271      # torch.save(unet, './saved_model/5603_ASPP_UNet_VGG16.pt')
272
```

```
273  #9
274  if __name__ == '__main__':
275      # model_test()
276      main()
```

▷▷ 실행결과

```
training.....
epoch=0: train_loss=0.2055, valid_loss=0.1453, valid_acc=0.9545
epoch=10: train_loss=0.0444, valid_loss=0.1472, valid_acc=0.9608
epoch=19: train_loss=0.0250, valid_loss=0.1976, valid_acc=0.9599
train_loss=0.0237, train_acc=0.9898
test_loss=0.2130, test_acc=0.9600
```

▷▷▷ 프로그램 설명

1 #1은 ASPP 모듈을 구현한다([예제 56-01]).

2 #3의 ASPP_UNet_VGG16 클래스는 VGG기반의 UNet에서 인코더 뒤에 ASPP 모델을 적용하여 다중 스케일에서 특징을 추출한 다음 업 샘플링과 단축 연결에 의한 디코딩 과정을 수행하여 num_classes의 영상 분할을 위한 모델을 생성한다. pretrained = True이면 사전 학습 가중치를 로드하여 인코더에서 사용한다. self.aspp에 ASPP 모델을 생성하고, self.fc에 num_classes 분할 합성곱을 생성한다.

3 #3-3의 forward() 메서드에서 입력 x에 인코더(self.encode1, self.encode2, self.encode3, self.encode4, self.encode5)와 최대 풀링(self.maxpool)를 적용하여 특징(feature_map)을 추출한다. self.encode5 다음에는 특징의  크기를 (14, 14)로 유지하기 위하여 최대 풀링을 적용하지 않는다. bridge = self.aspp(x)에 의한 bridge.shape = [, 256, 14, 14]이다. 디코더(self.decode5, self.decode4, self.decode3, self.decode2, self.decode1)와 업 샘플(self.up_sample)로 영상 크기로 확대되고, self.fc(x)에 의해 영상 분할을 위한 x.shape = [, num_classes, 224, 224] 모양의 텐서를 반환한다.

4 #4의 model_test()는 ASPP_UNet_VGG16 모델을 생성하고, 랜덤 입력 X의 모델 출력 Y를 계산한다.

5 #5의 데이터셋, 데이터로더 생성, #6의 train_epoch() 함수, #7의 evaluate() 함수는 [예제 53-05]와 같다.

6 #8의 main() 함수는 ASPP_UNet_VGG16 모델을 생성하고, OxfordIIITPet 데이터로 학습한다.

 PyTorch

# CHAPTER 16

# 기계번역 · 트랜스포머

# Seq2Seq

Seq2Seq 모델은 인코더(encoder)-디코더(decoder)의 구조를 갖고 자연어처리에 사용되는 모델이다. 각 토큰(단어)을 고정크기의 벡터로 임베딩하고 차례로 인코더에 입력한다. 인코더의 마지막 은닉상태인 컨텍스트 벡터 context vector를 디코더의 초기 상태로 설정하고, 디코더의 첫 입력(decoder_input)에 〈SOS〉를 입력한다. 디코더의 출력(decoder_output)과 목표값(target_tensor[i]) 사이의 손실을 계산한다. 디코더의 다음 입력은 use_teacher_forcing에 따라 target_tensor[i] 또는 decoder_output에서 topk(1)을 사용한다.

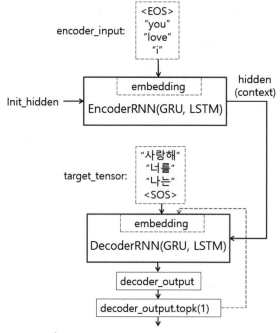

△ 그림 57.1 ▶ Seq2Seq: 영한 번역

▷ 예제 57-01 ▶ EncoderRNN, DecoderRNN: 영한 번역

```
01 '''
02 ref1: https://pytorch.org/tutorials/intermediate/seq2seq_
03 translation_tutorial.html
```

```
04 ref2: https://www.manythings.org/anki/   # Tab-delimited  Bilingual
05 Sentence Pairs, kor-eng.zip
06 '''
07 import torch
08 import torch.nn as nn
09 from   torch import optim
10 import torch.nn.functional as F
11 import random
12 import re
13 DEVICE = torch.device("cuda" if torch.cuda.is_available() else "cpu")
14
15 #1
16 SOS_token = 0
17 EOS_token = 1
18 MAX_LENGTH = 10
19 #1-1
20 class Lang:
21     def __init__(self, name):
22         self.name = name
23         self.word2index = {}
24         self.word2count = {}
25         self.index2word = {0: "SOS", 1: "EOS"}
26         self.n_words = 2            # Count SOS and EOS
27
28     def addSentence(self, sentence):
29         for word in sentence.split(' '):
30             self.addWord(word)
31
32     def addWord(self, word):
33         if word not in self.word2index:
34             self.word2index[word] = self.n_words
35             self.word2count[word] = 1
36             self.index2word[self.n_words] = word
37             self.n_words += 1
38         else:
39             self.word2count[word] += 1
40 #1-2: Lowercase, trim, and remove non-letter characters
41 def normalizeString(s):
42     s = s.lower().strip()
43     s = re.sub("[^A-Za-z0-9' 가-힣]", "", s)
44     return s
45 #1-3
46 def readLangs(lang1, lang2, reverse):
47     print("Reading lines...")
48
```

```
49    lines = open('data/kor-eng/kor.txt',
50                 encoding = 'utf-8').read().strip().split('\n')
51
52 ##   print("len(lines)=", len(lines))
53
54    # Split every line into pairs and normalize
55    pairs = \
56        [[normalizeString(s) for s in line.split('\t')] for line in lines]
57
58    pairs = [[p[0], p[1]] for p in pairs]
59 ##   print("pairs[0]=", pairs[0])
60    # Reverse pairs
61    if reverse:
62        pairs = [list(reversed(p)) for p in pairs]
63        input_lang = Lang(lang2)
64        output_lang = Lang(lang1)
65    else:
66        input_lang = Lang(lang1)
67        output_lang = Lang(lang2)
68
69    return input_lang, output_lang, pairs
70 #1-4
71 def filterPair(p):
72    #print("p = ", p)
73    return (len(p[0].split(' ')) < MAX_LENGTH and
74            len(p[1].split(' ')) < MAX_LENGTH)
75
76 def filterPairs(pairs):
77    return [pair for pair in pairs if filterPair(pair)]
78
79 #1-5
80 def prepareData(lang1, lang2, reverse = False):
81    input_lang, output_lang, pairs = \
82        readLangs(lang1, lang2, reverse)
83
84    print("Read %s sentence pairs" % len(pairs))
85    pairs = filterPairs(pairs)
86
87    print("Trimmed to %s sentence pairs" % len(pairs))
88    print("Counting words...")
89    for pair in pairs:
90        input_lang.addSentence(pair[0])
91        output_lang.addSentence(pair[1])
92
93    print("Counted words:")
94
```

```
95      print(input_lang.name,  input_lang.n_words)    # eng 2961
96      print(output_lang.name, output_lang.n_words)   # kor 7149
97      #print(input_lang.index2word[0])    # 'SOS', Start of Sentence
98      #print(input_lang.index2word[1])    # 'EOS', End of Sentence
99      #print(input_lang.index2word[2])    # 'go'
100     #print(pairs[0])                     # ['go', '가']
101     #print(input_lang.word2index['go']) # 2
102     #print(output_lang.index2word[2])   # '가'
103
104     return input_lang, output_lang, pairs
105
106 input_lang, output_lang, pairs = prepareData('eng', 'kor')
107
108 #2
109 def indexesFromSentence(lang, sentence):
110     return [lang.word2index[word] for word in sentence.split(' ')]
111
112 def tensorFromSentence(lang, sentence):
113     indexes = indexesFromSentence(lang, sentence)
114     indexes.append(EOS_token)
115     return torch.tensor(indexes, dtype = torch.long,
116                     device = DEVICE ).view(-1, 1)
117
118 def tensorsFromPair(pair):
119     input_tensor  = tensorFromSentence(input_lang,  pair[0])
120     target_tensor = tensorFromSentence(output_lang, pair[1])
121     return (input_tensor, target_tensor)
122 #3
123 RNN_TYPE = "GRU"
124 #RNN_TYPE = "LSTM"
125 class EncoderRNN(nn.Module):
126     def __init__(self, n_words, hidden_dim = 256,
127                 n_layers = 2, dropout = 0.25):
128         super(EncoderRNN, self).__init__()
129         self.n_words    = n_words
130         self.hidden_dim = hidden_dim
131         self.n_layers   = n_layers
132
133         self.embedding = nn.Embedding(n_words, hidden_dim)
134         if RNN_TYPE == "GRU":
135             self.rnn = nn.GRU(hidden_dim, hidden_dim, n_layers,
136                             dropout = dropout, batch_first = True)
137         elif RNN_TYPE == "LSTM":
138             self.rnn = nn.LSTM(hidden_dim, hidden_dim, n_layers,
139                             dropout = dropout, batch_first = True)
140         else:
```

```
141             raise ValueError("RNN_TYPE: 'GRU' or 'LSTM' ")
142
143     def forward(self, x, hidden):
144         embedded = \
145             self.embedding(x).view(1, 1, -1)  # [1, 1, hidden_dim]
146         # RNN_TYPE == "GRU"  : h_n = hidden
147         # RNN_TYPE == "LSTM" : h_n, c_n = hidden
148         output, hidden = self.rnn(embedded, hidden)
149         return output, hidden
150
151     def initHidden(self):
152         h = torch.zeros(self.n_layers, 1,
153                         self.hidden_dim, device = DEVICE)
154         if RNN_TYPE == "GRU":
155             return h
156         elif RNN_TYPE == "LSTM":
157             c = torch.zeros(self.n_layers, 1,
158                             self.hidden_dim, device = DEVICE)
159             return h, c
160         else:
161             raise ValueError("RNN_TYPE: 'GRU' or 'LSTM' ")
162 #4
163 class DecoderRNN(nn.Module):
164     def __init__(self, n_words, hidden_dim = 256,
165                  n_layers = 2, dropout = 0.25):
166         super(DecoderRNN, self).__init__()
167         self.n_words    = n_words
168         self.hidden_dim = hidden_dim
169         self.n_layers   = n_layers
170
171         self.embedding = nn.Embedding(n_words, hidden_dim)
172         if RNN_TYPE == "GRU":
173             self.rnn = nn.GRU(hidden_dim, hidden_dim, n_layers,
174                               dropout = dropout, batch_first = True)
175         elif RNN_TYPE == "LSTM":
176             self.rnn = nn.LSTM(hidden_dim, hidden_dim, n_layers,
177                                dropout = dropout, batch_first = True)
178         else:
179             raise ValueError("RNN_TYPE: 'GRU' or 'LSTM' ")
180
181         self.dropout = nn.Dropout(dropout)
182
183         self.fc = nn.Linear(hidden_dim, n_words)
184         self.softmax = nn.LogSoftmax(dim = 1)
185
```

```
186    def forward(self, x, hidden):
187        embedded = self.embedding(x).view(1, 1, -1)
188        embedded = F.relu(embedded)
189        embedded = self.dropout(embedded)
190
191        # RNN_TYPE == "GRU"  : h_n = hidden
192        # RNN_TYPE == "LSTM" : h_n, c_n = hidden
193        output, hidden = self.rnn(embedded, hidden)
194        #print("3: output.shape=", output.shape)
195        output = self.softmax(self.fc(output[0]))
196        return output, hidden
197    # def initHidden(self):
198    #     h = torch.zeros(self.n_layers, 1,
199    #                     self.hidden_dim, device = DEVICE)
200    #     if RNN_TYPE == "GRU":
201    #         return h
202    #     elif RNN_TYPE == "LSTM":
203    #         c = torch.zeros(self.n_layers, 1, self.hidden_dim,
204    #                         device = DEVICE)
205    #         return h, c
206    #     else:
207    #         raise ValueError("RNN_TYPE: 'GRU' or 'LSTM' ")
208 #5
209 def train(input_tensor, target_tensor, encoder, decoder,
210        encoder_optimizer, decoder_optimizer, loss_fn,
211        teacher_forcing_ratio = 0.5, max_length = MAX_LENGTH):
212
213    #5-1: initialize
214    encoder_hidden = encoder.initHidden()
215    encoder_optimizer.zero_grad()
216    decoder_optimizer.zero_grad()
217    input_length  = input_tensor.size(0)
218    target_length = target_tensor.size(0)
219
220    #5-2: feed input_tensor into encoder
221    for i in range(input_length):
222        encoder_output, encoder_hidden = \
223                encoder(input_tensor[i], encoder_hidden)
224
225    #5-3:
226    decoder_hidden = encoder_hidden              # context vector
227    decoder_input = \
228            torch.tensor([[SOS_token]], device = DEVICE)  # [1, 1]
229    use_teacher_forcing = \
230        True if random.random() < teacher_forcing_ratio else False
```

```
231     loss = 0.0
232     for i in range(target_length):
233         decoder_output, decoder_hidden = \
234                 decoder(decoder_input, decoder_hidden)
235         loss += loss_fn(decoder_output, target_tensor[i])
236         #print("decoder_output.shape=",
237         #       decoder_output.shape)          # [1, 7149]
238         #print("target_tensor[i]=",
239         #       target_tensor[i])              # kor index: label
240
241         if use_teacher_forcing:
242             decoder_input = target_tensor[i]
243         else:
244             topv, topk = decoder_output.topk(1)
245             decoder_input = topk.detach()      # [1, 1]
246             if decoder_input.item() == EOS_token:
247                 break
248     #5-4:
249     loss.backward()
250     encoder_optimizer.step()
251     decoder_optimizer.step()
252     return loss.item() / target_length
253 #6
254 def trainIters(encoder, decoder, n_iters,
255                 learning_rate = 0.01, print_every = 5000):
256     encoder_optimizer = \
257         optim.SGD(encoder.parameters(), lr = learning_rate) # Adam
258     decoder_optimizer = \
259         optim.SGD(decoder.parameters(), lr = learning_rate) # Adam
260
261     # random sampling of training data from pairs
262     training_pairs = \
263         [tensorsFromPair(random.choice(pairs)) for i in range(n_iters)]
264     print("len(training_pairs) = ", len(training_pairs))
265
266     loss_fn = nn.NLLLoss()          # negative log likelihood loss
267
268     losses = []
269     loss_total = 0
270     for i in range(1, n_iters + 1):
271         input_tensor, target_tensor = training_pairs[i - 1]
272
273         loss = train(input_tensor, target_tensor, encoder, decoder,
274                     encoder_optimizer, decoder_optimizer, loss_fn)
275
276
```

```
277              loss_total += loss
278
279          if i % print_every  == 0:
280              loss_avg = loss_total / print_every
281              losses.append(loss_avg)
282              loss_total = 0
283
284              print(f"i ={i}: loss_avg={loss_avg:.4f}")
285 #7
286 def evaluate(encoder, decoder, sentence, max_length = MAX_LENGTH):
287     with torch.no_grad():
288          #7-1
289          input_tensor = tensorFromSentence(input_lang, sentence)
290          input_length = input_tensor.size()[0]
291
292          #7-2
293          encoder_hidden = encoder.initHidden()
294          for i in range(input_length):
295              encoder_output, encoder_hidden = \
296                      encoder(input_tensor[i], encoder_hidden)
297
298          #7-3
299          decoder_hidden = encoder_hidden          # context vector
300          decoder_input = \
301              torch.tensor([[SOS_token]], device = DEVICE)
302          decoded_words = []
303          for i in range(max_length):
304              decoder_output, decoder_hidden = \
305                      decoder(decoder_input, decoder_hidden)
306              topv, topk = decoder_output.data.topk(1)
307
308              if topk.item() == EOS_token:
309                  decoded_words.append('<EOS>')
310                  break
311              else:
312                  decoded_words.append(output_lang.index2word[topk.item()])
313
314              decoder_input = topk.squeeze().detach()
315
316          return decoded_words
317 #8
318 def evaluateRandomly(encoder, decoder, n = 5):
319     for i in range(n):
320          pair = random.choice(pairs)
321          print('>', pair[0])
322
```

```
323              print('=', pair[1])
324              output_words = evaluate(encoder, decoder, pair[0])
325              output_sentence = ' '.join(output_words)
326              print('<', output_sentence)
327              print('')
328  #9
329  encoder = EncoderRNN(input_lang.n_words).to(DEVICE)
330  decoder = DecoderRNN(output_lang.n_words).to(DEVICE)
331  trainIters(encoder, decoder, 100000)
332
333  #10
334  evaluateRandomly(encoder, decoder)
335
336  s = "don't go there"
337  print('=', s)
338  output_words = evaluate(encoder, decoder, s)
339  output_sentence = ' '.join(output_words)
340  print('<', output_sentence)
```

▷▷ 실행결과

```
#RNN_TYPE = "GRU"
Reading lines...
Read 5749 sentence pairs
Trimmed to 5433 sentence pairs
Counting words...
Counted words:
eng 2975
kor 7149
len(training_pairs) =  100000
i =5000: loss_avg=5.0512
...
i =100000: loss_avg=0.5927
> are you just going to stand there
= 너 거기 그냥 서있을 거야
< 너 거기 거기 서있을 <EOS>

> show me more
= 저에게 더 보여주세요
< 더 보여줘 <EOS>

> i have three daughters
= 나는 딸이 셋 있다
< 나는 딸이 셋 있다 <EOS>
```

```
> open the door for me
= 문을 열어둬
< 문을 열어둬 <EOS>

> can i have this cup
= 이 컵 가져도 돼요
< 이 컵 가져도 돼요 <EOS>

= don't go there
< 거기 가지 마세요 <EOS>
```

▷▷▷ 프로그램 설명

**1** ref1을 참고하여 n_layers의 GRU 또는 LSTM을 사용한 인코더, 디코더로 간단한 문장의 영한 번역기를 작성한다. #1은 re2의 kor.txt 파일에서 학습을 위한 문장 쌍(pairs)과 단어 정보(input_lang, output_lang)를 읽는다. #1-1의 Lang 클래스는 언어 이름(name), 사전(word2index, word2count, index2word) 등의 간단한 언어 정보를 갖는다. #1-5의 input_lang, output_lang, pairs = prepareData('eng', 'kor')로 입력언어 'eng'와 출력언어 'kor'의 입출력 단어정보(input_lang, output_lang)와 (영어, 한글)의 문장 쌍(pairs)을 읽는다.

**2** #2의 tensorsFromPair(pair) 함수는 입력문장(pair[0])과 출력문장(pair[1])의 각 단어를 분리하고, input_lang, output_lang의 word2index 사전으로 정수 인덱스 리스트로 변환하고, 마지막에 EOS_token을 추가하고, 텐서(input_tensor, target_tensor)로 변환한다.

**3** #3은 EncoderRNN을 정의한다. n_words는 입력언어의 단어의 개수(input_lang.n_words)이다. forward()에서 입력단어의 인덱스 x를 hidden_dim 크기로 임베딩하고, RNN_TYPE에 따른 생성한 n_layers의 GRU, LSTM 객체 rnn을 적용하여, 출력(output)과 은닉상태(hidden)를 반환한다. output, hidden = self.rnn(x, hidden)에서 RNN_TYPE = "LSTM"이면 hidden은 은닉상태(h_n)와 셀 상태(c_n)의 튜플이다.

**4** #4는 DecoderRNN을 정의한다. n_words는 출력언어의 단어의 개수(output_lang.n_words)이다. forward()에서 출력단어의 인덱스 x를 hidden_dim 크기로 임베딩한다. F.relu(x), self.dropout(x)를 실행하고, RNN_TYPE에 따른 생성한 n_layers의 GRU, LSTM 객체 rnn을 적용하여 output, hidden을 계산한다. 분류를 위한 self.softmax(self.fc(output[0]))를 적용하여 output과 은닉상태 hidden을 반환한다. output, hidden = self.rnn(x, hidden)에서 RNN_TYPE = "LSTM"이면 hidden은 은닉상태(h_n)와 셀 상태(c_n)의 튜플이다.

**5** #5의 train() 함수는 입력문장(input_tensor)을 하나씩 인코더에 적용하여 컨텍스트 벡터인 인코더의 상태(encoder_hidden)를 계산한다. 인코더의 상태를 디코더 상태의 초기값으로 설정하고 목표문장(target_tensor)의 각 단어를 디코더에 적용한 출력 decoder_output와 target_tensor[i]의 손실(loss)을 계산하여 학습한다.

#5-1은 encoder는 encoder.initHidden()로 초기화된 encoder_hidden을 초기 상태로 한다.

#5-2는 for문에서 각 입력단어 텐서(input_tensor[i])를 encoder에 적용하여 출력

encoder_output과 encoder_hidden을 계산한다. encoder_hidden이 입력문장의 특징을 반영하는 컨텍스트이다. #5-3은 인코더의 은닉상태(encoder_hidden)를 디코더의 은닉상태(decoder_hidden)로 초기화한다. 디코더의 첫 입력(decoder_input)으로 SOS_token을 설정한다. for 반복에서 decoder(decoder_input, decoder_hidden)로 decoder_output, decoder_hidden을 계산한다. loss_fn(decoder_output, target_tensor[i])로 손실을 계산한다. target_tensor[i]는 목표언어(kor, 한국어)의 단어 인덱스이다. decoder_output.shape = [1, 7149]이다. teacher_forcing_ratio에 따라 확률적으로 결정되는 use_teacher_forcing이 True이면 디코더의 다음 입력(decoder_input)은 정답 target_tensor[i]를 사용하고, False이면 디코더의 출력에서 topk(1)을 사용한다. #5-4는 손실을 역전파하고, encoder_optimizer, decoder_optimizer를 갱신한다.

6 #6의 trainIters() 함수는 n_iters 반복하며 인코더와 디코더를 학습한다. 각 반복에서 사용할 훈련 데이터 training_pairs를 랜덤 샘플링한다. for 문에서 training_pairs[i-1]로부터 입력언어와 목표언어의 한 문장 쌍에 대한 텐서 input_tensor, target_tensor를 train() 함수로 학습한다. 디코더의 출력에서 nn.LogSoftmax를 사용하여 nn.NLLLoss() 손실함수를 사용한다.

7 #7의 evaluate() 함수는 학습된 encoder, decoder로 sentence 문장을 번역한 decoded_words를 반환한다. 디코더의 출력 decoder_output에서 topk를 계산하여 output_lang.index2word[topk.item()]로 출력언어의 단어로 변환한다.

8 #8의 evaluateRandomly() 함수는 pairs에서 n개 문장을 랜덤 샘플링하여 evaluate(encoder, decoder, pair[0])로 output_words를 찾고, 문장인 output_sentence를 반환한다. print('>', pair[0])는 입력문장, print('=', pair[1])는 정답문장, print('<', output_sentence)는 번역된 문장을 출력한다.

9 #9는 encoder, decoder를 생성하고, trainIters(encoder, decoder, 100000)로 학습한다.

10 #10은 evaluateRandomly(encoder, decoder)는 n개의 문장을 랜덤 샘플링하고 번역한다. s = "don't go there"문장을 output_sentence에 번역한다.

11 5749 문장 쌍을 읽어 단어길이가 MAX_LENGTH보다 작은 문장은 5433이다. 영어단어는 2975개, 한글단어는 7149이다.

▷ 예제 57-02  ▶ Seq2Seq(EncoderRNN, DecoderRNN): 영한 번역

```
01 '''
02 ref1: https://pytorch.org/tutorials/intermediate/seq2seq_
03 translation_tutorial.html
04 ref2: https://www.manythings.org/anki/   # Tab-delimited Bilingual
05 Sentence Pairs, kor-eng.zip
06 '''
07 import torch
```

```
08  import torch.nn as nn
09  from   torch import optim
10  import torch.nn.functional as F
11  import random
12  import re
13  DEVICE = torch.device("cuda" if torch.cuda.is_available() else "cpu")
14
15  #1, #2, #3, #4: [예제 57-01] 참조
16
17  RNN_TYPE = "LSTM"
18  #5
19  class Seq2Seq(nn.Module):
20      def __init__(self, encoder, decoder, loss_fn,
21                   teacher_forcing_ratio = 0.5,
22                   max_length = MAX_LENGTH):
23          super().__init__()
24          self.encoder = encoder
25          self.decoder = decoder
26          self.loss_fn = loss_fn
27          self.teacher_forcing_ratio = teacher_forcing_ratio
28
29      def forward(self, input_tensor,
30               target_tensor = None):   # in eval, target_tensor = None
31          encoder_hidden = self.encoder.initHidden()
32          input_length  = input_tensor.size(0)
33
34          for i in range(input_length):
35              _, encoder_hidden = \
36                  self.encoder(input_tensor[i], encoder_hidden)
37
38          decoder_hidden = encoder_hidden # context vector
39          decoder_input = \
40              torch.tensor([[SOS_token]], device=DEVICE)    # [1, 1]
41          use_teacher_forcing = \
42            True if random.random() < self.teacher_forcing_ratio else False
43
44          loss = 0.0
45          decoded_words = []
46          target_length = \
47              MAX_LENGTH if target_tensor is None else target_tensor.size(0)
48          for i in range(target_length):
49              decoder_output, decoder_hidden = \
50                  self.decoder(decoder_input, decoder_hidden)
51
```

```
52              if target_tensor is not None:              # train
53                  loss += self.loss_fn(decoder_output,
54                                      target_tensor[i])
55                  if use_teacher_forcing:
56                      decoder_input = target_tensor[i]
57                  else:
58                      topv, topk = decoder_output.topk(1)
59                      decoder_input = topk.detach()    # [1, 1]
60                      if decoder_input.item() == EOS_token:
61                          break
62              else:                                        # eval
63                  topv, topk = decoder_output.data.topk(1)
64                  if topk.item() == EOS_token:
65                      decoded_words.append('<EOS>')
66                      break
67                  else:
68                      decoded_words.append(output_lang.index2word[topk.item()])
69                      decoder_input = topk.squeeze().detach()
70
71          return decoded_words if target_tensor is None else loss
72 #6
73 def trainIters(model, n_iters,
74                learning_rate = 0.001, print_every = 5000):
75     model.train()
76     optimizer = \
77         optim.Adam(model.parameters(), lr = learning_rate)    # SGD
78
79     # random sampling of training data from pairs
80     training_pairs = \
81     [tensorsFromPair(random.choice(pairs))  for i in range(n_iters)]
82     print("len(training_pairs) = ", len(training_pairs))
83
84     losses = []
85     loss_total = 0
86     for i in range(1, n_iters+1):
87         input_tensor, target_tensor = training_pairs[i - 1]
88
89         loss = model(input_tensor, target_tensor)
90
91         optimizer.zero_grad()
92         loss.backward()
93         optimizer.step()
94
95         loss_total += loss.item() / target_tensor.size(0)
96
```

```
 97             if i % print_every  == 0:
 98                 loss_avg = loss_total / print_every
 99                 losses.append(loss_avg)
100                 loss_total = 0
101                 print(f"i ={i}: loss_avg={loss_avg:.4f}")
102 #7
103 def evaluate(model, sentence, max_length = MAX_LENGTH):
104     model.eval()
105     with torch.no_grad():
106         input_tensor = tensorFromSentence(input_lang, sentence)
107         decoded_words = model(input_tensor)
108         return decoded_words
109 #8
110 def evaluateRandomly(model, n = 5):
111     for i in range(n):
112         pair = random.choice(pairs)
113         print('>', pair[0])                # Truth, eng
114         print('=', pair[1])                # Truth, kor
115         output_words = evaluate(model, pair[0])
116         output_sentence = ' '.join(output_words)
117         print('<', output_sentence)        # predicted, kor
118         print('')
119 #9
120 encoder = EncoderRNN(input_lang.n_words)
121 decoder = DecoderRNN(output_lang.n_words)
122 loss_fn = nn.NLLLoss()              # negative log likelihood loss
123 model = Seq2Seq(encoder, decoder, loss_fn).to(DEVICE)
124 trainIters(model, 100000)
125
126 #10
127 evaluateRandomly(model)
128
129 s = "don't go there"
130 print('=', s)
131 output_words = evaluate(model, s)
132 output_sentence = ' '.join(output_words)
133 print('<', output_sentence)
```

▷▷ 실행결과

```
RNN_TYPE = "LSTM"
Reading lines...
Read 5749 sentence pairs
Trimmed to 5433 sentence pairs
Counting words...
Counted words:
```

```
eng 2975
kor 7149
len(training_pairs) =  100000
i =5000: loss_avg=5.2364
...
i =100000: loss_avg=0.8086
> no one was excluded
= 아무도 소외되지 않았어
< 아무도 소외되지 않았어 <EOS>

> tom had to rent a car
= 톰은 차를 빌려야 했다
< 톰은 차를 빌려야 했다 <EOS>

> they quarreled
= 그사람들 싸웠어
< 그사람들 싸웠어 <EOS>

> tom wanted this
= 톰이 이것을 원한다
< 톰이 바라던 바다 <EOS>

> tom won't be bored
= 톰은 지루해하지 않을 거야
< 톰은 지루해하지 않을 거야 <EOS>

= don't go there
< 거기 가지 마세요 <EOS>
```

▷▷▷ 프로그램 설명

1 #1의 데이터 읽기, #2의 텐서 변환, #3의 EncoderRNN, #4의 DecoderRNN는 [예제 57-01]과 같다.

2 #5는 encoder, decoder를 이용하여 Seq2Seq을 정의한다. forward() 메서드는 target_tensor = None이면 평가 모드이고, None이 아니면 학습을 위해 [예제 57-01]의 train() 함수를 구현한다.

3 #6의 trainIters() 함수는 model.train() 모드에서 n_iters 반복하며 model을 학습한다.

4 #7의 evaluate() 함수는 model.eval() 모드에서 학습된 model로 sentence 문장을 decoded_words에 번역한다.

5 #9는 encoder, decoder, loss_fn를 생성하고, Seq2Seq(encoder, decoder, loss_fn)로 model을 생성한다. trainIters(model, 100000)로 학습한다.

6 #10은 evaluateRandomly(model)는 n개의 문장을 랜덤 샘플링하여 번역한다. s = "don't go there" 문장을 output_sentence에 번역한다.

# STEP 58 〈 Seq2Seq: AttnDecoderRNN 〉

STEP 57의 디코더는 인코더의 고정크기 컨텍스트 벡터 <sup>context vector</sup>만을 사용하여
다음에 나올 토큰(단어)을 디코딩한다. AttnDecoderRNN 디코더는 다음 단어를 예측
할 때 인코더의 각 단어를 처리한 상태의 가중치를 계산하여 활용한다. MAX_LENGTH
길이의 디코더 순환(MAX_LENGTH = 10)에서 인코더의 MAX_LENGTH 길이의 각 순환의
출력을 이용할 수 있도록 한다([그림 58.1]).

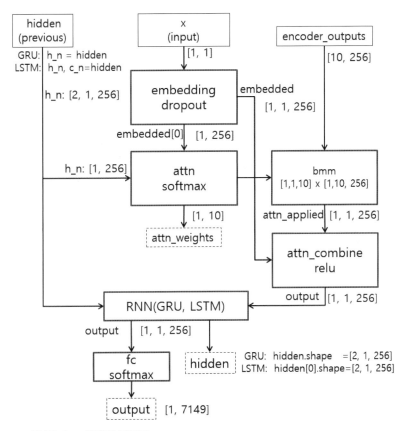

△ 그림 58.1 ▶ 어텐션 디코더:
AttnDecoderRNN (MAX_LENGTH = 10, hidden_dim = 256,
n_layers = 2, output_lang.n_words = 7149)

디코더 입력(x)의 임베딩 벡터와 디코더의 이전 previous 은닉상태 hidden를 연결하고, 완전 연결 층 attn에 입력하여 최대 단어길이(MAX_LENGTH = 10)의 어텐션 가중치 attn_weights를 계산한다. attn_weights와 인코더의 각 단계의 출력을 저장한 encoder_outputs와 배치 행렬 곱셈(bmm)으로 attn_applied를 계산한다. x의 임베딩 벡터와 attn_applied를 연결하고, attn_combine 층에 입력하여 MAX_LENGTH의 어텐션이 반영된 벡터 attn_x를 계산한다. rnn(attn_x, hidden)을 적용하여 output과 hidden을 계산한다. 출력에 softmax(self.fc(output[0]))을 적용하여 output.shape = [1, 7149]의 최종출력을 계산한다. 7149는 데이터셋에서 번역 목표언어인 한국어(kor)의 단어 수 (output_lang.n_words)이다. AttnDecoderRNN은 output, hidden, attn_weights를 반환 한다. RNN = LSTM이면 hidden은 (h_n, c_n)의 튜플이다.

▷ 예제 58-01  ▶ EncoderRNN, AttnDecoderRNN: 영한 번역

```
01  '''
02  ref1: https://pytorch.org/tutorials/intermediate/seq2seq_translation_
03  tutorial.html
04  ref2: https://www.manythings.org/anki/   # Tab-delimited Bilingual
05  Sentence Pairs, kor-eng.zip
06  '''
07  import torch
08  import torch.nn as nn
09  from   torch import optim
10  import torch.nn.functional as F
11  import random
12  import re
13  DEVICE = torch.device("cuda" if torch.cuda.is_available() else "cpu")
14
15  #1, #2, #3: [예제 57-01] 참조
16  #4
17  class AttnDecoderRNN(nn.Module):
18      def __init__(self, n_words, hidden_dim = 256, n_layers = 2,
19                  dropout = 0.25, max_length = MAX_LENGTH):
20          super(AttnDecoderRNN, self).__init__()
21          self.n_words    = n_words
22          self.hidden_dim = hidden_dim
23          self.n_layers   = n_layers
24
25          self.embedding = nn.Embedding(n_words, hidden_dim)
26          self.attn = nn.Linear(hidden_dim * 2, max_length)
27
```

```
28        self.attn_combine = nn.Linear(hidden_dim * 2, hidden_dim)
29        self.dropout = nn.Dropout(dropout)
30
31        if RNN_TYPE == "GRU":
32            self.rnn = nn.GRU(hidden_dim, hidden_dim, n_layers,
33                              dropout = dropout, batch_first = True)
34        elif RNN_TYPE == "LSTM":
35            self.rnn = nn.LSTM(hidden_dim, hidden_dim, n_layers,
36                               dropout = dropout, batch_first = True)
37        else:
38            raise ValueError("RNN_TYPE: 'GRU' or 'LSTM' ")
39
40        self.fc = nn.Linear(hidden_dim, n_words)
41        self.softmax = nn.LogSoftmax(dim = 1)
42
43    def forward(self, x, hidden, encoder_outputs):
44        #print("1: x.shape=", x.shape)          # [1, 1]
45        #print("2: encoder_outputs.shape=",
46        #       encoder_outputs.shape)          # [10, 256]
47        embedded = self.embedding(x).view(1, 1, -1)
48        embedded = self.dropout(embedded)
49        #print("3: embedded.shape=", embedded.shape) # [1, 1, 256]
50
51        if RNN_TYPE == "GRU":                    # h_n = hidden
52            h_n = hidden[self.n_layers - 1]
53        elif RNN_TYPE == "LSTM":                 # h_n, c_n = hidden
54            h_n = hidden[0][self.n_layers - 1]
55        else:
56            raise ValueError("RNN_TYPE: 'GRU' or 'LSTM' ")
57        #print("4: h_n.shape=", h_n.shape)   # [1, hidden_dim]
58
59        attn_weights = F.softmax(
60            self.attn(torch.cat((embedded[0], h_n), 1)), dim = 1)
61        #print("5: attn_weights.shape=",
62        #        attn_weights.shape)             # [1, maxlength = 10]
63
64        #batch mat prod[1, 1, 10]x[1, 10, 256]
65        attn_applied = torch.bmm(attn_weights.unsqueeze(0),
66                                 encoder_outputs.unsqueeze(0))
67        #print("6: attn_applied.shape=",
68        #       attn_applied.shape)              # [1, 1, 256]
69
70        output = torch.cat((embedded[0], attn_applied[0]), 1)
71        attn_x = self.attn_combine(output).unsqueeze(0)
72        #print("7: attn_x.shape=", attn_x.shape) # [1, 1, 256]
73
```

```
74          attn_x = F.relu(attn_x)
75          output, hidden = self.rnn(attn_x, hidden)
76          #print("8: output.shape=", output.shape)     # [1, 1, 256]
77
78          #output = F.log_softmax(self.fc(output[0]), dim=1)
79          output = self.softmax(self.fc(output[0]))    # [1, 7149]
80          return output, hidden, attn_weights
81  #5
82  def train(input_tensor, target_tensor, encoder, decoder,
83            encoder_optimizer, decoder_optimizer, loss_fn,
84            teacher_forcing_ratio = 0.5,max_length = MAX_LENGTH):
85
86      #5-1: initialize
87      encoder_hidden = encoder.initHidden()
88      encoder_optimizer.zero_grad()
89      decoder_optimizer.zero_grad()
90
91      input_length  = input_tensor.size(0)
92      target_length = target_tensor.size(0)
93      encoder_outputs = \
94          torch.zeros(max_length, encoder.hidden_dim, device = DEVICE)
95
96      #5-2: feed input_tensor into encoder
97      for i in range(input_length):
98          encoder_output, encoder_hidden = \
99                  encoder(input_tensor[i], encoder_hidden)
100         encoder_outputs[i] = encoder_output[0, 0]
101     #print("encoder_outputs.shape=",
102           encoder_outputs.shape)                # [10, 256]
103
104     #5-3:
105     decoder_hidden = encoder_hidden               # context vector
106     decoder_input = \
107         torch.tensor([[SOS_token]], device = DEVICE)    # [1, 1]
108     use_teacher_forcing = \
109         True if random.random() < teacher_forcing_ratio else False
110
111     loss = 0.0
112     for i in range(target_length):
113         decoder_output, decoder_hidden, decoder_attention = \
114                 decoder(decoder_input, decoder_hidden,
115                         encoder_outputs)
116         loss += loss_fn(decoder_output, target_tensor[i])
117         #print("decoder_output.shape=",
118         #      decoder_output.shape)              # [1, 7149]
```

```
119            #print("decoder_attention.shape=",
120            #         decoder_attention.shape)          # [1, 10]
121
122            if use_teacher_forcing:
123                decoder_input = target_tensor[i]
124            else:
125                topv, topk = decoder_output.topk(1)
126                decoder_input = topk.detach()          # [1, 1]
127                if decoder_input.item() == EOS_token:
128                    break
129        #5-4:
130        loss.backward()
131        encoder_optimizer.step()
132        decoder_optimizer.step()
133        return loss.item()/target_length
134 #6
135 def trainIters(encoder, decoder, n_iters,
136                learning_rate = 0.01, print_every = 5000):
137     encoder_optimizer = \
138         optim.SGD(encoder.parameters(), lr = learning_rate)
139     decoder_optimizer = \
140         optim.SGD(decoder.parameters(), lr = learning_rate)
141
142     # random sampling of training data from pairs
143     training_pairs = \
144         [tensorsFromPair(random.choice(pairs)) for i in range(n_iters)]
145     print("len(training_pairs) = ", len(training_pairs))
146
147     loss_fn = nn.NLLLoss()          # negative log likelihood loss
148
149     losses = []
150     loss_total = 0
151     for i in range(1, n_iters+1):
152         input_tensor, target_tensor= training_pairs[i-1]
153
154         loss = \
155             train(input_tensor, target_tensor, encoder, decoder,
156                   encoder_optimizer, decoder_optimizer, loss_fn)
157         loss_total += loss
158
159         if i % print_every == 0:
160             loss_avg = loss_total/print_every
161             losses.append(loss_avg)
162             loss_total = 0
163
164             print(f"i ={i}: loss_avg={loss_avg:.4f}")
```

```
165 #7
166 def evaluate(encoder, decoder, sentence, max_length = MAX_LENGTH):
167     with torch.no_grad():
168         #7-1
169         input_tensor = tensorFromSentence(input_lang, sentence)
170         input_length = input_tensor.size()[0]
171
172         #7-2
173         encoder_hidden = encoder.initHidden()
174         encoder_outputs = \
175             torch.zeros(max_length, encoder.hidden_dim,
176                     device = DEVICE)
177         for i in range(input_length):
178             encoder_output, encoder_hidden = \
179                 encoder(input_tensor[i], encoder_hidden)
180             encoder_outputs[i] += encoder_output[0, 0]
181
182         #7-3
183         decoder_hidden = encoder_hidden      # context vector
184         decoder_input = \
185             torch.tensor([[SOS_token]], device = DEVICE)
186
187         decoded_words = []
188         for i in range(max_length):
189             decoder_output, decoder_hidden, decoder_attention = \
190                     decoder(decoder_input,
191                             decoder_hidden,
192                             encoder_outputs)
193             #print("decoder_attention.shape=",
194             #decoder_attention.shape)          # [1, 10]
195
196             topv, topk = decoder_output.data.topk(1)
197             if topk.item() == EOS_token:
198                 decoded_words.append('<EOS>')
199                 break
200             else:
201                 decoded_words.append(output_lang.index2word[topk.item()])
202             decoder_input = topk.squeeze().detach()
203
204         return decoded_words
205 #8
206 def evaluateRandomly(encoder, decoder, n = 5):
207     for i in range(n):
208         pair = random.choice(pairs)
209         print('>', pair[0])
```

```
210             print('=', pair[1])
211             output_words = evaluate(encoder, decoder, pair[0])
212             output_sentence = ' '.join(output_words)
213             print('<', output_sentence)
214             print('')
215  #9
216  encoder = EncoderRNN(input_lang.n_words).to(DEVICE)
217  decoder = AttnDecoderRNN(output_lang.n_words).to(DEVICE)
218  trainIters(encoder, decoder, 100000)
219
220  #10
221  evaluateRandomly(encoder, decoder)
222
223  s = "don't go there"
224  print('=', s)
225  output_words = evaluate(encoder, decoder, s)
226  output_sentence = ' '.join(output_words)
227  print('<', output_sentence)
```

▷▷ 실행결과

```
Reading lines...
Read 5749 sentence pairs
Trimmed to 5433 sentence pairs
Counting words...
Counted words:
eng 2975
kor 7149
len(training_pairs) =  100000
i =5000: loss_avg=5.0759
...
i =100000: loss_avg=0.5553
> the temperature is rising
= 온도가 올라가고 있다
< 온도가 올라가고 있다 <EOS>

> wait here
= 여기서 기다려
< 여기서 기다려 <EOS>

> mr jackson is our science teacher
= 잭슨씨는 우리의 과학 선생님이야
< 잭슨씨는 우리의 과학 선생님이야 <EOS>

> we're always in some kind of danger
```

```
= 우리는 항상 어떠한 위험 속에 처해 있다
< 우리는 항상 어떠한 위험 속에 처해 있다 <EOS>

> it was a traumatic experience
= 이건 충격적인 경험이었어
< 이건 충격적인 경험이었어 <EOS>
= don't go there
< 거기 가지 마 <EOS>
```

### ▷▷▷ 프로그램 설명

**1** #1의 데이터 읽기, #2의 텐서 변환, #3의 EncoderRNN는 [예제 57-01]과 같다.

**2** #4는 [그림 58.1]의 AttnDecoderRNN을 구현한다. 입력(x)의 임베딩 벡터와 디코더의 이전 previous 은닉상태 hidden를 연결하고, 완전 연결 층 attn에 입력하여 최대 단어길이 (MAX_LENGTH = 10)의 어텐션 가중치(attn_weights)를 계산한다. attn_weights와 인코더의 각 단계의 출력을 저장한 encoder_outputs와 배치 행렬 곱셈(bmm)으로 attn_applied를 계산한다. x의 임베딩 벡터와 attn_applied를 연결하고, attn_combine 층에 입력하여 MAX_LENGTH의 어텐션이 반영된 벡터 attn_x를 계산한다. rnn(attn_x, hidden)을 적용하여 output과 hidden을 계산한다. 출력에 softmax(self.fc(output[0]))을 적용하여 output.shape = [1, 7149]의 최종출력을 계산한다. AttnDecoderRNN은 output, hidden, attn_weights를 반환한다. RNN = LSTM이면 hidden은 (h_n, c_n)의 튜플이다.

**3** #5의 train() 함수는 [예제 57-01]과 유사하지만, encoder의 출력을 encoder_outputs에 저장하고, decoder(decoder_input, decoder_hidden, encoder_outputs)로 디코더에 전달하여 어텐션 계산에 사용한다. decoder_attention.shape = [1, 10]이다.

**4** #6의 trainIters() 함수는 [예제 57-01]과 같다. training_pairs의 샘플 데이터에 대하여 n_iters 반복하며 encoder, decoder를 학습한다.

**5** #7의 evaluate() 함수는 학습된encoder, decoder로 sentence 문장을 decoded_words에 번역한다.

**6** #9는 EncoderRNN(input_lang.n_words)로 encoder를 생성하고, AttnDecoderRNN(output_lang.n_words)로 decoder를 생성한다. trainIters(encoder, decoder, 100000)로 학습한다.

### ▷ 예제 58-02 ▶ Seq2Seq(EncoderRNN, AttnDecoderRNN): 영한 번역

```
01  '''
02  ref1: https://pytorch.org/tutorials/intermediate/seq2seq_
03  translation_tutorial.html
04  ref2: https://www.manythings.org/anki/  # Tab-delimited Bilingual
05  Sentence Pairs, kor-eng.zip
06  '''
```

```
07  import torch
08  import torch.nn as nn
09  from   torch import optim
10  import torch.nn.functional as F
11  import random
12  import re
13  DEVICE = torch.device("cuda" if torch.cuda.is_available() else "cpu")
14
15  #1, #2, #3, #4: [예제 58-01] 참조
16  RNN_TYPE = "GRU"
17  #5
18  class Seq2Seq(nn.Module):
19      def __init__(self, encoder, decoder, loss_fn,
20                   teacher_forcing_ratio = 0.5,
21                   max_length = MAX_LENGTH):
22          super().__init__()
23          self.encoder = encoder
24          self.decoder = decoder
25          self.loss_fn = loss_fn
26          self.max_length = max_length
27          self.teacher_forcing_ratio = teacher_forcing_ratio
28
29      def forward(self, input_tensor,
30                  target_tensor = None): # in eval, target_tensor = None
31
32          encoder_hidden = self.encoder.initHidden()
33          input_length  = input_tensor.size(0)
34          encoder_outputs = \
35              torch.zeros(self.max_length,
36                          encoder.hidden_dim, device = DEVICE)
37          for i in range(input_length):
38              encoder_output, encoder_hidden = \
39                  self.encoder(input_tensor[i], encoder_hidden)
40              encoder_outputs[i] = encoder_output[0, 0]
41
42          decoder_hidden = encoder_hidden     # context vector
43          decoder_input = \
44              torch.tensor([[SOS_token]], device = DEVICE)  # [1, 1]
45          use_teacher_forcing = \
46              True if random.random() < self.teacher_forcing_ratio else False
47
48          loss = 0.0
49          decoded_words = []
50          target_length = \
51              MAX_LENGTH if target_tensor is None else target_tensor.size(0)
```

```
52              for i in range(target_length):
53                  decoder_output, decoder_hidden, decoder_attention = \
54                      decoder(decoder_input, decoder_hidden,
55                              encoder_outputs )
56                  if target_tensor is not None:                # train
57                      loss += self.loss_fn(decoder_output,
58                                           target_tensor[i])
59                      if use_teacher_forcing:
60                          decoder_input = target_tensor[i]
61                      else:
62                          topv, topk = decoder_output.topk(1)
63                          decoder_input = topk.detach()        # [1, 1]
64                          if decoder_input.item() == EOS_token:
65                              break
66                  else:                                        # eval
67                      topv, topk = decoder_output.data.topk(1)
68                      if topk.item() == EOS_token:
69                          decoded_words.append('<EOS>')
70                          break
71                      else:
72                          decoded_words.append(output_lang.index2word[topk.item()])
73                          decoder_input = topk.squeeze().detach()
74
75          return decoded_words if target_tensor is None else loss
76  #6
77  def trainIters(model, n_iters, learning_rate = 0.001,
78                 print_every = 5000):
79      model.train()
80      optimizer = \
81          optim.Adam(model.parameters(), lr = learning_rate)   # SGD
82
83      # random sampling of training data from pairs
84      training_pairs = \
85          [tensorsFromPair(random.choice(pairs)) for i in range(n_iters)]
86      print("len(training_pairs) = ", len(training_pairs))
87
88      losses = []
89      loss_total = 0
90      for i in range(1, n_iters+1):
91          input_tensor, target_tensor = training_pairs[i - 1]
92          loss = model(input_tensor, target_tensor)
93          optimizer.zero_grad()
94          loss.backward()
95          optimizer.step()
96
```

```
 97              loss_total += loss.item() / target_tensor.size(0)
 98              if i % print_every == 0:
 99                  loss_avg = loss_total / print_every
100                  losses.append(loss_avg)
101                  loss_total = 0
102                  print(f"i ={i}: loss_avg={loss_avg:.4f}")
103  #7
104  def evaluate(model, sentence, max_length = MAX_LENGTH):
105      model.eval()
106      with torch.no_grad():
107          input_tensor = tensorFromSentence(input_lang, sentence)
108          decoded_words = model(input_tensor)
109          return decoded_words
110  #8
111  def evaluateRandomly(model, n = 5):
112      for i in range(n):
113          pair = random.choice(pairs)
114          print('>', pair[0])            # Truth, eng
115          print('=', pair[1])            # Truth, kor
116          output_words = evaluate(model, pair[0])
117          output_sentence = ' '.join(output_words)
118          print('<', output_sentence)    # predicted, kor
119          print('')
120  #9
121  encoder = EncoderRNN(input_lang.n_words)
122  decoder = AttnDecoderRNN(output_lang.n_words)
123  loss_fn = nn.NLLLoss()                 # negative log likelihood loss
124  model = Seq2Seq(encoder, decoder, loss_fn).to(DEVICE)
125  trainIters(model, 100000)
126
127  #10
128  evaluateRandomly(model)
129  s = "don't go there"
130  print('=', s)
131  output_words = evaluate(model, s)
132  output_sentence = ' '.join(output_words)
133  print('<', output_sentence)
```

▷▷ 실행결과

```
Reading lines...
Read 5749 sentence pairs
Trimmed to 5433 sentence pairs
Counting words...
Counted words:
eng 2975
```

```
kor 7149
len(training_pairs) =  100000
i =5000: loss_avg=5.2894
...
i =100000: loss_avg=1.6857
> i wish you happiness
= 행복을 빈다
< 행복을 빈다 <EOS>

> whose pencil is this
= 이 연필 누구 거야
< 이 연필 누구 거야 <EOS>

> many people were very angry about that
= 그 일에 대해 많은 사람들이 몹시 화를 냈다
< 그 일에 대해 많은 몹시 몹시 몹시 몹시 몹시 몹시

> i wanted to speak with tom
= 톰이랑 대화하고 싶었어
< 톰이랑 얘기하고 싶었어 싶었어 <EOS>

> two beers please
= 맥주 두 잔 주세요
< 맥주 두 낫다 <EOS>

= don't go there
< 거기 가지 마 <EOS>
```

▷▷▷ 프로그램 설명

**1** #1의 데이터 읽기, #2의 텐서 변환, #3의 EncoderRNN, #4의 AttnDecoderRNN는 [예제 58-01]과 같다.

**2** #5는 encoder, decoder를 이용하여 Seq2Seq을 정의한다. forward() 메서드는 target_tensor = None이면 평가 모드이고, None이 아니면 학습을 위해 [예제 58-01]의 train() 함수를 구현한다.

**3** #6의 trainIters() 함수는 model.train() 모드에서 n_iters 반복하며 model을 학습한다.

**4** #7의 evaluate() 함수는  model.eval() 모드에서 학습된 model로 sentence 문장을 decoded_words에 번역한다.

**5** #9는 EncoderRNN의 encoder와 AttnDecoderRNN의 decoder, loss_fn를 생성하고, Seq2Seq(encoder, decoder, loss_fn)로 model을 생성한다. trainIters(model, 100000)로 학습한다.

**6** #10은 evaluateRandomly(model)는 n개의 문장을 랜덤 샘플링하여 번역한다. s = "don't go there"문장을 output_sentence에 번역한다.

# Self-Attention · MultiheadAttention

STEP 58의 어텐션 attention은 입력 소스 시퀀스 source sequence와 목표 시퀀스 target sequence 사이의 어텐션(가중치)을 계산하고, 인코더의 정보인 어텐션을 디코더에 전달한다.

셀프 어텐션 self attention은 입력 시퀀스의 토큰들 사이에 어텐션을 계산한다. 셀프 어텐션은 같은 임베딩 벡터로부터 쿼리(Q, query), 키(K, key), 값(V, value)을 계산한다. Q와 K 사이의 유사도를 계산하는 방법에 따라 내적 dot-product attention, 스케일 내적 scaled dot-product attention, 멀티헤드 Multi-head attention, 위치 local attention, 덧셈 additive attention 등 다양한 셀프 어텐션이 있다. 인코더와 디코더 내에서 셀프 어텐션을 구현할 수 있다.

[그림 59.1]은 "Attention Is All You Need, 2017" 논문의 셀프 어텐션이다. [수식 59.1]은 스케일 내적 어텐션 scaled dot-product attention이다. Q, K, V는 모두 벡터이고, Q, K의 차원은 $d_k$이고, V는 $d_v$이다. Q와 K의 내적으로 유사도를 계산하고, $\sqrt{d_k}$로 스케일링하고, 소프트 맥스를 적용하여 어텐션(가중치)을 계산하고, V에 곱하여 K와 관련된 값(V)을 재조정 re-weight한다. 어텐션은 학습을 통해 계산된다.

$$Attention(Q, K, V) = softmax\left(\frac{QK^T}{\sqrt{d_k}}\right)V \qquad \triangleleft \text{수식 59.1}$$

[수식 59.2]는 멀티헤드 어텐션 multi-head attention 함수이다. $d_{model}$ 차원의 Q, K, V로 한 번에 어텐션을 계산하는 대신에 Q, K, V를 h번 $d_k$, $d_k$, $d_v$ 차원으로 선형 투영 projection 하여 계산한 h개의 $d_v$ 차원의 출력을 연결하여, 선형변환으로 최종출력을 계산한다. 논문에서는 $h = 8, d_k = d_v = d_{model} / h = 64$을 사용한다.

$$MltiHead(Q, K, V) = Concat(head_1, ..., head_h)W^O \qquad \triangleleft \text{수식 59.2}$$

$$where \; head_i = Attention(QW_i^Q, KW_i^K, VW_i^V)$$

$$W_i^Q \in R^{d_{model} \times d_k}, \; W_i^K \in R^{d_{model} \times d_k}, \; W_i^V \in R^{d_{model} \times d_v}, \; W^O \in R^{hd_v \times d_{model}}$$

**Scaled Dot-Product Attention**

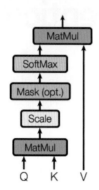

**Multi-Head Attention**

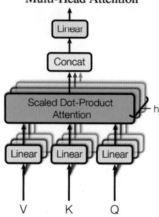

△ 그림 59.1 ▶ Scaled Dot-Ptoduct Attention, Multi-Head Attention
[Vaswani, Attention Is All You Need, 2017,
https://arxiv.org/pdf/1706.03762.pdf]

▷ 예제 59-01 ▶ scaled_dot_product_attention: without batch

```
01  '''
02  ref1:https://github.com/feather-ai/transformers-tutorial/blob/main/
03  examples/self_attention.py
04  ref2: https://www.tensorflow.org/text/tutorials/transformer?hl=ko
05  '''
06  import torch
07  import torch.nn as nn
08  import torch.nn.functional as F
09  torch.set_printoptions(sci_mode = False, precision = 1)
10  #1
11  def scaled_dot_product_attention(q, k, v):      # without batch
12      dk = k.size()[-1]                           # 3, q.size()[-1]
13      qk = torch.matmul(q, k.T)
14      score = qk / (dk ** 0.5)
15      atten = F.softmax(score, dim = -1)
16      out = torch.matmul(atten, V)
17      return out, atten
18  #2
19  K = torch.Tensor([[10, 0, 0],
20                    [ 0,10, 0],
21                    [ 0, 0,10],
22                    [10, 0,10]])                  # (4, 3)
```

```
23  V = torch.Tensor([[    1, 1],
24                     [   10, 2],
25                     [  100, 3],
26                     [1000, 4]])           # (4, 2)
27  #2-1
28  Q = torch.Tensor([[0, 10, 0]])          # (1, 3)
29  out, attn = scaled_dot_product_attention(Q, K, V)
30  print('out=', out)
31  print('attn=', attn)
32
33  #2-2
34  Q = torch.Tensor([[10, 0, 10]])         # (1, 3)
35  out2, attn2 = scaled_dot_product_attention(Q, K, V)
36  print('out2=', out2)
37  print('attn2=', attn2)
38
39  #2-3
40  Q = torch.Tensor([[0, 0, 10]])          # (1, 3)
41  out3, attn3 = scaled_dot_product_attention(Q, K, V)
42  print('out3=', out3)
43  print('attn3=', attn3)
44
45  #2-4
46  Q = torch.Tensor([[ 0, 10,  0],
47                    [10,  0, 10],
48                    [ 0,  0, 10]])         # (3, 3)
49  out4, attn4 = scaled_dot_product_attention(Q, K, V)
50  print('out4=', out4)
51  print('attn4=', attn4)
```

▷▷ 실행결과

```
#2-1
out= tensor([[10.,  2.]])
attn= tensor([[   0.0,    1.0,    0.0,    0.0]])


#2-2
out2= tensor([[1000.,    4.]])
attn2= tensor([[   0.0,    0.0,    0.0,    1.0]])


#2-3
out3= tensor([[550.0,    3.5]])
attn3= tensor([[   0.0,    0.0,    0.5,    0.5]])
```

```
#2-4
out4= tensor([[  10.0,     2.0],
              [1000.0,     4.0],
              [ 550.0,     3.5]])
attn4= tensor([[    0.0,      1.0,      0.0,      0.0],
               [    0.0,      0.0,      0.0,      1.0],
               [    0.0,      0.0,      0.5,      0.5]])
```

▷▷▷ 프로그램 설명

**1** 스케일 내적 어텐션을 이해하기 위한 예제이다(ref1). #1의 scaled_dot_product_attention(q, k, v)은 q, k, v를 이용한 스케일 내적 어텐션을 구현한다([그림 59.1]).

**2** #2는 seq_length = 4의 dk = 3의 K와 dv = 2인 V에서 각 Q에 대한 출력과 어텐션 가중치를 계산한다.

**3** #2-1은 Q = torch.Tensor([[0, 10, 0]])에 대한 스케일 내적 어텐션을 계산한다.

Q는 K[1]과 가장 큰 내적을 갖고 attn[0][1] = 1.0이다. V[1]에 의해 out = tensor([[10., 2.]])를 출력한다.

**4** #2-2의 Q = torch.Tensor([[10, 0, 10]])는 K[3]과 가장 큰 내적을 갖고 attn2[0][3] = 1.0이다. V[3]에 의해 out2 = tensor([[1000., 4.]])를 출력한다.

**5** #2-3의 Q = torch.Tensor([[0, 0, 10]])는 K[2]와 K[3]에서 내적이 같아서, attn3 = tensor([[   0.0,     0.0,     0.5,     0.5]])이다. V[2] * 0.5 + V[3] * 0.5인 out3 = tensor([[550.0,   3.5]])를 출력한다.

**6** #2-4는 #2-1, #2-2, #2-3을 한 번에 계산한다.

▷ 예제 59-02    ▶ SelfAttention: scaled_dot_product_attention

```
01  '''
02  ref:https://medium.com/@makeesyai/transformer-model-self-attention-
03  implementation-50e68cd4de39
04  '''
05  import torch
06  import torch.nn as nn
07  import torch.nn.functional as F
08  torch.set_printoptions(sci_mode = False, precision = 2)
09  #1
10  def scaled_dot_product_attention(q, k, v,
11                                       mask = None, dropout = 0.0):
12      dk = k.size()[-1]
13      # score = q.bmm(k.transpose(1, 2)) / (dk ** 0.5)
14      score = torch.matmul(q, k.transpose(-2, -1)) / (dk ** 0.5)
```

```
15      if mask is not None:
16          score = \
17              score.masked_fill(mask == 0, -1e9)   # masking 위치에 0
18      attn = F.softmax(score, dim = -1)
19      attn = F.dropout(attn, dropout)
20      out = torch.matmul(attn, v)                  # out = attn.bmm(v)
21      return out, attn
22  #2
23  class SelfAttention(nn.Module):
24      #2-1
25      def __init__(self, embed_dim,
26                   d_model = 3, dk = 3, init_weight = False):
27          super(SelfAttention, self).__init__()
28          self.q = nn.Linear(embed_dim, dk)
29          self.k = nn.Linear(embed_dim, dk)
30          self.v = nn.Linear(embed_dim, d_model)
31          if init_weight:
32              self.init_for_checking()            # ref
33      #2-2
34      def init_for_checking(self):
35              #ref: embed_dim = 4, dk = 3, d_model = 3
36          w_q = torch.tensor([[0, 0, 1],
37                              [1, 1, 0],
38                              [0, 1, 0],
39                              [1, 1, 0]], dtype = torch.float32)
40          w_k = torch.tensor([[1, 0, 1],
41                              [1, 0, 0],
42                              [0, 1, 0],
43                              [1, 0, 1]], dtype = torch.float32)
44          w_v = torch.tensor([[1, 0, 1],
45                              [1, 1, 0],
46                              [0, 1, 1],
47                              [0, 0, 1]], dtype = torch.float32)
48          self.q.bias   = nn.Parameter(torch.zeros_like(self.q.bias))
49          self.k.bias   = nn.Parameter(torch.zeros_like(self.k.bias))
50          self.v.bias   = nn.Parameter(torch.zeros_like(self.v.bias))
51          self.q.weight = nn.Parameter(w_q.t())
52          self.k.weight = nn.Parameter(w_k.t())
53          self.v.weight = nn.Parameter(w_v.t())
54      #2-3
55      def forward(self, x, mask = None):
56          q = self.q(x)
57          k = self.k(x)
58          v = self.v(x)
59          # print('q=', q)
```

```
60          # print('k=', k)
61          # print('v=', v)
62          out, attn = scaled_dot_product_attention(q, k, v, mask)
63          #out = F.scaled_dot_product_attention(q, k, v, mask)
64          return out, attn
65  #3:
66  if __name__ == '__main__':
67      #3-1: bs = 1, seq_length = 3, embed_dim = 4
68      # X = torch.randn(1, 3, 4)
69      X = torch.tensor([[[1, 0, 1, 0],
70                         [0, 2, 2, 2],
71                         [1, 1, 1, 1]]], dtype = torch.float32)
72      bs, seq_length, embed_dim = X.shape
73      print(f'batch_size={bs}, seq_length={seq_length},
74              embed_dim={embed_dim}')
75
76      #3-2: init_weight = True from ref
77      SA = SelfAttention(embed_dim = embed_dim,
78                         init_weight = True)    # d_model = 3, dk = 3
79      out, attn = SA(X)
80      print('out.shape=', out.shape)  # [bs, seq_length, d_model] =[1, 3, 3]
81      print('out=', out)
82      print('attn.shape=', attn.shape)
83                              # [bs, seq_length, seq_length] = [1, 3, 3]
84      print('attn=', attn)
85
86      #3-3: init_weight = False
87      SA = SelfAttention(embed_dim = embed_dim, d_model = 8, dk = 6)
88      out2, attn2 = SA(X)
89      print('out2.shape=', out2.shape)
90                              # [bs, seq_length, d_model] = [1, 3, 8]
91      print('attn2.shape=', attn2.shape)
92                              # [bs, seq_length, seq_length] = [1, 3, 3]
```

▷▷ 실행결과

```
batch_size=1, seq_length=3, embed_dim=4
out.shape= torch.Size([1, 3, 3])
out= tensor([[[1.83, 2.90, 3.36],
        [2.00, 3.99, 4.00],
        [2.00, 3.89, 3.94]]], grad_fn=<UnsafeViewBackward0>)
attn.shape= torch.Size([1, 3, 3])
attn= tensor([[[   0.17,    0.53,    0.30],
        [   0.00,    1.00,    0.00],
        [   0.00,    0.94,    0.05]]], grad_fn=<SoftmaxBackward0>)
out2.shape= torch.Size([1, 3, 8])
attn2.shape= torch.Size([1, 3, 3])
```

▷▷▷ 프로그램 설명

**1** 입력 X의 스케일 내적 셀프 어텐션을 계산한다.

**2** #1은 배치 크기, dropout, mask를 고려한 스케일 내적 어텐션을 계산한다. mask가 0인 위치의 스코어는 −1e9로 변경하여 softmax의 결과를 0으로 한다.

**3** #2의 SelfAttention은 같은 입력 X에 대해 nn.Linear()로 q, k, v를 생성하고, scaled_dot_product_attention(q, k, v, mask)로 출력(out)과 어텐션(attn)을 계산한다. dk는 쿼리(query)와 키(key)의 차원이다. d_model은 값(value)의 차원이고 어텐션의 출력 차원이다. init_weight = True이면 init_for_checking()을 호출하여 embed_dim = 4, dk = 3, d_model = 3에서 가중치와 바이어스를 초기화하여 계산과정을 확인한다[ref 참고].

**4** F.scaled_dot_product_attention(q, k, v, mask)은 출력만을 반환한다.

mask는 bool인 경우 False인 위치를 제외한다. 실수 mask인 경우 스코어에 덧셈한다(제거할 위치에 −float('inf')).

**5** #3-1은 bs = 1, seq_length = 3, embed_dim = 4의 임베딩 벡터(편의상 정수 사용) X를 생성한다.

**6** #3-2는 init_weight = True, embed_dim = 4, dk = 3, d_model = 3로 SA를 생성하여 X의 출력(out)과 어텐션(attn)을 계산한다[ref 참고]. out.shape = [bs, seq_length, d_model] = [1, 3, 3]이다. attn.shape = [bs, seq_length, seq_length] = [1, 3, 3]이다.

**7** #3-3은 init_weight = False, embed_dim = 4, d_model = 8, dk = 6로 X의 출력 (ou2t)과 어텐션(attn2)을 계산한다. out2.shape = [bs, seq_length, d_model] = [1, 3, 8]이다. attn2.shape = [bs, seq_length, seq_length] = [1, 3, 3]이다.

▷ 예제 59-03　▶ SelfAttention: pad_mask, subsequent_mask

```
01  '''
02  ref1: https://github.com/makeesyai/makeesy-deep-learning/blob/main/
03  self_attention/attn_mask_test.py
04  ref2: https://github.com/juditacs/snippets/blob/master/deep_
05  learning/masked_softmax.ipynb
06  '''
07  import torch
08  import torch.nn as nn
09  import torch.nn.functional as F
10  torch.set_printoptions(sci_mode = False, precision = 2)
11  torch.manual_seed(0)
12  DEVICE = 'cuda' if torch.cuda.is_available() else 'cpu'
13  #1
14  def scaled_dot_product_attention(q, k, v,
15                                   mask = None, dropout = 0.0):
16      dk = k.size()[-1]
```

```
17      # score = q.bmm(k.transpose(1, 2)) / (dk ** 0.5)
18      score = torch.matmul(q, k.transpose(-2, -1)) / (dk ** 0.5)
19      if mask is not None:
20          score = score.masked_fill(mask == 0, -float('inf'))   # -1e9
21      attn = F.softmax(score, dim = -1)
22      attn = F.dropout(attn, dropout)
23      out = torch.matmul(attn, v)        # out = attn.bmm(v)
24      return out, attn
25  #2
26  class SelfAttention(nn.Module):
27      #2-1
28      def __init__(self, embed_dim, d_model = 3, dk = 3):
29          super(SelfAttention, self).__init__()
30          self.q = nn.Linear(embed_dim, dk)
31          self.k = nn.Linear(embed_dim, dk)
32          self.v = nn.Linear(embed_dim, d_model)
33      #2-2
34      def forward(self, x, mask = None):
35          q = self.q(x)
36          k = self.k(x)
37          v = self.v(x)
38          out, attn = scaled_dot_product_attention(q, k, v, mask)
39
40          #mask = mask.masked_fill(mask == 0, value = -float('inf'))
41          #out2 = F.scaled_dot_product_attention(q, k, v, mask)
42          #print('torch.allclose(out, out2) =',
43          #        torch.allclose(out, out2))
44          return out, attn
45  #3:
46  PAD = 0
47  sentences = torch.tensor([ [1, 2, 0, 0, 0],        # seq0
48                             [1, 2, 3, 0, 0]])       # seq1
49  bs, seq_len = sentences.shape                      # [2, 5]
50
51  embedding = nn.Embedding(num_embeddings = 10, embedding_dim = 4)
52  X = embedding(sentences)
53  print('X.shape=', X.shape)                         # [2, 5, 4]
54  print('X=', X)
55
56  #4: padding mask
57  #4-1
58  bs, seq_len, embed_dim = X.shape
59  pad_mask = \
60      (sentences != PAD).type(torch.float).unsqueeze(-2)  # [2, 1, 5]
61  print('pad_mask.shape=', pad_mask.shape)
62  print('pad_mask=', pad_mask)
```

```
63  #4-2
64  SA = SelfAttention(embed_dim = 4)        # X.size(-1) = 4
65  out, attn = SA(X, pad_mask)
66  print('out.shape=', out.shape)
67  #print('out=', out)
68  print('attn.shape=', attn.shape)
69  print('attn=', attn)
70
71  #5: mask = subsequent_mask or pad_mask
72  #5-1
73  def generate_square_subsequent_mask(sz):
74      mask = \
75          torch.logical_not(torch.triu(torch.ones(sz, sz),
76                                  diagonal = 1).type(torch.bool))
77      # mask = \
78      #    (torch.triu(torch.ones((sz, sz))) == 1).transpose(0, 1).type(torch.int16)
79      return mask
80  subsequent_mask = generate_square_subsequent_mask(seq_len)
81  print('subsequent_mask.shape=', subsequent_mask.shape)
82  print('subsequent_mask=', subsequent_mask.int())
83
84  #5-2
85  pad_mask = pad_mask.type(torch.bool)
86  #mask = subsequent_mask | pad_mask
87  mask = torch.logical_or(subsequent_mask, pad_mask)
88                          # broadcast to [bs, seq_len, seq_len]
89  print('mask.shape=', mask.shape)
90  print('mask=', mask.int())
91
92  #5-3
93  out2, attn2 = SA(X, mask.float())
94  print('out2.shape=', out2.shape)
95  #print('out2=', out2)
96  print('attn2.shape=', attn2.shape)
97  print('attn2=', attn2)
```

▷▷ 실행결과

```
#3
X.shape= torch.Size([2, 5, 4])
X= tensor([[[ 0.85,  0.69, -0.32, -2.12], #1
            [ 0.32, -1.26,  0.35,  0.31],    #2
            [-1.13, -1.15, -0.25, -0.43],    #0
            [-1.13, -1.15, -0.25, -0.43],    #0
            [-1.13, -1.15, -0.25, -0.43]],   #0
```

```
          [[ 0.85,  0.69, -0.32, -2.12],    #1
           [ 0.32, -1.26,  0.35,  0.31],    #2
           [ 0.12,  1.24,  1.12, -0.25],    #3
           [-1.13, -1.15, -0.25, -0.43],    #0
           [-1.13, -1.15, -0.25, -0.43]],   #0
       grad_fn=<EmbeddingBackward0>)
#4-1
pad_mask.shape= torch.Size([2, 1, 5])
pad_mask= tensor([[[1., 1., 0., 0., 0.]],
                  [[1., 1., 1., 0., 0.]]])
#4-2
out.shape= torch.Size([2, 5, 3])
attn.shape= torch.Size([2, 5, 5])
attn= tensor([[[0.58, 0.42, 0.00, 0.00, 0.00],
               [0.48, 0.52, 0.00, 0.00, 0.00],
               [0.59, 0.41, 0.00, 0.00, 0.00],
               [0.59, 0.41, 0.00, 0.00, 0.00],
               [0.59, 0.41, 0.00, 0.00, 0.00]],

              [[0.35, 0.25, 0.40, 0.00, 0.00],
               [0.29, 0.31, 0.41, 0.00, 0.00],
               [0.57, 0.21, 0.22, 0.00, 0.00],
               [0.33, 0.23, 0.44, 0.00, 0.00],
               [0.33, 0.23, 0.44, 0.00, 0.00]]], grad_fn=<SoftmaxBackward0>)
#5-1
subsequent_mask.shape= torch.Size([5, 5])
subsequent_mask= tensor([[1, 0, 0, 0, 0],
                         [1, 1, 0, 0, 0],
                         [1, 1, 1, 0, 0],
                         [1, 1, 1, 1, 0],
                         [1, 1, 1, 1, 1]], dtype=torch.int32)
#5-2
mask.shape= torch.Size([2, 5, 5])
mask= tensor([[[1, 1, 0, 0, 0],
               [1, 1, 0, 0, 0],
               [1, 1, 1, 0, 0],
               [1, 1, 1, 1, 0],
               [1, 1, 1, 1, 1]],

              [[1, 1, 1, 0, 0],
               [1, 1, 1, 0, 0],
               [1, 1, 1, 0, 0],
               [1, 1, 1, 1, 0],
               [1, 1, 1, 1, 1]]], dtype=torch.int32)
```

```
#5-3
out2.shape= torch.Size([2, 5, 3])
attn2.shape= torch.Size([2, 5, 5])
attn2= tensor([[[0.58, 0.42, 0.00, 0.00, 0.00],
                [0.48, 0.52, 0.00, 0.00, 0.00],
                [0.43, 0.30, 0.27, 0.00, 0.00],
                [0.34, 0.23, 0.21, 0.21, 0.00],
                [0.28, 0.19, 0.18, 0.18, 0.18]],

               [[0.35, 0.25, 0.40, 0.00, 0.00],
                [0.29, 0.31, 0.41, 0.00, 0.00],
                [0.57, 0.21, 0.22, 0.00, 0.00],
                [0.27, 0.19, 0.37, 0.17, 0.00],
                [0.23, 0.16, 0.31, 0.15, 0.15]]], grad_fn=<SoftmaxBackward0>)
```

▷▷▷ 프로그램 설명

**1** 패딩된 토큰의 마스크(pad_mask)와 현재토큰을 예측할 때 시퀀스의 이전 토큰만 사용하고 이후 토큰은 마스크(subsequent_mask) 처리하여 스케일 내적 셀프 어텐션을 계산한다.

**2** #1의 scaled_dot_product_attention()은 mask에서 0인 위치는 어텐션 계산에서 제외한다. #2의 SelfAttention은 마스크 스케일 내적 어텐션을 계산한다. F.scaled_dot_product_attention()로 계산한 out2는 out과 같다.

**3** #3은 0으로 패딩된 sentences를 임베딩하여 X를 생성한다. 패딩은 배치 데이터를 처리할 때 서로 다른 토큰 길이를 갖는 데이터를 일정한 길이로 채운다. 패딩된 토큰은 어텐션 계산에 참여하지 않게 한다. sentences[0]은 2개의 토큰 [1, 2]에 3개의 0이 패딩되었다. sentences[1]은 3개의 토큰 [1, 2, 3]에 2개의 0이 패딩되었다. sentences를 embedding_dim = 4의 임베딩 벡터 X를 생성한다. X.shape = [2, 5, 4]이다.

**4** #4-1은 (sentences != PAD)로 pad_mask를 계산한다. PAD=0인 위치는 0, 아닌 위치는 1이다. pad_mask.shape = [2, 1, 5]이다.

**5** #4-2는 embed_dim = 4의 SA(X, pad_mask)로 출력(out)과 어텐션(attn)을 계산한다. attn[0]은 2개의 토큰의 어텐션만 계산한다. attn[1]은 3개 토큰의 어텐션만 계산한다.

**6** #5-1은 generate_square_subsequent_mask(seq_len)로 subsequent_mask를 생성한다. 첫 토큰은 처음 토큰만 사용하고([1, 0, 0, 0, 0]), 두 번째 토큰은 첫 번째, 두 번째 토큰을 사용하는 마스크 [1, 1, 0, 0, 0], 세 번째는 [1, 1, 1, 0, 0], 네 번째는 [1, 1, 1, 1, 0], 마지막 토큰의 마스크는 [1, 1, 1, 1, 1]이다.

**7** #5-2는 subsequent_mask와 pad_mask의 논리합으로 mask를 생성한다.

**8** #5-3은 SA(X, mask.float())로 출력(out)과 어텐션(attn)을 계산한다. mask에서 1인 위치에서만 어텐션을 계산한다.

▷ 예제 59-04  ▶ MultiHeadAttention 구현 1

```python
'''
#ref:https://medium.com/the-dl/transformers-from-scratch-in-pytorch-
8777e346ca51
'''
import torch
import torch.nn as nn
import torch.nn.functional as F
torch.manual_seed(0)
#1
def scaled_dot_product_attention(q, k, v, mask = None):
    dk = k.size()[-1]
    # score = q.bmm(k.transpose(1, 2))/(dk**0.5)
    score = torch.matmul(q, k.transpose(-2, -1))/(dk**0.5)
    if mask is not None:
        score = score.masked_fill(mask == 0, -float('inf'))   #-1e9
    attn = F.softmax(score, dim=-1)
    out = torch.matmul(attn, v) #out = attn.bmm(v)
    return out, attn
#2
#2-1
class AttentionHead(nn.Module):
    def __init__(self, d_model, dk, dv):
        super().__init__()
        self.q = nn.Linear(d_model, dk)
        self.k = nn.Linear(d_model, dk)
        self.v = nn.Linear(d_model, dv)

    def forward(self, query, key, value, mask = None):
        return scaled_dot_product_attention(
                self.q(query), self.k(key), self.v(value), mask)
#2-2
class MultiHeadAttention(nn.Module):
    def __init__(self, d_model,
                 nhead, dropout = 0.0):        # d_model = 64 * 8
        super().__init__()
        assert d_model % nhead == 0
        self.d_model = d_model
        self.nhead   = nhead
        dk = dv = d_model//nhead
        self.heads = \
            nn.ModuleList([AttentionHead(d_model,
                            dk, dv) for _ in range(nhead)])
        self.linear = nn.Linear(nhead*dv, d_model)
        self.dropout= nn.Dropout(dropout)
```

```
45      def forward(self, query, key, value, mask=None):
46          out_heads = []
47          attn_heads= []
48          for head in self.heads:
49              out, attn = head(query, key, value, mask)
50              out_heads.append(out)
51                      # out.shape = [bs, seq_len, d_model / nhead]
52              attn_heads.append(attn)
53                      # attn.shape = [bs, seq_len, seq_len]
54
55          outs = torch.cat(out_heads, -1)  # [bs, seq_len, d_model]
56          attns  = torch.stack(attn_heads).permute(1, 0, 2, 3)
57          projection = self.dropout(self.linear(outs))
58          return projection, attns
59  #3:
60  PAD = 0
61  sentences = torch.tensor([ [1, 2, 0, 0, 0],        # seq0
62                             [1, 2, 3, 0, 0]])        # seq1
63  bs, seq_len = sentences.shape                       # [2, 5]
64
65  embedding = nn.Embedding(num_embeddings = 10, embedding_dim = 8)
66  X = embedding(sentences)
67  print('X.shape=', X.shape)                          # [2, 5, 8]
68  # print('X=', X)
69
70  #4: padding mask
71  #4-1
72  bs, seq_len, embed_dim = X.shape
73  pad_mask = \
74      (sentences != PAD).type(torch.float).unsqueeze(1)  # [2, 1, 5]
75  print('pad_mask.shape=', pad_mask.shape)
76  print('pad_mask=', pad_mask)
77  #4-2
78  MHA = MultiHeadAttention(d_model = 8, nhead = 2)
79  out, attn = MHA(X, X, X, pad_mask)
80  print("out.shape=", out.shape)                      # [2, 5, 8]
81  # print("out=", out)
82  print("attn.shape=", attn.shape)                    # [2, 2, 5, 5]
83  print("attn=", attn)
```

▷▷ 실행결과

```
X.shape= torch.Size([2, 5, 8])
pad_mask.shape= torch.Size([2, 1, 5])
pad_mask= tensor([[[1., 1., 0., 0., 0.]],
                  [[1., 1., 1., 0., 0.]]])
```

```
out.shape= torch.Size([2, 5, 8])
attn.shape= torch.Size([2, 2, 5, 5])
attn= tensor([[[[0.5065, 0.4935, 0.0000, 0.0000, 0.0000],
                [0.6350, 0.3650, 0.0000, 0.0000, 0.0000],
                [0.3059, 0.6941, 0.0000, 0.0000, 0.0000],
                [0.3059, 0.6941, 0.0000, 0.0000, 0.0000],
                [0.3059, 0.6941, 0.0000, 0.0000, 0.0000]],

               [[0.4529, 0.5471, 0.0000, 0.0000, 0.0000],
                [0.4466, 0.5534, 0.0000, 0.0000, 0.0000],
                [0.4080, 0.5920, 0.0000, 0.0000, 0.0000],
                [0.4080, 0.5920, 0.0000, 0.0000, 0.0000],
                [0.4080, 0.5920, 0.0000, 0.0000, 0.0000]]],


              [[[0.3371, 0.3285, 0.3343, 0.0000, 0.0000],
                [0.4095, 0.2354, 0.3552, 0.0000, 0.0000],
                [0.2513, 0.4814, 0.2674, 0.0000, 0.0000],
                [0.2291, 0.5198, 0.2511, 0.0000, 0.0000],
                [0.2291, 0.5198, 0.2511, 0.0000, 0.0000]],

               [[0.3182, 0.3845, 0.2973, 0.0000, 0.0000],
                [0.2719, 0.3368, 0.3913, 0.0000, 0.0000],
                [0.2973, 0.4535, 0.2492, 0.0000, 0.0000],
                [0.2727, 0.3956, 0.3317, 0.0000, 0.0000],
                [0.2727, 0.3956, 0.3317, 0.0000, 0.0000]]]], grad_fn=<PermuteBackward0>)
```

▷▷▷ 프로그램 설명

**1** #1은 mask == 0을 마스킹하여 스케일 내적 어텐션을 계산한다.

**2** #2-1은 스케일 내적 어텐션을 이용한 AttentionHead, #2-2는 nhead개의 AttentionHead를 이용한 MultiHeadAttention을 구현한다(ref, [수식 59.2]).

nhead개의 어텐션 결과(out, attn)를 리스트(out_heads, attn_heads)에 모아서 outs, attns를 생성하고, outs는 선형 변환하여 projection을 생성한다. 출력 projection. shape = [bs, seq_len, d_model]이고, 어텐션 attn.shape = [bs, nhead, seq_len, seq_len]이다.

**3** #3은 PAD = 0으로 패딩된 sentences를 생성하고, embedding_dim = 8의 임베딩 벡터 X를 생성한다. X.shape = [2, 5, 8]이다.

**4** #4-1은 (sentences != PAD)로 pad_mask를 계산한다. PAD = 0인 위치는 0, 아닌 위치는 1이다. scaled_dot_product_attention()의 score.masked_fill(mask == 0, -1e9)에서 마스크 브로드캐스팅을 위해 pad_mask.shape = [2, 1, 5] 모양으로 변경한다.

**5** #4-2는 d_model = 8, nhead = 2의 MHA(X, X, X, pad_mask)로 멀티헤드 셀프 어텐션의 출력(out)과 어텐션(attn)을 계산한다. out.shape = [bs, seq_len, d_model]

= [2, 5, 8], attn.shape = [bs, nhead, seq_len, seq_len] = [2, 2, 5, 5]이다. 배치 0의 어텐션 attn[0]은 2개의 토큰에서만 계산된다. 배치 1의 어텐션 attn[1]은 3개 토큰에서만 있다.

▷ 예제 59-05　▶ MultiHeadAttention 구현 2

```
01  '''
02  #ref:https://github.com/feather-ai/transformers-tutorial/blob/main/
03  layers/mha.py
04  '''
05  import torch
06  import torch.nn as nn
07  import torch.nn.functional as F
08  torch.manual_seed(0)
09  #1:
10  class MultiHeadAttention(nn.Module):
11      def __init__(self, d_model = 4,
12                    nhead = 2, dropout = 0.0):  # d_model = embed_dim
13          super().__init__()
14          assert d_model % nhead == 0
15          dk = dv = d_model // nhead
16          self.d_model = d_model
17          self.nhead   = nhead
18
19          self.linear_Qs = \
20              nn.ModuleList([nn.Linear(d_model,
21                                       dk) for _ in range(nhead)])
22          self.linear_Ks = \
23              nn.ModuleList([nn.Linear(d_model,
24                                       dk) for _ in range(nhead)])
25          self.linear_Vs = \
26              nn.ModuleList([nn.Linear(d_model,
27                                       dv) for _ in range(nhead)])
28          self.mha_linear = nn.Linear(d_model, d_model)
29          self.dropout    = nn.Dropout(dropout)
30
31      def scaled_dot_product_attention(self, q, k, v, mask = None):
32          dk = k.size(-1)
33          score = torch.matmul(q, k.permute(0, 2, 1))
34          score = score / dk ** 0.5      # [bs, seq_len, seq_len]
35          if mask is not None:
36              score = score.masked_fill(mask == 0, -1e9)
37          attn = F.softmax(score, dim = -1)
38          out = torch.matmul(attn, v)
39          return out, attn
```

```python
40      def forward(self, query, key, value, mask = None):
41          #query, key, value : [bs, seq_len, d_model]
42          Q = [linear_Q(query) for linear_Q in self.linear_Qs]
43          K = [linear_K(key)   for linear_K in self.linear_Ks]
44          V = [linear_V(value) for linear_V in self.linear_Vs]
45          # Q, K, V : [bs, seq_len, d_model/nhead] * nhead
46          out_heads = []
47          attn_heads= []
48          for q, k, v in zip(Q, K, V):
49              out, attn = \
50                  self.scaled_dot_product_attention(q, k, v, mask)
51              out_heads.append(out)
52                  # out.shape =[bs, seq_len, d_model / nhead]
53              attn_heads.append(attn)
54                  # attn.shape = [bs, seq_len, seq_len]
55
56          outs = torch.cat(out_heads, -1) # [bs, seq_len, d_model]
57          attns = torch.stack(attn_heads).permute(1, 0, 2, 3)
58              # [bs, nhead, seq_len, seq_len]
59          projection = self.dropout(self.mha_linear(outs))
60          return projection, attns
61  #2:
62  PAD = 0
63  sentences = torch.tensor([ [1, 2, 0, 0, 0],        # seq0
64                             [1, 2, 3, 0, 0]])       # seq1
65  bs, seq_len = sentences.shape  # [2, 5]
66  embedding = nn.Embedding(num_embeddings = 10, embedding_dim = 8)
67  X = embedding(sentences)
68  print('X.shape=', X.shape)                          # [2, 5, 8]
69  # print('X=', X)
70
71  #3: padding mask
72  #3-1
73  bs, seq_len, embed_dim = X.shape
74  pad_mask = \
75      (sentences != PAD).type(torch.float).unsqueeze(1)  # [2, 1, 5]
76  print('pad_mask.shape=', pad_mask.shape)
77  print('pad_mask=', pad_mask)
78
79  #3-2
80  MHA = MultiHeadAttention(d_model = 8, nhead = 2)
81  # for name, param in MHA.named_parameters():
82  #     print(f'name={name}, param={param}')
83
84  out, attn = MHA(X, X, X, pad_mask)
```

```
85  print("out.shape=", out.shape)          # [2, 5, 8]
86  # print("out=", out)
87  print("attn.shape=", attn.shape)         # [2, 2, 5, 5]
88  #print("attn=", attn)
```

▷▷ 실행결과

```
X.shape= torch.Size([2, 5, 8])
pad_mask.shape= torch.Size([2, 1, 5])
pad_mask= tensor([[[1., 1., 0., 0., 0.]],
                  [[1., 1., 1., 0., 0.]]])
out.shape= torch.Size([2, 5, 8])
attn.shape= torch.Size([2, 2, 5, 5])
```

▷▷▷ 프로그램 설명

1 #1은 [예제 59-05]와 약간 다르게 MultiHeadAttention을 구현한다(ref). nhead 개의 선형변환을 Q, K, V 리스트에 계산하고, 리스트의 항목(q, k, v)에 대해 scaled_dot_product_attention(q, k, v, mask)로 변환한다.

2 #2는 PAD = 0으로 패딩된 sentences를 생성하고, embedding_dim = 8의 임베딩 벡터 X를 생성한다. X.shape = [2, 5, 8]이다.

3 #3-1은 (sentences != PAD)로 pad_mask를 계산한다. PAD = 0인 위치는 0, 아닌 위치는 1이다. pad_mask.shape = [2, 1, 5]이다.

4 #3-2는 d_model = 8, nhead = 2의 MHA(X, X, X, pad_mask)로 멀티헤드 셀프 어텐션의 출력(out)과 어텐션(attn)을 계산한다. out.shape = [bs, seq_len, d_model] = [2, 5, 8], attn.shape = [bs, nhead, seq_len, seq_len] = [2, 2, 5, 5]이다. 배치 0의 어텐션 attn[0]은 2개의 토큰에서만 계산된다. 배치 1의 어텐션 attn[1]은 3개 토큰에서만 있다. [예제 59-04]와 출력 값의 차이는 torch.manual_seed(0)일지라도 nn.Linear()의 순서 때문에 가중치와 바이어스의 초기값이 다르기 때문이다.

▷ 예제 59-06 ▶ MultiHeadAttention 구현 3

```
01  '''
02  #ref:https://github.com/feather-ai/transformers-tutorial/blob/main/
03  layers/efficient_mha.py
04  '''
05  import torch
06  import torch.nn as nn
07  import torch.nn.functional as F
08  torch.manual_seed(0)
09
```

```
10  #1:
11  class MultiHeadAttention(nn.Module):
12      def __init__(self, d_model = 4,
13                   nhead = 2, dropout = 0.0):  # d_model = embed_dim
14          super().__init__()
15          assert d_model % nhead == 0
16          self.d = d_model // nhead              # dk, dv
17          self.d_model = d_model
18          self.nhead   = nhead
19
20          self.linear_Q = nn.Linear(d_model, d_model)
21          self.linear_K = nn.Linear(d_model, d_model)
22          self.linear_V = nn.Linear(d_model, d_model)
23          self.mha_linear= nn.Linear(d_model, d_model)
24          self.dropout   = nn.Dropout(dropout)
25
26      def scaled_dot_product_attention(self, q, k, v, mask = None):
27          dk = k.size(-1)
28          score = torch.matmul(q, k.permute(0, 1, 3, 2))
29          score = score / dk ** 0.5  # [bs, nhead, seq_len, seq_len]
30          if mask is not None:
31              score = score.masked_fill(mask == 0, -1e9)
32          attn = F.softmax(score, dim = -1)
33          out = torch.matmul(attn, v)
34          return out, attn
35
36      def forward(self, query, key, value, mask = None):
37          # query, key, value : [bs, seq_len, d_model]
38          Q = self.linear_Q(query)
39          K = self.linear_K(key)
40          V = self.linear_V(value)
41          # Q, K, V : [bs, seq_len, d_model]
42
43          bs = Q.size(0)
44          Q = Q.view(bs, -1, self.nhead, self.d).permute(0, 2, 1, 3)
45          K = K.view(bs, -1, self.nhead, self.d).permute(0, 2, 1, 3)
46          V = V.view(bs, -1, self.nhead, self.d).permute(0, 2, 1, 3)
47          #print('Q.shape=', Q.shape) #[bs, nhead, seq_len, self.d]
48
49          out, attn = \
50              self.scaled_dot_product_attention(Q, K, V, mask)
51          #print('out.shape=',
52                  out.shape)          # [bs, nhead, seq_len, self.d]
53          #print('attn.shape=',
54                  attn.shape)         # [bs, nhead, seq_len, seq_len]
```

```
55          out = \
56              out.permute(0, 2, 1, 3).contiguous()
57                                  # [bs, seq_len, nhead, self.d]
58          out = \
59              out.view(bs, -1, self.d_model)
60                                  # [bs, seq_len, d_model]
61          projection = self.dropout(self.mha_linear(out))
62          return projection, attn
63 #2:
64 PAD = 0
65 sentences = torch.tensor([ [1, 2, 0, 0, 0],        # seq0
66                            [1, 2, 3, 0, 0]])       # seq1
67 bs, seq_len = sentences.shape  # [2, 5]
68
69 embedding = nn.Embedding(num_embeddings = 10, embedding_dim = 8)
70 X = embedding(sentences)
71 print('X.shape=', X.shape) # [bs, seq_len, embedding_dim]=[2, 5, 8]
72 # print('X=', X)
73
74 #3: padding mask
75 #3-1
76 bs, seq_len, embed_dim = X.shape
77 pad_mask = \
78    (sentences != PAD).type(torch.float).unsqueeze(1).unsqueeze(2)
79      # [2, 1, 1, 5]
80 print('pad_mask.shape=', pad_mask.shape)
81 print('pad_mask=', pad_mask)
82
83 #3-2
84 MHA = MultiHeadAttention(d_model = 8, nhead = 2)
85 out, attn = MHA(X, X, X, pad_mask)
86 print("out.shape=", out.shape)                     # [2, 5, 8]
87 #print("out=", out)
88 print("attn.shape=", attn.shape)                   # [2, 2, 5, 5]
89 #print("attn=", attn)
```

▷▷ 실행결과

```
X.shape= torch.Size([2, 5, 8])
pad_mask.shape= torch.Size([2, 1, 1, 5])
pad_mask= tensor([[[[1., 1., 0., 0., 0.]]],
                  [[[1., 1., 1., 0., 0.]]]])
out.shape= torch.Size([2, 5, 8])
attn.shape= torch.Size([2, 2, 5, 5])
```

▷▷▷ 프로그램 설명

**1** [예제 59-05]와 같이 헤드개수(nhead)로 나누어 선형변환과 어텐션을 계산하지 않고, #1의 MultiHeadAttention은 d_model 차원의 Q, K, V로 선형변환한 다음 [bs, nhead, seq_len, d_model / nhead] 모양으로 변환하여 어텐션을 계산한다(ref).

**2** scaled_dot_product_attention()에서 k.permute(0, 1, 3, 2)로 변경하여 내적을 계산한다. score.shape는 [bs, nhead, seq_len, seq_len]이다.

**3** #2는 PAD = 0으로 패딩된 sentences를 생성하고, embedding_dim = 8의 임베딩 벡터 X 생성한다.

**4** #3-1은 (sentences != PAD)로 pad_mask를 계산한다. PAD = 0인 위치는 0, 아닌 위치는 1이다. scaled_dot_product_attention()의 score.masked_fill(mask == 0, -1e9)에서 마스크 브로드캐스팅을 위해 pad_mask.shape = [2, 1, 1, 5] 모양으로 변경한다.

**5** #3-2는 MHA(X, X, X, pad_mask)로 멀티헤드 셀프 어텐션의 출력(out)과 어텐션(attn)을 계산한다. 배치 0의 어텐션 attn[0]은 2개의 토큰에서만 계산된다. 배치 1의 어텐션 attn[1]은 3개 토큰에서만 있다. [예제 59-05]와 출력 값의 차이는 가중치와 바이어스의 초기값이 다르기 때문이다.

▷ 예제 59-07  ▶ nn.MultiheadAttention

```
01 import torch
02 import torch.nn as nn
03 import torch.nn.functional as F
04 torch.manual_seed(0)
05
06 #1
07 PAD = 0
08 sentences = torch.tensor([ [1, 2, 0, 0, 0],        # seq0
09                            [1, 2, 3, 0, 0]])        # seq1
10 bs, seq_len = sentences.shape                       # [2, 5]
11
12 embedding = nn.Embedding(num_embeddings = 10, embedding_dim = 8)
13 X = embedding(sentences)
14 print('X.shape=', X.shape) # [bs, seq_len, embedding_dim]=[2, 5, 8]
15 # print('X=', X)
16
17 #2: padding mask
18 pad_mask = (sentences == PAD)
19 # pad_mask = (sentences != PAD)
20
```

```
21  # pad_mask = \
22  #      pad_mask.float().masked_fill(
23  #          pad_mask == 0, float('-inf')).masked_fill(
24  #                                                    mask == 1,
25  #                                                    float(0.0) )
26  print('pad_mask.shape=', pad_mask.shape)
27  print('pad_mask=', pad_mask)
28
29  #3
30  multihead_attn = \
31      nn.MultiheadAttention(embed_dim = 8,
32                            num_heads = 2, batch_first = True)
33  out, attn = multihead_attn(X, X, X, key_padding_mask = pad_mask)
34  print('out.shape=', out.shape)
35                      # [bs, seq_len, embed_dim] = [2, 5, 8]
36  # print('out=', out)
37  print("attn.shape=", attn.shape)
38                      # [bs, seq_len, seq_len]= [2, 5, 5]
39  print('attn=', attn)
```

▷▷ 실행결과

```
X.shape= torch.Size([2, 5, 8])
pad_mask.shape= torch.Size([2, 5])
pad_mask= tensor([[False, False,  True,  True,  True],
       [False, False, False,  True,  True]])
out.shape= torch.Size([2, 5, 8])
attn.shape= torch.Size([2, 5, 5])
attn= tensor([[[0.5128, 0.4872, 0.0000, 0.0000, 0.0000],
              [0.4297, 0.5703, 0.0000, 0.0000, 0.0000],
              [0.5311, 0.4689, 0.0000, 0.0000, 0.0000],
              [0.5311, 0.4689, 0.0000, 0.0000, 0.0000],
              [0.5311, 0.4689, 0.0000, 0.0000, 0.0000]],

             [[0.3185, 0.3053, 0.3762, 0.0000, 0.0000],
              [0.3108, 0.4032, 0.2859, 0.0000, 0.0000],
              [0.3356, 0.3147, 0.3498, 0.0000, 0.0000],
              [0.3972, 0.3438, 0.2591, 0.0000, 0.0000],
              [0.3972, 0.3438, 0.2591, 0.0000, 0.0000]]], grad_fn=<MeanBackward1>)
```

▷▷▷ 프로그램 설명

1 #1은 PAD = 0으로 패딩된 sentences를 생성하고, embedding_dim = 8의 임베딩 벡터 X를 생성한다.

**2** #2는 (sentences == PAD)로 pad_mask를 계산한다. PAD=0인 위치는 True, 아닌 위치는 False이다. pad_mask에서 True인 곳의 값을 계산하지 않는다. 주석 처리된 실수 마스크와 결과는 같다. 실수 마스크의 경우 어텐션 스코어에 값을 덧셈하여 계산한다.

**3** #3은 nn.MultiheadAttention(embed_dim = 8, num_heads = 2, batch_first = True)로 multihead_attn을 생성하고, multihead_attn(X, X, X, key_padding_mask = pad_mask)로 멀티헤드 셀프 어텐션을 계산한다. out.shape = [bs, seq_len, embed_dim] = [2, 5, 8]이다. attn.shape = [bs, seq_len, seq_len] = [2, 5, 5]이다. 배치 0의 어텐션 attn[0]은 2개의 토큰에서만 계산된다. 배치 1의 어텐션 attn[1]은 3개 토큰에서만 있다. [예제 59-05]와 출력 값의 차이는 가중치와 바이어스의 초기값이 다르기 때문이다.

# Transformer

[그림 60.1]은 "Vaswani, Attention Is All You Need, 2017" 논문의 트랜스포머 모델 구조이다. 트랜스포머는 인코더와 디코더로 구성되어 있다. [수식 60.1]은 시퀀스 순서를 위한 Position Encoding이고, [수식 60.2]는 2개의 선형변환으로 구성된 Feed-Forward 네트워크이다.

$$PE[pos, 2i] \quad = \sin\left(pos/10000^{2i/d_{model}}\right) \quad \triangleleft \text{ 수식 60.1}$$

$$PE[pos, 2i+1] = \cos\left(pos/10000^{2i/d_{model}}\right)$$

$$FFN(x) = \max(0, x\,W_1 + b1)\,W_2 + b2 \quad \triangleleft \text{ 수식 60.2}$$

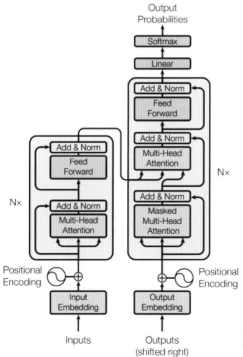

◁ 그림 60.1 ▶ Transformer
[Vaswani, Attention Is All You Need, 2017,
https://arxiv.org/pdf/1706.03762.pdf]

▷ 예제 60-01   ▶ EngKorDataset

```
01  '''
02  ref1: https://www.manythings.org/anki/  # kor-eng.zip
03  ref2:https://pytorch.org/tutorials/beginner/translation_transformer.html
04  ref3: 5801.py
05   ** This example uses spacy, Counter, and chain instead of torchtext.
06   ** alternative: you can use AutoTokenizer from transformers
07
08  # pip install -U torchdata
09  # pip install -U spacy
10  # python -m spacy download en_core_web_sm
11  # python -m spacy download ko_core_news_sm
12  '''
13  import torch
14  from torch.utils.data   import Dataset, DataLoader, random_split
15  from torch.nn.utils.rnn import pad_sequence
16  import pandas as pd
17  import spacy
18  from collections import Counter
19  from itertools import chain
20  torch.manual_seed(0)
21  DEVICE = torch.device('cuda' if torch.cuda.is_available() else 'cpu')
22  #1
23  class EngKorDataset(Dataset):
24      def __init__(self,file_name):
25          df = pd.read_table(file_name, encoding = 'utf-8')
26          self.source = df.iloc[:,0].values    # en
27          self.target = df.iloc[:,1].values    # ko
28
29      def __len__(self):
30          return len(self.source)
31      def __getitem__(self,idx):
32          return self.source[idx], self.target[idx]
33
34  dataset = EngKorDataset('./data/kor-eng/kor.txt')
35  print("len(dataset)=", len(dataset))
36  for i in range(5):
37      print(f'dataset[{i}]= {dataset[i]}')
38
39  #2
40  dataset_size = len(dataset)
41  train_size = int(dataset_size * 0.8)
42  valid_size = int(dataset_size * 0.1)
43
```

```
44 test_size = dataset_size - train_size - valid_size
45 train_dataset, valid_dataset, test_dataset = random_split(dataset,
46                                                 [train_size,
47                                                 valid_size, test_size])
48 print("len(train_dataset)=", len(train_dataset))
49 print("len(valid_dataset)=", len(valid_dataset))
50 print("len(test_dataset)=",  len(test_dataset))
51
52 #3: token_transform
53 #3-1: spacy
54 spacy_en = spacy.load("en_core_web_sm")
55 spacy_ko = spacy.load("ko_core_news_sm")
56 doc_en = spacy_en("He runs.")
57 print([(w.text, w.pos_) for w in doc_en])
58
59 doc_ko = spacy_ko("그는 뛰어간다.")
60 print([(w.text, w.pos_) for w in doc_ko])
61
62 #3-2: token_transform
63 SRC_LANGUAGE = 'en'
64 TGT_LANGUAGE = 'ko'
65 token_transform = {
66     SRC_LANGUAGE: lambda x: [token.text for token in spacy_en(x)],
67         # eng token
68     TGT_LANGUAGE: lambda x: [token.text for token in spacy_ko(x)]
69         # kor token
70 }
71
72 #4: vocab_transform
73 #4-1
74 class Vocab:
75     def __init__(self, counter, specials = None, min_freq = 1):
76         # special tokens
77         self.specials = specials if specials else []
78         self.min_freq = min_freq
79
80         # stoi:  s(torken) -> index
81         self.stoi = {token: idx for idx, token in \
82                                 enumerate(self.specials)}
83         for token, freq in counter.items():
84             if freq >= min_freq and token not in self.stoi:
85                 self.stoi[token] = len(self.stoi)
86
87         # itos: index -> s(token)
88         self.itos = {idx: token for token, idx in self.stoi.items()}
```

```
89      def get_itos(self):
90          return [self.itos[idx] for idx in range(len(self.itos))]
91
92      def get_stoi(self):
93          return self.stoi
94
95      def lookup_tokens(self, tokens):
96          return  [(self.get_itos()[k]) for k in tokens]
97
98      def __len__(self):
99          return len(self.stoi)
100
101     def __call__(self, tokens):
102     # converts a list of tokens to a list of indices.
103         return [self.stoi.get(token, self.stoi.get('<unk>', 0))
104                    for token in tokens]
105
106 #4-2: vocab_transform
107 # special symbols and indices
108 UNK_IDX, PAD_IDX, BOS_IDX, EOS_IDX = 0, 1, 2, 3
109 special_symbols = ['<unk>', '<pad>', '<bos>', '<eos>']
110
111 # helper function to yield list of tokens
112 def yield_tokens(data_iter, language): # create token from data
113     language_index = {SRC_LANGUAGE: 0, TGT_LANGUAGE: 1}
114     for data_sample in data_iter:
115         yield token_transform[language](
116                         data_sample[language_index[language]])
117
118 # calculate requency from Counter, create Vocab
119 def build_vocab(data_iter, language):
120     counter = Counter(chain.from_iterable(
121                         yield_tokens(data_iter, language)))
122     return Vocab(counter, specials = special_symbols)
123
124 # vocab_transform
125 vocab_transform = {}
126 for ln in [SRC_LANGUAGE, TGT_LANGUAGE]:
127     vocab_transform[ln] = build_vocab(dataset, ln)
128
129 #4-3: test sample
130 SRC_VOCAB_SIZE = len(vocab_transform[SRC_LANGUAGE])
131 TGT_VOCAB_SIZE = len(vocab_transform[TGT_LANGUAGE])
132 print('SRC_VOCAB_SIZE=', SRC_VOCAB_SIZE)
133 print('TGT_VOCAB_SIZE=', TGT_VOCAB_SIZE)
```

```
134 print(type(vocab_transform['en'].get_itos())) # list
135 print(type(vocab_transform['en'].get_stoi())) # dict
136
137 print(vocab_transform['en'].get_itos()[36])   # 'He'
138 print(vocab_transform['en'].get_stoi()['He']) # 36
139
140 #5: text_transform
141 #5-1: function to add BOS/EOS and create tensor for
142 #     input sequence indices
143 def tensor_transform(token_ids):
144     return torch.cat((torch.tensor([BOS_IDX]),
145                       torch.tensor(token_ids),
146                       torch.tensor([EOS_IDX])))
147
148 #5-2: src and tgt language text transforms to convert
149 #     raw strings into tensors indices
150 # helper function to club together sequential operations
151 def sequential_transforms(*transforms):
152     def func(txt_input):
153         for transform in transforms:
154             txt_input = transform(txt_input)
155         return txt_input
156     return func
157
158 # text_transform
159 text_transform = {}
160 for ln in [SRC_LANGUAGE, TGT_LANGUAGE]:
161     text_transform[ln] = sequential_transforms(
162                 token_transform[ln],   # Tokenization
163                 vocab_transform[ln],   # Numericalization
164                 tensor_transform)      # Add BOS/EOS and create tensor
165
166 #5-3: sample test
167 src_sentence = "He runs."
168 src_token = token_transform[SRC_LANGUAGE](src_sentence)
169 print('src_token=', src_token)          # ['He', 'runs', '.']
170
171 src_vocab = vocab_transform[SRC_LANGUAGE](src_token)
172 print('src_vocab=', src_vocab)          # [36, 65, 5]
173
174 lookup_token = vocab_transform[SRC_LANGUAGE].lookup_tokens([36, 65, 5])
175 print('lookup_token=', lookup_token)    # ['He', 'runs', '.']
176
177 src_seq = tensor_transform(src_vocab)   # dd BOS/EOS
178 print('src_seq=', src_seq) #tensor([  2,  36, 65, 5,   3])
```

```
179  print(vocab_transform[SRC_LANGUAGE].get_itos()[2])    # '<bos>'
180  print(vocab_transform[SRC_LANGUAGE].get_itos()[36])   # 'He'
181  print(vocab_transform[SRC_LANGUAGE].get_itos()[65])   # 'runs'
182  print(vocab_transform[SRC_LANGUAGE].get_itos()[5])    # '.'
183  print(vocab_transform[SRC_LANGUAGE].get_itos()[3])    # '<eos>'
184
185  print(text_transform[SRC_LANGUAGE](src_sentence))
186  print(text_transform[TGT_LANGUAGE]("그는 뛰어간다."))
187
188  #6:  create data loader with batch_first = True
189  #6-1: collate data samples into batch tensors with padding
190  def collate_fn(batch):
191      src_batch, tgt_batch = [], []
192      for src_sample, tgt_sample in batch:
193          print('src_sample=', src_sample)
194          print('tgt_sample=', tgt_sample)
195          src_batch.append(text_transform[SRC_LANGUAGE](
196                                      src_sample.rstrip("\n")))
197          tgt_batch.append(text_transform[TGT_LANGUAGE](
198                                      tgt_sample.rstrip("\n")))
199
200      src_batch = pad_sequence(src_batch, padding_value = PAD_IDX,
201                              batch_first=True)
202      tgt_batch = pad_sequence(tgt_batch, padding_value = PAD_IDX,
203                              batch_first=True)
204      return src_batch, tgt_batch
205
206  for i, (en, kor) in enumerate(train_dataset[:2]):
207      print(i, en, kor)
208
209
210  #6-2: create dataloder
211  BATCH_SIZE = 2
212  train_loader = DataLoader(train_dataset, batch_size = BATCH_SIZE,
213                          shuffle = True, collate_fn = collate_fn)
214  valid_loader = DataLoader(valid_dataset, batch_size = BATCH_SIZE,
215                          shuffle = False, collate_fn = collate_fn)
216  test_loader  = DataLoader(test_dataset,  batch_size = BATCH_SIZE,
217                          shuffle = False, collate_fn = collate_fn)
218
219  for i, (src, tgt) in enumerate(train_loader):
220      src = src.to(DEVICE)
221      tgt = tgt.to(DEVICE)
222
223      print(f"i={i}, src.shape = {src.shape},  tgt.shape = {tgt.shape}")
```

```
224        print('src:', src)
225        print('tgt:', tgt)
226        break # 1 batch sample
```

▷▷ 실행결과

```
#1
len(dataset)= 5748
dataset[0]= ('Hi.', '안녕.')
dataset[1]= ('Run!', '뛰어!')
dataset[2]= ('Run.', '뛰어.')
dataset[3]= ('Who?', '누구?')
dataset[4]= ('Wow!', '우와!')
#2
len(train_dataset)= 4598
len(valid_dataset)= 574
len(test_dataset)= 576

#3-1
[('He', 'PRON'), ('runs', 'VERB'), ('.', 'PUNCT')]
[('그는', 'PRON'), ('뛰어간다', 'VERB'), ('.', 'PUNCT')]

#4-3
SRC_VOCAB_SIZE= 3436
TGT_VOCAB_SIZE= 7853
<class 'list'>
<class 'dict'>
He
36

#5-3
src_token= ['He', 'runs', '.']
src_vocab= [36, 65, 5]
lookup_token= ['He', 'runs', '.']
src_seq= tensor([ 2, 36, 65,  5,  3])
<bos>
He
runs
.
<eos>
tensor([ 2, 36, 65,  5,  3])  # "He runs."
tensor([ 2, 41, 77,  5,  3])  # "그는 뛰어간다."

#6-1
0 Tom danced with Mary. Tom wondered why there was a dog in his house.
```

```
1 톰은 메리와 함께 춤을 췄다. 톰은 왜 자기 집에 개가 있었는지 알고 싶었다.

#6-2
src_sample= I need first aid.
tgt_sample= 나에게 응급처치가 필요하다.
src_sample= She looked around the room.
tgt_sample= 그 사람은 방 주위을 둘러 봤어.
i=0, src.shape=torch.Size([2, 8]),  tgt.shape=torch.Size([2, 9])
src: tensor([[   2,   20,  445,  471,  843,    5,    3,    1],
          [   2,  120,  313,  358,  529,  694,    5,    3]], device='cuda:0')
tgt: tensor([[   2, 1283, 1284,  734,    5,    3,    1,    1,    1],
          [   2,   75,  217, 3630, 3726, 3727, 1038,    5,    3]],
        device='cuda:0')
```

▷▷▷ 프로그램 설명

**1** Step 57, 58보다 일반적으로 문장을 토큰화하고 텐서로 변경하여 기계번역을 위한 데이터 셋과 데이터로더를 생성한다. torchtext가 개발이 중단되어 torch 버전(torch 2.5.1)에서 사용할 수 없다. 여기서는 spaCy, Counter, chain을 사용하여 torchtext의 get_tokenizer, build_vocab_from_iterator를 유사하게 구현한다.

spaCy는 자연어처리(natural language processing, NLP)에서 토큰화, 품사 태깅, 구문분석, 문장 분리, 형태소 분석, 개체명 인식 등의 전처리 기능을 지원한다.

**2** #1의 EngKorDataset는 ref1의 'kor.txt' 파일로부터 dataset을 생성한다. len(dataset) = 5748개의 (영어, 한글)의 문장 쌍이 있다.

**3** #2는 dataset을 분리하여 train_dataset, valid_dataset, test_dataset을 생성한다.

**4** #3-1은 spaCy로 학습된 영어 모델 "en_core_web_sm"과 한국어 모델 "ko_core_news_sm"을 spacy.load()로 spacy_en, spacy_ko에 로드한다.

**5** #3-2는 영어와 한글 문장을 토큰으로 분리하는 token_transform을 생성한다.

**6** #4는 vocab_transform을 생성한다. #4-1은 어휘분석을 위한 Vocab을 정의한다. get_itos(), get_stoi(), lookup_tokens(), __len__(), __call__()을 구현한다.

**7** #4-2는 특수 심볼을 정의하고, yield_tokens(), build_vocab()을 사용하여 vocab_transform을 생성한다. yield_tokens(dataset, ln)의 토큰 리스트를 yield한다. 을 숫자로 변환하는 vocab_transform을 생성한다.

**8** #4-3은 vocab_transform의 샘플 테스트이다. dataset에 포함된 영어 어휘는 SRC_VOCAB_SIZE= 3436, 한글 어휘는 TGT_VOCAB_SIZE= 7853이다. vocab_transform['en'].get_itos()[36]는 'He'이고 vocab_transform['en'].get_stoi()['He']는 36이다.

**9** #5-1의 tensor_transform()은 token_ids 앞뒤에 BOS/EOS를 추가하여 텐서로 변환한다. #5-2는 sequential_transforms()를 이용하여 token_transform, vocab_transform, tensor_transform을 연속으로 적용하여, SRC_LANGUAGE, TGT_

LANGUAGE의 문자열을 텐서로 변환하는 text_transform을 생성한다. token_transform은
토큰으로 변환한다. vocab_transform은 토큰을 숫자로(get_stoi), 숫자를 토큰 문자열로
(get_stoi) 변환 등의 어휘를 생성한다. tensor_transform은 텐서로 변환한다.

**10** #5-3은 token_transform, vocab_transform, tensor_transform, text_transform의
샘플 테스트이다.

**11** #6은 데이터셋(train_dataset, valid_dataset, test_dataset)을 이용하여 BATCH_
SIZE = 2의 데이터로더(train_loader, valid_loader, test_loader)를 생성한다. #6-1의
collate_fn(batch)는 batch의 src_sample, tgt_sample의 문장을 text_transform()으로
텐서로 변환하고, pad_sequence()로 배치의 시퀀스 길이를 같게 패딩한 batch_first = True의
src_batch, tgt_batch를 반환한다. for 문으로 train_loader에서 1개의 배치 데이터를 출력
한다. i = 0, src.shape = torch.Size([2, 8]), tgt.shape = torch.Size([2, 9])이다.

▷ 예제 60-02  ▶ TokenEmbedding, PositionalEncoding

```
01  from torch import Tensor
02  import torch
03  import torch.nn as nn
04  from torch.nn import Transformer
05  import math
06  DEVICE = torch.device('cuda' if torch.cuda.is_available() else 'cpu')
07
08  torch.set_printoptions(sci_mode = False, precision = 8)
09  #1-1
10  # def position_encoding(d_model, max_length):
11  #     pe = torch.zeros((max_length, d_model))
12  #     for pos in range(max_length):
13  #         for i in range(d_model // 2):
14  #             den = torch.tensor(10000 ** (2 * i / d_model))
15  #             pe[pos, 2 * i]     = torch.sin(pos / den)
16  #             pe[pos, 2 * i + 1] = torch.cos(pos / den)
17  #     return pe
18  # P = position_encoding(d_model = 4, max_length = 4)
19
20  #1-2
21  def position_encoding(d_model, max_length):
22      pe = torch.zeros(max_length, d_model)
23      pos = torch.arange(0, max_length, dtype = torch.float).unsqueeze(1)
24
25      _2i = torch.arange(0, d_model, step = 2, dtype = torch.float)
26      pe[:, 0::2] = torch.sin(pos / (10000 ** (_2i / d_model)))
27      pe[:, 1::2] = torch.cos(pos / (10000 ** (_2i / d_model)))
28      return pe
```

```
29
30  P = position_encoding(d_model = 4, max_length = 4)
31  print('P=', P)
32  print('dist(P[0]-P[1])=', torch.linalg.norm(P[0] - P[1]))
33  print('dist(P[0]-P[2])=', torch.linalg.norm(P[0] - P[2]))
34  print('dist(P[0]-P[3])=', torch.linalg.norm(P[0] - P[3]))
35
36  #2: PositionalEncoding(TokenEmbedding)
37  #2-1
38  class TokenEmbedding(nn.Module):
39      def __init__(self, vocab_size, d_model):
40          super(TokenEmbedding, self).__init__()
41          self.embedding = nn.Embedding(vocab_size, d_model)
42          self.d_model = d_model
43      def forward(self, tokens):
44          return self.embedding(tokens.long()) * \
45                  math.sqrt(self.d_model)
46  #2-2
47  class PositionalEncoding(nn.Module):
48      def __init__(self, d_model, max_length, dropout = 0.0):
49          super(PositionalEncoding, self).__init__()
50
51          _2i = torch.arange(0, d_model, step = 2).float()
52          den = torch.exp(- _2i * math.log(10000) / d_model)
53          # den = 1 / (10000 ** (_2i / d_model))
54          pos = torch.arange(0, max_length).reshape(max_length, 1)
55
56          pe = torch.zeros((max_length, d_model))
57          pe[:, 0::2] = torch.sin(pos * den)
58          pe[:, 1::2] = torch.cos(pos * den)
59          #print('pe=', pe)
60          pe = pe.unsqueeze(0)                # for x + pe
61
62          self.register_buffer('pe', pe) # buffer, not to be a model parameters
63          self.dropout = nn.Dropout(dropout)
64
65      def forward(self, x):
66          #print("x.shape=", x.shape)  # [bs, seq_len, d_model]
67          #print("self.pe.shape", self.pe.shape)
68                                      # [bs, max_length, d_model]
69          pe = self.pe[:, :x.size(1)]
70          x = self.dropout(x + pe)
71          return x
72
```

```
73  #3
74  #3-1
75  src = torch.tensor([[1, 2, 0],
76                        [1, 2, 3]], dtype = torch.float32)
77  bs, seq_length = src.shape              # [2, 3]
78
79  #3-2
80  vocab_size = 10
81  d_model = 8
82  token_embedding     = TokenEmbedding(vocab_size, d_model)
83  positional_encoding = PositionalEncoding(d_model, seq_length)
84  src_pe = positional_encoding(token_embedding(src))
85  print('src_pe.shape=', src_pe.shape)
86  #print('src_pe=', src_pe)
```

▷▷ 실행결과

```
P= tensor([[ 0.00000000,  1.00000000,  0.00000000,  1.00000000],
        [ 0.84147096,  0.54030234,  0.00999983,  0.99994999],
        [ 0.90929741, -0.41614684,  0.01999867,  0.99980003],
        [ 0.14112000, -0.98999250,  0.02999550,  0.99955004]])
dist(P[0]-P[1])= tensor(0.95890319)
dist(P[0]-P[2])= tensor(1.68306077)
dist(P[0]-P[3])= tensor(1.99521554)
src_pe.shape= torch.Size([2, 3, 8])
```

▷▷▷ 프로그램 설명

1 #1-1, #1-2의 position_encoding()은 임베딩 차원 d_model, 시퀀스 길이 max_length의 위치인코딩을 반환한다. P는 d_model = 4, max_length = 4의 위치 인코딩 벡터를 반환한다. P[0]과 P[1], P[2], P[3] 사이의 거리를 계산하면 dist(P[0]-P[1]) < dist(P[0]-P[2]) < dist(P[0] - P[3])과 같이 P[0]에서 멀수록 큰 값을 갖는다.

2 #2-1의 TokenEmbedding은 tokens를 d_model 차원의 벡터로 임베딩한다.

#2-2의 PositionalEncoding은 임베딩 벡터 x에 위치 정보를 추가하여 인코딩한다[그림 60.1].

3 #3-1은 3개의 토큰으로 구성된 2개의 배치 시퀀스 src를 생성하고, #3-2는 token_embedding(src)로 src를 d_model 차원의 임베딩 벡터로 변환하고 positional_encoding()로 위치 정보를 추가하여 인코딩한 src_pe를 생성한다. src_pe.shape = [2, 3, 8]이다.

▷ 예제 60-03   ▶ Transformer: EngKorDataset, batch_first = True

```
01 '''
02 ref1: Ashish Vaswani, Noam Shazeer, Niki Parmar, Jakob Uszkoreit, Llion
03 Jones, Aidan N. Gomez, Lukasz Kaiser, Illia Polosukhin,
04    "Attention is All You Need," 2017, https://arxiv.org/abs/1706.03762
05 ref2: https://towardsdatascience.com/build-your-own-transformer-from-
06 scratch-using-pytorch-84c850470dcb
07 ref3: https://github.com/bentrevett/pytorch-seq2seq/blob/master/6%20-%20
08 Attention%20is%20All%20You%20Need.ipynb
09 ref4: 5906.py, 6001.py, 6002.py
10
11  ** This example uses spacy, Counter, and chain instead of torchtext.
12  ** alternative: you can use AutoTokenizer from transformers
13 # pip install -U torchdata
14 # pip install -U spacy
15 # python -m spacy download en_core_web_sm
16 # python -m spacy download ko_core_news_sm
17 '''
18 import torch
19 import torch.nn as nn
20 import torch.optim as optim
21 import torch.nn.functional as F
22 from torch.utils.data   import Dataset, DataLoader, random_split
23 from torch.nn.utils.rnn import pad_sequence
24 import pandas as pd
25 import spacy
26 from collections import Counter
27 from itertools import chain
28 import math
29 torch.manual_seed(0)
30 torch.set_printoptions(sci_mode=False, precision=2)
31 DEVICE = torch.device("cuda" if torch.cuda.is_available() else "cpu")
32 #1: 6001.py
33 #1-1
34 class EngKorDataset(Dataset):
35     def __init__(self, file_name):
36         df = pd.read_table(file_name, encoding = 'utf-8')
37         self.source=df.iloc[:,0].values    # en
38         self.target=df.iloc[:,1].values    # ko
39
40     def __len__(self):
41         return len(self.source)
42     def __getitem__(self,idx):
43         return self.source[idx], self.target[idx]
44 dataset = EngKorDataset('./data/kor-eng/kor.txt')
```

```
45  #1-2
46  dataset_size = len(dataset)
47  train_size = int(dataset_size * 0.8)
48  valid_size = int(dataset_size * 0.1)
49  test_size = dataset_size - train_size - valid_size
50  train_dataset, valid_dataset, test_dataset = \
51          random_split(dataset, [train_size, valid_size, test_size])
52
53  #1-3: token_transform
54  # spacy
55  spacy_en = spacy.load("en_core_web_sm")
56  spacy_ko = spacy.load("ko_core_news_sm")
57
58  #token_transform
59  SRC_LANGUAGE = 'en'
60  TGT_LANGUAGE = 'ko'
61  token_transform = {
62      SRC_LANGUAGE: lambda x: [token.text for token in spacy_en(x)],
63                              # eng token
64      TGT_LANGUAGE: lambda x: [token.text for token in spacy_ko(x)]
65                              # kor token
66  }
67
68  #1-4: vocab_transform
69  # Vocab in build_vocab
70  class Vocab:
71      def __init__(self, counter, specials = None, min_freq = 1):
72          # special tokens
73          self.specials = specials if specials else []
74          self.min_freq = min_freq
75
76          # stoi:  s(torken) -> index
77          self.stoi = {token: idx for idx,
78                      token in enumerate(self.specials)}
79          for token, freq in counter.items():
80              if freq >= min_freq and token not in self.stoi:
81                  self.stoi[token] = len(self.stoi)
82
83          # itos: index -> s(token)
84          self.itos = {idx: token for token, idx in self.stoi.items()}
85
86      def get_itos(self):
87          return [self.itos[idx] for idx in range(len(self.itos))]
88
89      def get_stoi(self):
90          return self.stoi
```

```
 91        def lookup_tokens(self, tokens):
 92            return  [(self.get_itos()[k]) for k in tokens]
 93
 94        def __len__(self):
 95            return len(self.stoi)
 96
 97        def __call__(self, tokens):
 98        # converts a list of tokens to a list of indices.
 99            return [self.stoi.get(token, self.stoi.get('<unk>', 0))
100                     for token in tokens]
101 # create Vocab with special symbols and indices
102 UNK_IDX, PAD_IDX, BOS_IDX, EOS_IDX = 0, 1, 2, 3
103 special_symbols = ['<unk>', '<pad>', '<bos>', '<eos>']
104
105 # helper function to yield list of tokens
106 def yield_tokens(data_iter, language):
107 # helper function to yield list of tokens
108     language_index = {SRC_LANGUAGE: 0, TGT_LANGUAGE: 1}
109     for data_sample in data_iter:
110         yield token_transform[language](
111                         data_sample[language_index[language]])
112
113 # calculate requency from Counter, create Vocab
114 def build_vocab(data_iter, language):
115     counter = Counter(chain.from_iterable(
116                     yield_tokens(data_iter, language)))
117     return Vocab(counter, specials = special_symbols)
118
119 # vocab_transform
120 vocab_transform = {}
121 for ln in [SRC_LANGUAGE, TGT_LANGUAGE]:
122     vocab_transform[ln] = build_vocab(dataset, ln)
123
124 SRC_VOCAB_SIZE = len(vocab_transform[SRC_LANGUAGE])
125 TGT_VOCAB_SIZE = len(vocab_transform[TGT_LANGUAGE])
126 print('SRC_VOCAB_SIZE:', SRC_VOCAB_SIZE)
127 print('TGT_VOCAB_SIZE:', TGT_VOCAB_SIZE)
128
129 #1-5: function to add BOS/EOS and create tensor
130 #      for input sequence indices
131 def tensor_transform(token_ids):
132     return torch.cat((torch.tensor([BOS_IDX]),
133                      torch.tensor(token_ids),
134                      torch.tensor([EOS_IDX])))
```

```
135 #1-6: src and tgt language text transforms
136 #      to convert raw strings into tensors indices
137 # helper function to club together sequential operations
138 def sequential_transforms(*transforms):
139     def func(txt_input):
140         for transform in transforms:
141             txt_input = transform(txt_input)
142         return txt_input
143     return func
144 #1-7: src and tgt language text transforms to convert
145 #      raw strings into tensors indices
146 text_transform = {}
147 for ln in [SRC_LANGUAGE, TGT_LANGUAGE]:
148     text_transform[ln]= sequential_transforms(
149                             token_transform[ln],    # Tokenization
150                             vocab_transform[ln],    # Numericalization
151                             tensor_transform)  # Add BOS/EOS and create tensor
152
153 #1-8:  create data loader with batch_first = True, in DataLoader
154 #       collate data samples into batch tensors with padding
155 def collate_fn(batch):
156     src_batch, tgt_batch = [], []
157     for src_sample, tgt_sample in batch:
158         src_batch.append(text_transform[SRC_LANGUAGE](src_sample.rstrip("\n")))
159         tgt_batch.append(text_transform[TGT_LANGUAGE](tgt_sample.rstrip("\n")))
160
161     src_batch = pad_sequence(src_batch, padding_value = PAD_IDX,
162                             batch_first = True)
163     tgt_batch = pad_sequence(tgt_batch, padding_value = PAD_IDX,
164                             batch_first = True)
165     return src_batch, tgt_batch
166 #2
167 #2-1: 5906.py
168 class MultiHeadAttention(nn.Module):
169     def __init__(self, d_model = 4, nhead = 2, dropout = 0.0):
170         # d_model= embed_dim
171         super().__init__()
172         assert d_model % nhead == 0
173         self.d = d_model // nhead    # dk, dv
174         self.d_model = d_model
175         self.nhead   = nhead
176
177         self.linear_Q = nn.Linear(d_model, d_model)
178         self.linear_K = nn.Linear(d_model, d_model)
179         self.linear_V = nn.Linear(d_model, d_model)
```

```
180         self.mha_linear= nn.Linear(d_model, d_model)
181         self.dropout   = nn.Dropout(dropout)
182
183     def scaled_dot_product_attention(self, q, k, v, mask = None):
184         dk = k.size(-1)
185         score = torch.matmul(q, k.permute(0, 1, 3, 2))
186         score = score / dk ** 0.5      # [bs, nhead, seq_len, seq_len]
187         #print('#1:score.shape=', score.shape)
188         #print('mask.shape=', mask.shape)
189         if mask is not None:
190             score = score.masked_fill(mask == 0, -1e9)
191         #print('#2:score.shape=', score.shape)
192         attn = F.softmax(score, dim = -1)
193         out = torch.matmul(attn, v)
194         return out, attn
195
196     def forward(self, query, key, value, mask=None):
197         # query, key, value : [bs, seq_len, d_model]
198         Q = self.linear_Q(query)
199         K = self.linear_K(key)
200         V = self.linear_V(value)
201         # Q, K, V : [bs, seq_len, d_model]
202
203         bs = Q.size(0)
204         Q = Q.view(bs, -1, self.nhead, self.d).permute(0, 2, 1, 3)
205         K = K.view(bs, -1, self.nhead, self.d).permute(0, 2, 1, 3)
206         V = V.view(bs, -1, self.nhead, self.d).permute(0, 2, 1, 3)
207         #print('#2:Q.shape=', Q.shape) #[bs, nhead, seq_len, self.d]
208
209         out, attn = self.scaled_dot_product_attention(Q, K, V, mask)
210         #print('out.shape=', out.shape) #[bs, nhead, seq_len, self.d]
211         #print('attn.shape=',attn.shape)#[bs, nhead, seq_len, seq_len]
212
213         out = out.permute(0, 2, 1, 3).contiguous() # [bs, seq_len, nhead, self.d]
214         out = out.view(bs, -1, self.d_model)        # [bs, seq_len, d_model]
215
216         projection = self.dropout(self.mha_linear(out))
217         return projection, attn
218 #2-2: 6002.py
219 class TokenEmbedding(nn.Module):
220     def __init__(self, vocab_size, d_model):
221         super().__init__()
222         self.embedding = nn.Embedding(vocab_size, d_model)
223         self.d_model = d_model
224
```

```
225        def forward(self, tokens):
226            return self.embedding(tokens.long()) * math.sqrt(self.d_model)
227
228  class PositionalEncoding(nn.Module):
229      def __init__(self, d_model, max_length, dropout = 0.0):
230          super().__init__()
231          _2i = torch.arange(0, d_model, step = 2).float()
232          den = torch.exp(- _2i * math.log(10000) / d_model)
233          pos = torch.arange(0, max_length).reshape(max_length, 1)
234
235          pe = torch.zeros((max_length, d_model))
236          pe[:, 0::2] = torch.sin(pos*den)
237          pe[:, 1::2] = torch.cos(pos*den)
238          pe = pe.unsqueeze(0)  # for x + pe, # [bs, max_length, d_model]
239
240          self.register_buffer('pe', pe)
241          self.dropout = nn.Dropout(dropout)
242
243      def forward(self, x):    # x.shape = [bs, seq_len, d_model]
244          pe = self.pe[:, :x.size(1)]
245          x = self.dropout(x + pe)
246          return x
247  #2-3
248  class PositionWiseFeedForward(nn.Module):
249      def __init__(self, d_model, d_ff):
250          super().__init__()
251          self.fc1 = nn.Linear(d_model, d_ff)
252          self.fc2 = nn.Linear(d_ff, d_model)
253          self.relu = nn.ReLU()
254      def forward(self, x):
255          return self.fc2(self.relu(self.fc1(x)))
256  #3
257  #3-1
258  class EncoderLayer(nn.Module):
259      def __init__(self, d_model, num_heads, d_ff, dropout):
260          super().__init__()
261          self.self_attn = \
262              MultiHeadAttention(d_model, num_heads)
263
264          self.feed_forward = PositionWiseFeedForward(d_model, d_ff)
265          self.norm1 = nn.LayerNorm(d_model)
266          self.norm2 = nn.LayerNorm(d_model)
267          self.dropout = nn.Dropout(dropout)
268
269      def forward(self, x, mask):
270          attn_output,_ = self.self_attn(x, x, x, mask)
```

```
271                    x = self.norm1(x + self.dropout(attn_output))
272                    ff_output = self.feed_forward(x)
273                    x = self.norm2(x + self.dropout(ff_output))
274                    return x
275  #3-2
276  class Encoder(nn.Module):
277      def __init__(self, src_vocab_size, d_model, num_heads,
278                   num_layers, d_ff, max_seq_length, dropout = 0.1):
279          super().__init__()
280          #self.embedding = nn.Embedding(src_vocab_size, d_model)
281          self.embedding = TokenEmbedding(src_vocab_size, d_model)
282          self.positional_encoding= PositionalEncoding(d_model, max_seq_length)
283          self.dropout = nn.Dropout(dropout)
284          self.layers = nn.ModuleList([EncoderLayer(d_model, num_heads,
285                                                     d_ff, dropout)
286                                       for _ in range(num_layers)])
287      def forward(self, x, s_mask):
288          x = self.dropout(self.positional_encoding(self.embedding(x)))
289
290          for layer in self.layers:
291              x = layer(x, s_mask)
292          return x
293  #4
294  #4-1
295  class DecoderLayer(nn.Module):
296      def __init__(self, d_model, num_heads, d_ff, dropout):
297          super().__init__()
298          self.self_attn = MultiHeadAttention(d_model, num_heads)
299          self.cross_attn = MultiHeadAttention(d_model, num_heads)
300
301          self.feed_forward = PositionWiseFeedForward(d_model, d_ff)
302          self.norm1 = nn.LayerNorm(d_model)
303          self.norm2 = nn.LayerNorm(d_model)
304          self.norm3 = nn.LayerNorm(d_model)
305          self.dropout = nn.Dropout(dropout)
306
307      def forward(self, x, enc_output, src_mask, tgt_mask):
308          attn_output, _ = self.self_attn(x, x, x, tgt_mask)
309          x = self.norm1(x + self.dropout(attn_output))
310
311          attn_output, _ = self.cross_attn(x, enc_output, enc_output, src_mask)
312
313          x = self.norm2(x + self.dropout(attn_output))
314          ff_output = self.feed_forward(x)
315          x = self.norm3(x + self.dropout(ff_output))
316          return x
```

```
317  #4-2
318  class Decoder(nn.Module):
319      def __init__(self, tgt_vocab_size, d_model, num_heads,
320                   num_layers, d_ff, max_seq_length, dropout = 0.1):
321          super().__init__()
322          #self.embedding = nn.Embedding(tgt_vocab_size, d_model)
323          self.embedding = TokenEmbedding(tgt_vocab_size, d_model)
324          self.positional_encoding= PositionalEncoding(d_model,
325                                                        max_seq_length)
326          self.dropout = nn.Dropout(dropout)
327
328          self.layers = nn.ModuleList([DecoderLayer(
329                                      d_model, num_heads, d_ff, dropout)
330                                  for _ in range(num_layers)])
331          self.fc = nn.Linear(d_model, tgt_vocab_size)
332
333      def forward(self, tgt, enc_output, src_mask, tgt_mask):
334          tgt = self.dropout(self.positional_encoding(self.embedding(tgt)))
335
336          for layer in self.layers:
337              tgt = layer(tgt, enc_output, src_mask, tgt_mask)
338
339          output = self.fc(tgt)
340          return output
341  #5
342  class Transformer(nn.Module):
343      def __init__(self, src_vocab_size, tgt_vocab_size, d_model, num_heads,
344                   num_layers, d_ff, max_seq_length, dropout = 0.1):
345          super().__init__()
346          self.encoder = Encoder(src_vocab_size, d_model, num_heads,
347                                 num_layers, d_ff, max_seq_length, dropout)
348          self.decoder = Decoder(tgt_vocab_size, d_model, num_heads,
349                                 num_layers, d_ff, max_seq_length, dropout)
350
351      def make_src_mask(self, src):
352          src_mask = (src != PAD_IDX).unsqueeze(1).unsqueeze(2)
353          return src_mask
354
355      def make_tgt_mask(self, tgt):
356          tgt_pad_mask = (tgt != PAD_IDX).unsqueeze(1).unsqueeze(2)
357          tgt_len = tgt.shape[1]
358          sub_mask = torch.tril(torch.ones((tgt_len, tgt_len),
359                                           device = DEVICE)).bool()
360          tgt_mask = tgt_pad_mask & sub_mask
361          return tgt_mask
362
```

```
363    def forward(self, src, tgt):
364        src_mask =  self.make_src_mask(src)
365        tgt_mask =  self.make_tgt_mask(tgt)
366        #print("#1:src_mask.shape=", src_mask.shape)
367        #[bs, 1, 1, seq_len]
368        #print("#1:tgt_mask.shape=", tgt_mask.shape)
369        #[bs, 1, seq_len, seq_len]
370
371        enc_output = self.encoder(src, src_mask)
372        output     = self.decoder(tgt, enc_output, src_mask, tgt_mask)
373        return output
374 #6
375 def train_epoch(train_loader, model, optimizer, loss_fn):
376    K = len(train_loader)
377    batch_loss = 0.0
378    model.train()
379    for i, (src, tgt) in enumerate(train_loader):
380        src = src.to(DEVICE)
381        tgt = tgt.to(DEVICE)      #[<sos>, x1, x2, x3, <eos>]
382        optimizer.zero_grad()
383        #print(f"i={i}, src.shape={src.shape},  tgt.shape={tgt.shape}")
384
385        output = model(src, tgt[:, :-1])        # [y1, y2, y3, <eos>]
386        output_dim = output.shape[-1]
387        #print("output.shape=", output.shape)
388
389        tgt = tgt[:, 1:].contiguous().view(-1) # [x1, x2, x3, <eos>]
390        #print("tgt.shape=", tgt.shape)
391
392        output = output.contiguous().view(-1, output_dim)
393        #print("output.shape=", output.shape)
394
395        loss = loss_fn(output, tgt)  # tgt_input)
396        loss.backward()
397        #torch.nn.utils.clip_grad_norm_(model.parameters(), 1)
398        optimizer.step()
399
400        batch_loss += loss.item()
401    batch_loss /= K
402    return batch_loss
403 #7
404 def evaluate(loader, model, loss_fn):
405    model.eval()
406    with torch.no_grad():
407        K = len(loader)
```

```
408          batch_loss = 0.0
409          for src, tgt in loader:
410              src = src.to(DEVICE)
411              tgt = tgt.to(DEVICE)
412
413              output = model(src, tgt[:, :-1])        # [y1, y2, y3, <eos>]
414              output_dim = output.shape[-1]
415
416              tgt = tgt[:, 1:].contiguous().view(-1) # [x1, x2, x3, <eos>]
417              output = output.contiguous().view(-1, output_dim)
418
419              loss = loss_fn(output, tgt)
420
421              batch_loss += loss.item()
422          batch_loss /= K
423          return batch_loss
424 #8
425 #8-1: generate output sequence using greedy algorithm
426 def greedy_decode(model, src, max_len=100):    # [bs = 1, seq_len]
427     src_mask = model.make_src_mask(src)
428     src = src.to(DEVICE)
429     src_mask = src_mask.to(DEVICE)
430
431     with torch.no_grad():
432         memory = model.encoder(src, src_mask)
433     #print('memory = ', memory)
434
435     ys = [BOS_IDX]
436     for i in range(max_len-1):
437         memory = memory.to(DEVICE)
438         tgt = torch.tensor(ys, dtype = torch.long).unsqueeze(0).to(DEVICE)
439         tgt_mask = model.make_tgt_mask(tgt)
440         #print('tgt_mask.shape=', tgt_mask.shape)
441         #print('tgt_mask=', tgt_mask)
442
443         with torch.no_grad():
444             output = model.decoder(tgt, memory, src_mask, tgt_mask)
445
446         pred_token = output.argmax(axis = 2)[:, -1].item()
447         ys.append(pred_token)
448         print('ys=', ys)
449
450     if pred_token == EOS_IDX:
451             break
452     return ys
```

```python
453 #8-2: actual function to translate input sentence
454 #       into target language
455 def translate(model, sentence):
456     model.eval()
457     src = text_transform[SRC_LANGUAGE](sentence).view(1, -1)
458         # batch_first = True
459
460     num_tokens = src.shape[1]      # seq_len
461     pred_tokens = greedy_decode(model, src, num_tokens+10)
462     print('pred_tokens=', pred_tokens)
463     return " ".join(vocab_transform[TGT_LANGUAGE].lookup_tokens(pred_tokens)
464                 ).replace("<bos>", "").replace("<eos>", "")
465 #9
466 def main(EPOCHS=50):
467     #9-1
468     BATCH_SIZE = 128
469     train_loader = DataLoader(train_dataset, batch_size = BATCH_SIZE,
470                               shuffle = True, collate_fn = collate_fn)
471     valid_loader = DataLoader(valid_dataset, batch_size = BATCH_SIZE,
472                               shuffle = False, collate_fn = collate_fn)
473     test_loader  = DataLoader(test_dataset,  batch_size = BATCH_SIZE,
474                               shuffle = False, collate_fn = collate_fn)
475     #9-2
476     transformer = Transformer(src_vocab_size = SRC_VOCAB_SIZE,
477                               tgt_vocab_size = TGT_VOCAB_SIZE,
478                               d_model     = 512,
479                               num_heads   = 8,
480                               num_layers  = 6,
481                               d_ff = 2048,
482                               max_seq_length = 200,
483                               dropout = 0.1).to(DEVICE)
484     # for p in transformer.parameters():
485     #     if p.dim() > 1: nn.init.xavier_uniform_(p)
486
487     #9-3
488     optimizer = torch.optim.Adam(transformer.parameters(), lr = 0.0001)
489     scheduler = optim.lr_scheduler.CosineAnnealingWarmRestarts(optimizer,
490                                               T_0 = 10, T_mult = 2)
491     loss_fn   = nn.CrossEntropyLoss(ignore_index = PAD_IDX)
492     train_losses = []
493
494     #9-4
495     print('training.....')
496     transformer.train()
497     for epoch in range(EPOCHS):
498         train_loss = train_epoch(train_loader, transformer, optimizer, loss_fn)
```

```
499          train_losses.append(train_loss)
500          scheduler.step()
501
502          if epoch % 10 == 0:
503              valid_loss = evaluate(valid_loader, transformer, loss_fn)
504              print(f'epoch={epoch}: train_loss={train_loss:.4f}, ',
505                    f'valid_loss={valid_loss:.4f}')
506      test_loss = evaluate(test_loader, transformer, loss_fn)
507      print(f'test_loss={test_loss:.4f}')
508      torch.save(transformer, './saved_model/6003_transformer.pt')
509      #transformer = torch.load('./saved_model/6003_transformer.pt')
510
511      #9-5: test examples
512      print(translate(transformer, "He runs.")) # 그는 뛰어간다.
513      print(translate(transformer, "Tom danced with Mary."))
514          # 톰은 메리와 함께 춤을 췄다.
515 if __name__ == '__main__':
516      main()
```

▷▷ 실행결과

```
SRC_VOCAB_SIZE: 3436
TGT_VOCAB_SIZE: 7853
training.....
epoch=0: train_loss=6.3148, valid_loss=5.8036
epoch=10: train_loss=3.9747, valid_loss=4.8040
epoch=20: train_loss=1.9905, valid_loss=4.3272
epoch=30: train_loss=1.6506, valid_loss=4.2796
epoch=40: train_loss=0.5107, valid_loss=4.1996
test_loss=4.2920
ys= [2, 41]
ys= [2, 41, 77]
ys= [2, 41, 77, 5]
ys= [2, 41, 77, 5, 3]
pred_tokens= [2, 41, 77, 5, 3]
 그는 뛰어간다 .
ys= [2, 160]
ys= [2, 160, 2292]
ys= [2, 160, 2292, 87]
ys= [2, 160, 2292, 87, 422]
ys= [2, 160, 2292, 87, 422, 2293]
ys= [2, 160, 2292, 87, 422, 2293, 5]
ys= [2, 160, 2292, 87, 422, 2293, 5, 3]
pred_tokens= [2, 160, 2292, 87, 422, 2293, 5, 3]
 톰은 메리와 함께 춤을 췄다 .
```

▷▷▷ 프로그램 설명

**1** #1은 기계번역(영어, 한글)을 위한 데이터셋을 생성하고 spaCy를 활용한 text_transform을 구현하여 영문과 한글의 문장을 토큰화하고 어휘를 구성하여 텐서로 변경하는 전처리 기능을 구현한다([예제 60-01] 참고). collate_fn(batch)는 batch_first = True의 src_batch, tgt_batch를 반환하여 데이터 로더에서 사용한다.

**2** #2-1은 [예제 59-06]의 MultiHeadAttention이다. #2-2는 [예제 60-02]의 TokenEmbedding, PositionalEncoding이다. #2-3의 PositionWiseFeedForward는 2개의 선형변환으로 구성된 Feed-Forward 네트워크이다.

**3** #3은 num_layers 개수의 EncoderLayer를 갖는 Encoder 클래스이다([그림 60.1]).

**4** #4는 num_layers 개수의 DecoderLayer를 갖는 Decoder 클래스이다([그림 60.1]).

**5** #5는 Encoder, Decoder를 이용하여 Transformer 클래스를 정의한다([그림 60.1]). make_src_mask()는 src에서 패딩 마스크 src_mask를 생성한다.

make_tgt_mask()는 tgt에서 패딩 마스크 tgt_pad_mask와 서브시퀀스 마스크 sub_mask를 AND하여 tgt_mask를 생성한다.

**6** #6의 train_epoch()는 train_loader로 model을 1회 에폭 학습하고 손실을 반환한다. tgt = [<sos>, x1, x2, x3, <eos>]의 형태이고, model(src, tgt[:, :-1])의 출력은 output = [y1, y2, y3, <eos>]의 형태이다. tgt = tgt[:, 1:].contiguous().view(-1)로 [x1, x2, x3, |<eos>]의 형태와 output = output.contiguous().view(-1, output_dim)의 손실함수를 최적화하여 모델을 학습한다.

**7** #7의 evaluate()는 loader로 model을 평가하여 손실을 반환한다.

**8** #8은 translate()에서 영어문장 sentence를 텐서(src)로 변환하고, greedy_decode()를 이용하여 pred_tokens를 생성하고, vocab_transform으로 단어로 변환하여 한글문장을 생성한다.

**9** #9의 main() 함수는 BATCH_SIZE = 128의 데이터로더(train_loader, valid_loader, test_loader)를 생성하고, transformer를 생성하고 학습한다. nn.CrossEntropyLoss(ignore_index = PAD_IDX)로 패딩 인덱스에 대한 손실은 계산하지 않는다.

▷ 예제 60-04 ▶ Seq2SeqTransformer: nn.Transformer, batch_first = True

```
01  '''
02  ref1: https://towardsdatascience.com/a-detailed-guide-to-pytorchs-
03  nn-transformer-module-c80afbc9ffb1
04  ref2: 6001.py, 6003.py
05
```

```
06   ** This example uses spacy, Counter, and chain instead of torchtext.
07   ** alternative: you can use AutoTokenizer from transformers
08  # pip install -U torchdata
09  # pip install -U spacy
10  # python -m spacy download en_core_web_sm
11  # python -m spacy download ko_core_news_sm
12  '''
13  #1
14  import torch
15  import torch.nn as nn
16  import torch.optim as optim
17  import torch.nn.functional as F
18  from torch.utils.data   import Dataset, DataLoader, random_split
19  from torch.nn.utils.rnn import pad_sequence
20  import pandas as pd
21  import spacy
22  from collections import Counter
23  from itertools import chain
24  import math
25  torch.manual_seed(0)
26  torch.set_printoptions(sci_mode=False, precision=2)
27  DEVICE = torch.device("cuda" if torch.cuda.is_available() else "cpu")
28  #1: 6001.py, 6003.py
29  #1-1
30  class EngKorDataset(Dataset):
31      def __init__(self,file_name):
32          df = pd.read_table(file_name, encoding = 'utf-8')
33          self.source = df.iloc[:,0].values #en
34          self.target = df.iloc[:,1].values #ko
35
36      def __len__(self):
37          return len(self.source)
38      def __getitem__(self,idx):
39          return self.source[idx], self.target[idx]
40  dataset = EngKorDataset('./data/kor-eng/kor.txt')
41  #1-2
42  dataset_size = len(dataset)
43  train_size = int(dataset_size * 0.8)
44  valid_size = int(dataset_size * 0.1)
45  test_size = dataset_size - train_size - valid_size
46  train_dataset, valid_dataset, test_dataset = \
47      random_split(dataset, [train_size, valid_size, test_size])
48
49  #1-3: token_transform
50  # spacy
```

```
51  spacy_en = spacy.load("en_core_web_sm")
52  spacy_ko = spacy.load("ko_core_news_sm")
53
54  #token_transform
55  SRC_LANGUAGE = 'en'
56  TGT_LANGUAGE = 'ko'
57  token_transform = {
58      SRC_LANGUAGE: lambda x: [token.text for token in spacy_en(x)], # eng token
59      TGT_LANGUAGE: lambda x: [token.text for token in spacy_ko(x)]  # kor token
60  }
61
62  #1-4: vocab_transform
63  # Vocab in build_vocab
64  class Vocab:
65      def __init__(self, counter, specials = None, min_freq = 1):
66          # special tokens
67          self.specials = specials if specials else []
68          self.min_freq = min_freq
69
70          # stoi:  s(torken) -> index
71          self.stoi = {token: idx for idx, token in enumerate(self.specials)}
72          for token, freq in counter.items():
73              if freq >= min_freq and token not in self.stoi:
74                  self.stoi[token] = len(self.stoi)
75
76          # itos: index -> s(token)
77          self.itos = {idx: token for token, idx in self.stoi.items()}
78
79      def get_itos(self):
80          return [self.itos[idx] for idx in range(len(self.itos))]
81
82      def get_stoi(self):
83          return self.stoi
84
85      def lookup_tokens(self, tokens):
86         return  [(self.get_itos()[k]) for k in tokens]
87
88      def __len__(self):
89          return len(self.stoi)
90
91      def __call__(self, tokens): #converts a list of tokens to a list of indices.
92          return [self.stoi.get(token, self.stoi.get('<unk>', 0))
93                  for token in tokens]
94  # create Vocab with special symbols and indices
95  UNK_IDX, PAD_IDX, BOS_IDX, EOS_IDX = 0, 1, 2, 3
96  special_symbols = ['<unk>', '<pad>', '<bos>', '<eos>']
```

```
 97  # helper function to yield list of tokens
 98  def yield_tokens(data_iter, language):
 99      # helper function to yield list of tokens
100      language_index = {SRC_LANGUAGE: 0, TGT_LANGUAGE: 1}
101      for data_sample in data_iter:
102          yield token_transform[language](
103                              data_sample[language_index[language]])
104
105  # calculate requency from Counter, create Vocab
106  def build_vocab(data_iter, language):
107      counter = \
108          Counter(chain.from_iterable(yield_tokens(data_iter, language)))
109      return Vocab(counter, specials = special_symbols)
110
111  # vocab_transform
112  vocab_transform = {}
113  for ln in [SRC_LANGUAGE, TGT_LANGUAGE]:
114      vocab_transform[ln] = build_vocab(dataset, ln)
115
116  SRC_VOCAB_SIZE = len(vocab_transform[SRC_LANGUAGE])
117  TGT_VOCAB_SIZE = len(vocab_transform[TGT_LANGUAGE])
118  print('SRC_VOCAB_SIZE:', SRC_VOCAB_SIZE)
119  print('TGT_VOCAB_SIZE:', TGT_VOCAB_SIZE)
120
121  #1-5: function to add BOS/EOS and create tensor for input sequence indices
122  def tensor_transform(token_ids):
123      return torch.cat((torch.tensor([BOS_IDX]),
124                          torch.tensor(token_ids),
125                          torch.tensor([EOS_IDX])))
126
127  #1-6: src and tgt language text transforms to convert raw strings
128  #       into tensors indices
129  # helper function to club together sequential operations
130  def sequential_transforms(*transforms):
131      def func(txt_input):
132          for transform in transforms:
133              txt_input = transform(txt_input)
134          return txt_input
135      return func
136  #1-7: src and tgt language text transforms to convert raw strings
137  #       into tensors indices
138  text_transform = {}
139  for ln in [SRC_LANGUAGE, TGT_LANGUAGE]:
140      text_transform[ln]= sequential_transforms(
141                              token_transform[ln],     # Tokenization
```

```
142                          vocab_transform[ln],   # Numericalization
143                          tensor_transform)    # Add BOS/EOS and create tensor
144
145 #1-8:  create data loader with batch_first = True, in DataLoader
146 # collate data samples into batch tensors with padding
147 def collate_fn(batch):
148     src_batch, tgt_batch = [], []
149     for src_sample, tgt_sample in batch:
150         src_batch.append(text_transform[SRC_LANGUAGE](src_sample.rstrip("\n")))
151         tgt_batch.append(text_transform[TGT_LANGUAGE](tgt_sample.rstrip("\n")))
152
153     src_batch = pad_sequence(src_batch, padding_value = PAD_IDX,
154                             batch_first = True)
155     tgt_batch = pad_sequence(tgt_batch, padding_value = PAD_IDX,
156                             batch_first = True)
157     return src_batch, tgt_batch
158 #2
159 class TokenEmbedding(nn.Module):
160     def __init__(self, vocab_size, d_model):
161         super().__init__()
162         self.embedding = nn.Embedding(vocab_size, d_model)
163         self.d_model = d_model
164     def forward(self, tokens):
165         return self.embedding(tokens.long()) * math.sqrt(self.d_model)
166
167 class PositionalEncoding(nn.Module):
168     def __init__(self, d_model, max_length = 1000, dropout =  0.0):
169         super().__init__()
170         _2i = torch.arange(0, d_model, step = 2).float()
171         den = torch.exp(- _2i * math.log(10000) / d_model)
172         pos = torch.arange(0, max_length).reshape(max_length, 1)
173
174         pe = torch.zeros((max_length, d_model))
175         pe[:, 0::2] = torch.sin(pos*den)
176         pe[:, 1::2] = torch.cos(pos * den)
177         pe = pe.unsqueeze(0)    # for x + pe, #[bs, max_length, d_model]
178         self.register_buffer('pe', pe)
179         self.dropout = nn.Dropout(dropout)
180
181     def forward(self, x):     # x.shape = [bs, seq_len, d_model]
182         pe = self.pe[:, :x.size(1)]
183         x = self.dropout(x + pe)
184         return x
185 #3
186 class Seq2SeqTransformer(nn.Module):
```

```
187    def __init__(self, src_vocab_size, tgt_vocab_size,
188                 d_model, num_heads,
189                 num_encoder_layers,
190                 num_decoder_layers,
191                 d_ff = 512,
192                 dropout = 0.1):
193        super(Seq2SeqTransformer, self).__init__()
194
195        self.transformer = \
196                    nn.Transformer(d_model, num_heads,
197                    num_encoder_layers = num_encoder_layers,
198                    num_decoder_layers = num_decoder_layers,
199                    dim_feedforward = d_ff,
200                    dropout = dropout,
201                    batch_first = True)
202
203        self.fc = nn.Linear(d_model, tgt_vocab_size)
204        self.src_embedding = TokenEmbedding(src_vocab_size, d_model)
205        self.tgt_embedding = TokenEmbedding(tgt_vocab_size, d_model)
206        self.positional_encoding = \
207            PositionalEncoding(d_model, dropout = dropout)
208
209    def generate_square_subsequent_mask(self, sz):
210        mask = (torch.triu(torch.ones((sz, sz),
211                        device = DEVICE)) == 1).transpose(0, 1)
212        mask = mask.float().masked_fill(mask == 0,
213                        float('-inf')).masked_fill(mask == 1, float(0.0))
214        # example in sz=5,  mask at -inf
215        # [[0., -inf, -inf, -inf, -inf],
216        #  [0.,   0., -inf, -inf, -inf],
217        #  [0.,   0.,   0., -inf, -inf],
218        #  [0.,   0.,   0.,   0., -inf],
219        #  [0.,   0.,   0.,   0.,   0.]]
220        #print('mask=', mask)
221        #exit()
222        return mask
223
224    def create_mask(self, src, tgt):
225        src_len = src.shape[1]
226        tgt_len = tgt.shape[1]
227
228        src_mask = torch.zeros((src_len, src_len),device=DEVICE).float()
229        tgt_mask = self.generate_square_subsequent_mask(tgt_len)
230        #tgt_mask = self.transformer.generate_square_subsequent_mask(tgt_len)
231
```

```
232            src_pad_mask = (src == PAD_IDX)
233            src_pad_mask = src_pad_mask.float()
234            src_pad_mask = \
235                src_pad_mask.masked_fill(src_pad_mask == 1, float('-inf'))
236
237            tgt_pad_mask = (tgt == PAD_IDX)
238            tgt_pad_mask = tgt_pad_mask.float()
239            tgt_pad_mask = \
240                tgt_pad_mask.masked_fill(tgt_pad_mask == 1, float('-inf'))
241
242            return src_mask, tgt_mask, src_pad_mask, tgt_pad_mask
243
244        def forward(self, src, tgt):
245            src_mask, tgt_mask, src_pad_mask, tgt_pad_mask = \
246                self.create_mask(src, tgt)
247
248            src = self.positional_encoding(self.src_embedding(src))
249            tgt = self.positional_encoding(self.tgt_embedding(tgt))
250
251            # memory = \
252            #     self.transformer.encoder(src, mask = src_mask,
253            #     src_key_padding_mask = src_pad_mask)
254            # outs = \
255            #     self.transformer.decoder(tgt, memory,
256            #                              tgt_mask = tgt_mask,
257            #                              tgt_key_padding_mask=tgt_pad_mask)
258
259            outs = self.transformer(src, tgt, src_mask, tgt_mask,
260                            src_key_padding_mask = src_pad_mask,
261                            tgt_key_padding_mask = tgt_pad_mask)
262            return self.fc(outs)
263
264        def encoder(self, src, src_mask):
265            return self.transformer.encoder(
266                    self.positional_encoding(self.src_embedding(src)),
267                    src_mask)
268        def decoder(self, tgt, memory, tgt_mask):
269            return self.transformer.decoder(
270                    self.positional_encoding(self.tgt_embedding(tgt)),
271                    memory, tgt_mask)
272 #4
273 def train_epoch(train_loader, model, optimizer, loss_fn):
274     K = len(train_loader)
275     batch_loss = 0.0
276     model.train()
```

```
277        for i, (src, tgt) in enumerate(train_loader):
278            src = src.to(DEVICE)
279            tgt = tgt.to(DEVICE)     # [<sos>, x1, x2, x3, <eos>]
280            optimizer.zero_grad()
281
282            output = model(src, tgt[:, :-1])    # [y1, y2, y3, <eos>]
283            output_dim = output.shape[-1]
284            #print("output.shape=", output.shape)
285
286            tgt = tgt[:, 1:].contiguous().view(-1) # [x1, x2, x3, <eos>]
287            #print("tgt.shape=", tgt.shape)
288
289            output = output.contiguous().view(-1, output_dim)
290            #print("output.shape=", output.shape)
291
292            loss = loss_fn(output, tgt)  # tgt_input)
293            loss.backward()
294            #torch.nn.utils.clip_grad_norm_(model.parameters(), 1)
295            optimizer.step()
296
297            batch_loss += loss.item()
298        batch_loss /= K
299        return batch_loss
300 #5
301 def evaluate(loader, model, loss_fn):
302     model.eval()
303     K = len(loader)
304     batch_loss = 0.0
305     for src, tgt in loader:
306         src = src.to(DEVICE)
307         tgt = tgt.to(DEVICE)
308         #with torch.no_grad():             # [ref3]
309         output = model(src, tgt[:, :-1])     # [y1, y2, y3, <eos>]
310         output_dim = output.shape[-1]
311
312         tgt = tgt[:, 1:].contiguous().view(-1) # [x1, x2, x3, <eos>]
313         output = output.contiguous().view(-1, output_dim)
314
315         loss = loss_fn(output, tgt)
316
317         batch_loss += loss.item()
318     batch_loss /= K
319     return batch_loss
320 #6
321 #6-1: generate output sequence using greedy algorithm
```

```
322  def greedy_decode(model, src, max_len = 100):   # [bs = 1, seq_len]
323      num_tokens = src.shape[1]
324      src_mask = (torch.zeros(num_tokens, num_tokens)).type(torch.bool)
325
326      src = src.to(DEVICE)
327      src_mask = src_mask.to(DEVICE)
328
329      #with torch.no_grad():      # [ref3]
330      memory = model.encoder(src, src_mask)
331      #print('memory = ', memory)
332
333      ys = [BOS_IDX]
334      for i in range(max_len - 1):
335          memory = memory.to(DEVICE)
336          tgt = torch.tensor(ys,
337                             dtype = torch.long).unsqueeze(0).to(DEVICE)
338          tgt_mask =  model.generate_square_subsequent_mask(tgt.shape[1])
339
340          #with torch.no_grad():
341          out = model.decoder(tgt, memory, tgt_mask)
342          prob = model.fc(out[:, -1])
343
344          pred_token = prob.argmax(axis = 1).item()
345          ys.append(pred_token)
346          print('ys=', ys)
347
348          if pred_token == EOS_IDX:
349              break
350      return ys
351
352  #6-2: actual function to translate input sentence into target language
353  def translate(model, sentence):
354      model.eval()
355      src = text_transform[SRC_LANGUAGE](sentence).view(1, -1)
356          # batch_first = True
357
358      num_tokens = src.shape[1] # seq_len
359      pred_tokens = greedy_decode(model, src, num_tokens + 10)
360      #print('pred_tokens=', pred_tokens)
361
362      return " ".join(vocab_transform[TGT_LANGUAGE].lookup_tokens(pred_tokens)
363                      ).replace("<bos>", "").replace("<eos>", "")
364  #7
365  def main(EPOCHS = 50):
366      #7-1
367      BATCH_SIZE = 128
```

```
368    train_loader = DataLoader(train_dataset, batch_size = BATCH_SIZE,
369                                    shuffle = True, collate_fn = collate_fn)
370    valid_loader = DataLoader(valid_dataset, batch_size = BATCH_SIZE,
371                                    shuffle = False, collate_fn = collate_fn)
372    test_loader  = DataLoader(test_dataset,  batch_size = BATCH_SIZE,
373                                    shuffle = False, collate_fn = collate_fn)
374    #7-2
375    transformer = Seq2SeqTransformer(
376                            src_vocab_size = SRC_VOCAB_SIZE,
377                            tgt_vocab_size = TGT_VOCAB_SIZE,
378                            d_model   = 512,
379                            num_heads = 8,
380                            num_encoder_layers = 6,
381                            num_decoder_layers = 6,
382                            d_ff = 2048,
383                            dropout = 0.1).to(DEVICE)
384    # for p in transformer.parameters():
385    #     if p.dim() > 1: nn.init.xavier_uniform_(p)
386
387    #7-3
388    optimizer = torch.optim.Adam(transformer.parameters(), lr = 0.0001)
389    #scheduler = \
390    #    optim.lr_scheduler.CosineAnnealingWarmRestarts(optimizer,
391    #                                            T_0 = 10,
392    #                                            T_mult = 2)
393    loss_fn   = nn.CrossEntropyLoss(ignore_index = PAD_IDX)
394    train_losses = []
395
396    #7-4
397    print('training.....')
398    transformer.train()
399    for epoch in range(EPOCHS):
400        train_loss = \
401            train_epoch(train_loader, transformer, optimizer, loss_fn)
402        train_losses.append(train_loss)
403        #scheduler.step()
404
405        if epoch % 10 == 0:
406            valid_loss = evaluate(valid_loader, transformer, loss_fn)
407            print(f'epoch={epoch}: train_loss={train_loss:.4f}',
408                    f'valid_loss={valid_loss:.4f}')
409
410    test_loss = evaluate(test_loader, transformer, loss_fn)
411    print(f'test_loss={test_loss:.4f}')
412    torch.save(transformer, './saved_model/6004_transformer.pt')
413    #transformer = torch.load('./saved_model/6004_transformer.pt')
```

```
414    #7-5: test examples
415    print(translate(transformer, "He runs.")) # 그는 뛰어간다.
416    print(translate(transformer,
417             "Tom danced with Mary.")) # 톰은 메리와 함께 춤을 췄다.
418 if __name__ == '__main__':
419    main()
```

▷▷ 실행결과

```
SRC_VOCAB_SIZE: 3436
TGT_VOCAB_SIZE: 7853
training.....
epoch=0: train_loss=6.6873, valid_loss=6.0001
epoch=10: train_loss=4.2082, valid_loss=4.9333
epoch=20: train_loss=2.8860, valid_loss=4.5210
epoch=30: train_loss=1.7576, valid_loss=4.3253
epoch=40: train_loss=0.9118, valid_loss=4.3222
test_loss=4.5090
ys= [2, 41]
ys= [2, 41, 77]
ys= [2, 41, 77, 5]
ys= [2, 41, 77, 5, 3]
 그는 뛰어간다 .
ys= [2, 160]
ys= [2, 160, 2292]
ys= [2, 160, 2292, 87]
ys= [2, 160, 2292, 87, 422]
ys= [2, 160, 2292, 87, 422, 2293]
ys= [2, 160, 2292, 87, 422, 2293, 5]
ys= [2, 160, 2292, 87, 422, 2293, 5, 3]
 톰은 메리와 함께 춤을 췄다 .
```

▷▷▷ 프로그램 설명

1 #1은 기계번역(영어, 한글)을 위한 데이터셋 생성하고 spaCy를 활용한 text_transform을 구현하여 영문과 한글의 문장을 토큰화하고 어휘를 구성하여 텐서로 변경하는 전처리 기능을 구현한다([예제 60-01], [예제 60-3] 참고). collate_fn(batch)는 batch_first = True의 src_batch, tgt_batch를 반환하여 데이터 로더에서 사용한다.

2 #2의 TokenEmbedding, PositionalEncoding은 [예제 60-03]과 같다.

3 #3은 nn.Transformer를 이용하여 Seq2SeqTransformer를 구현한다. create_mask에서 실수 마스크를 생성한다. float('-inf') 값을 갖는 위치에서 마스킹 된다.

4 #4의 train_epoch()는 train_loader로 model을 1회 에폭 학습하고 손실을 반환한다. tgt = [<sos>, x1, x2, x3, <eos>]의 형태이고, model(src, tgt[:, :-1])의 출력은 output = [y1, y2, y3, <eos>]의 형태이다. tgt = tgt[:, 1:].contiguous().view(-1)로 [x1, x2, x3,

〈eos〉]의 형태와 output = output.contiguous().view(-1, output_dim)의 손실함수를 최적화하여 모델을 학습한다.

5 #5의 evaluate()는 loader로 model을 평가하여 손실을 반환한다.

6 #6은 translate()로 영어 문장 sentence를 텐서(src)로 변환하고, greedy_decode()를 이용하여 pred_tokens를 생성하고, vocab_transform으로 단어로 변환하여 한글 문장을 생성한다.

7 #7의 main() 함수는 BATCH_SIZE = 128의 데이터로더(train_loader, valid_loader, test_loader)를 생성하고, transformer를 생성하고 학습한다.

# Vision Transformer

[그림 61.1]은 "An Image is Worth 16x16 Words: Transformers for Image Recognition at Scale, 2021" 논문의 비전 트랜스포머 모델 구조이다. 비전 트랜스포머는 영상을 고정 크기의 패치로 분할하고, 패치 순서를 위한 Position Encoding하여 NLP의 트랜스포머 인코더에 입력하고, 분류층을 추가하여 영상을 분류한다. VisionTransformer(ViT)는 작은 데이터셋에서는 일반화 성능이 좋지 않다. ImageNet 같은 방대한 데이터셋을 사용하거나 잘 사전 학습된 모델을 사용하여 전이학습 transfer learning, 미세조정 fine tuning할 때 좋은 일반화 성능을 갖는다. 논문 저자는 ImageNet-21k, JFT-300M 데이터셋에서 사전 학습된 VisionTransformer 모델에서 ResNet 보다 좋은 성능을 보였다.

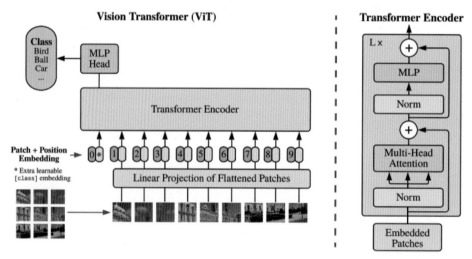

△ 그림 61.1 ▶ Vision Transformer
[Alexey Dosovitskiy, An Image is Worth 16x16 Words: Transformers for Image Recognition at Scale, 2021, https://arxiv.org/pdf/2010.11929.pdf]

▷ 예제 61-01　▶ Vision Transformer 1

```
01  '''
02  ref1: https://github.com/tczhangzhi/VisionTransformer-PyTorch
03  ref2: https://github.com/asyml/vision-transformer-pytorch/blob/main/src/
04  model.py
05  '''
06  import torch
07  import torch.nn as nn
08  import torch.optim as optim
09  import torch.nn.functional as F
10  from torchvision import transforms
11  from torchvision.datasets import CIFAR10
12  from torch.utils.data import DataLoader, random_split
13  import matplotlib.pyplot as plt
14
15  torch.manual_seed(0)
16  torch.set_printoptions(sci_mode = False, precision = 2)
17  DEVICE = torch.device("cuda" if torch.cuda.is_available() else "cpu")
18
19  #1-1
20  class PositionEmb(nn.Module):
21      def __init__(self, num_patches, emb_dim, dropout = 0.0):
22          super(PositionEmb, self).__init__()
23          self.pos_embedding = \
24              nn.Parameter(torch.randn(1, num_patches + 1, emb_dim))
25          self.dropout = nn.Dropout(dropout)
26
27      def forward(self, x):
28          out = x + self.pos_embedding
29          out = self.dropout(out)
30          return out
31  #1-2
32  class MlpBlock(nn.Module):
33      """ Transformer Feed-Forward Block """
34      def __init__(self, in_dim, mlp_dim, out_dim, dropout = 0.1):
35          super(MlpBlock, self).__init__()
36          self.fc1 = nn.Linear(in_dim, mlp_dim)
37          self.fc2 = nn.Linear(mlp_dim, out_dim)
38          self.act = nn.GELU()
39              # Gaussian Error Linear Units function, a smoother
40          if dropout > 0.0:
41              self.dropout1 = nn.Dropout(dropout)
42              self.dropout2 = nn.Dropout(dropout)
43          else:
44              self.dropout1 = None
45              self.dropout2 = None
```

```
46
47      def forward(self, x):
48          out = self.fc1(x)
49          out = self.act(out)
50          if self.dropout1:
51              out = self.dropout1(out)
52
53          out = self.fc2(out)
54          if self.dropout2:
55              out = self.dropout2(out)
56          return out
57  #1-3
58  class MultiHeadAttention(nn.Module):        # 6003.py
59      def __init__(self, d_model = 4, nhead = 2,
60                      dropout = 0.0):          # d_model = embed_dim
61          super().__init__()
62          assert d_model % nhead == 0
63          self.d = d_model // nhead            # dk, dv
64          self.d_model = d_model
65          self.nhead   = nhead
66
67          self.linear_Q    = nn.Linear(d_model, d_model)
68          self.linear_K    = nn.Linear(d_model, d_model)
69          self.linear_V    = nn.Linear(d_model, d_model)
70          self.mha_linear  = nn.Linear(d_model, d_model)
71          self.dropout     = nn.Dropout(dropout)
72
73      def scaled_dot_product_attention(self, q, k, v, mask = None):
74          dk = k.size(-1)
75          score = torch.matmul(q, k.permute(0, 1, 3, 2))
76          score = score / dk ** 0.5  # [bs, nhead, seq_len, seq_len]
77          if mask is not None:
78              score = score.masked_fill(mask == 0, -1e9)
79          attn = F.softmax(score, dim = -1)
80          out = torch.matmul(attn, v)
81          return out, attn
82
83      def forward(self, query, key, value, mask = None):
84          # query, key, value : [bs, seq_len, d_model]
85          Q = self.linear_Q(query)
86          K = self.linear_K(key)
87          V = self.linear_V(value)
88          # Q, K, V : [bs, seq_len, d_model]
89
90          bs = Q.size(0)
91          Q = Q.view(bs, -1, self.nhead, self.d).permute(0, 2, 1, 3)
```

```
92          K = K.view(bs, -1, self.nhead, self.d).permute(0, 2, 1, 3)
93          V = V.view(bs, -1, self.nhead, self.d).permute(0, 2, 1, 3)
94          #print('Q.shape=', Q.shape) # [bs, nhead, seq_len, self.d]
95
96          out, attn = \
97              self.scaled_dot_product_attention(Q, K, V, mask)
98          #print('out.shape=',
99          #      out.shape)          # [bs, nhead, seq_len, self.d]
100         #print('attn.shape=',
101         #      attn.shape)         # [bs, nhead, seq_len, seq_len]
102
103         out = \
104           out.permute(0, 2, 1, 3).contiguous()
105                                     # [bs, seq_len, nhead, self.d]
106         out = out.view(bs, -1, self.d_model)
107                                     # [bs, seq_len, d_model]
108
109         projection = self.dropout(self.mha_linear(out))
110         return projection, attn
111 #1-4
112 class EncoderBlock(nn.Module):
113     def __init__(self, in_dim, mlp_dim, num_heads,
114                  dropout, attn_dropout):
115         super(EncoderBlock, self).__init__()
116
117         self.norm1 = nn.LayerNorm(in_dim)
118         self.attn = \
119             MultiHeadAttention(in_dim, num_heads, attn_dropout)
120         if dropout > 0:
121             self.dropout = nn.Dropout(dropout)
122         else:
123             self.dropout = None
124         self.norm2 = nn.LayerNorm(in_dim)
125         self.mlp = MlpBlock(in_dim, mlp_dim, in_dim, dropout)
126
127     def forward(self, x):
128         residual = x
129         out = self.norm1(x)
130
131         out, _ = self.attn(out, out, out)
132         if self.dropout:
133             out = self.dropout(out)
134         out += residual
135         residual = out
136
```

```
137              out = self.norm2(out)
138              out = self.mlp(out)
139              out += residual
140              return out
141  #1-5
142  class Encoder(nn.Module):
143      def __init__(self, num_patches, emb_dim, mlp_dim,
144                      num_layers = 8, num_heads = 6,
145                      dropout = 0.1, attn_dropout = 0.0):
146          super(Encoder, self).__init__()
147
148          # positional embedding
149          self.pos_embedding = \
150              PositionEmb(num_patches, emb_dim, dropout)
151
152          # encoder blocks
153          in_dim = emb_dim
154          # self.encoder_layers = nn.ModuleList()
155          # for i in range(num_layers):
156          #     layer = \
157          #         EncoderBlock(in_dim, mlp_dim,
158          #                      num_heads, dropout, attn_dropout)
159          #     self.encoder_layers.append(layer)
160          self.encoder_layers = \
161              nn.ModuleList( [EncoderBlock(in_dim, mlp_dim,
162                              num_heads, dropout, attn_dropout)
163                              for _ in range(num_layers)] )
164          self.norm = nn.LayerNorm(in_dim)
165
166      def forward(self, x):
167          out = self.pos_embedding(x)
168          for layer in self.encoder_layers:
169              out = layer(out)
170          out = self.norm(out)
171          return out
172  #1-6
173  def img_to_patch(x, patch_size, flatten_channels = True):
174      B, C, H, W = x.shape
175      x = x.reshape(B, C, H // patch_size,
176                      patch_size, W // patch_size, patch_size)
177      x = x.permute(0, 2, 4, 1, 3, 5)   # [B, H', W', C, p_H, p_W]
178      x = x.flatten(1, 2)                # [B, H' * W', C, p_H, p_W]
179      if flatten_channels:
180          x = x.flatten(2, 4)            # [B, H' * W', C * p_H * p_W]
181      return x
```

```
182  #1-7
183  class VisionTransformer(nn.Module):
184      def __init__(self,
185                   image_size = (32, 32),
186                   patch_size = (4, 4),
187                   emb_dim = 256,
188                   mlp_dim = 512,
189                   num_heads = 8,
190                   num_layers = 6,
191                   num_classes = 10,
192                   dropout = 0.1,
193                   attn_dropout = 0.1):
194          super(VisionTransformer, self).__init__()
195          h, w = image_size
196
197          # embedding method1
198          self.patch_size = patch_size
199          fh, fw = patch_size
200          gh, gw = h // fh, w // fw
201          num_patches = gh * gw
202          self.embedding = \
203              nn.Conv2d( 3, emb_dim,
204                       kernel_size = (fh, fw), stride = (fh, fw) )
205
206          # embedding method2:  using img_to_patch in 6102.py
207          self.input_layer = nn.Linear(3 * (fh * fw), emb_dim)
208
209          # class token
210          self.cls_token = nn.Parameter(torch.zeros(1, 1, emb_dim))
211
212          # transformer
213          self.transformer = Encoder(
214                               num_patches,
215                               emb_dim,
216                               mlp_dim,
217                               num_layers,
218                               num_heads,
219                               dropout,
220                               attn_dropout)
221
222          # classfier
223          self.classifier = nn.Linear(emb_dim, num_classes)
224
225      def forward(self, x):
226          emb = self.embedding(x)              # [b, emb_dim, gh, gw]
227          #print("#1: emb.shape=", emb.shape) # [2, 256, 8, 8]
```

```
228            emb = emb.permute(0, 2, 3, 1)       # [b, gh, hw, emb_dim]
229            #print("#2: emb.shape=", emb.shape)
230            b, h, w, c = emb.shape
231            emb = emb.reshape(b, h * w, c)       # [2, 64, 256]
232            #print("#3: emb.shape=", emb.shape)
233
234            #emb = img_to_patch(x, self.patch_size[0])
235                # [2, 64, 48] = [b, patches, c * patch_size ** 2]
236
237            #emb = self.input_layer(emb)
238            #b = emb.shape[0]
239
240            # prepend class token
241            cls_token = \
242                self.cls_token.repeat(b, 1, 1)          # [2, 1, 256]
243            emb = torch.cat([cls_token, emb], dim = 1)  # [2, 65, 256]
244            #print("#3: cls_token.shape=", cls_token.shape)
245            #print("#4: emb.shape=", emb.shape)          # [2, 65, 256]
246
247            # transformer
248            feat = self.transformer(emb)
249            #print("#5: feat.shape=", feat.shape)        # [2, 65, 256]
250
251            # classifier
252            logits = self.classifier(feat[:, 0])
253            #print("#6: logits.shape=", logits.shape)    # [2, 10]
254            return logits
255
256 #2: dataset, data loader: 3002.py
257 data_transform = transforms.Compose([
258        transforms.ToTensor(),
259        transforms.Normalize( mean = (0.5, 0.5, 0.5),
260                               std  = (0.5, 0.5, 0.5))] )
261 PATH = './data'
262 train_data = CIFAR10(root = PATH, train = True,  download = True,
263                    transform = data_transform)
264 test_ds    = CIFAR10(root = PATH, train = False, download = True,
265                    transform = data_transform)
266
267 valid_ratio = 0.2
268 train_size =  len(train_data)
269 n_valid = int(train_size * valid_ratio)
270 n_train = train_size - n_valid
271 #seed = torch.Generator().manual_seed(1)
272
```

```
273  train_ds, valid_ds = \
274      random_split(train_data,
275                   [n_train, n_valid])      #, generator=seed)
276  print('len(train_ds)= ', len(train_ds))   # 40000
277  print('len(valid_ds)= ', len(valid_ds))   # 10000
278  print('train_data.classes=',
279        train_data.classes)                 # test_ds.classes
280
281  # if RuntimeError: CUDA out of memory, then reduce batch size
282  train_loader = \
283      DataLoader(train_ds, batch_size = 128, shuffle = True)
284  valid_loader = \
285      DataLoader(valid_ds, batch_size = 128, shuffle = False)
286  test_loader  = \
287      DataLoader(test_ds,  batch_size = 128, shuffle = False)
288  print('len(train_loader.dataset)=',
289        len(train_loader.dataset))          # 40000
290  print('len(valid_loader.dataset)=',
291        len(valid_loader.dataset))          # 10000
292  print('len(test_loader.dataset)=',
293        len(test_loader.dataset))           # 10000
294
295  #3
296  def train_epoch(train_loader, model, optimizer, loss_fn):
297      K = len(train_loader)
298      total = 0
299      correct = 0
300      batch_loss = 0.0
301      for X, y in train_loader:
302          X, y = X.to(DEVICE), y.to(DEVICE)
303          optimizer.zero_grad()
304
305          out = model(X)
306
307          loss = loss_fn(out, y)
308          loss.backward()
309          optimizer.step()
310
311          y_pred = out.argmax(dim = 1).float()
312          correct += y_pred.eq(y).sum().item()
313          batch_loss += loss.item()
314          total += y.size(0)
315      batch_loss /= K
316      accuracy = correct/total
317      return batch_loss, accuracy
318
```

```
319  #4
320  def evaluate(loader, model, loss_fn,
321                  correct_pred = None, counts = None):
322      K = len(loader)
323      classes = test_ds.classes
324      model.eval() # model.train(False)
325      with torch.no_grad():
326
327          total = 0
328          correct = 0
329          batch_loss = 0.0
330          for X, y in loader:
331              X, y = X.to(DEVICE), y.to(DEVICE)
332
333              out = model(X)
334              y_pred = out.argmax(dim=1).float()
335              correct += y_pred.eq(y).sum().item()
336
337              loss = loss_fn(out, y)
338              batch_loss += loss.item()
339              total += y.size(0)
340
341              # for each class accuracy
342              if correct_pred and counts:
343                  for label, pred in zip(y, y_pred):
344                      if label == pred:
345                          correct_pred[classes[label]] += 1
346                      counts[classes[label]] += 1
347          batch_loss /= K
348          accuracy = correct/total
349      return batch_loss, accuracy
350
351  #5:
352  def main(EPOCHS = 50):
353  #5-1
354      model = VisionTransformer().to(DEVICE)
355      optimizer = optim.Adam(params = model.parameters(), lr = 0.0001)
356      loss_fn = nn.CrossEntropyLoss()
357      train_losses = []
358      valid_losses = []
359  #5-2
360      print('training.....')
361      model.train()
362      for epoch in range(EPOCHS):
363          loss, acc = \
364              train_epoch(train_loader, model, optimizer, loss_fn)
```

```
365            train_losses.append(loss)
366
367            val_loss, val_acc = evaluate(valid_loader, model, loss_fn)
368            valid_losses.append(val_loss)
369
370            if not epoch%10 or epoch == EPOCHS-1:
371                msg  = f'epoch={epoch}: train_loss={loss:.4f}, '
372
373                msg += f'train_accuracy={acc:.4f}, '
374                msg += f'valid_loss={val_loss:.4f}, '
375                msg += f'valid_accuracy={val_acc:.4f}'
376                print(msg)
377        torch.save(model, './data/6101_cifar10.pt')
378 #5-3
379        corrects = {classname: 0 for classname in test_ds.classes}
380        counts   = {classname: 0 for classname in test_ds.classes}
381
382        test_loss, test_acc = \
383            evaluate(test_loader, model, loss_fn, corrects, counts)
384        print(f'test_loss={test_loss:.4f},
385                test_accuracy={test_acc:.4f}')
386
387        for classname, c in corrects.items():
388            n = counts[classname]
389            accuracy = c / n
390            print(f'classname={classname:10s}: correct={c},
391                    count={n}: accuracy={accuracy:.4f}')
392
393 #5-4: display loss, pred
394        plt.xlabel('epoch')
395        plt.ylabel('loss')
396        plt.plot(train_losses, label = 'train_losses')
397        plt.plot(valid_losses, label = 'valid_losses')
398        plt.legend()
399        plt.show()
400 #6
401 if __name__ == '__main__':
402        main()
403
404        # test
405        # model = VisionTransformer()
406        # x = torch.randn((2, 3, 32, 32))   # [B, C, H, W]
407        # out = model(x)
408        # print("out.shape=", out.shape)     # [B, num_classes]=[2, 10]
```

▷▷ 실행결과

```
training.....
epoch=0: train_loss=1.9289, train_accuracy=0.2916, valid_loss=1.7454, valid_
accuracy=0.3760
epoch=10: train_loss=0.7061, train_accuracy=0.7514, valid_loss=1.2573, valid_
accuracy=0.5877
epoch=20: train_loss=0.0682, train_accuracy=0.9796, valid_loss=2.2767, valid_
accuracy=0.5728
epoch=30: train_loss=0.0488, train_accuracy=0.9834, valid_loss=2.6499, valid_
accuracy=0.5682
epoch=40: train_loss=0.0134, train_accuracy=0.9960, valid_loss=2.8983, valid_
accuracy=0.5793
epoch=49: train_loss=0.0353, train_accuracy=0.9885, valid_loss=2.8455, valid_
accuracy=0.5713
test_loss=2.7679, test_accuracy=0.5785
```

▷▷▷ 프로그램 설명

**1** #1은 PositionEmb, MlpBlock, MultiHeadAttention, EncoderBlock, Encoder, img_to_patch, VisionTransformer로 [그림 61.1]의 Vision Transformer를 구현한다[ref1, ref2].

**2** #1-3에서 [예제 60-03]의 MultiHeadAttention을 사용하여 멀티 헤드 어텐션을 구현한다.

**3** nn.Conv2d()[ref1] 또는 img_to_patch()[ref2]를 사용하여 입력 영상을 패치로 분할할 수 있다.

**4** #2는 CIFAR10로 데이터셋(train_ds, valid_ds, test_ds)과 데이터 로더(train_loader, valid_loader, test_loader)를 생성한다.

**5** #3의 train_epoch()는 train_loader, optimizer, loss_fn로 model을 1회 학습한다.

**6** #4의 evaluate()는 loader로 model을 평가한다.

**7** #5의 main()은 model을 생성하고, train_epoch(), evaluate()를 EPOCHS 반복하여 학습하고 평가한다.

**8** 훈련 데이터의 정확도는 train_accuracy = 0.9885로 높다. 그러나 검증 데이터와 테스트 데이터의 정확도는 valid_accuracy = 0.5713, test_accuracy=0.5785로 낮은 결과를 갖는다. VisionTransformer로 비교적 작은 규모의 CIFAR10 데이터셋을 사용했기 때문이다. VisionTransformer는 보지 않은 데이터에 대한 일반화 성능에 대한 귀납적 편향 inductive biases이 부족하다[https://en.wikipedia.org/wiki/Inductive_bias]. VisionTransformer를 사용할 때는 ImageNet 같은 방대한 데이터셋으로 사전 학습된 모델로 전이 학습할 때 좋은 일반화 성능을 갖는다.

▷ 예제 61-02 ► Vision Transformer 2

```
01 '''
02 ref: https://lightning.ai/docs/pytorch/stable/notebooks/course_UvA-
03 DL/11-vision-transformer.html
04 '''
05 import torch
06 import torch.nn as nn
07 import torch.optim as optim
08 import torch.nn.functional as F
09 from torchvision import transforms
10 from torchvision.datasets import CIFAR10
11 from torch.utils.data import DataLoader, random_split
12 import matplotlib.pyplot as plt
13 torch.manual_seed(0)
14 torch.set_printoptions(sci_mode=False, precision=2)
15 DEVICE = torch.device("cuda" if torch.cuda.is_available() else "cpu")
16
17 #1-1:
18 def img_to_patch(x, patch_size, flatten_channels = True):
19     B, C, H, W = x.shape
20     x = x.reshape(B, C, H // patch_size, patch_size,
21                   W // patch_size, patch_size)
22     x = x.permute(0, 2, 4, 1, 3, 5)   # [B, H', W', C, p_H, p_W]
23     x = x.flatten(1, 2)               # [B, H' * W', C, p_H, p_W]
24     if flatten_channels:
25         x = x.flatten(2, 4)           # [B, H' * W', C * p_H * p_W]
26     return x
27 #1-2
28 class AttentionBlock(nn.Module):
29     def __init__(self, embed_dim, hidden_dim,
30                  num_heads, dropout = 0.0):
31         super().__init__()
32         self.layer_norm_1 = nn.LayerNorm(embed_dim)
33         self.attn = nn.MultiheadAttention(embed_dim, num_heads)
34         self.layer_norm_2 = nn.LayerNorm(embed_dim)
35         self.linear = nn.Sequential(
36             nn.Linear(embed_dim, hidden_dim),
37             nn.GELU(),
38             nn.Dropout(dropout),
39             nn.Linear(hidden_dim, embed_dim),
40             nn.Dropout(dropout))
41
42     def forward(self, x):
43         inp_x = self.layer_norm_1(x)
44         x = x + self.attn(inp_x, inp_x, inp_x)[0]
```

```
45            x = x + self.linear(self.layer_norm_2(x))
46            return x
47  #1-3
48  class VisionTransformer(nn.Module):
49      def __init__(
50              self, embed_dim = 256, hidden_dim = 512,
51              num_channels = 3, num_heads = 8, num_layers = 6,
52              num_classes = 10, patch_size = 4, num_patches = 64,
53              dropout = 0.1):
54          super().__init__()
55
56          self.patch_size = patch_size
57          self.input_layer = \
58              nn.Linear(num_channels * (patch_size ** 2), embed_dim)
59
60          self.transformer = \
61              nn.Sequential(
62                          *(AttentionBlock( embed_dim,
63                                            hidden_dim,
64                                            num_heads,
65                                            dropout = dropout
66                                          )
67                          for _ in range(num_layers)) )
68          self.mlp_head = \
69              nn.Sequential(nn.LayerNorm(embed_dim),
70                            nn.Linear(embed_dim, num_classes))
71          self.dropout = nn.Dropout(dropout)
72
73          self.cls_token = \
74              nn.Parameter(torch.randn(1, 1, embed_dim))
75          self.pos_embedding = \
76              nn.Parameter( torch.randn(1, 1 + num_patches,
77                                        embed_dim) )
78
79      def forward(self, x):
80          x = img_to_patch(x, self.patch_size)        # [2, 64, 48]
81          #print("1: x.shape=", x.shape)
82          b, num_patches, _ = x.shape
83          x = self.input_layer(x)
84          #print("2: x.shape=", x.shape)              # [2, 64, 256]
85
86          # Add CLS token and positional encoding
87          cls_token = self.cls_token.repeat(b, 1, 1) # [2, 1, 256]
88          #print("3: cls_token.shape=", cls_token.shape)
89
```

```
 90              x = torch.cat([cls_token, x], dim = 1)  # [2, 65, 256]
 91              #print("4: x.shape=", x.shape)
 92
 93              x = x + self.pos_embedding[:, : num_patches + 1]
 94              #print("5: self.pos_embedding.shape=",
 95              #        self.pos_embedding.shape)      # [1, 65, 256]
 96              #print("6: x.shape=", x.shape)          # [2, 65, 256]
 97
 98              # Apply Transforrmer
 99              x = self.dropout(x)
100              x = x.transpose(0, 1)
101              x = self.transformer(x)
102
103              # predict classification
104              cls = x[0]
105              out = self.mlp_head(cls)
106              #print("7: out.shape=", out.shape)      # [2, 10]
107              return out
108
109 #2: dataset, data loader: 3002.py
110 data_transform = \
111     transforms.Compose([
112                       transforms.ToTensor(),
113                       transforms.Normalize(
114                           mean = (0.5, 0.5, 0.5),
115                           std=(0.5, 0.5, 0.5)) ])
116
117 PATH = './data'
118 train_data = CIFAR10(root = PATH, train = True, download = True,
119                     transform = data_transform)
120 test_ds    = CIFAR10(root = PATH, train = False, download = True,
121                     transform = data_transform)
122
123 valid_ratio = 0.2
124 train_size =  len(train_data)
125 n_valid = int(train_size*valid_ratio)
126 n_train = train_size-n_valid
127 #seed = torch.Generator().manual_seed(1)
128 train_ds, valid_ds = random_split( train_data,
129                     [n_train, n_valid])       #, generator=seed)
130 print('len(train_ds)= ', len(train_ds))       # 40000
131 print('len(valid_ds)= ', len(valid_ds))       # 10000
132 print('train_data.classes=',
133       train_data.classes)                     # test_ds.classes
134
```

```
135  # if RuntimeError: CUDA out of memory, then reduce batch size
136  train_loader = \
137      DataLoader(train_ds, batch_size = 128, shuffle = True)
138  valid_loader = \
139      DataLoader(valid_ds,  batch_size = 128, shuffle = False)
140
141  test_loader  = \
142      DataLoader(test_ds,  batch_size = 128, shuffle = False)
143  print('len(train_loader.dataset)=',
144        len(train_loader.dataset))              # 40000
145  print('len(valid_loader.dataset)=',
146        len(valid_loader.dataset))             # 10000
147  print('len(test_loader.dataset)=',
148        len(test_loader.dataset))              # 10000
149
150  #3
151  def train_epoch(train_loader, model, optimizer, loss_fn):
152      K = len(train_loader)
153      total = 0
154      correct = 0
155      batch_loss = 0.0
156      for X, y in train_loader:
157          X, y = X.to(DEVICE), y.to(DEVICE)
158          optimizer.zero_grad()
159
160          out = model(X)
161
162          loss = loss_fn(out, y)
163          loss.backward()
164          optimizer.step()
165
166          y_pred = out.argmax(dim = 1).float()
167          correct += y_pred.eq(y).sum().item()
168          batch_loss += loss.item()
169          total += y.size(0)
170      batch_loss /= K
171      accuracy = correct / total
172      return batch_loss, accuracy
173  #4
174  def evaluate(loader, model, loss_fn,
175                  correct_pred = None, counts = None):
176      K = len(loader)
177      classes = test_ds.classes
178      model.eval()                              # model.train(False)
179
```

```
180     with torch.no_grad():
181         total = 0
182         correct = 0
183         batch_loss = 0.0
184         for X, y in loader:
185             X, y = X.to(DEVICE), y.to(DEVICE)
186
187             out = model(X)
188             y_pred = out.argmax(dim = 1).float()
189             correct += y_pred.eq(y).sum().item()
190
191             loss = loss_fn(out, y)
192             batch_loss += loss.item()
193             total += y.size(0)
194
195             # for each class accuracy
196             if correct_pred and counts:
197                 for label, pred in zip(y, y_pred):
198                     if label == pred:
199                         correct_pred[classes[label]] += 1
200                     counts[classes[label]] += 1
201         batch_loss /= K
202         accuracy = correct / total
203     return batch_loss, accuracy
204
205 #5
206 def main(EPOCHS = 50):
207 #5-1
208     model = VisionTransformer().to(DEVICE)
209     optimizer = \
210         optim.Adam(params = model.parameters(), lr = 0.0001)
211     #optimizer = \
212     #    optim.AdamW(params = model.parameters(), lr = 0.0001)
213     #scheduler = \
214     #    optim.lr_scheduler.MultiStepLR(optimizer,
215                                          milestones = [10, 30],
216                                          gamma = 0.1)
217
218     loss_fn = nn.CrossEntropyLoss()
219     train_losses = []
220     valid_losses = []
221 #5-2
222     print('training.....')
223     model.train()
224
```

```
225        for epoch in range(EPOCHS):
226            loss, acc = \
227                train_epoch(train_loader, model, optimizer, loss_fn)
228            train_losses.append(loss)
229            #scheduler.step()
230
231            val_loss, val_acc = evaluate(valid_loader, model, loss_fn)
232            valid_losses.append(val_loss)
233
234            if not epoch % 10 or epoch == EPOCHS - 1:
235                msg  = f'epoch={epoch}: train_loss={loss:.4f}, '
236                msg += f'train_accuracy={acc:.4f}, '
237                msg += f'valid_loss={val_loss:.4f}, '
238                msg += f'valid_accuracy={val_acc:.4f}'
239                print(msg)
240        torch.save(model, './data/6102_cifar10.pt')
241    #5-3
242        corrects = {classname: 0 for classname in test_ds.classes}
243        counts   = {classname: 0 for classname in test_ds.classes}
244
245        test_loss, test_acc = \
246            evaluate(test_loader, model, loss_fn, corrects, counts)
247        print(f'test_loss={test_loss:.4f},
248            test_accuracy={test_acc:.4f}')
249
250        for classname, c in corrects.items():
251            n = counts[classname]
252            accuracy = c / n
253            print(f'classname={classname:10s}: correct={c},
254                count={n}: accuracy={accuracy:.4f}')
255
256    #5-4: display loss, pred
257        plt.xlabel('epoch')
258        plt.ylabel('loss')
259        plt.plot(train_losses, label='train_losses')
260        plt.plot(valid_losses, label='valid_losses')
261        plt.legend()
262        plt.show()
263    #6
264    if __name__ == '__main__':
265        main()
266
267        # model = VisionTransformer()
268        # x = torch.randn((2, 3, 32, 32)) # [B, C, H, W]
269        # out = model(x)
270        # print("out.shape=", out.shape)  # [B, num_classes] = [2, 10]
```

▷▷ 실행결과

```
training.....
epoch=0: train_loss=1.9287, train_accuracy=0.2934, valid_loss=1.7194, valid_
accuracy=0.3824
...
epoch=49: train_loss=0.0145, train_accuracy=0.9958, valid_loss=2.8897, valid_
accuracy=0.5825
test_loss=2.9050, test_accuracy=0.5807
```

▷▷▷ 프로그램 설명

1  #1은 img_to_patch, AttentionBlock, VisionTransformer로 [그림 61.1]의 Vision Transformer를 구현한다[ref].

2  #1-1의 img_to_patch()는 입력 영상을 패치로 분할한다.

3  #1-2의 AttentionBlock은 nn.MultiheadAttention을 이용하여 어텐션 블록을 구현한다.

4  #2, #3, #4, #5는 [예제 61-01]과 같다.

5  정확도는 train_accuracy = 0.9958, valid_accuracy = 0.5825, test_accuracy = 0.5807이다.

귀납적 편향 inductive biases이 부족한 VisionTransformer로 비교적 작은 규모의 CIFAR10 데이터셋을 사용했기 때문에 낮은 일반화 성능을 갖는다[ref].

# Segformer 분할

SegFormer는 VisionTransformer(ViT)를 영상 의미분할 semantic segmentation을 위해 변형한 모델이다. [그림 62.1]은 SegFormer의 모델 구조이다. Mix Transformer 인코더 (MiT)는 멀티 레벨 특징을 추출한다. (H, W, 3)의 입력 영상에 대해 가로 세로 각각 1/4, 1/8, 1/16, 1/32의 해상도를 갖는 계층적 멀티 레벨 특징 $F_i$를 생성한다. 디코더는 MLP 구조로 멀티 레벨 특징을 혼합하여 (H/4, W/4, Ncls)의 의미분할을 생성한다. Ncls는 클래스 크기이다.

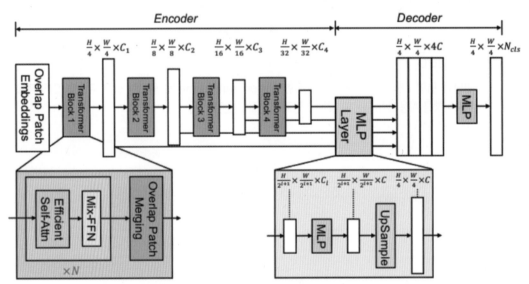

△ 그림 62.1 ▶ Segformer 구조
[Enze Xie, SegFormer: Simple and Efficient Design for
Semantic Segmentation with Transformers, 2021,
https://arxiv.org/pdf/2105.15203.pdf]

## 1 Overlapped Patch Merging

ViT는 N×N×3 패치를 $1 \times 1 \times C$ 벡터로 통합한다. SegFormer는 멀티 레벨 특징을 추출을 위해 $2 \times 2 \times C_i$를 $1 \times 1 \times C_{i+1}$로 통합하여 $F_1(\frac{H}{4}, \frac{W}{4}, C_1)$에서 $F_2(\frac{H}{8}, \frac{W}{8}, C_2)$로 축소한다.

K $^{\text{patch size}}$, S $^{\text{stride}}$, P $^{\text{padding}}$를 이용하여 영상을 겹쳐서 패치로 분할한다.

OverlapPatchEmbed(3, embed_dims[0], patch_size = 7, stride = 4)는 [B, 3, 224, 224]의 입력 영상을 [B, 3136, 32]로 변환한다. H = 56, W = 56, H * W = 3136개의 패치가 생성된다.

OverlapPatchEmbed(embed_dims[0], embed_dims[1], 3, 2)는 [B, 784, 64]로 변환한다. 784(28 * 28)개의 패치가 생성된다.

OverlapPatchEmbed(embed_dims[1], embed_dims[2], 3, 2)는 [B, 196, 160]로 변환한다. 196(14 * 14)개의 패치가 생성된다.

OverlapPatchEmbed(embed_dims[2], embed_dims[3], 3, 2)는 [B, 49, 256]로 변환한다. 49(7 * 7)개의 패치가 생성된다.

**2** Transformer Block
트랜스포머 블록은 셀프 에텐션, Mix-FFN, 패치 통합으로 구성된다. 4단계의 트랜스포머 블록으로 멀티 레벨 특징을 생성한다. model_name= 'B0'에서 embed_dims = [32, 64, 160, 256]으로 C1 = 32, C2 = 64, C3 = 160, C4 = 256 이다. depth = [2, 2, 2, 2]는 각 단계에서 반복횟수이다.

**3** Efficient Self-Attention
[수식 62.1]의 기존 셀프 어텐션은 Q, K, V가 모두 N×C 차원이다. 여기서 N = H×W 이다. 영상의 크기가 클 때 셀프 어텐션 계산에서 병목현상이 발생한다.

$$Attention(Q, K, V) = softmax(\frac{QK^T}{\sqrt{d_k}})V \qquad \triangleleft \text{수식 62.1}$$

[수식 62.2]은 SegFormer 논문에서 사용한 효과적인 셀프 어텐션이다. 축소비율 R을 사용하여 K의 모양을 $(\frac{N}{R}, C \times R)$ 모양을 갖는 $\hat{K}$로 변경한다. $\hat{K}$을 선형 변환하여 $\frac{N}{R} \times C$ 모양의 K를 효율적으로 계산한다.

$$\hat{K} = Reshape(\frac{N}{R}, C \times R)(K)$$     ◁ 수식 62.2

$$K = Linear(C \times R, C)(\hat{K})$$

**4** Mix-FFN

VisionTransformer(ViT)는 위치 정보를 위해 해상도가 고정된 PE positional encoding를 사용한다. 이것은 훈련 데이터와 크기가 다른 테스트 데이터 크기를 사용할 때 성능 저하를 일으킨다. 의미분할을 위한 SegFormer는 PE를 하지 않고, 대신 [수식 62.3]의 Mix-FFN feed-forward network을 사용한다. 3×3 합성곱이 트랜스포머를 위한 위치 정보를 제공한다. $X_{in}$은 셀프 어텐션 모듈의 출력이다.

$$X_{out} = MLP(GELU(Conv_{3 \times 3}(MLP(X_{in})))) + X_{in}$$     ◁ 수식 62.3

**5** All-MLP Decoder

Segformer는 [수식 62.4]의 MLP로만 구성된 디코더(All-MLP)를 사용한다. 디코더 1단계는 MiT 인코더로 계산된 멀티 레벨 특징 $F_i$를 MLP를 통과시켜 채널을 통합한다. 2단계는 특징을 1/4로 업 샘플링하여 연결 concat한다. 3단계는 연결된 특징(F)을 혼합하기 위해 MLP를 사용한다. 마지막으로 혼합된 특징 fused feature 으로 분할 마스크 M을 생성하기 위해 MLP를 사용한다.

$$\hat{F}_i = Linear(C_i, C)(F_i), \forall_i$$     ◁ 수식 62.4

$$\hat{F}_i = Upsample(\frac{W}{4}, \frac{W}{4})(\hat{F}_i), \forall_i$$

$$F = Linear(4C, C)(Concat(\hat{F}_i)), \forall_i$$

$$M = Linear(C, N_{cls})(F)$$

▷ 예제 62-01 ▶ SegFormer

```
01 '''
02 ref1: https://github.com/sithu31296/semantic-segmentation/blob/main/
03 semseg/models/backbones/mit.py
04 ref2: https://github.com/lucidrains/segformer-pytorch
05 ref3: https://github.com/Mr-TalhaIlyas/segformer/blob/master/
06 backbone.py
07 ref4:https://pytorch.org/vision/stable/_modules/torchvision/ops/
08 stochastic_depth.html#stochastic_depth
09 '''
10 import torch
11 from torch import nn
12 import torch.optim as optim
13 import torch.nn.functional as F
14 import torchvision.transforms as T
15 from torchvision.datasets import OxfordIIITPet
16 from torch.utils.data import Dataset, DataLoader, random_split
17 from torchmetrics.functional import accuracy
18 import albumentations as A
19 from albumentations.pytorch import ToTensorV2
20 import matplotlib.pyplot as plt
21 from PIL import Image
22 import numpy as np
23 import os
24 DEVICE = 'cuda' if torch.cuda.is_available() else 'cpu'
25 #1: [수식 62.1], [수식 62.2]
26 class Attention(nn.Module):
27     def __init__(self, dim, head, sr_ratio):
28         super().__init__()
29         self.head = head
30         self.sr_ratio = sr_ratio
31         self.scale = (dim // head) ** -0.5
32         self.q = nn.Linear(dim, dim)
33         self.kv = nn.Linear(dim, dim * 2)
34         self.proj = nn.Linear(dim, dim)
35
36         if sr_ratio > 1:
37             self.sr = nn.Conv2d(dim, dim, sr_ratio, sr_ratio)
38             self.norm = nn.LayerNorm(dim)
39
40     def forward(self, x, H, W):
41         B, N, C = x.shape
42         q = self.q(x).reshape(B, N, self.head,
43                                 C // self.head).permute(0, 2, 1, 3)
44
```

```python
45          if self.sr_ratio > 1:
46              x = x.permute(0, 2, 1).reshape(B, C, H, W)
47              x = self.sr(x).reshape(B, C, -1).permute(0, 2, 1)
48              x = self.norm(x)
49
50          k, v = \
51              self.kv(x).reshape(B, -1, 2, self.head,
52                                  C // self.head).permute(2, 0, 3, 1, 4)
53
54          attn = (q @ k.transpose(-2, -1)) * self.scale
55          attn = attn.softmax(dim=-1)
56
57          x = (attn @ v).transpose(1, 2).reshape(B, N, C)
58          x = self.proj(x)
59          return x
60  #2-1
61  class DWConv(nn.Module):
62      def __init__(self, dim):
63          super().__init__()
64          self.dwconv = nn.Conv2d(dim, dim, 3, 1, 1, groups = dim)
65
66      def forward(self, x, H, W):
67          B, _, C = x.shape
68          x = x.transpose(1, 2).view(B, C, H, W)
69          x = self.dwconv(x)
70          return x.flatten(2).transpose(1, 2)
71  #2-2
72  class MixFFN(nn.Module):          # Eq 3 in paper, [수식 62.3]
73      def __init__(self, c1, c2):
74          super().__init__()
75          self.fc1 = nn.Linear(c1, c2)
76          self.dwconv = DWConv(c2)
77          self.fc2 = nn.Linear(c2, c1)
78
79      def forward(self, x, H, W):
80          return self.fc2(F.gelu(self.dwconv(self.fc1(x), H, W)))
81  #2-3
82  class StochasticDepth(nn.Module):
83      def __init__(self, p = 0.0):
84          super().__init__()
85          self.p = p
86
87      # def forward(self, x):
88      #     if self.p == 0.:
89      #         return x
90      #     keep_p = 1 - self.p
```

```
 91     #       shape = (x.shape[0],) + (1,) * (x.ndim - 1)
 92     #       random_tensor = \
 93     #       keep_p + torch.rand(shape, dtype = x.dtype,
 94     #                             device = x.device)
 95     #       random_tensor.floor_()              # binarize
 96     #       return x.div(keep_p) * random_tensor
 97     def forward(self, x, mode = 'row'):     # [ref4]
 98         if self.p == 0.:
 99             return x
100         survival_rate = 1.0 - self.p
101         if mode == 'row':
102             shape = [x.shape[0]] + [1] * (x.ndim - 1)
103         elif mode == 'batch':
104             shape = [1] * x.ndim
105
106         noise = torch.empty(shape, dtype = x.dtype,
107                             device = x.device)
108         noise = noise.bernoulli_(survival_rate)
109         if survival_rate > 0.0:
110             noise.div_(survival_rate)
111         return x * noise
112 #3
113 class OverlapPatchEmbed(nn.Module):
114     def __init__(self, c1 = 3, c2 = 32,
115                  patch_size = 7, stride = 4):
116         super().__init__()
117         self.proj = \
118             nn.Conv2d(c1, c2, patch_size, stride, patch_size // 2)
119         self.norm = nn.LayerNorm(c2)
120
121     def forward(self, x):
122         #print("#1: x.shape=", x.shape)     # [64, 3, 224, 224]
123         x = self.proj(x)
124         #print("#2: x.shape=", x.shape)     # [64, 32, 56, 56]
125         _, _, H, W = x.shape
126         x = x.flatten(2).transpose(1, 2)
127         x = self.norm(x)
128         #print("#3: x.shape=", x.shape)     # [64, 3136, 32]
129         return x, H, W
130 #4
131 class Block(nn.Module):
132     def __init__(self, dim, head, sr_ratio = 1, dpr = 0.):
133         super().__init__()
134         self.norm1 = nn.LayerNorm(dim)
135         self.attn  = Attention(dim, head, sr_ratio)
136
```

```
137             self.drop_path = \
138                 StochasticDepth(dpr) if dpr > 0. else nn.Identity()
139             self.norm2 = nn.LayerNorm(dim)
140             self.mlp   = MixFFN(dim, int(dim * 4))
141
142     def forward(self, x, H, W):
143         x = x + self.drop_path(self.attn(self.norm1(x), H, W))
144         x = x + self.drop_path(self.mlp(self.norm2(x), H, W))
145         return x
146 #5
147 mit_settings = {
148     'B0': [[32,  64, 160, 256], [2, 2,  2, 2]],   # [embed_dims, depths]
149     'B1': [[64, 128, 320, 512], [2, 2,  2, 2]],
150     'B2': [[64, 128, 320, 512], [3, 4,  6, 3]],
151     'B3': [[64, 128, 320, 512], [3, 4, 18, 3]],
152     'B4': [[64, 128, 320, 512], [3, 8, 27, 3]],
153     'B5': [[64, 128, 320, 512], [3, 6, 40, 3]] }
154
155 class MiT(nn.Module):
156     def __init__(self, model_name = 'B0'):
157         super().__init__()
158         assert model_name in mit_settings.keys(),
159             f"should be in B0, B1, B2, B3, B4, B5"
160         embed_dims, depths = mit_settings[model_name]
161         drop_path_rate = 0.1
162         self.channels = embed_dims
163
164         # patch_embed
165         self.patch_embed1 = \
166             OverlapPatchEmbed(3, embed_dims[0], 7, 4)
167         self.patch_embed2 = \
168             OverlapPatchEmbed(embed_dims[0], embed_dims[1], 3, 2)
169         self.patch_embed3 = \
170             OverlapPatchEmbed(embed_dims[1], embed_dims[2], 3, 2)
171         self.patch_embed4 = \
172             OverlapPatchEmbed(embed_dims[2], embed_dims[3], 3, 2)
173
174         dpr = [x.item() for x in torch.linspace(0, drop_path_rate,
175                                                 sum(depths)) ]
176         #print('dpr=', dpr)
177         cur = 0
178         self.block1 = \
179           nn.ModuleList([Block(embed_dims[0], 1, 8, dpr[cur + i])
180                 for i in range(depths[0])])
181         self.norm1 = nn.LayerNorm(embed_dims[0])
182
```

```
183        cur += depths[0]
184        self.block2 = \
185        nn.ModuleList( [Block(embed_dims[1], 2, 4,
186                        dpr[cur+i] ) for i in range(depths[1])])
187        self.norm2 = nn.LayerNorm(embed_dims[1])
188
189        cur += depths[1]
190        self.block3 = nn.ModuleList(
191                        [Block(embed_dims[2], 5, 2,
192                        dpr[cur+i] ) for i in range(depths[2])])
193        self.norm3 = nn.LayerNorm(embed_dims[2])
194
195        cur += depths[2]
196        self.block4 = nn.ModuleList(
197                        [Block(embed_dims[3], 8, 1,
198                        dpr[cur+i] ) for i in range(depths[3])])
199        self.norm4 = nn.LayerNorm(embed_dims[3])
200
201    def forward(self, x):
202        #print("#0: x.shape=", x.shape)      # [B, 3, 224, 224]
203        B = x.shape[0]
204        # stage 1
205        x, H, W = self.patch_embed1(x)
206        #print("#1: x.shape=", x.shape,
207        #      H, W)                # [B, 3136, 32], H = 56, W = 56
208
209        for blk in self.block1:
210            x = blk(x, H, W)
211        x1 = \
212            self.norm1(x).reshape(B, H, W, -1).permute(0, 3, 1, 2)
213        #print("#1: x1.shape=", x1.shape)
214        #              [B, C1, H / 4, W / 4] = [B, 32, 56, 56]
215
216        # stage 2
217        x, H, W = self.patch_embed2(x1)
218        for blk in self.block2:
219            x = blk(x, H, W)
220        x2 = \
221            self.norm2(x).reshape(B, H, W, -1).permute(0, 3, 1, 2)
222        #print("#2: x2.shape=", x2.shape)
223        #              [B, C2, H / 8, W / 8] = [B, 64, 28, 28]
224
225        # stage 3
226        x, H, W = self.patch_embed3(x2)
227        for blk in self.block3:
228            x = blk(x, H, W)
```

```
229         x3 = self.norm3(x).reshape(B, H, W, -1).permute(0, 3, 1, 2)
230         #print("#3: x3.shape=", x3.shape)
231         #              [B, C3, H / 16, W / 16] = [B, 160, 14, 14]
232
233         # stage 4
234         x, H, W = self.patch_embed4(x3)
235         for blk in self.block4:
236             x = blk(x, H, W)
237         x4 = self.norm4(x).reshape(B, H, W, -1).permute(0, 3, 1, 2)
238         #print("#4: x4.shape=", x4.shape)
239         #              [B, C4, H / 32, W / 32] = [B, 256, 7, 7]
240         return x1, x2, x3, x4
241
242 def test_MiT():
243     model = MiT('B0').to(DEVICE)
244     x = torch.randn(1, 3, 224, 224).to(DEVICE)
245     outs = model(x)
246     for i, y in enumerate(outs):
247         print(f'i={i}, y.shape={y.shape}')
248
249 #6: decoder
250 #6-1
251 class MLP(nn.Module):
252     def __init__(self, dim, embed_dim):
253         super().__init__()
254         self.proj = nn.Linear(dim, embed_dim)
255
256     def forward(self, x):
257         #print('#1: MLP, x.shape=', x.shape)    # [1, 32, 56, 56]
258         x = x.flatten(2).transpose(1, 2)
259         #print('#2: MLP, x.shape=', x.shape)    # [1, 3136, 32]
260
261         x = self.proj(x)
262         #print('#3: MLP, x.shape=', x.shape)    # [1, 3136, 256]
263         return x
264 #6-2
265 class ConvModule(nn.Module):
266     def __init__(self, c1, c2):
267         super().__init__()
268         self.conv = nn.Conv2d(c1, c2, 1, bias = False)
269         self.bn   = nn.BatchNorm2d(c2)
270         self.activate = nn.ReLU(True)
271     def forward(self, x):
272         return self.activate(self.bn(self.conv(x)))
273
```

```
274  #6-3
275  class SegFormerHead(nn.Module):
276      def __init__(self, dims, decoder_dim = 256, num_classes = 3):
277          super().__init__()
278          for i, dim in enumerate(dims):
279              self.add_module(f"linear_c{i+1}",
280                              MLP(dim, decoder_dim))
281          self.linear_fuse = \
282              ConvModule(decoder_dim * 4, decoder_dim)
283          self.linear_pred = nn.Conv2d(decoder_dim, num_classes, 1)
284          self.dropout = nn.Dropout2d(0.1)
285
286      def forward(self, features):
287          B, _, H, W = features[0].shape
288          outs = \
289          [self.linear_c1(features[0]).permute(0,
290                      2, 1).reshape(B, -1, *features[0].shape[-2:])]
291
292          for i, feature in enumerate(features[1:]):
293              cf = eval(f"self.linear_c{i+2}")(feature).permute(0,
294                          2, 1).reshape(B, -1, *feature.shape[-2:])
295              outs.append(F.interpolate(cf, size=(H, W),
296                          mode = 'bilinear', align_corners = False))
297
298          seg = self.linear_fuse(torch.cat(outs[::-1], dim = 1))
299          seg = self.linear_pred(self.dropout(seg))
300          #print("seg.shape=", seg.shape) # [B, num_classes, 56, 56]
301          return seg
302  #7
303  class Segformer(nn.Module):
304      def __init__(self,  model_name= 'B0', num_classes = 3):
305          super().__init__()
306
307          self.num_classes = num_classes
308          self.mit = MiT(model_name).to(DEVICE)
309
310          embed_dims, _ = mit_settings[model_name]
311          decoder_dim = 256 if model_name in ['B0', 'B1'] else 768
312          self.decode_head = \
313              SegFormerHead(embed_dims,
314                              decoder_dim,
315                              num_classes).to(DEVICE)
316      def predict(self, images):
317          self.eval()
318          with torch.no_grad():
319              images = images.to(DEVICE)
```

```
320              outs = self.forward(images)
321
322          pred = torch.softmax(outs, dim = 1)    # about channel
323          pred_mask = torch.argmax(pred, dim = 1)
324          return pred_mask
325
326      def forward(self, x):
327          layer_outputs = self.mit(x)
328          y = self.decode_head(layer_outputs)
329          y = F.interpolate(y, size = x.shape[2:],
330                       mode = 'bilinear', align_corners = False)
331          return y
332
333  def test_Segformer():
334      model = Segformer().to(DEVICE)
335      x = torch.randn(1, 3, 224, 224).to(DEVICE)
336      pred = model(x)                          # [1, 4, 224, 224]
337      print('pred.shape=', pred.shape)
338      print('pred=', pred)
339
340  #8: dataset, train_ds, test_ds, train_loader, test_loader
341  #8-1
342  mean = torch.tensor([0.485, 0.456, 0.406])
343  std  = torch.tensor([0.229, 0.224, 0.225])
344  image_transform = \
345      T.Compose([
346                  T.Resize(226),     # T.InterpolationMode.BILINEAR
347                  T.CenterCrop(224),
348                  T.ToTensor(),                #[0, 1]
349                  T.ColorJitter(),
350                  T.Normalize(mean, std) ])
351
352  #trimaps: foreground(1), background(2), Not classified(3)
353  def tri_mask(mask, label = None):
354      mask = mask.astype(np.float32)
355      if label == None:  # [0:back, 1: cat or dog, 2: not classified]
356          mask[mask == 2] = 0                    # background: 0
357          mask[mask == 3] = 2
358      else:
359          mask[mask == 2] = 0                    # background: 0
360          mask[mask == 1] = label
361          mask[mask == 3] = label
362      return mask
363  class PetSegDataset(Dataset):
364      def __init__(self, PATH = "./data/oxford-iiit-pet/",
365                  target_size = (224, 224), shuffle = True ):
```

```
366          self.PATH = PATH
367          self.target_size = target_size
368
369          file_name = PATH + "annotations/list.txt"
370          with open(file_name) as file:
371              list_txt = file.readlines()
372          list_txt = list_txt[6:]        # skip header in list.txt
373
374          if shuffle:
375            np.random.shuffle(list_txt)
376
377          self.image_names = []
378          self.labels = []
379          for line in list_txt:
380              image_name, class_id, species, breed_id = line.split()
381              self.image_names.append(image_name)    # with image_id
382              self.labels.append(int(species)-1)     # Cat: 0, Dog: 1
383
384      def __len__(self):
385          return len(self.image_names)
386
387      def __getitem__(self, idx):
388          image_file = self.PATH + "images/" +
389                       self.image_names[idx]+ ".jpg"
390          if not os.path.exists(image_file):
391              print(f'File not found: {image_file}')
392              return
393          img = \
394              np.array(Image.open(image_file).convert('RGB')) # numpy
395          assert isinstance(img, np.ndarray), "Corrupt JPEG..."
396
397          mask_file  = self.PATH + "annotations/trimaps/"
398          mask_file += self.image_names[idx]+ ".png"
399          mask = np.array(Image.open(mask_file).convert('L'))
400          assert isinstance(mask, np.ndarray), "Corrupt PNG..."
401
402          # segmentation
403          mask = \
404              tri_mask(mask,
405                    label = \
406                    self.labels[idx] + 1)  # 0:back, 1:cat, 2:dog
407          return img, mask, self.labels[idx]
408 #8-2
409 def dataset_split(dataset, ratio = 0.2):
410     data_size = len(dataset)
```

```
411     n2 = int(data_size * ratio)
412     n = data_size - n2
413     ds1, ds2 = random_split(dataset, [n, n2],
414                            generator = \
415                                torch.Generator().manual_seed(0))
416     #print('type(ds1)=', type(ds1))
417     #                      torch.utils.data.dataset.Subset
418     ds1.target_size = dataset.target_size
419     ds2.target_size = dataset.target_size
420     return ds1, ds2
421 #8-3
422 class SplitDataset:
423     def __init__(self, dataset, data_type = 'train'):
424         self.dataset = dataset
425         self.data_type = data_type
426         height, width = dataset.target_size
427         self.train_transforms = \
428             A.Compose([ A.Resize(height + 2, width + 2),
429                         A.CenterCrop(height, width),
430                         A.Rotate(45),
431                         A.ColorJitter(),
432                         A.RandomBrightnessContrast(),
433                         A.Normalize(mean.tolist(), std.tolist()),
434                         ToTensorV2() ])
435
436         self.valid_test_transforms = \
437             A.Compose([
438                         A.Resize(height + 2, width + 2),
439                         A.CenterCrop(height, width),
440                         A.Normalize(mean.tolist(), std.tolist()),
441                         ToTensorV2()])
442
443     def __getitem__(self, idx):
444         img, mask, label = self.dataset[idx]
445         if self.data_type == 'train':
446             transformed = \
447                 self.train_transforms(image = img, mask = mask)
448         else:
449             transformed = \
450                 self.valid_test_transforms(image = img, mask = mask)
451
452         img = transformed["image"]
453         mask= transformed["mask"]
454         return img, mask, label
455     def __len__(self):
456         return len(self.dataset)
```

```
457  #8-4
458  dataset = PetSegDataset()
459  train_ds, test_ds = dataset_split(dataset)
460  train_ds, valid_ds = dataset_split(train_ds, ratio = 0.1)
461
462  train_ds = SplitDataset(train_ds, 'train')
463  test_ds  = SplitDataset(test_ds,  'test')
464  valid_ds = SplitDataset(valid_ds, 'valid')
465  train_loader = \
466      DataLoader(train_ds, batch_size = 64, shuffle = True)
467  valid_loader = \
468      DataLoader(valid_ds, batch_size = 64, shuffle = False)
469  test_loader  = \
470      DataLoader(test_ds, batch_size = 64, shuffle = False)
471  #9
472  #9-1
473  def train_epoch(train_loader, model, optimizer, loss_fn):
474      K = len(train_loader)
475      batch_loss = 0.0
476      for images, masks, _ in train_loader:
477          images = images.to(DEVICE)          # [, 3, 224, 224]
478          masks = masks.squeeze().long()      # [, 224, 224]
479          masks = masks.to(DEVICE)
480
481          outs = model(images) #[, model.num_classes, 224, 224]
482          loss = loss_fn(outs, masks)
483
484          optimizer.zero_grad()
485          loss.backward()
486          optimizer.step()
487
488          batch_loss += loss.item()
489      batch_loss /= K
490      return batch_loss
491  #9-2
492  def evaluate(loader, model):
493      K = len(loader)
494      model.eval()
495      loss_fn = nn.CrossEntropyLoss()
496      batch_loss = 0.0
497      batch_acc = 0.0
498      with torch.no_grad():
499          for images, masks, _ in loader:
500              images = images.to(DEVICE)
501              masks  = masks.squeeze().long()
```

```
502                     masks = masks.to(DEVICE)
503
504                     outs = model(images) # [, model.num_classes, 224, 224]
505                     loss = loss_fn(outs, masks)
506                     batch_loss += loss.item()
507
508                     pred = outs.argmax(dim = 1)
509                     acc = accuracy(pred, masks,
510                                       task = 'multiclass',
511                                       num_classes = model.num_classes)
512                     batch_acc += acc
513             batch_loss /= K
514             batch_acc /= K
515             return batch_loss, batch_acc
516     #9-3
517     def inverse_image(image, **kwargs):
518         return image * std[:, None, None] + mean[:, None, None]
519     inv_normalize = A.Lambda(image = inverse_image)
520
521     PATH = "./data/62_1/"
522     if os.path.isdir(PATH):
523         import shutil
524         shutil.rmtree(PATH)
525     os.mkdir(PATH)
526
527     def show_predict_images(model, data_loader, title):
528         images, masks, _ = next(iter(data_loader))
529
530         pred_masks = model.predict(images)
531
532         transformed = inv_normalize(image = images)
533         images = transformed["image"]
534
535         fig, axes = plt.subplots(nrows = 3, ncols = 8, figsize = (8, 3))
536         fig.canvas.manager.set_window_title('U-net segmentation:' +
537                                             title)
538         #fig = plt.gcf()
539         for i in range(8):
540             image = images[i].cpu()            # .detach().cpu().numpy()
541             axes[0,i].imshow(image.permute(1,2,0),
542                              cmap = 'gray') # (H,W,C)
543             axes[0,i].axis("off")
544
545             image = masks[i].cpu()
546             axes[1,i].imshow(image.squeeze(), vmin = 0, vmax = 2)
547
```

```
548        axes[1,i].axis("off")
549
550        image = pred_masks[i].cpu()
551        axes[2,i].imshow(image.squeeze(), vmin = 0, vmax = 2)
552        axes[2,i].axis("off")
553    fig.tight_layout()
554    plt.savefig(PATH + title + '.png')
555    plt.close(fig)
556
557 #10
558 def main(EPOCHS = 100):
559 #10-1
560    model = Segformer(model_name = 'B0', num_classes = 3).to(DEVICE)
561    optimizer = optim.Adam(params = model.parameters(), lr = 0.001)
562
563    scheduler = \
564        optim.lr_scheduler.StepLR(optimizer,
565                                  step_size = 10,gamma = 0.9)
566    # scheduler = \
567    # optim.lr_scheduler.ReduceLROnPlateau(optimizer,
568    #                                      mode = 'min',
569    #                                      patience = 2)
570    loss_fn = nn.CrossEntropyLoss()
571    train_losses = []
572 #10-2
573    print('training.....')
574    model.train()
575    for epoch in range(EPOCHS):
576        train_loss = \
577            train_epoch(train_loader, model, optimizer, loss_fn)
578        valid_loss, valid_acc = evaluate(valid_loader, model)
579        scheduler.step()                # StepLR
580        # scheduler.step(valid_loss)    # ReduceLROnPlateau
581
582        train_losses.append(train_loss)
583        if not epoch % 10 or epoch == EPOCHS - 1:
584            print(f'epoch={epoch}: train_loss={train_loss:.4f}, ', end = '')
585
586            print(f'valid_loss={valid_loss:.4f}, ',
587                  f'valid_acc={valid_acc:.4f}')
588            show_predict_images(model, train_loader, str(epoch))
589
590    train_loss, train_acc = evaluate(train_loader, model)
591    print(f'train_loss={train_loss:.4f},
592          train_acc={train_acc:.4f}')
```

```
593
594      test_loss, test_acc = evaluate(test_loader, model)
595      print(f'test_loss={test_loss:.4f},
596              test_acc={test_acc:.4f}')
597      # torch.save(model, './saved_model/6201.pt')
598      show_predict_images(model, test_loader, "test_sample")
599  #11
600  if __name__ == '__main__':
601      main()
```

▷▷ 실행결과

```
training.....
epoch=0: train_loss=0.8142, valid_loss=0.7047, valid_acc=0.7054
...
epoch=99: train_loss=0.1357, valid_loss=0.2112, valid_acc=0.9264
train_loss=0.1294, train_acc=0.9478
test_loss=0.2221, test_acc=0.9264
```

▷▷▷ 프로그램 설명

1  간단한 Segformer를 구현하고[ref1], OxfordIIITPet 데이터셋을 사용하여 영상을 시맨틱 분할한다. #1은 [수식 62.1], [수식 62.2]의 셀프 어텐션을 구현한다.

2  #2의 MixFFN은 [수식 62.3]을 구현한다. StochasticDepth()에서 modemode = 'row' 이면 배치에서 무작위로 선택된 행을 0으로 드롭한다. modemode = 'batch'이면 무작위로 전체 입력을 0으로 드롭한다.

3  #3의 OverlapPatchEmbed는 nn.Conv2d(c1, c2, patch_size, stride, patch_size // 2)로 패치 임베딩하고 nn.LayerNorm(c2)로 정규화한다.

4  #4의 Block은 Attention과 MixFFN을 적용한다. StochasticDepth를 적용한다.

5  #5의 mit_settings는 model_name에 따른 4단계의 embed_dims, depths를 설정한다.

MiT 클래스는 Segformer의 인코딩을 정의한다. self.patch_embed1~ self.patch_embed4와 self.block1~self.block4에 의해 멀티 레벨 특징을 x1, x2, x3, x4를 추출한다.

6  #6의 SegFormerHead는 MLP, ConvModule을 사용하여 seg.shape = [B, num_classes, 56, 56]로 디코딩한다.

7  #7은 Segformer를 구현한다. layer_outputs = self.mit(x)로 멀티 레벨 특징을 추출하고, y = self.decode_head(layer_outputs)로 분할맵으로 디코딩한다. F.interpolate(y, size = x.shape[2:], mode = 'bilinear')로 입력 영상 크기로 보간한다.

8  #8은 OxfordIIITPet 데이터셋으로 데이터로더를 생성한다.

9  #9는 train_epoch(), evaluate(), show_predict_images()등을 정의한다.

10  #10의 main() 함수는 Segformer 모델을 생성하고, OxfordIIITPet 데이터로 학습한다.

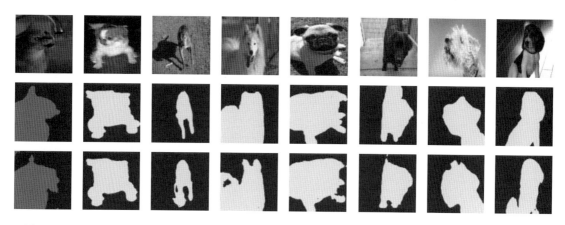

△ 그림 62.2 ▶ Segformer 시맨틱 분할(test_sample)

PyTorch

*Deep Learning Programming with **PyTorch**: **PART 2***

# CHAPTER 17

# 메트릭학습

메트릭학습 metric learning은 데이터를 임베딩 특징 공간으로 매핑하는 함수 표현을 학습한다. 메트리학습은 특징 공간에서 클래스 내부 intra-class 거리는 최소화하고, 클래스 사이 inter-class 거리는 멀어지게 학습한다. 메트리학습은 감독학습과 무감독학습에서 모두 적용할 수 있으며, 다양한 메트리학습 손실함수가 있다. 거리계산으로 유클리드 거리, 코사인 유사도, 마하라노비스 Mahalanobis 거리 등을 사용할 수 있다.

여기서는 대조손실 contrastive loss, 3중 손실 triplet loss을 사용한 SiameseNet 모델과 무감독 대조학습으로 자기지도학습하는 SimCLR 모델을 설명하고, 중심손실 center loss, ArcFace 손실함수 등을 설명한다.

SiameseNet은 2개 이상의 동일한 서브 네트워크로 구성되며 대조손실 contrastive loss, 3중 손실 triplet loss 등을 최소화하여 유사도 similarity를 학습한다. 실제 구현에서는 파라미터를 공유하는 같은 네트워크에 2개 이상의 입력을 적용한 출력에 대해 손실 contrastive, triplet 등을 계산하여 최적화한다. [그림 63.1]은 2개의 서브 네트워크를 갖는 SiameseNet로 대조손실 contrastive loss을 계산한다. (x1, x2)는 입력이고, (out1, out2)는 출력이다. 레이블 y는 x1과 x2가 같은 클래스이면 0, 다른 클래스이면 1이다.

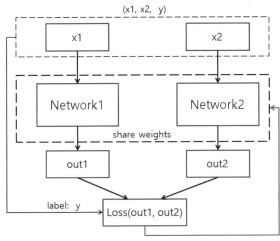

△ 그림 63.1 ▶ SiameseNet(contrastive loss; 대조손실)

### 1 대조손실

[수식 63.1]의 대조손실 contrastive loss은 "Dimensionality Reduction by Learning an Invariant Mapping, CVPR 2006"에서 차원 축소를 위해 처음 사용되었다. 긍정 쌍 positive pair은 끌어당기고 attract, 부정 쌍 negative pair에 대해서는 밀어 repulse낸다.

(X1, X2) 쌍에 대해, Positive(X1, X2: similar)이면 Y = 0, Negative(X1, X2: dissimilar)이면 1이다. $D_W$는 네트워크 출력 사이의 유클리드 거리이다. m은 마진이다.

$$L(W, Y, X1, X2) = (1-Y)(D_W)^2 + (Y)\{\max(0, m-D_W)\}^2 \qquad \triangleleft 수식\ 63.1$$

$$D_W = \sqrt{\{G_W(X_1) - G_W(X_2)\}}$$

**2** 3중 손실(triplet loss)

[수식 63.2]의 3중 손실 triplet loss은 3개의 입력(anchor, positive, negative)을 이용하여 손실을 계산한다. anchor와 positive 사이의 거리는 최소화하고, negative와의 거리는 커지게 학습한다.

$$L(x_i^a, x_i^p, x_i^n) = \qquad \triangleleft 수식\ 63.2$$
$$\max(\|M(x_i^a) - M(x_i^p)\|^2 - \|M(x_i^a) - M(x_i^n)\|^2 + \alpha,\ 0)$$

△ 그림 63.2 ▶ Triplet Loss
[FaceNet: A Unified Embedding for Face Recognition and Clustering, 2015. https://arxiv.org/pdf/1503.03832.pdf]

▷ 예제 63-01   ▶ SiameseNet: 단순 CNN, ContrastiveLoss(MNIST similarity learning, dimensionality reduction)

```
01  '''
02  ref1: https://github.com/owruby/siamese_pytorch/blob/master/train.
03  py
04  ref2: https://www.kaggle.com/code/abhijeetptl5/mnist-metric-
05  learning-siamese-networks
06  '''
07  import torch
08  from torch import nn
09  import torch.optim as optim
10  import torch.nn.functional as F
11  import torchvision.transforms as T
```

```python
12  from torchvision.datasets import MNIST
13  from torch.utils.data import DataLoader, random_split
14  import matplotlib.pyplot as plt
15  from PIL import Image
16  import numpy as np
17  import random
18  import os
19  DEVICE = 'cuda' if torch.cuda.is_available() else 'cpu'
20  #1
21  class ContrastiveLoss(nn.Module):
22      def __init__(self, margin = 2.0):
23          super(ContrastiveLoss, self).__init__()
24          self.margin = margin
25
26      def forward(self, out1, out2, label):
27          distance = nn.functional.pairwise_distance(out1, out2)
28          loss_contrastive  = (1 - label) * torch.pow(distance, 2)
29          loss_contrastive += (label) *
30                              torch.pow(torch.clamp(self.margin -
31                              distance, min = 0.0), 2)
32
33          return torch.mean(loss_contrastive)
34  #2
35  class SiameseNet(nn.Module):
36      def __init__(self, nChannel = 1, embed_dim = 2):
37          super(SiameseNet,self).__init__( )
38
39          self.embed_dim = embed_dim
40          self.layer1 = nn.Sequential(
41              # (, 1, 28, 28) :                    # NCHW
42              nn.Conv2d(in_channels = nChannel, out_channels = 16,
43                      kernel_size = 3, padding = 'same'),
44              nn.ReLU(),
45              nn.BatchNorm2d(16),
46              nn.MaxPool2d(kernel_size = 2, stride = 2))
47              #(, 16, 14, 14)
48
49          self.layer2 = nn.Sequential(
50              nn.Conv2d(16, 32, kernel_size = 3,
51                      stride = 1, padding = 1),
52              nn.ReLU(),
53              nn.MaxPool2d(kernel_size = 2, stride = 2),
54              #(,  32, 7,  7)
55              nn.Dropout(0.5))
56
```

```
57            self.layer3 = nn.Sequential(
58                nn.Flatten(),
59                nn.Linear(32 * 7 * 7, embed_dim) )
60
61        def predict(self, x):                    # forward once
62            x = self.layer1(x)
63            x = self.layer2(x)
64            x = self.layer3(x)
65            return x
66
67        def forward(self, x1, x2):
68            out1 = self.predict(x1)
69            out2 = self.predict(x2)
70            return out1, out2
71
72        def similarity(self, x1, x2):
73            x1 = x1.unsqueeze(0).to(DEVICE)
74            x2 = x2.unsqueeze(0).to(DEVICE)
75
76            out1, out2 = self.forward(x1, x2)
77            distance = nn.functional.pairwise_distance(out1, out2)
78            return distance
79 #3
80 #3-1
81 class SiameseMNIST(MNIST):
82     def __init__(self, *args, **kwargs):
83         super(SiameseMNIST, self).__init__(*args, **kwargs)
84         #print("len(self.data)=", len(self.data))
85         #print("len(self.targets)=", len(self.targets))
86
87     def __getitem__(self, idx):
88         x1, y1 = self.data[idx], self.targets[idx]
89         is_diff = random.randint(0, 1)      # random choice
90
91         #if is_diff=0: y1 == y2, same class
92         #if is_diff=1: y1 != y2, different class
93         while True:
94             idx2 = random.randint(0, len(self.data) - 1)
95             x2, y2 = self.data[idx2], self.targets[idx2]
96             if is_diff and y1 != y2:
97                 break
98             if not is_diff and y1 == y2:
99                 break
100        x1 = Image.fromarray(x1.numpy())
101        x2 = Image.fromarray(x2.numpy())
```

```
102        if self.transform is not None:
103            x1 = self.transform(x1)
104            x2 = self.transform(x2)
105        # return x1, x2, is_diff
106        return x1, x2, is_diff, y1, y2
107 #3-2
108 def get_loaders(batch_size = 128):
109     PATH='./data'
110     train_data = \
111         SiameseMNIST(PATH, train = True, download = True,
112                     transform = \
113                         T.Compose(
114                             [T.RandomHorizontalFlip(),
115                             T.ToTensor()] ))
116
117     test_ds = \
118         SiameseMNIST(PATH, train = False, download = True,
119                     transform = T.Compose([T.ToTensor()] ))
120
121     valid_ratio = 0.2
122     train_size =  len(train_data)
123     n_valid = int(train_size * valid_ratio)
124     n_train = train_size - n_valid
125     seed = torch.Generator().manual_seed(1)
126     train_ds, valid_ds = \
127         random_split(train_data, [n_train, n_valid],
128                     generator = seed)
129
130     train_loader = DataLoader(train_ds, batch_size = batch_size,
131                                 shuffle = True)
132     test_loader  = DataLoader(test_ds,  batch_size = batch_size,
133                                 shuffle = False)
134     valid_loader = DataLoader(valid_ds, batch_size = batch_size,
135                                 shuffle = False)
136     return train_loader, test_loader, valid_loader
137 #4
138 #4-1
139 def train_epoch(loader, model, optimizer, loss_fn):
140     K = len(loader)
141     batch_loss = 0.0
142     for x1, x2, y, _, _ in loader:
143         x1, x2, y = x1.to(DEVICE), x2.to(DEVICE), y.to(DEVICE)
144         optimizer.zero_grad()
145         out1, out2 = model(x1, x2)
146
```

```
147            loss = loss_fn(out1, out2, y)
148            loss.backward()
149            optimizer.step()
150            batch_loss += loss.item()
151        batch_loss /= K
152        return batch_loss
153  #4-2
154  def evaluate(loader, model, loss_fn):
155      K = len(loader)
156      model.eval()              # model.train(False)
157      with torch.no_grad():
158          batch_loss = 0.0
159          for x1, x2, y, _, _ in loader:
160              x1, x2, y = x1.to(DEVICE), x2.to(DEVICE), y.to(DEVICE)
161              out1, out2 = model(x1, x2)
162
163              loss = loss_fn(out1, out2, y)
164              batch_loss += loss.item()
165
166          batch_loss /= K
167      return batch_loss
168  #5
169  def main(EPOCHS = 100):
170  #5-1
171      train_loader, test_loader, valid_loader = get_loaders()
172
173      model = SiameseNet().cuda()
174      optimizer = \
175          optim.Adam(params = model.parameters(), lr = 0.001)
176      loss_fn = ContrastiveLoss()
177      train_losses = []
178      valid_losses = []
179  #5-2
180      print('training.....')
181      model.train()
182      for epoch in range(EPOCHS):
183          loss = train_epoch(train_loader, model,
184                             optimizer, loss_fn)
185          train_losses.append(loss)
186
187          val_loss = evaluate(valid_loader, model, loss_fn)
188          valid_losses.append(val_loss)
189
190          if not epoch % 10 or epoch == EPOCHS - 1:
191              msg  = f'epoch={epoch}: train_loss={loss:.4f}, '
```

```
192                 msg += f'valid_loss={val_loss:.4f}'
193                 print(msg)
194         #torch.save(model, './saved_model/6301.pt')
195                         # need the model class(SiameseNet)
196         model_scripted = torch.jit.script(model)
197         model_scripted.save('./saved_model/6301_scripted.pt')
198                         # don't need the model class to load it
199  #5-3
200      test_loss = evaluate(test_loader,model,loss_fn)
201      print(f'test_loss={test_loss:.4f}')
202  #5-4: similarity display for test sample
203      fig, axes = plt.subplots(nrows = 2, ncols = 5, figsize = (10, 4))
204      fig.canvas.manager.set_window_title('MNIST')
205
206      x1, x2, y, _, _ = next(iter(test_loader))
207      #print("x1.shape=", x1.shape)          # [B, 1, 28, 28]
208      #print("x2.shape=", x2.shape)          # [B, 1, 28, 28]
209      #print("y.shape=", y.shape)            # [B]
210
211      for i, ax in enumerate(axes.flat):
212          sim = model.similarity(x1[i], x2[i])
213          img = np.concatenate((x1[i].numpy()[0],
214                              x2[i].numpy()[0]), axis = 1)
215
216          img = img * 0.5 + 0.5
217          ax.imshow(img, cmap = 'gray')
218          ax.set_title(f"label={y[i].item()}\n \
219                      sim= {sim.item():.2f}")
220          ax.axis("off")
221      fig.tight_layout()
222      plt.show()
223
224  #5-5: Dimensionality reduction display, embed_dim = 2
225      model.eval()                           # model.train(False)
226      with torch.no_grad():
227          for i, (x1, x2, y, t1, t2) in enumerate(test_loader):
228              x1, x2 = x1.to(DEVICE), x2.to(DEVICE)
229              out1, out2 = model(x1, x2)
230
231              out1 = out1.detach().cpu().numpy()
232              out2 = out2.detach().cpu().numpy()
233
234              plt.scatter(out1[:,0], out1[:, 1],
235                          s = 10, alpha = 0.5, c = t1, cmap = 'jet')
236              plt.scatter(out2[:,0], out2[:, 1],
237                          s = 10, alpha = 0.5, c = t2, cmap = 'jet')
```

```
238      plt.colorbar()
239      plt.axis('off')
240      plt.show()
241  #6
242  if __name__ == '__main__':
243      main()
```

▷▷ 실행결과

```
epoch=99: train_loss=0.2950, valid_loss=0.2858
test_loss=0.2990
```

▷▷▷ 프로그램 설명

1 #1의 ContrastiveLoss는 [수식 63.1]의 대조손실을 계산한다.

2 #2의 SiameseNet은 간단한 CNN을 이용하여 [그림 63.1]을 구현한다. SiameseNet의 출력은 embed_dim 벡터이다. predict() 메서드는 x를 네트워크에 한번 통과시켜 출력을 계산한다. forward() 메서드는 입력 (x1, x2)에 대해 각각 [batch_size, embed_dim] 모양의 출력(out1, out2)을 계산한다. similarity() 메서드는 입력(x1, x2)에 대해 유클리드 거리에 따른 유사도를 계산한다.

3 #3-1의 SiameseMNIST는 MNIST 데이터에서 (x1, x2, is_diff, y1, y2)를 반환하는 데이터셋을 구현한다. (x1, x2)는 영상 쌍이고, (y1, y2)는 레이블이다. y1 == y2이면 is_diff = 0이다(positive pair). y1 != y2이면 is_diff = 1이다(positive pair). ContrastiveLoss 계산에 사용하는 레이블은 is_diff이다.

#3-2의 get_loaders() 함수는 SiameseMNIST를 이용하여 데이터셋을 생성하고, batch_size의 데이터 로더(train_loader, test_loader, valid_loader)를 반환한다.

4 #4-1의 train_epoch()는 loader, optimizer, loss_fn으로 model을 학습한다.

#4-2의 evaluate()는 loader, model, loss_fn으로 model을 평가한다.

5 #5의 main() 함수는 SiameseNet() 모델을 생성하고 대조 손실함수(loss_fn), optimizer, train_loader로 학습하고, valid_loader, test_loader로 평가한다.

6 #5-4는 next(iter(test_loader))로 생성한 (x1, x2, y)에 대해 model.similarity(x1[i], x2[i])로 유사도(sim)를 계산하여 출력한다. 0에 가까우면 두 영상은 유사한 영상이다 ([그림 63.3]).

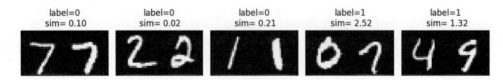

△ 그림 63.3 ▶ MNIST 유사도(similarity), ContrastiveLoss(계속)

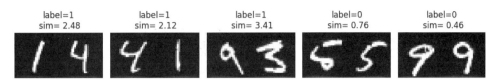

label=1 sim= 2.48　label=1 sim= 2.12　label=1 sim= 3.41　label=0 sim= 0.76　label=0 sim= 0.46

△ 그림 63.3 ▶ MNIST 유사도(similarity), ContrastiveLoss

**7** #5-5에서 test_loader의 샘플에 대해 model(x1, x2)의 출력(out1, out2)은 embed_dim 벡터를 갖는다. embed_dim = 2의 2-차원 벡터를 plt.scatter()로 표시하면 클래스별로 클러스터를 구성한다([그림 63.4]).

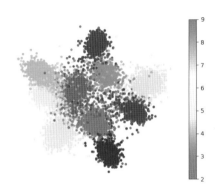

△ 그림 63.4 ▶ MNIST 차원 축소, ContrastiveLoss, embed_dim = 2

▷ 예제 63-02　▶ SiameseResnet: resnet34, ContrastiveLoss(MNIST similarity learning, dimensionality reduction)

```
01 import torch
02 from torch import nn
03 import torch.optim as optim
04 import torch.nn.functional as F
05 import torchvision.transforms as T
06 from torchvision.datasets import MNIST
07 from torchvision.models import resnet34, ResNet34_Weights
08 from torch.utils.data import DataLoader, random_split
09 import matplotlib.pyplot as plt
10 from PIL import Image
11 import numpy as np
12 import random
13 import os
14 DEVICE = 'cuda' if torch.cuda.is_available() else 'cpu'
```

```python
15  #1
16  class ContrastiveLoss(nn.Module):
17      def __init__(self, margin=2.0):
18      super(ContrastiveLoss, self).__init__()
19          self.margin = margin
20
21      def forward(self, out1, out2, label):
22          distance = nn.functional.pairwise_distance(out1, out2)
23          loss_contrastive  = (1-label) * torch.pow(distance, 2)
24          loss_contrastive += (label) *
25                                  torch.pow(torch.clamp(self.margin -
26                                  distance, min = 0.0), 2 )
27          return torch.mean(loss_contrastive)
28  #2
29  class SiameseResnet(nn.Module):
30      def __init__(self, pretrained,  embed_dim = 2):
31          super(SiameseResnet, self).__init__( )
32
33          self.embed_dim = embed_dim
34          if pretrained:
35              weights = ResNet34_Weights.DEFAULT
36          else:
37              weights = None
38          self.resnet = resnet34(weights = weights)
39          #print('self.resnet=', self.resnet)
40          if pretrained:                      # 3-channel input
41              for param in self.resnet.parameters():
42                  param.requires_grad = False
43          else:                               # 1-channel input
44              self.resnet.conv1 = \
45                  nn.Conv2d(1, 64, kernel_size = (7, 7),
46                          stride = (2, 2),
47                          padding = (3,3), bias = False)
48
49          num_features = self.resnet.fc.in_features       # 512
50          #print('num_features=', num_features)
51          self.resnet.fc =  nn.Linear(num_features, embed_dim)
52
53      def predict(self, x):                   # forward once
54          out = self.resnet(x)
55          return out
56
57      def forward(self, x1, x2):
58          out1 = self.predict(x1)
59          out2 = self.predict(x2)
60          return out1, out2
```

```
61     def similarity(self, x1, x2):
62         x1 = x1.unsqueeze(0).to(DEVICE)
63         x2 = x2.unsqueeze(0).to(DEVICE)
64
65         out1, out2 = self.forward(x1, x2)
66         distance = nn.functional.pairwise_distance(out1, out2)
67         return distance
68  #3
69  #3-1
70  class SiameseMNIST(MNIST):
71      def __init__(self, *args, **kwargs):
72          super(SiameseMNIST, self).__init__(*args, **kwargs)
73
74      def __getitem__(self, idx):
75          x1, y1 = self.data[idx], self.targets[idx]
76          is_diff = random.randint(0, 1)      # random choice
77
78          #if is_diff = 0: y1 == y2, the same class
79          #if is_diff = 1: y1 != y2, different class
80          while True:
81              idx2 = random.randint(0, len(self.data)-1)
82              x2, y2 = self.data[idx2], self.targets[idx2]
83              if is_diff and y1 != y2:
84                  break
85              if not is_diff and y1 == y2:
86                  break
87
88          x1 = Image.fromarray(x1.numpy())
89          x2 =  Image.fromarray(x2.numpy())
90          if self.transform is not None:
91              x1= self.transform(x1)
92              x2= self.transform(x2)
93          # return x1, x2, is_diff
94          return x1, x2, is_diff, y1, y2
95  #3-2
96  def get_loaders(batch_size = 128, channel = 3):
97      PATH = './data'
98
99      train_transform = []
100     train_transform.append(T.RandomHorizontalFlip())
101     if channel == 3:
102         train_transform.append(T.Grayscale(num_output_channels = 3))
103     train_transform.append(T.ToTensor())
104     train_data = SiameseMNIST(PATH, train = True, download = True,
105                             transform = T.Compose(train_transform))
```

```
106
107     test_transform = []
108     if channel == 3:
109         test_transform.append(T.Grayscale(num_output_channels = 3))
110     test_transform.append(T.ToTensor())
111     test_ds = SiameseMNIST(PATH, train = False, download = True,
112                         transform = T.Compose(test_transform))
113
114     valid_ratio = 0.2
115     train_size =  len(train_data)
116     n_valid = int(train_size*valid_ratio)
117     n_train = train_size-n_valid
118     seed = torch.Generator().manual_seed(1)
119     train_ds, valid_ds = \
120         random_split(train_data, [n_train, n_valid],
121                     generator = seed)
122
123     train_loader = DataLoader(train_ds, batch_size = batch_size,
124                         shuffle = True)
125     test_loader  = DataLoader(test_ds,  batch_size = batch_size,
126                         shuffle = False)
127     valid_loader = DataLoader(valid_ds, batch_size = batch_size,
128                         shuffle = False)
129     return train_loader, test_loader, valid_loader
130 #4
131 #4-1
132 def train_epoch(loader, model, optimizer, loss_fn):
133     K = len(loader)
134     batch_loss = 0.0
135     for x1, x2, y, _, _ in loader:
136         # B, C, H, W = x1.shape
137         # x1 = x1.expand(B, 3, H, W)
138         #         1 channel -> 3 channel for pretrained resnet
139         # x2 = x2.expand(B, 3, H, W)
140         #         but, we use T.Grayscale(num_output_channels = 3)
141         x1, x2, y = x1.to(DEVICE), x2.to(DEVICE), y.to(DEVICE)
142
143         optimizer.zero_grad()
144         out1, out2 = model(x1, x2)
145
146         loss = loss_fn(out1, out2, y)
147         loss.backward()
148         optimizer.step()
149         batch_loss += loss.item()
```

```
150      batch_loss /= K
151      return batch_loss
152 #4-2
153 def evaluate(loader, model, loss_fn):
154     K = len(loader)
155     model.eval()
156     with torch.no_grad():
157         batch_loss = 0.0
158         for x1, x2, y, _, _ in loader:
159             x1, x2, y = x1.to(DEVICE), x2.to(DEVICE), y.to(DEVICE)
160             out1, out2 = model(x1, x2)
161
162             loss = loss_fn(out1, out2, y)
163             batch_loss += loss.item()
164
165         batch_loss /= K
166     return batch_loss
167 #5
168 def main(EPOCHS = 100):
169 #5-1
170     pretrained = True
171     if pretrained: # with pretrained weights(3-channel input), transfer learning
172         channel = 3
173         learning_rate = 0.0001
174         EPOCHS = 50
175     else:
176         channel = 1    # without pretrained weights(1-channel input)
177         learning_rate = 0.001
178
179     train_loader, test_loader, valid_loader = \
180         get_loaders(channel = channel)
181
182     model = SiameseResnet(pretrained).cuda()
183     optimizer = \
184         optim.Adam(params = model.parameters(), lr = learning_rate)
185     loss_fn = ContrastiveLoss()
186     train_losses = []
187     valid_losses = []
188 #5-2
189     print('training.....')
190     model.train()
191     for epoch in range(EPOCHS):
192         loss = train_epoch(train_loader, model,
193                            optimizer, loss_fn)
194         train_losses.append(loss)
```

```
195
196        val_loss = evaluate(valid_loader, model, loss_fn)
197        valid_losses.append(val_loss)
198
199        if not epoch % 10 or epoch == EPOCHS - 1:
200            msg  = f'epoch={epoch}: train_loss={loss:.4f}, '
201            msg += f'valid_loss={val_loss:.4f}'
202            print(msg)
203    model_scripted = torch.jit.script(model)
204    model_scripted.save('./saved_model/6302_scripted.pt')
205 #5-3
206    test_loss = evaluate(test_loader, model, loss_fn)
207    print(f'test_loss={test_loss:.4f}')
208
209 #5-4: similarity display for test sample
210    fig, axes = plt.subplots(nrows = 2, ncols = 5, figsize = (10, 4))
211    fig.canvas.manager.set_window_title('MNIST')
212
213    x1, x2, y, _, _ = next(iter(test_loader))
214    for i, ax in enumerate(axes.flat):
215        sim = model.similarity(x1[i], x2[i])
216        img = np.concatenate((x1[i].numpy()[0],
217                              x2[i].numpy()[0]),axis=1)
218
219        img = img*0.5 + 0.5
220        ax.imshow(img, cmap = 'gray')
221        ax.set_title(f"label={y[i].item()}\n \
222                        sim= {sim.item():.2f}")
223        ax.axis("off")
224    fig.tight_layout()
225    plt.show()
226
227 #5-5: Dimensionality reduction display
228    model.eval()              # model.train(False)
229    with torch.no_grad():
230        for i, (x1, x2, y, t1, t2) in enumerate(test_loader):
231            x1, x2 = x1.to(DEVICE), x2.to(DEVICE)
232            out1, out2 = model(x1, x2)
233            out1 = out1.detach().cpu().numpy()
234            out2 = out2.detach().cpu().numpy()
235
236            plt.scatter(out1[:,0], out1[:,1], s = 10,
237                        alpha = 0.5, c = t1, cmap = 'jet')
238            plt.scatter(out2[:,0], out2[:,1], s = 10,
239                        alpha = 0.5, c = t2, cmap = 'jet')
```

```
240        plt.colorbar()
241        plt.axis('off')
242        plt.show()
243 #6
244 if __name__ == '__main__':
245        main()
```

▷▷ 실행결과

```
#1:  pretrained=True, channel = 3, transfer learning
epoch=49: train_loss=0.7758, valid_loss=0.7726
test_loss=0.7740

#2:  pretrained=False, channel = 1
epoch=99: train_loss=0.0300, valid_loss=0.0414
test_loss=0.0897
```

▷▷▷ 프로그램 설명

1 ContrastiveLoss, SiameseMNIST, train_epoch(), evaluate()는 [예제 63-01]과 같다.

2 #2의 SiameseResnet은 resnet34를 이용하여 [그림 63.1]을 구현한다. forward() 메서드는 [batch_size, embed_dim] 모양의 네트워크 출력(out1, out2)을 계산한다.

pretrained = True이면 resnet34 모델을 생성하여 사전 학습된 ResNet34_Weights. DEFAULT 가중치로 초기화하고, embed_dim으로 투영하는 출력층(self.resnet.fc)만을 학습한다.

pretrained = False이면 self.resnet.conv1 = nn.Conv2d(1, 64, kernel_size = (7, 7), stride = (2, 2), padding = (3, 3), bias = False)로 변경하여 1-채널 MNIST 데이터를 입력받을 수 있게 변경한다.

3 #3-2의 get_loaders()는 batch_size의 데이터로더를 반환한다. channel = 3이면 T.Grayscale(num_output_channels = 3)로 MNIST 영상을 3-채널로 변경한다.

4 #5의 main()에서 pretrained = True이면 get_loaders()로 3-채널 데이터를 로드하고 사전 학습된 모델로 전이학습 transfer learning한다. pretrained = False이면 get_loaders()로 1-채널 데이터를 로드하고 resnet34 모델 전체를 학습한다.

5 [그림 63.5]는 테스트 샘플에 대해 pretrained = True로 유사도를 계산한 결과이다. [그림 63.6]은 pretrained = False의 결과이다. label = 0(positive)에서는 유사도가 0에 가깝고, label = 1(negative)에서는 비교적 큰 유사도를 갖는다.

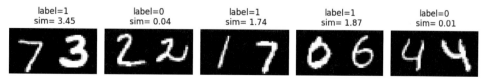

△ 그림 63.5 ▶ MNIST 유사도(similarity), ContrastiveLoss, pretrained = True(계속)

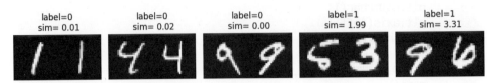

△ 그림 63.5 ▶ MNIST 유사도(similarity), ContrastiveLoss, pretrained = True

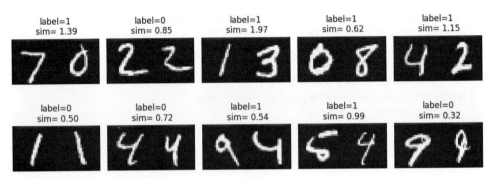

△ 그림 63.6 ▶ MNIST 유사도(similarity), ContrastiveLoss, pretrained = False

6  #5-5는 테스트 샘플의 x1, x2의 출력(out1, out2)을 plt.scatter()로 표시한다 ([그림 63.7]).

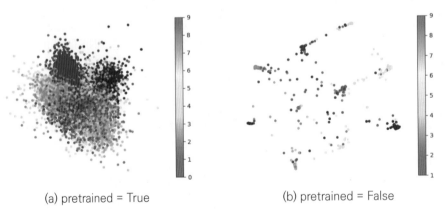

(a) pretrained = True                    (b) pretrained = False

△ 그림 63.7 ▶ MNIST 차원 축소, ContrastiveLoss, embed_dim=2

▷ 예제 63-03  ▶ SiameseNet, SiameseResnet: TripletLoss, MNIST

```
01  import torch
02  from torch import nn
03  import torch.optim as optim
```

```
04  import torch.nn.functional as F
05  import torchvision.transforms as T
06  from torchvision.datasets import MNIST
07  from torchvision.models import resnet34, ResNet34_Weights
08  from torch.utils.data import DataLoader, random_split
09  import matplotlib.pyplot as plt
10  from PIL import Image
11  import numpy as np
12  import random
13  import os
14  DEVICE = 'cuda' if torch.cuda.is_available() else 'cpu'
15  #1
16  class TripletLoss(nn.Module):
17      def __init__(self, margin=2.0):
18          super(TripletLoss, self).__init__()
19          self.margin = margin
20
21      def forward(self, anchor, positive, negative):
22          # distance_positive = (anchor - positive).pow(2).sum(1)
23          # distance_negative = (anchor - negative).pow(2).sum(1)
24          # losses = \
25          #     F.relu(distance_positive - distance_negative +
26          #             self.margin)
27
28          d_positive = \
29              nn.functional.pairwise_distance(anchor, positive)
30          d_negative = \
31              nn.functional.pairwise_distance(anchor, negative)
32          losses = \
33            torch.clamp(torch.pow(d_positive, 2) -
34                        torch.pow(d_negative, 2) +
35                        self.margin, min=0.0)
36          return losses.mean()
37
38  #2
39  #2-1: ref 6301.py
40  class SiameseNet(nn.Module):
41      def __init__(self, nChannel = 1, embed_dim = 2):
42          super(SiameseNet,self).__init__( )
43
44          self.embed_dim = embed_dim
45          self.layer1 = nn.Sequential(
46              # (, 1, 28, 28) :              # NCHW
47              nn.Conv2d(in_channels = nChannel, out_channels = 16,
48                      kernel_size = 3, padding = 'same'),
49              nn.ReLU(),
```

```
50              nn.BatchNorm2d(16),
51              nn.MaxPool2d(kernel_size = 2, stride = 2))
52              #(, 16, 14, 14)
53
54          self.layer2 = nn.Sequential(
55              nn.Conv2d(16, 32,
56                      kernel_size = 3, stride = 1, padding = 1),
57              nn.ReLU(),
58              nn.MaxPool2d(kernel_size = 2, stride = 2),
59              #(,  32, 7,  7)
60              nn.Dropout(0.5))
61
62          self.layer3 = nn.Sequential(
63              nn.Flatten(),
64              nn.Linear(32 * 7 * 7, embed_dim) )
65
66      def predict(self, x):              # forward once
67          x = self.layer1(x)
68          x = self.layer2(x)
69          x = self.layer3(x)
70          return x
71
72      def forward(self, x1, x2, x3):
73          out1 = self.predict(x1)
74          out2 = self.predict(x2)
75          out3 = self.predict(x3)
76          return out1, out2, out3
77
78      def similarity(self, x1, x2):
79          x1 = x1.unsqueeze(0).to(DEVICE)
80          x2 = x2.unsqueeze(0).to(DEVICE)
81
82          out1 = self.predict(x1)
83          out2 = self.predict(x2)
84          distance = nn.functional.pairwise_distance(out1, out2)
85          return distance
86
87 #2-2: ref 6302.py
88 class SiameseResnet(nn.Module):
89     def __init__(self, embed_dim = 2):
90         super(SiameseResnet,self).__init__( )
91
92         self.embed_dim = embed_dim
93         self.resnet = resnet34(weights = None)
94         # 1-channel input
```

```
95          self.resnet.conv1 = \
96              nn.Conv2d(1, 64, kernel_size = (7, 7),
97                      stride = (2, 2), padding = (3, 3),
98                      bias = False)
99
100         num_features = self.resnet.fc.in_features        # 512
101         #print('num_features=', num_features)
102         self.resnet.fc = nn.Linear(num_features, embed_dim)
103
104     def predict(self, x):                              # forward once
105         out = self.resnet(x)
106         return out
107
108     def forward(self, x1, x2, x3):
109         out1 = self.predict(x1)                        # anchor
110         out2 = self.predict(x2)                        # positive
111         out3 = self.predict(x3)                        # negative
112         return out1, out2, out3
113
114     def similarity(self, x1, x2):
115         x1 = x1.unsqueeze(0).to(DEVICE)
116         x2 = x2.unsqueeze(0).to(DEVICE)
117
118         out1 = self.predict(x1)
119         out2 = self.predict(x2)
120         distance = nn.functional.pairwise_distance(out1, out2)
121         return distance
122 #3
123 #3-1
124 class TripletMNIST(MNIST):
125     def __init__(self, *args, **kwargs):
126         super(TripletMNIST, self).__init__(*args, **kwargs)
127
128     def __getitem__(self, idx):
129         x1, y1 = self.data[idx], self.targets[idx] # anchor
130         # x2: positive
131         while True:
132             idx2 = random.randint(0, len(self.data)-1)
133             x2, y2 = self.data[idx2], self.targets[idx2]
134             if idx != idx2 and y1 == y2:
135                 break
136         # x3: negative
137         while True:
138             idx3 = random.randint(0, len(self.data) - 1)
139             x3, y3 = self.data[idx3], self.targets[idx3]
```

```
140                    if idx != idx3 and y1 != y3:
141                        break
142            x1 = Image.fromarray(x1.numpy())          # anchor
143            x2 = Image.fromarray(x2.numpy())          # positive
144            x3 = Image.fromarray(x3.numpy())          # negative
145
146            if self.transform is not None:
147                x1= self.transform(x1)
148                x2= self.transform(x2)
149                x3= self.transform(x3)
150            return x1, x2, x3, y1
151 #3-2
152 def get_loaders(batch_size = 128):
153     PATH = './data'
154     train_data = \
155         TripletMNIST(PATH, train = True, download = True,
156                     transform = T.Compose([T.RandomHorizontalFlip(),
157                                             T.ToTensor() ]))
158     test_ds = TripletMNIST(PATH, train = False, download = True,
159                     transform = T.Compose([T.ToTensor()]) )
160
161     valid_ratio = 0.2
162     train_size =  len(train_data)
163     n_valid = int(train_size * valid_ratio)
164     n_train = train_size - n_valid
165     seed = torch.Generator().manual_seed(1)
166     train_ds, valid_ds = \
167         random_split(train_data,[n_train,n_valid], generator = seed)
168
169     train_loader = DataLoader(train_ds, batch_size = batch_size,
170                                 shuffle = True)
171     test_loader  = DataLoader(test_ds,  batch_size = batch_size,
172                                 shuffle = False)
173     valid_loader = DataLoader(valid_ds, batch_size = batch_size,
174                                 shuffle = False)
175     return train_loader, test_loader, valid_loader
176 #4
177 #4-1
178 def train_epoch(loader, model, optimizer, loss_fn):
179     K = len(loader)
180     batch_loss = 0.0
181     for x1, x2, x3, y in loader:
182         x1, x2, x3 = x1.to(DEVICE), x2.to(DEVICE), x3.to(DEVICE)
183
184         optimizer.zero_grad()
```

```
185          out1, out2, out3 = model(x1, x2, x3)
186          loss = loss_fn(out1, out2, out3)
187          loss.backward()
188          optimizer.step()
189          batch_loss += loss.item()
190      batch_loss /= K
191      return batch_loss
192  #4-2
193  def evaluate(loader, model, loss_fn):
194      K = len(loader)
195      model.eval()
196      with torch.no_grad():
197          batch_loss = 0.0
198          for x1, x2, x3, y in loader:
199              x1, x2, x3 = \
200                  x1.to(DEVICE), x2.to(DEVICE), x3.to(DEVICE)
201              out1, out2, out3 = model(x1, x2, x3)
202              loss = loss_fn(out1, out2, out3)
203              batch_loss += loss.item()
204          batch_loss /= K
205      return batch_loss
206  #5
207  def main(EPOCHS=50):
208  #5-1
209      train_loader, test_loader, valid_loader = get_loaders()
210
211      #model = SiameseNet().cuda()
212      model = SiameseResnet().cuda()
213      optimizer = optim.Adam(params = model.parameters(), lr = 0.001)
214      loss_fn = TripletLoss()
215      #loss_fn = nn.TripletMarginLoss(margin=2.0)
216      train_losses = []
217      valid_losses = []
218  #5-2
219      print('training.....')
220      model.train()
221      for epoch in range(EPOCHS):
222          loss = train_epoch(train_loader, model, optimizer, loss_fn)
223          train_losses.append(loss)
224
225          val_loss = evaluate(valid_loader, model, loss_fn)
226          valid_losses.append(val_loss)
227
228          if not epoch % 10 or epoch == EPOCHS - 1:
229              msg  = f'epoch={epoch}: train_loss={loss:.4f}, '
230              msg += f'valid_loss={val_loss:.4f}'
```

```
231                print(msg)
232         model_scripted = torch.jit.script(model)
233         model_scripted.save('./saved_model/6303_scripted.pt')
234 #5-3
235         test_loss = evaluate(test_loader,model,loss_fn)
236         print(f'test_loss={test_loss:.4f}')
237
238 #5-4: similarity display for test sample
239         fig, axes = plt.subplots(nrows = 2, ncols = 5, figsize = (10, 4))
240         fig.canvas.manager.set_window_title('MNIST')
241
242         x1, x2, x3, y = next(iter(test_loader))
243         print("x1.shape=", x1.shape)        # [B, 1, 28, 28]
244         print("x2.shape=", x2.shape)        # [B, 1, 28, 28]
245         print("x3.shape=", x3.shape)        # [B, 1, 28, 28]
246         print("y.shape=", y.shape)          # [B]
247
248         for i, ax in enumerate(axes.flat):
249             sim1 = model.similarity(x1[i], x2[i])  # (anchor, positive)
250             sim2 = model.similarity(x1[i], x3[i])  # (anchor, negative)
251             img = np.concatenate((x1[i].numpy()[0], x2[i].numpy()[0],
252                                 x3[i].numpy()[0]), axis = 1)
253
254             img = img * 0.5 + 0.5
255             ax.imshow(img, cmap = 'gray')
256             ax.set_title(f"label={y[i].item()}\n \
257                         sim1= {sim1.item():.2f}, 
258                         sim2= {sim2.item():.2f}")
259             ax.axis("off")
260         fig.tight_layout()
261         plt.show()
262
263 #5-5: Dimensionality reduction display
264         model.eval()                        # model.train(False)
265         with torch.no_grad():
266             for i, (x1, x2, x3, y) in enumerate(test_loader):
267                 x1, x2, x3 = \
268                     x1.to(DEVICE), x2.to(DEVICE), x3.to(DEVICE)
269                 #out1, out2, _ = model(x1, x2, x3)
270                 out1 = model.predict(x1)      # anchor
271                 out2 = model.predict(x2)      # positive
272
273                 out1 = out1.detach().cpu().numpy()
274                 out2 = out2.detach().cpu().numpy()
275                 #print(f"i={i}: out1.shape={out1.shape},
276                         out2.shape={out2.shape}")
```

```
277          plt.scatter(out1[:, 0], out1[:, 1], s = 10,
278                      alpha = 0.5, c = y, cmap = 'jet')
279          plt.scatter(out2[:, 0], out2[:, 1], s = 10,
280                      alpha = 0.5, c = y, cmap = 'jet')
281      plt.colorbar()
282      plt.axis('off')
283      plt.show()
284  #6
285  if __name__ == '__main__':
286      main()
```

▷▷ 실행결과

```
# model = SiameseNet().cuda()
epoch=49: train_loss=0.2074, valid_loss=0.2084
test_loss=0.2607

# model = SiameseResnet().cuda()
epoch=49: train_loss=0.0245, valid_loss=0.0284
test_loss=0.0555
```

▷▷▷ 프로그램 설명

1 #1의 TripletLoss는 [수식 63.2]의 3중 손실을 계산한다.

2 #2는 x1(anchor), x2(positive), x3(negative)의 3개 입력을 갖는 SiameseNet, SiameseResnet을 구현한다. forward() 메서드는 [batch_size, embed_dim] 모양의 네트워크 출력(out1, out2, out3)을 계산한다.

3 #3-1의 TripletMNIST는 MNIST 데이터에서 (x1, x2, x3, y1)를 반환하는 데이터셋을 구현한다. y1은 x1의 레이블이다.

#3-2의 get_loaders() 함수는 TripletMNIST로 데이터셋을 생성하고, batch_size의 데이터로더를 반환한다.

4 #4-1의 train_epoch()는 model을 학습하고, #4-2의 evaluate()는 평가한다.

5 #5의 main() 함수는 SiameseNet() 또는 SiameseResnet()로 모델을 생성하고 3중 손실 함수(loss_fn), train_loader로 학습하고, valid_loader, test_loader로 평가한다.

6 #5-4는 next(iter(test_loader))로 테스트 샘플을 생성하고, (x1, x2)의 유사도(sim1)와 (x1, x3)의 유사도(sim2)를 계산한다. sim1은 0에 가깝고, sim2는 보다 큰 값을 갖는다([그림 63.8], [그림 63.9]).

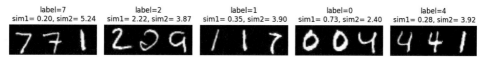

△ 그림 63.8 ▶ SiameseNet(): MNIST 유사도, TripletLoss(계속)

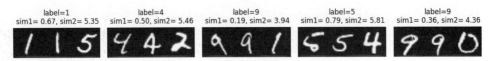

label=1　　　　 label=4　　　　 label=9　　　　 label=5　　　　 label=9
sim1= 0.67, sim2= 5.35　 sim1= 0.50, sim2= 5.46　 sim1= 0.19, sim2= 3.94　 sim1= 0.79, sim2= 5.81　 sim1= 0.36, sim2= 4.36

△ 그림 63.8 ▶ SiameseNet(): MNIST 유사도, TripletLoss

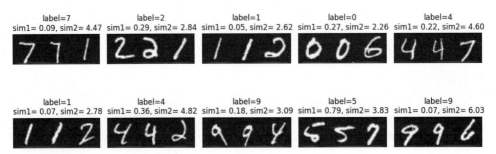

label=7　　　　 label=2　　　　 label=1　　　　 label=0　　　　 label=4
sim1= 0.09, sim2= 4.47　 sim1= 0.29, sim2= 2.84　 sim1= 0.05, sim2= 2.62　 sim1= 0.27, sim2= 2.26　 sim1= 0.22, sim2= 4.60

label=1　　　　 label=4　　　　 label=9　　　　 label=5　　　　 label=9
sim1= 0.07, sim2= 2.78　 sim1= 0.36, sim2= 4.82　 sim1= 0.18, sim2= 3.09　 sim1= 0.79, sim2= 3.83　 sim1= 0.07, sim2= 6.03

△ 그림 63.9 ▶ SiameseResnet(): MNIST 유사도, TripletLoss

**7** #5-5는 같은 레이블 y를 갖는 x1(anchor), x2(positive)의 출력(out1, out2)을 plt.scatter()로 표시한다([그림 63.10]).

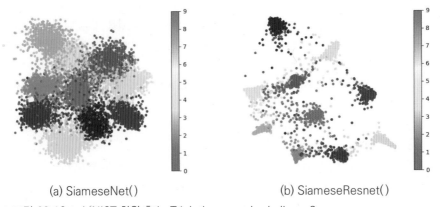

(a) SiameseNet()　　　　　　　　　(b) SiameseResnet()

△ 그림 63.10 ▶ MNIST 차원 축소, TripletLoss, embed_dim = 2

▷ 예제 63-04　▶ SiameseResnet: ContrastiveLoss, AT&T face

```
01 '''
02 ref1: https://github.com/harveyslash/Facial-Similarity-with-
03 Siamese-Networks-in-Pytorch
04 ref2: https://datahacker.rs/019-siamese-network-in-pytorch-with-
05 application-to-face-similarity/
06 '''
```

```
07  import torch
08  from torch import nn
09  import torch.optim as optim
10  import torch.nn.functional as F
11  import torchvision.transforms as T
12  from torchvision.models import resnet34
13  from torchvision.datasets import ImageFolder
14  from torch.utils.data import Dataset, DataLoader, random_split
15  import matplotlib.pyplot as plt
16  from PIL import Image
17  import numpy as np
18  import random
19  import os
20  DEVICE = 'cuda' if torch.cuda.is_available() else 'cpu'
21  #1
22  class ContrastiveLoss(nn.Module):
23      def __init__(self, margin = 2.0):
24          super(ContrastiveLoss, self).__init__()
25          self.margin = margin
26
27      def forward(self, out1, out2, label):
28          distance = nn.functional.pairwise_distance(out1, out2)
29          loss_contrastive  = (1 - label) * torch.pow(distance, 2)
30          loss_contrastive += (label) *
31                              torch.pow(torch.clamp(self.margin -
32                                          distance, min = 0.0), 2)
33          return torch.mean(loss_contrastive)
34  #2
35  class SiameseResnet(nn.Module):
36      def __init__(self, embed_dim = 10):
37          super(SiameseResnet,self).__init__( )
38
39          self.embed_dim = embed_dim
40          self.resnet = resnet34(weights = None)
41          # 1-channel image input
42          self.resnet.conv1 = \
43              nn.Conv2d(1, 64, kernel_size = (7,7),
44                          stride = (2, 2), padding = (3, 3), bias = False
45
46          num_features = self.resnet.fc.in_features    # 512
47          self.resnet.fc = nn.Linear(num_features, embed_dim)
48
49      def predict(self, x):                            # forward once
50          out = self.resnet(x)
51          return out
```

```
52      def forward(self, x1, x2):
53          out1 = self.predict(x1)
54          out2 = self.predict(x2)
55          return out1, out2
56
57      def similarity(self, x1, x2):
58          x1 = x1.unsqueeze(0).to(DEVICE)
59          x2 = x2.unsqueeze(0).to(DEVICE)
60
61          out1, out2 = self.forward(x1, x2)
62          distance = nn.functional.pairwise_distance(out1, out2)
63          return distance
64  #3
65  #3-1
66  class SiameseFaceDataset(Dataset):
67      def __init__(self, path, transform = None):
68          self.imageFolder = ImageFolder(root=path)
69          self.transform   = transform
70
71      def __getitem__(self,idx):
72          x1_name, y1 = self.imageFolder.imgs[idx]
73          #print('x1_name=', x1_name, y1)
74
75          is_diff = random.randint(0, 1)      # random choice
76          #if is_diff = 0: y1 == y2, same class
77          #if is_diff = 1: y1 != y2, different class
78          while True:
79              x2_name, y2 = random.choice(self.imageFolder.imgs)
80              if is_diff and y1 != y2:
81                  break
82              if not is_diff and y1 == y2:
83                  break
84          x1 = Image.open(x1_name)
85          x2 = Image.open(x2_name)
86          #print("#1: x1.mode=", x1.mode)
87          #x1 = x1.convert("L")
88          #x2 = x2.convert("L")
89
90          if self.transform is not None:
91              x1 = self.transform(x1)
92              x2 = self.transform(x2)
93
94          return x1, x2, is_diff
95          #return x1, x2, is_diff, y1, y2
96
```

```
 97      def __len__(self):
 98          return len(self.imageFolder.imgs)
 99
100  #3-2
101  def get_loaders(batch_size = 128):
102      PATH = './data/faces/'
103      train_data = \
104          SiameseFaceDataset(PATH + 'training',
105              transform = T.Compose([T.RandomHorizontalFlip(),
106                                     T.ToTensor() ]))
107      test_ds = \
108          SiameseFaceDataset(PATH + 'testing',
109                         transform = T.Compose([T.ToTensor()]))
110      valid_ratio = 0.2
111      train_size = len(train_data)
112      n_valid = int(train_size * valid_ratio)
113      n_train = train_size - n_valid
114      seed = torch.Generator().manual_seed(1)
115      train_ds, valid_ds = \
116          random_split(train_data, [n_train,n_valid],
117                     generator = seed)
118
119      train_loader = DataLoader(train_ds, batch_size = batch_size,
120                              shuffle = True)
121      test_loader  = DataLoader(test_ds, batch_size = batch_size,
122                              shuffle = False)
123      valid_loader = DataLoader(valid_ds, batch_size = batch_size,
124                              shuffle = False)
125      # print("len(train_ds)=", len(train_ds))        # 296
126      # print("len(test_ds)=", len(test_ds))          # 30
127      # print("len(valid_ds)=", len(valid_ds))        # 74
128      return train_loader, test_loader, valid_loader
129  #4
130  #4-1
131  def train_epoch(loader, model, optimizer, loss_fn):
132      K = len(loader)
133      batch_loss = 0.0
134      for x1, x2, y in loader:
135          x1, x2, y = x1.to(DEVICE), x2.to(DEVICE), y.to(DEVICE)
136
137          optimizer.zero_grad()
138          out1, out2 = model(x1, x2)
139
140          loss = loss_fn(out1, out2, y)
141          loss.backward()
```

```python
142             optimizer.step()
143             batch_loss += loss.item()
144     batch_loss /= K
145     return batch_loss
146
147 #4-2
148 def evaluate(loader, model, loss_fn):
149     K = len(loader)
150     model.eval()
151     with torch.no_grad():
152         batch_loss = 0.0
153         for x1, x2, y in loader:
154             x1, x2, y = x1.to(DEVICE), x2.to(DEVICE), y.to(DEVICE)
155             out1, out2 = model(x1, x2)
156
157             loss = loss_fn(out1, out2, y)
158             batch_loss += loss.item()
159
160         batch_loss /= K
161     return batch_loss
162 #5
163 def main(EPOCHS = 100):
164 #5-1
165     train_loader, test_loader, valid_loader = \
166         get_loaders(batch_size = 32)
167
168     model = SiameseResnet().cuda()
169     optimizer = optim.Adam(params = model.parameters(), lr = 0.001)
170     loss_fn = ContrastiveLoss()
171     train_losses = []
172     valid_losses = []
173
174 #5-2
175     print('training.....')
176     model.train()
177     for epoch in range(EPOCHS):
178         loss = train_epoch(train_loader, model,
179                            optimizer, loss_fn)
180         train_losses.append(loss)
181
182         val_loss = evaluate(valid_loader, model, loss_fn)
183         valid_losses.append(val_loss)
184
185         if not epoch % 10 or epoch == EPOCHS - 1:
186             msg  = f'epoch={epoch}: train_loss={loss:.4f}, '
```

```
187             msg += f'valid_loss={val_loss:.4f}'
188             print(msg)
189     model_scripted = torch.jit.script(model)
190     model_scripted.save('./saved_model/6304_scripted.pt')
191 #5-3
192     test_loss = evaluate(test_loader, model, loss_fn)
193     print(f'test_loss={test_loss:.4f}')
194
195 #5-4: similarity display for test sample
196     fig, axes = plt.subplots(nrows = 2, ncols = 5, figsize = (10, 4))
197     fig.canvas.manager.set_window_title('AT&T Face')
198
199     x1, x2, y = next(iter(test_loader))
200     #print("x1.shape=", x1.shape)        # [B, 1 or 3, 112, 92]
201     #print("x2.shape=", x2.shape)        # [B, 1 or 3, 112, 92]
202     #print("y.shape=",  y.shape)         # [B]
203
204     for i, ax in enumerate(axes.flat):
205         sim = model.similarity(x1[i], x2[i])
206         img = np.concatenate((x1[i].numpy()[0],
207                               x2[i].numpy()[0]), axis = 1)
208
209         img = img * 0.5 + 0.5
210         ax.imshow(img, cmap = 'gray')
211         ax.set_title(f"label={y[i].item()}\n ",
212                     f"sim= {sim.item():.2f}")
213         ax.axis("off")
214     fig.tight_layout()
215     plt.show()
216 #6
217 if __name__ == '__main__':
218     main()
```

▷▷ 실행결과

```
# embed_dim=10
epoch=99: train_loss=0.2376, valid_loss=0.1741
test_loss=0.4643
```

▷▷▷ 프로그램 설명

1 AT&T 얼굴 데이터베이스는 40(s1, s40)명 각각에 대해 10장의 영상을 구성되어 있다. 'face/training', 'face/testing' 폴더 아래 학습과 테스트를 위한 데이터가 있다.

2 #2의 SiameseResnet은 resnet34를 이용하여 [그림 63.1]을 구현한다. forward() 메서드는 [batch_size, embed_dim] 모양의 네트워크 출력(out1, out2)을 계산한다. self. resnet.conv1 = nn.Conv2d(1, 64, kernel_size = (7, 7), stride = (2, 2), padding = (3, 3), bias = False)로 변경하여 1-채널 데이터를 입력받게 변경한다.

**3** #3-1의 SiameseFaceDataset은 ImageFolder를 이용하여 path의 폴더에 저장된 데이터 셋으로부터 SiameseResnet 모델을 학습하기 위한 (x1, x2, is_diff) 쌍의 데이터셋을 생성 한다.

#3-2의 get_loaders()는 batch_size의 데이터 로더를 반환한다.

SiameseFaceDataset(PATH + 'training')는 train_data를 생성하고, SiameseFace Dataset(PATH + 'testing')는 test_ds를 생성한다. train_data를 분리하여 train_ds, valid_ds를 생성한다.

**4** #5의 main()에서 SiameseResnet()로  embed_dim=10 차원의 model을 생성하고 학습한다.

**5** [그림 63.11]은 테스트 샘플에 대해 유사도를 계산한 결과이다. label = 0(positive)에서는 유사도가 0에 가깝고, label = 1(negative)에서는 비교적 큰 유사도를 갖는다.

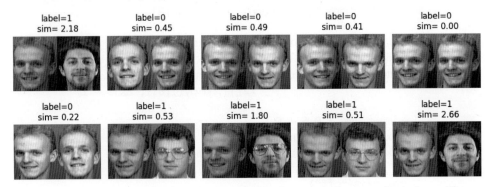

△ 그림 63.11 ▶ SiameseResnet(): AT&T face 유사도, ContrastiveLoss, embed_dim = 10

▷ 예제 63-05  ▶ SiameseResnet: TripletLoss, AT&T face

```
01  '''
02  ref1: https://github.com/harveyslash/Facial-Similarity-with-
03  Siamese-Networks-in-Pytorch
04  ref2: https://datahacker.rs/019-siamese-network-in-pytorch-with-
05  application-to-face-similarity/
06  ref3: 6303.py
07  '''
08  import torch
09  from torch import nn
10  import torch.optim as optim
11  import torch.nn.functional as F
12  import torchvision.transforms as T
13  from torchvision.models import resnet34
14  from torchvision.datasets import ImageFolder
```

```python
15 from torch.utils.data import Dataset, DataLoader, random_split
16 import matplotlib.pyplot as plt
17 from PIL import Image
18 import numpy as np
19 import random
20 import os
21 DEVICE = 'cuda' if torch.cuda.is_available() else 'cpu'
22 #1
23 class TripletLoss(nn.Module):
24     def __init__(self, margin = 2.0):
25         super(TripletLoss, self).__init__()
26         self.margin = margin
27
28     def forward(self, anchor, positive, negative):
29         d_positive = \
30             nn.functional.pairwise_distance(anchor, positive)
31         d_negative = \
32             nn.functional.pairwise_distance(anchor, negative)
33         losses = torch.clamp( torch.pow(d_positive, 2) -
34                 torch.pow(d_negative, 2) +
35                 self.margin, min = 0.0 )
36         return losses.mean()
37 #2:
38 class SiameseResnet(nn.Module):
39     def __init__(self, embed_dim = 10):
40         super(SiameseResnet,self).__init__( )
41
42         self.embed_dim = embed_dim
43         self.resnet = resnet34(weights = None)
44         # 1-channel input
45         self.resnet.conv1 = \
46          nn.Conv2d(1, 64, kernel_size = (7, 7),
47                     stride = (2, 2), padding = (3, 3), bias = False)
48
49         num_features = self.resnet.fc.in_features    # 512
50         #print('num_features=', num_features)
51         self.resnet.fc =  nn.Linear(num_features, embed_dim)
52
53     def predict(self, x):                          # forward once
54         out = self.resnet(x)
55         return out
56
57     def forward(self, x1, x2, x3):
58         out1 = self.predict(x1)                    # anchor
59         out2 = self.predict(x2)                    # positive
60
```

```python
61          out3 = self.predict(x3)                          # negative
62          return out1, out2, out3
63
64      def similarity(self, x1, x2):
65          x1 = x1.unsqueeze(0).to(DEVICE)
66          x2 = x2.unsqueeze(0).to(DEVICE)
67
68          out1 = self.predict(x1)
69          out2 = self.predict(x2)
70          distance = nn.functional.pairwise_distance(out1, out2)
71          return distance
72  #3
73  #3-1
74  class TripletFaceDataset(Dataset):
75      def __init__(self, path, transform = None):
76          self.imageFolder = ImageFolder(root = path)
77          self.transform = transform
78
79      def __getitem__(self,idx):
80          x1_name, y1 = self.imageFolder.imgs[idx]        # anchor
81
82          # positive
83          while True:
84              x2_name, y2 = random.choice(self.imageFolder.imgs)
85              if x1_name != x2_name and y1 == y2:
86                  break
87          # negative
88          while True:
89              x3_name, y3 = random.choice(self.imageFolder.imgs)
90              if x1_name != x3_name and y1 != y3:
91                  break
92          #print(f"idx={idx}: y1={y1}, y2={y2}, y3={y3}")
93          x1 = Image.open(x1_name)
94          x2 = Image.open(x2_name)
95          x3 = Image.open(x3_name)
96
97          if self.transform is not None:
98              x1 = self.transform(x1)
99              x2 = self.transform(x2)
100             x3 = self.transform(x3)
101         return x1, x2, x3, y1
102
103     def __len__(self):
104         return len(self.imageFolder.imgs)
105
```

```
106  #3-2
107  def get_loaders(batch_size=128):
108      PATH = './data/faces/'
109      train_data = \
110          TripletFaceDataset(PATH + 'training',
111                      transform = T.Compose([T.RandomHorizontalFlip(),
112                                              T.ToTensor()]) )
113      test_ds = TripletFaceDataset(PATH + 'testing',
114                      transform = T.Compose([T.ToTensor()]) )
115      valid_ratio = 0.2
116      train_size = len(train_data)
117      n_valid = int(train_size * valid_ratio)
118      n_train = train_size - n_valid
119      seed = torch.Generator().manual_seed(1)
120      train_ds, valid_ds = \
121          random_split(train_data, [n_train, n_valid],
122                      generator = seed)
123
124      train_loader = DataLoader(train_ds, batch_size = batch_size,
125                                  shuffle = True)
126      test_loader  = DataLoader(test_ds,  batch_size = batch_size,
127                                  shuffle = False)
128      valid_loader = DataLoader(valid_ds, batch_size = batch_size,
129                                  shuffle = False)
130      # print("len(train_ds)=", len(train_ds))      # 296
131      # print("len(test_ds)=", len(test_ds))        # 30
132      # print("len(valid_ds)=", len(valid_ds))      # 74
133
134      return train_loader, test_loader, valid_loader
135  #4
136  #4-1
137  def train_epoch(loader, model, optimizer, loss_fn):
138      K = len(loader)
139      batch_loss = 0.0
140      for x1, x2, x3, y in loader:
141          x1, x2, x3 = x1.to(DEVICE), x2.to(DEVICE), x3.to(DEVICE)
142
143          optimizer.zero_grad()
144          out1, out2, out3 = model(x1, x2, x3)
145
146          loss = loss_fn(out1, out2, out3)
147          loss.backward()
148          optimizer.step()
149          batch_loss += loss.item()
150      batch_loss /= K
151      return batch_loss
```

```
152  #4-2
153  def evaluate(loader, model, loss_fn):
154      K = len(loader)
155      model.eval()
156      with torch.no_grad():
157          batch_loss = 0.0
158          for x1, x2, x3, y in loader:
159              x1, x2, x3 = \
160                  x1.to(DEVICE), x2.to(DEVICE), x3.to(DEVICE)
161              out1, out2, out3 = model(x1, x2, x3)
162
163              loss = loss_fn(out1, out2, out3)
164              batch_loss += loss.item()
165
166          batch_loss /= K
167      return batch_loss
168  #5
169  def main(EPOCHS = 150):
170  #5-1
171      train_loader, test_loader, valid_loader = \
172          get_loaders(batch_size = 32)
173
174      model = SiameseResnet().cuda()
175      optimizer = \
176          optim.Adam(params = model.parameters(), lr = 0.0001)
177      loss_fn = TripletLoss()
178      #loss_fn = nn.TripletMarginLoss(margin = 2.0)
179      train_losses = []
180      valid_losses = []
181
182  #5-2
183      print('training.....')
184      model.train()
185      for epoch in range(EPOCHS):
186          loss = train_epoch(train_loader, model,
187                              optimizer, loss_fn)
188          train_losses.append(loss)
189
190          val_loss = evaluate(valid_loader, model, loss_fn)
191          valid_losses.append(val_loss)
192
193          if not epoch % 10 or epoch == EPOCHS - 1:
194              msg  = f'epoch={epoch}: train_loss={loss:.4f}, '
195              msg += f'valid_loss={val_loss:.4f}'
196              print(msg)
```

```
197      model_scripted = torch.jit.script(model)
198      model_scripted.save('./saved_model/6305_scripted.pt')
199  #5-3
200      test_loss= evaluate(test_loader, model,loss_fn)
201      print(f'test_loss={test_loss:.4f}')
202
203  #5-4: similarity display for test sample
204      fig, axes = plt.subplots(nrows = 3, ncols = 5, figsize = (12, 6))
205      fig.canvas.manager.set_window_title('AT&T Face')
206
207      x1, x2, x3, y = next(iter(test_loader))
208
209      for i, ax in enumerate(axes.flat):
210          sim1 = model.similarity(x1[i], x2[i]) # (anchor, positive)
211          sim2 = model.similarity(x1[i], x3[i]) # (anchor, negative)
212
213          img = np.concatenate((x1[i].numpy()[0], x2[i].numpy()[0],
214                                 x3[i].numpy()[0]), axis = 1)
215
216          img = img * 0.5 + 0.5
217          ax.imshow(img, cmap = 'gray')
218          ax.set_title(f"label={y[i].item()}\n ",
219                       f"sim1= {sim1.item():.2f}, ",
220                       f"sim2= {sim2.item():.2f}")
221          ax.axis("off")
222      fig.tight_layout()
223      plt.show()
224  #6
225  if __name__ == '__main__':
226      main()
```

▷▷ 실행결과

```
# embed_dim=10
epoch=149: train_loss=0.0525, valid_loss=0.2065
test_loss=0.0000
```

▷▷▷ 프로그램 설명

1 TripletLoss, SiameseResnet으로 AT&T 얼굴 데이터베이스의 유사도를 학습한다.

2 TripletLoss, SiameseResnet, train_epoch(), evaluate()는 [예제 63-03]과 같다.

3 #3-1의 TripletFaceDataset은 ImageFolder를 이용하여 path의 폴더에 저장된 데이터셋으로부터 (x1, x2, x3, y) 쌍의 데이터셋을 생성한다. x1(anchor), x2(positive), x3(negative), y1은 x1의 레이블이다.

**4** #5의 main()에서 SiameseResnet()로  embed_dim = 10 차원의 model을 생성하고 학습한다.

**5** [그림 63.12]는 테스트 샘플에 대해 유사도를 계산한 결과이다. sim1이 sim2보다 작은 유사도 값을 갖는다.

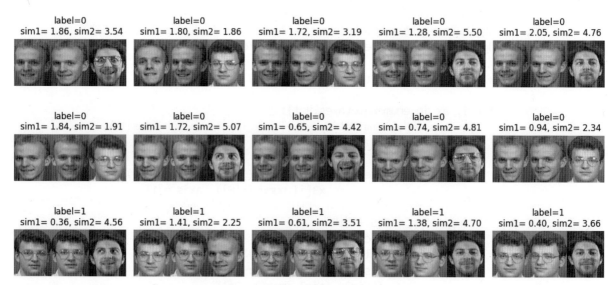

△ 그림 63.12 ▶ SiameseResnet(): AT&T face 유사도, TripletLoss, embed_dim = 10

▷ 예제 63-06 ▶ Image Retrieval: faiss

```
01 """"""
02 ref: https://towardsdatascience.com/a-hands-on-introduction-to-image-
03 retrieval-in-deep-learning-with-pytorch-651cd6dba61e
04
05 *1* faiss-cpu is used in this example
06     because faiss-gpu is not available in my version(torch 2.6.0+cu126).
07 *2* If you can use faiss-gpu, change DEVICE to 'cuda'
08
09 *3*: os.environ["KMP_DUPLICATE_LIB_OK"] = 'TRUE'
10     because of 'OMP: Error, Initializing libomp140.x86_64.dll,
11                 but found libiomp5md.dll already initialized.'
12 """""
13 import torch
14 import torchvision.transforms as T
15 import torchvision.transforms.functional as F
16 import matplotlib.pyplot as plt
```

```
17  import numpy as np
18  from   PIL import Image
19  import json
20  import glob
21  import faiss          # pip install faiss-cpu, pip install faiss-gpu-cu12
22  import os
23  os.environ["KMP_DUPLICATE_LIB_OK"] = "TRUE"
24
25  #1
26  #DEVICE = 'cuda' if torch.cuda.is_available() else 'cpu'
27  DEVICE = 'cpu'      # faiss-cpu
28  transform=T.Compose([T.ToTensor()])
29  # json_file  = './saved_model/6304_file_names.json'
30  # faiss_file = './saved_model/6304_faiss_face.index'
31
32  json_file  = './saved_model/6305_file_names.json'
33  faiss_file = './saved_model/6305_faiss_face.index'
34
35  #2
36  def build_index(model, PATH):
37      faiss_index = faiss.IndexFlatL2(model.embed_dim)
38
39      file_names = []
40      with torch.no_grad():
41          for file in glob.glob(PATH, recursive = True):
42              img = Image.open(file)
43              #img = img.resize((224, 224))
44              img = transform(img)
45              img = img.unsqueeze(0).to(DEVICE)   # [1, 1, 112, 92]
46
47              out = model.predict(img)
48              out = out.cpu().numpy()
49                  # out.shape = [1, model.embed_dim]
50              faiss_index.add(out)
51                  # add the representation to index
52              file_names.append(file)
53                  # store the image name to find it later on
54
55      #print('faiss_index.ntotal=', faiss_index.ntotal)  # 400
56      #print('len(file_names)=', len(file_names))         # 400
57
58      json.dump(file_names, open(json_file, 'w'))
59      faiss.write_index(faiss_index, faiss_file)
60      return faiss_index, file_names
61
```

```
62  #3
63  def retrive_similar_images(face_index, model, query_file, K = 5):
64      with torch.no_grad():
65          query_img = Image.open(query_file)
66          query_img = transform(query_img)
67          query_img = \
68              query_img.unsqueeze(0).to(DEVICE)    # [1, 1, 112, 92]
69
70          query_out = model.predict(query_img)
71          query_out = query_out.cpu().numpy()
72              # out.shape= [1, model.embed_dim]
73          D, I = face_index.search(query_out, K)
74          print("D=", D)
75          print("I=", I)
76          return D, I
77  #4
78  def main():
79  #4-1
80      #model = torch.jit.load('./saved_model/6304_scripted.pt',
81      #                       map_location = torch.device(DEVICE))
82      model = torch.jit.load('./saved_model/6305_scripted.pt',
83                             map_location = torch.device(DEVICE))
84
85      print("model.embed_dim=", model.embed_dim)    # 10
86      model.eval()
87  #4-2
88      #faiss_index, file_names = \
89      #    build_index(model, PATH = './data/faces/**/*.pgm')
90      #        # build once
91
92  #4-3
93      file_names = json.load(open(json_file, 'r'))
94      face_index = faiss.read_index(faiss_file)
95  #4-4
96      query_file = './data/faces/testing/s5/1.pgm'
97      #query_file = './data/faces/training/s3/1.pgm'
98      print("query_file=", query_file)
99
100     K = 5
101     D, I = retrive_similar_images(face_index, model, query_file, K)
102 #4-5
103     for i, k in enumerate(I[0]):
104         print(f"retrieved image[{i}]: ",
105             f"{file_names[k]}, D={D[0][i]}")
106
```

```
107  #4-6:
108      def class_name(file_name):
109          for i in range(40, 0, -1):
110              s_name = 's' + str(i)
111              if s_name in file_name:
112                  return s_name
113
114  #4-7: display query + retrieved images
115      fig, axes = \
116          plt.subplots(nrows = 1, ncols = K + 1, figsize = (10, 4))
117      fig.canvas.manager.set_window_title('Image Retrieval')
118
119      for i, ax in enumerate(axes.flat):
120          if i == 0:                              # query image
121              title1 = class_name(query_file)
122              title2 = 'Query'
123              img = Image.open(query_file)
124          else:
125              k = I[0][i - 1]
126              img = Image.open(file_names[k])
127
128              title1 = class_name(file_names[k])
129              title2 = f"D={D[0][i-1]: .4f}"
130
131          ax.imshow(np.asarray(img), cmap = 'gray' )
132          title = title1 + '\n' + title2
133          ax.set_title(title)
134          ax.axis("off")
135      fig.tight_layout()
136      plt.show()
137  #5
138  if __name__ == '__main__':
139      main()
```

▷▷ 실행결과

```
#query_file = './data/faces/testing/s5/1.pgm'
D= [[0.         0.23252122 0.24968195 0.36719623 0.48015162]]
I= [[  0   7   2   1 128]]
retrieved image[0]:  ./data/faces\testing\s5\1.pgm, D=0.0
retrieved image[1]:  ./data/faces\testing\s5\7.pgm, D=0.232521221104167938
retrieved image[2]:  ./data/faces\testing\s5\2.pgm, D=0.24968194961547852
retrieved image[3]:  ./data/faces\testing\s5\10.pgm, D=0.3671962320804596
retrieved image[4]:  ./data/faces\training\s18\8.pgm, D=0.48015162348747253
```

```
#query_file = './data/faces/training/s3/1.pgm'
D= [[1.5564876e-06 9.4355166e-02 3.0649334e-01 3.3816081e-01 3.9122832e-01]]
I= [[250 253 109 251 101]]
retrieved image[0]:    ./data/faces\training\s3\1.pgm, D=1.5564876321150223e-06
retrieved image[1]:    ./data/faces\training\s3\3.pgm, D=0.09435516595840454
retrieved image[2]:    ./data/faces\training\s16\9.pgm, D=0.30649334192276
retrieved image[3]:    ./data/faces\training\s3\10.pgm, D=0.33816081285476685
retrieved image[4]:    ./data/faces\training\s16\10.pgm, D=0.3912283182144165
```

▷▷▷ 프로그램 설명

1 [예제 63-04], [예제 63-05]에서 학습한 결과를 이용하여 CBIR(Content-based Image Retrieval)을 구현한다. faiss를 사용하여 K개의 유사한 영상을 빠르게 검색한다.

#1의 json_file은 file_names을 저장할 이름이고, faiss_file은 faiss_index를 저장할 이름이다.

2 #2의 build_index()는 faiss.IndexFlatL2(model.embed_dim)로 인덱스를 생성하고, PATH의 각 파일을 model에 적용하여 출력(out)을 생성하고, faiss_index에 추가하고, 파일 이름을 file_names에 추가하여 인덱스를 생성하고 json_file, faiss_file 파일에 저장한다.

3 #3의 retrive_similar_images()는 face_index에서 query_file과 가까운 거리의 유사한 K개의 영상을 검색한다. D는 거리정보, I는 인덱스 정보이다.

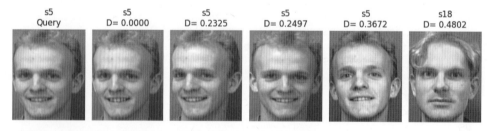

△ 그림 63.13 ▶ query_file = './data/faces/testing/s5/1.pgm'

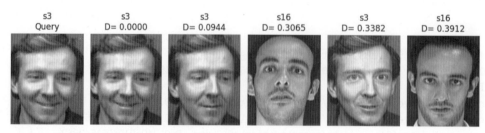

△ 그림 63.14 ▶ query_file = './data/faces/training/s3/1.pgm'

4 #4의 main()에서 model을 로드하고, build_index()로 인덱스를 한번 생성한다.

인덱스가 이미 생성되어 있으면 #4-3에서 file_names, face_index를 로드한다. #4-4의 query_file에 대해 retrive_similar_images()로 K개의 유사한 영상정보(D, I)를 검색한다.

#4-5는 검색된 파일 이름과 거리를 출력한다. #4-6의 class_name()은 파일 이름에서 클래스 이름(s1, s2, ....s40)을 반환한다. #4-7은 쿼리 영상(i=0)과 검색된 K개의 유사한 영상을 표시한다([그림 63.13], [그림 63.14]).

5 faiss-gpu(2022.1.11), faiss-gpu-cu12(2025.2.1. CUDA 12.1)는 2025년 2월 현재 python 3.13에서 사용할 수 없다.

# 무감독 대조학습: SimCLR

SimCLR(A Simple Framework for Contrastive Learning of Visual Representations, 2020)은 무감독 대조학습 unsupervised contrastive learning으로 자기지도학습 self-supervised learning 한다. 대조학습은 긍정 쌍 positive pair은 가깝게 attract, 부정 쌍 negative pair은 멀어지게 repel 학습한다. 레이블 없이 무감독으로 같은 종류와 다른 종류를 구분하는 방법이 필요하다. 영상을 확장변환 augmentation하여 사용한다.

[그림 64.1]은 SimCLR의 구조이다. 입력 $x$에 서로 다른 2개의 랜덤 확장변환 연산 ($t \sim \tau$와 $t' \sim \tau'$)을 적용하여 긍정 쌍 $\hat{x}_i$와 $\hat{x}_j$을 생성한다. ResNet 같은 네트워크 $f(\ )$로 $h_i$와 $h_j$ 임베딩 벡터를 생성한다. 간단한 MLP로 구성된 투영 $g(\ )$을 사용하여 최종 임베딩 벡터 $z_i$, $z_j$를 생성하고, 대조손실을 이용한 훈련으로 최대한 일치하게 학습한다. 학습이 끝난 뒤에는 $g(\ )$는 버리고, 다운 스트림 작업을 위한 인코더로 $f(\ )$의 출력 $h$를 사용한다.

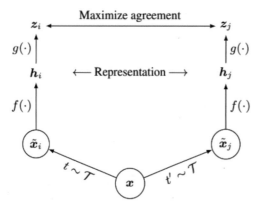

△ 그림 64.1 ▶ SimCLR 구조[ https://arxiv.org/pdf/2002.05709.pdf ]

SimCLR은 대조손실을 위해 사용하는 NT-Xent normalized temperature-scaled cross entropy loss 이다. NT-Xent 손실은 N개의 샘플을 갖는 미니 배치에 대해 2N 개의 랜덤 확장 변환 random crop, random color distortions, random Gaussian blur된 영상 augmented example을 생성한다. 명시적으로 부정 negative 쌍은 사용하지 않고, 주어진 긍정 positive 쌍에 대해 2(N-1)개의 확장 변환된 영상을 부정 영상으로 사용한다. [수식 64.1]은 긍정 쌍 (i, j)에 대한 손실함수 이다.

$$l(i, j) = -\log \frac{\exp(sim(z_i, z_j)/\tau)}{\sum_{k=1}^{2N} 1_{[k \neq i]} \exp(sim(z_i, z_k)/\tau)}$$

◁ 수식 64.1

여기서 $sim(u,v) = u^T v / (\|u\| \|v\|)$는 코사인 유사도 함수이다. $\tau$는 스케일을 위한 온도 상수이고, $1_{[k \neq i]}$은 $k \neq i$이면 1 그렇지 않으면 0이다. [수식 64.2]는 미니 배치의 모든 positive 쌍 (i, j)와 (j, i)에 대해 모두 손실의 평균으로 계산한다. $sim(z_i,z_j)$, $sim(z_j,z_i)$는 항상 같지만, $l(i,j)$, $l(j,i)$는 같지 않다.

$$L = \frac{1}{2N} \sum_{k=1}^{N} \left[ l(2k-1, 2k) + l(2k, 2k-1) \right]$$

◁ 수식 64.2

▷ 예제 64-01  ▶ NT-Xent 손실함수

```
01 '''
02 ref1: https://zablo.net/blog/post/understanding-implementing-
03 simclr-guide-eli5-pytorch/
04 ref2: https://zablo.net/blog/post/pytorch-13-features-you-should-
05 know/
06 ref3: https://kevinmusgrave.github.io/pytorch-metric-learning/
07 > pip install pytorch-metric-learning
08 '''
09 import torch
10 from torch import nn
11 import torch.nn.functional as F
12 from torchmetrics.functional import pairwise_cosine_similarity
```

```python
13  from pytorch_metric_learning.losses \
14      import NTXentLoss, SelfSupervisedLoss
15  #1
16  class ContrastiveLossELI5(nn.Module):
17      def __init__(self, batch_size, temperature = 0.5):
18          super().__init__()
19          self.batch_size = batch_size
20          self.temperature = temperature
21
22      def forward(self, z_i, z_j):
23          z_i = F.normalize(z_i, dim = 1)            # unit vector
24          z_j = F.normalize(z_j, dim = 1)
25
26          z = torch.cat([z_i, z_j], dim = 0)        # 2N
27          #print("z.shape = ", z.shape)
28
29          similarity = \
30              F.cosine_similarity(z.unsqueeze(1), z.unsqueeze(0),
31          # similarity = \
32          #     pairwise_cosine_similarity(z, zero_diagonal = False)
33          print("similarity=\n", similarity)
34
35          def l_ij(i, j):
36              z_i_, z_j_ = z[i], z[j]
37              sim_i_j = similarity[i, j]
38              #print(f"similarity({i}, {j})={sim_i_j}")
39
40              numerator = torch.exp(sim_i_j / self.temperature)
41
42              one_for_not_i = torch.ones((2 * self.batch_size, )).\
43                  to(z_i.device).scatter_(0, torch.tensor([i]), 0.0)
44
45              #print(f"1{{k!={i}}}",one_for_not_i)
46
47              denominator = \
48                  torch.sum(one_for_not_i * \
49                  torch.exp(similarity[i, :] / self.temperature) )
50              #print("Denominator", denominator)
51
52              loss_ij = -torch.log(numerator / denominator)
53              #print(f"loss({i},{j})={loss_ij}\n")
54              return loss_ij                        #.squeeze(0)
55
56          N = self.batch_size
57
```

```
58          loss = 0.0
59          for k in range(0, N):
60              loss += l_ij(k, k + N) + l_ij(k + N, k)
61          return loss/(2*N)
62  #2
63  class ContrastiveLoss(nn.Module):
64      def __init__(self, batch_size, temperature = 0.5):
65          super().__init__()
66          self.batch_size  = batch_size
67          self.temperature = torch.tensor(temperature)
68          self.negatives_mask = (~torch.eye(batch_size * 2,
69                                  batch_size * 2,
70                                  dtype = bool)).float()
71          #print('self.negatives_mask=\n', self.negatives_mask)
72
73      def forward(self, z_i, z_j):
74          z_i = F.normalize(z_i, dim = 1)         # unit vector
75          z_j = F.normalize(z_j, dim = 1)
76
77          z = torch.cat([z_i, z_j], dim = 0)    # 2 * batch_size
78          #print("z.shape=", z.shape)
79          similarity = \
80              F.cosine_similarity(z.unsqueeze(1),
81                                  z.unsqueeze(0), dim = 2)
82
83          sim_ij = torch.diag(similarity, self.batch_size)
84          sim_ji = torch.diag(similarity, -self.batch_size)
85          #print('similarity=\n', similarity)
86          #print('sim_ij=', sim_ij)
87          #print('sim_ji=', sim_ji)
88          #print("###", torch.allclose(sim_ij, sim_ji))   # True
89
90          positives = torch.cat([sim_ij, sim_ji], dim = 0)
91          numerator = torch.exp(positives / self.temperature)
92          denominator = (self.negatives_mask *
93                          torch.exp(similarity / self.temperature))
94
95          loss_partial = \
96              -torch.log(numerator / torch.sum(denominator, dim = 1))
97          loss = torch.sum(loss_partial) / (2 * self.batch_size)
98          return loss
99  #3
100 if __name__ == '__main__':
101 #3-1
102     I = torch.tensor([[1.0, 2.0], [1.0, 3.0], [1.0, 4.0]])
103         # 1st augmentation, batch_size = 3
```

```
104     J = torch.tensor([[1.0, 2.0], [1.0, 4.0], [1.0, 5.0]])
105             # 2nd augmentation
106
107 #3-2
108     temperature = 1.0
109     loss_func1 = \
110         ContrastiveLossELI5(batch_size = 3,
111                             temperature = temperature)
112     print("loss_func1(I, J)=", loss_func1(I, J))
113
114 #3-3
115     loss_func2 = ContrastiveLoss(3, temperature = temperature)
116     print("loss_func2(I, J)=", loss_func2(I, J))
117
118 #3-4
119     loss_func3 = SelfSupervisedLoss(NTXentLoss(temperature))
120     print("loss_func3(I, J)=", loss_func3(I, J))
```

▷▷ 실행결과

```
similarity=
 tensor([[1.0000, 0.9899, 0.9762, 1.0000, 0.9762, 0.9648],
         [0.9899, 1.0000, 0.9971, 0.9899, 0.9971, 0.9923],
         [0.9762, 0.9971, 1.0000, 0.9762, 1.0000, 0.9989],
         [1.0000, 0.9899, 0.9762, 1.0000, 0.9762, 0.9648],
         [0.9762, 0.9971, 1.0000, 0.9762, 1.0000, 0.9989],
         [0.9648, 0.9923, 0.9989, 0.9648, 0.9989, 1.0000]])
loss_func1(I, J)= tensor(1.5974)
loss_func2(I, J)= tensor(1.5974)
loss_func3(I, J)= tensor(1.5974)
```

▷▷▷ 프로그램 설명

1 SimCLR에서 대조손실을 위해 사용하는 [수식 64.1], [수식 64.2]의 NT-Xent 손실을 구현한다.

2 #1의 ContrastiveLossELI5는 수식을 직접 구현한다([ref1]).  F.normalize()로 벡터를 정규화하고, z = torch.cat([z_i, z_j], dim = 0)로 배치의 확장 변환을 연결한다. F.cosine_similarity()로 batch_size×batch_size의 유사도 행렬을 계산한다. l_ij(i, j)는 [수식 64.1]을 계산한다.

3 #2의 ContrastiveLoss는 반복문 없이 벡터 연산으로 #1을 구현한다([ref1]).

4 #3에서 I, J는 batch_size = 3에서 서로 다른 확장 변환이다. (I(0), J(0)), (I(1), J(1)), (I(2), J(2))가 같은 긍정 쌍이다. loss_func1, loss_func2, loss_func3의 결과는 같다.

▷ 예제 64-02  ► SimCLR: CIFAR10, STL10

```
01  '''
02  ref1: https://github.com/sthalles/SimCLR
03  ref2: https://github.com/The-AI-Summer/simclr
04  ref3: https://github.com/Spijkervet/SimCLR/tree/master
05  ref4: https://github.com/p3i0t/SimCLR-CIFAR10/tree/master
06  ref5: https://medium.com/the-owl/simclr-in-pytorch-5f290cb11dd7
07  '''
08  import torch
09  import torch.nn as nn
10  import torch.optim as optim
11  import torch.nn.functional as F
12  from pytorch_metric_learning.losses import NTXentLoss,
13          SelfSupervisedLoss
14  import torchvision.transforms as T
15  from  torchvision import transforms
16  from torchvision.datasets import CIFAR10, STL10
17  from torchvision.models import resnet18, resnet34
18  from torch.utils.data import  DataLoader, random_split
19  import matplotlib.pyplot as plt
20  from PIL import Image
21  import numpy as np
22  torch.manual_seed(1)
23  torch.cuda.manual_seed(1)
24  DEVICE = 'cuda' if torch.cuda.is_available() else 'cpu'
25  #1
26  class ContrastiveLoss(nn.Module):
27      def __init__(self, batch_size, temperature = 0.5):
28          super().__init__()
29          self.batch_size  = batch_size
30          self.temperature = torch.tensor(temperature).to(DEVICE)
31          self.negatives_mask = \
32                  (~torch.eye(batch_size * 2, batch_size * 2,
33                              dtype = bool, device = DEVICE)).float()
34
35      def forward(self, z_i, z_j):
36          z_i = F.normalize(z_i, dim = 1)          # unit vector
37          z_j = F.normalize(z_j, dim = 1)
38
39          z = torch.cat([z_i, z_j], dim = 0)       # 2 * batch_size
40          similarity = \
41              F.cosine_similarity(z.unsqueeze(1),
42                                  z.unsqueeze(0), dim = 2)
43
```

```
44          sim_ij = torch.diag(similarity, self.batch_size)
45          sim_ji = torch.diag(similarity, -self.batch_size)
46
47          positives = torch.cat([sim_ij, sim_ji], dim=0)
48          numerator = torch.exp(positives / self.temperature)
49
50          denominator = (self.negatives_mask *
51                          torch.exp(similarity / self.temperature))
52
53          loss_partial = \
54              -torch.log(numerator / torch.sum(denominator, dim = 1))
55          loss = torch.sum(loss_partial) / (2 * self.batch_size)
56          return loss
57
58  #2
59  class SimCLR_ResNet(nn.Module):
60
61      def __init__(self, projection_dim = 128, dataset = 'CIFAR10'):
62          super(SimCLR_ResNet, self).__init__()
63
64          # self.encoder = resnet34(weights = None)
65          self.encoder = resnet18(weights = None)
66          self.num_features = self.encoder.fc.in_features    # 512
67          if dataset == 'CIFAR10':    # section B.9 of SimCLR paper
68              self.encoder.conv1 = \
69                  nn.Conv2d(3, 64, 3, 1, 1, bias = False)
70              self.encoder.maxpool = nn.Identity()
71
72          # self.encoder.fc = Identity()
73          self.encoder.fc = \
74              nn.Linear(self.num_features,
75                          self.num_features, bias = False)
76          #print("self.encoder=", self.encoder)
77
78          self.projectionHead = nn.Sequential(
79              nn.Linear(self.num_features,
80                          self.num_features, bias = False),
81              nn.ReLU(),
82              nn.Linear(self.num_features,
83                          projection_dim, bias = False) )
84
85      def predict(self, x):
86          h = self.encoder(x)         # 512-d vector in resnet18, resnet34
87          z = self.projectionHead(h)
88          return h, z
```

```
89     def forward(self, x_i, x_j):
90         h_i, z_i = self.predict(x_i)
91         h_j, z_j = self.predict(x_j)
92         return h_i, h_j, z_i, z_j
93
94 #3:dataset, data loader
95 #3-1
96 class SimCLR_Dataset(CIFAR10):
97     def __init__(self, *args, **kwargs):
98         super(SimCLR_Dataset, self).__init__(*args, **kwargs)
99         s = 0.5
100        color_jitter = T.ColorJitter(
101            brightness = 0.8 * s, contrast = 0.8 * s,
102                        saturation = 0.8 * s, hue = 0.2 * s)
103        blur = T.GaussianBlur((3, 3), (0.1, 2.0))
104
105        self.train_transform = T.Compose(
106            [ T.RandomResizedCrop(size = 32),
107              T.RandomHorizontalFlip(p = 0.5),   # with 0.5 probabilityv
108              T.RandomApply([color_jitter], p = 0.8),
109              T.RandomApply([blur], p = 0.5),
110              T.RandomGrayscale(p = 0.2),
111              # imagenet stats
112              T.ToTensor(),
113             # T.Normalize(mean = [0.485, 0.456, 0.406],
114             #             std  = [0.229, 0.224, 0.225])
115            ] )
116        self.test_transform = T.Compose(
117            [
118                T.ToTensor(),
119                # T.Normalize(mean = [0.485, 0.456, 0.406],
120                #             std  = [0.229, 0.224, 0.225]),
121            ] )
122
123    def __getitem__(self, idx):
124        x, y = self.data[idx], self.targets[idx]
125        x = Image.fromarray(x)
126        if self.train:
127            x1 = self.train_transform(x)
128            x2 = self.train_transform(x)
129            return (x1, x2), y
130        else:
131            x1 = self.test_transform(x)
132            return x1, y
133
```

```
134  #3-2
135  class Augment:
136      def __init__(self, img_size, s = 0.5):
137          color_jitter = \
138              T.ColorJitter(0.8 * s, 0.8 * s, 0.8 * s, 0.2 * s)
139          blur = T.GaussianBlur((3, 3), (0.1, 2.0))
140
141          self.train_transform = T.Compose(
142              [ T.RandomResizedCrop(size = img_size),
143                T.RandomHorizontalFlip(),
144                T.RandomApply([color_jitter], p = 0.8),
145                T.RandomApply([blur], p = 0.5),
146                T.RandomGrayscale(p = 0.2),
147                T.ToTensor(),
148                #T.Normalize(mean = [0.485, 0.456, 0.406],
149                #            std  = [0.229, 0.224, 0.225])
150              ] )
151      def __call__(self, x):
152          return self.train_transform(x), self.train_transform(x)
153  #3-3
154  def get_loaders(dataset = 'CIFAR10', batch_size = 256):
155      test_transform = \
156          T.Compose(
157              [ T.ToTensor(),
158                # T.Normalize(mean = [0.485, 0.456, 0.406],
159                #             std = [0.229, 0.224, 0.225])
160              ] )
161      PATH = './data'
162      if dataset == 'CIFAR10':
163          train_data = \
164              CIFAR10(PATH, train = True,
165                      transform = Augment(32), download = True)
166          test_ds = CIFAR10(PATH, train = False,
167                            transform = test_transform,
168                            download = True)
169      elif dataset == 'STL10':
170          train_data = STL10(PATH, split = 'unlabeled',
171                             transform = Augment(96),
172                             download = True)
173          test_ds    = STL10(PATH, split = 'test',
174                             transform = test_transform,
175                             download = True)
176      else: # CIFAR10
177          train_data = SimCLR_Dataset(PATH, train = True,
178                                      download = True)
```

```
179            test_ds     = SimCLR_Dataset(PATH, train = False,
180                                          download = True)
181
182      #print('len(train_data)=', len(train_data))
183      valid_ratio = 0.2
184      train_size =  len(train_data)
185      n_valid = int(train_size * valid_ratio)
186      n_train = train_size - n_valid
187      seed = torch.Generator().manual_seed(1)
188      train_ds, valid_ds = random_split(train_data,
189                                        [n_train, n_valid],
190                                        generator = seed)
191      #print('len(train_ds)=', len(train_ds))
192      #print('len(valid_ds)=', len(valid_ds))
193      #print('len(test_ds)=', len(test_ds))
194
195      train_loader = DataLoader(train_ds, batch_size = batch_size,
196                                shuffle = True, drop_last = True,
197                                num_workers = 4)
198      test_loader = DataLoader(test_ds, batch_size = batch_size,
199                                shuffle = False, num_workers = 4)
200      valid_loader = DataLoader(valid_ds, batch_size = batch_size,
201                                shuffle = False, drop_last = True,
202                                num_workers = 4)
203      return train_loader, test_loader, valid_loader
204  #4
205  #4-1
206  def train_epoch(loader, model, optimizer, scheduler, loss_fn):
207      K = len(loader)
208      batch_loss = 0.0
209      for (x1, x2), _ in loader:
210          x1, x2 = x1.to(DEVICE), x2.to(DEVICE)
211          optimizer.zero_grad()
212          h_i, h_j, z_i, z_j = model(x1, x2)
213
214          loss = loss_fn(z_i, z_j)
215          loss.backward()
216          optimizer.step()
217          scheduler.step()
218          batch_loss += loss.item()
219      batch_loss /= K
220      return batch_loss
221  #4-2
222  def evaluate(loader, model, loss_fn):
223      K = len(loader)
```

```
224        model.eval()
225        with torch.no_grad():
226            batch_loss = 0.0
227            for (x1, x2), _ in loader:
228                x1, x2 = x1.to(DEVICE), x2.to(DEVICE)
229                h_i, h_j, z_i, z_j = model(x1, x2)
230
231                loss = loss_fn(z_i, z_j)
232                batch_loss += loss.item()
233
234            batch_loss /= K
235        return batch_loss
236 #5
237 def main(EPOCHS = 1000):
238 #5-1
239     train_loader, test_loader, valid_loader = get_loaders()
240
241     # fig, axes = plt.subplots(nrows = 4, ncols = 2, figsize = (4, 4))
242     # fig.canvas.manager.set_window_title('CIFAR10')
243     # (x1, x2), y = next(iter(train_loader))
244     # print("x1.shape=", x1.shape)      # [B, 3, 32, 32] in CIFAR10
245     # print("x2.shape=", x2.shape)      # [B, 3, 32, 32] in CIFAR10
246     # print("y=", y)
247
248     # for i, ax in enumerate(axes.flat):
249     #       #mean = torch.tensor([0.485, 0.456, 0.406],
250     #                            dtype = torch.float32)
251     #       #std = torch.tensor([0.229, 0.224, 0.225],
252     #                            dtype = torch.float32)
253     #       #unnormalize = T.Normalize((-mean / std).tolist(),
254     #                                  (1.0 / std).tolist())
255     #       #img1 = unnormalize(x1[i]).numpy()
256     #       #img2 = unnormalize(x2[i]).numpy()
257
258     #       img = np.concatenate((img1, img2), axis = 2)
259     #       #print("img.shape=", img.shape) # [3, 32, 64] in CIFAR10
260
261     #       ax.imshow(np.transpose(img, (1, 2, 0)))
262
263     #       ax.axis("off")
264     # fig.tight_layout()
265     # plt.show()
266
267 #5-2
268     model = SimCLR_ResNet(dataset='CIFAR10').to(DEVICE)
```

```
269      optimizer = optim.Adam(params = model.parameters(),
270                             lr = 0.0001, weight_decay = 1e-6)
271      scheduler = \
272          optim.lr_scheduler.CosineAnnealingLR(optimizer,
273                             T_max = len(train_loader) * 1000)
274
275      # optimizer = optim.SGD(model.parameters(), 0.6,    # ref4
276      #                       momentum = 0.9, weight_decay = 1.0e-6,
277      #                       nesterov = True)
278
279      print("train_loader.batch_size=", train_loader.batch_size)
280      #loss_fn= ContrastiveLoss(train_loader.batch_size)
281      loss_fn = SelfSupervisedLoss(NTXentLoss(temperature = 0.5))
282      train_losses = []
283      valid_losses = []
284 #5-3
285      print('training.....')
286      model.train()
287      for epoch in range(EPOCHS):
288          loss = train_epoch(train_loader, model,
289   optimizer, scheduler, loss_fn)
290          train_losses.append(loss)
291          val_loss = evaluate(valid_loader, model, loss_fn)
292          valid_losses.append(val_loss)
293
294          if not epoch % 2 or epoch == EPOCHS - 1:
295              msg =f'epoch={epoch}: train_loss={loss:.4f}, '
296              msg+=f'valid_loss={val_loss:.4f}'
297              print(msg)
298      model_scripted = torch.jit.script(model)
299      model_scripted.save('./saved_model/6402_CIFAR10_scripted.pt')
300      # model_scripted.save('./saved_model/6402_STL10_scripted.pt')
301
302 #6
303 if __name__ == '__main__':
304      main()
```

▷▷ 실행결과

```
train_loader.batch_size= 256, EPOCHS = 1000
#dataset='CIFAR10'
epoch=0: train_loss=5.5123, valid_loss=5.3514
...
epoch=1000: train_loss=4.5614, valid_loss=4.6759
```

▷▷▷ 프로그램 설명

**1** CIFAR10, STL10 데이터셋에서 SimCLR 모델을 이용하여 무감독 대조학습 unsupervised contrastive learning으로 자기지도학습 self-supervised learning한다. CIFAR10은 32×32 영상이고, STL10은 96×96 영상이다.

**2** #2는 ResNet(resnet18, resnet34)를 인코더로 하고, self.projectionHead()로 projection_dim으로 투영 임베딩하는 SimCLR을 구현한다. dataset이 'CIFAR10'이면 영상 크기가 작아 self.encoder.conv1을 kernel_size = 3, stride = 1의 nn.Conv2d(3, 64, 3, 1, 1, bias = False)로 변경한다. self.encoder.maxpool은 nn.Identity()로 변경한다.

project(), forward()를 구현한다([그림 64.1]).

**3** #3은 SimCLR을 위한 데이터셋, 데이터로더를 생성한다.

#3-1과 같이 SimCLR_Dataset를 생성할 수도 있다. 여기서는 #3-2의 Augment를 transform으로 사용하여 데이터셋을 생성한다[ref2]. Augment는 x에 대해 서로 다른 2개의 랜덤 확장 변환 self.train_transform(x), self.train_transform(x)를 반환한다. ImageNet을 이용한 사전 학습을 사용하지 않으므로 변환에서 T.ToTensor()로 [0, 1]로 정규화한 텐서를 반환한다.

#3-3은 dataset에 따라 CIFAR10, STL10의 데이터셋을 생성하고, batch_size의 데이터로더를 생성한다. drop_last = True는 배치 크기가 다른 마지막 배치를 삭제한다. ContrastiveLoss에서 배치 크기에 따라 self.negatives_mask와 similarity 크기가 일치하지 않을 수 있기 때문이다.

**4** #4의 train_epoch()은 모델을 학습하고, evaluate()는 모델을 평가한다.

**5** #5는 main()의 #5-1에서 get_loaders()로 데이터로더를 생성하고, #5-2에서 SimCLR_ResNet(dataset = 'CIFAR10')로 model을 생성하고, optimizer, scheduler, loss_fn를 이용하여 모델을 학습한다. 학습된 모델은 torch.jit.script(model)를 이용하여 저장한다.

**6** SimCLR 모델은 optimizer, scheduler의 설정에 따라 학습이 이루어지지 않거나 매우 느리게 학습될 수 있다. 논문에서는 optimizer로 LARS(Layer-wise Adaptive Rate Scaling)를 사용하였다[ref3]. 여기서는 Adam, CosineAnnealingLR를 이용하여 학습하였다.

▷ 예제 64-03 ▶ SimCLR: Downstream task(Linear classifier evaluation)

```
01  '''
02  ref1: https://github.com/sthalles/SimCLR
03  ref2: https://github.com/The-AI-Summer/simclr
04  ref3: https://github.com/Spijkervet/SimCLR/blob/master/linear_
05  evaluation.py
06  ref4: https://medium.com/the-owl/simclr-in-pytorch-5f290cb11dd7
07  '''
08  import torch
```

```
09 import torch.nn as nn
10 import torch.optim as optim
11 import torch.nn.functional as F
12 import torchvision
13 import torchvision.transforms as T
14 from  torchvision import transforms
15 from torchvision.datasets import CIFAR10, STL10
16 #from torchvision.models import resnet18, resnet34
17 from torch.utils.data import  DataLoader, random_split
18 torch.manual_seed(1)
19 torch.cuda.manual_seed(1)
20 DEVICE = 'cuda' if torch.cuda.is_available() else 'cpu'
21 #1
22 class LinearClassifier(nn.Module):
23     def __init__(self, input_dim = 512, num_classes = 10):
24         super().__init__()
25         self.input_dim = input_dim
26         self.num_classes = num_classes
27         self.fc = nn.Linear(self.input_dim, self.num_classes)
28     def forward(self, x):
29         x = self.fc(x)
30         return x
31
32 #2:dataset, data loader
33 def get_loaders(dataset = 'CIFAR10', batch_size = 256):
34     test_transform = T.Compose([T.ToTensor()])
35     PATH = './data'
36     if dataset == 'CIFAR10':
37         train_data = \
38             CIFAR10(PATH, train = True,
39                     transform = T.ToTensor(), download = True)
40         test_ds   = \
41             CIFAR10(PATH, train = False,
42                     transform = T.ToTensor(), download = True)
43     elif dataset == 'STL10':
44         train_data = \
45             STL10(PATH, split = 'train',
46                   transform = T.ToTensor(), download = True)
47         test_ds   = \
48             STL10(PATH, split = 'test',
49                   transform = T.ToTensor(), download = True)
50
51     #print('len(train_data)=', len(train_data))
52
53     valid_ratio = 0.2
```

```
54      train_size =  len(train_data)
55      n_valid = int(train_size * valid_ratio)
56      n_train = train_size - n_valid
57      seed = torch.Generator().manual_seed(1)
58      train_ds, valid_ds = random_split(train_data,
59                                       [n_train, n_valid],
60                                       generator = seed)
61      #print('len(train_ds)=', len(train_ds))
62      #print('len(valid_ds)=', len(valid_ds))
63      #print('len(test_ds)=', len(test_ds))
64
65      train_loader = DataLoader(train_ds, batch_size = batch_size,
66                               shuffle = True)
67      test_loader = DataLoader(test_ds, batch_size = batch_size,
68                               shuffle = False)
69      valid_loader = DataLoader(valid_ds, batch_size = batch_size,
70                                shuffle = False)
71      return train_loader, test_loader, valid_loader
72 #3
73 #3-1
74 def train_epoch(loader, simclr_model,
75                 classifier_model, optimizer, loss_fn):
76      simclr_model.eval()
77      classifier_model.train()
78      K = len(loader)
79      # print("#1: K=", K)
80      total = 0
81      correct = 0
82      batch_loss = 0.0
83      for x, y in loader:
84          x, y = x.to(DEVICE), y.to(DEVICE)
85          optimizer.zero_grad()
86
87          h, z = simclr_model.predict(x)
88          out = classifier_model(h)
89
90          loss = loss_fn(out, y)
91          loss.backward()
92          optimizer.step()
93
94          y_pred = out.argmax(dim = 1).float()
95          correct += y_pred.eq(y).sum().item()
96          batch_loss += loss.item()
97          total += y.size(0)
98      batch_loss /= K
```

```
 99      accuracy = correct/total
100      return batch_loss, accuracy
101
102 #3-2
103 def evaluate(loader, simclr_model, classifier_model, loss_fn):
104     simclr_model.eval()
105     classifier_model.eval()
106
107     K = len(loader)
108     with torch.no_grad():
109         total = 0
110         correct = 0
111         batch_loss = 0.0
112         for x, y in loader:
113             x, y = x.to(DEVICE), y.to(DEVICE)
114
115             h, z = simclr_model.predict(x)
116             out = classifier_model(h)
117
118             loss = loss_fn(out, y)
119
120             y_pred = out.argmax(dim=1).float()
121             correct += y_pred.eq(y).sum().item()
122             batch_loss += loss.item()
123             total += y.size(0)
124         batch_loss /= K
125         accuracy = correct / total
126         return batch_loss, accuracy
127 #4
128 def main(EPOCHS = 100):
129 #4-1
130     train_loader, test_loader, valid_loader  = get_loaders()
131
132     simclr_model = \
133         torch.jit.load('./saved_model/6402_CIFAR10_1000_scripted.
134     #simclr_model = \
135     #   torch.jit.load('./saved_model/6402_STL10_800_scripted.pt')
136     #print('simclr_model=', simclr_model)
137
138 #4-2
139     classifier_model = LinearClassifier().to(DEVICE)
140     optimizer = \
141         optim.Adam(params = classifier_model.parameters(), lr = 0.001
142     loss_fn =  nn.CrossEntropyLoss()
143
```

```
144        train_losses = []
145        valid_losses = []
146        print('training.....')
147        for epoch in range(EPOCHS):
148            loss, acc = \
149                train_epoch(train_loader, simclr_model,
150                        classifier_model, optimizer, loss_fn)
151            train_losses.append(loss)
152
153            val_loss, val_acc = \
154                evaluate(valid_loader, simclr_model,
155                        classifier_model, loss_fn)
156            valid_losses.append(val_loss)
157
158            if not epoch % 10 or epoch == EPOCHS - 1:
159                msg  = f'epoch={epoch}: train_loss={loss:.4f}, '
160                msg += f'train_accuracy={acc:.4f}, '
161                msg += f'valid_loss={val_loss:.4f}, '
162                msg += f'valid_accuracy={val_acc:.4f}'
163                print(msg)
164
165        test_loss, test_acc = \
166            evaluate(test_loader, simclr_model,
167                    classifier_model, loss_fn)
168        print(f'test_loss={test_loss:.4f},
169                test_accuracy={test_acc:.4f}')
170 #5
171 if __name__ == '__main__':
172     main()
```

▷▷ 실행결과

```
#dataset='CIFAR10'
epoch=99: train_loss=1.1951, train_accuracy=0.7960, valid_loss=3.0517,
valid_accuracy=0.7090
test_loss=2.6550,test_accuracy=0.7125

#dataset='STL10'
epoch=99: train_loss=3.8281, train_accuracy=0.8433, valid_loss=7.8929,
valid_accuracy=0.7850
test_loss=8.5735,test_accuracy=0.7725
```

▷▷▷ 프로그램 설명

1 [예제 64-02]의 무감독 대조학습 SimCLR로 학습된 모델을 평가하기 위한 다운스트림 태스크로 #1의 LinearClassifier를 사용한다.

2  #2는 dataset에 따라 CIFAR10, STL10의 데이터셋을 생성하고, batch_size의 데이터로더를 생성한다. T.ToTensor()로 [0, 1]로 정규화한 텐서를 반환한다.

3  #3의 train_epoch()은 모델을 학습하고, evaluate()는 모델을 평가한다.  simclr_model.predict(x)로 데이터 x의 SimCLR 출력 h, z를 생성하고, classifier_model(h)로 분류모델의 출력 out을 생성한다. out.argmax(dim = 1)의 y_pred와 정답 레이블 y를 비교하여 correct를 계산한다.

4  #4의 main()에서 #4-1은 get_loaders()로 데이터로더를 생성하고, [예제 64-02]의 학습 결과를 저장한 모델을 로드한다. #4-2는 LinearClassifier()로 model을 생성하고, optimizer, loss_fn를 이용하여 모델을 학습한다.

5  dataset = 'CIFAR10'에서 train_accuracy = 0.7960, test_accuracy = 0.7125의 성능을 보였으며, dataset = 'STL10'에서 train_accuracy = 0.7960, test_accuracy = 0.7125의 성능을 보였다. 논문에서는 ResNet50, LARS 최적화, 배치 크기(4096) 등의 정교한 미세조정 fine tuning, ImageNet에서 사전 학습된 모델을 이용한 전이학습 transfer learning 등으로 향상된 결과를 보인다.

# STEP 65 / CenterLoss · ArcFaceLoss

특징공간에서 유사한 긍정 positive 샘플 거리는 끌어당기고, 서로 다른 부정 negative 샘플 거리는 멀어지도록 밀어내어 분별력 discriminative power 키우는 메트릭 학습 metric learning의 손실함수로 대조손실 contrastive loss, 3중 손실 triplet loss, 중심손실 center loss, ArcFace 손실 등이 있다([그림 65. 1]).

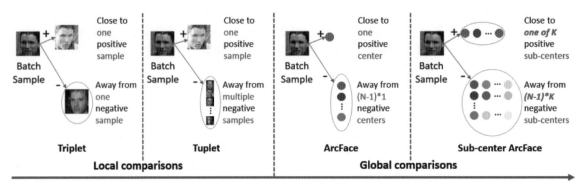

△ 그림 65.1 ▶ 손실함수 비교[ArcFace: Additive Angular Margin Loss for Deep Face Recognition, https://arxiv.org/abs/1801.07698]

## 1 CenterLoss

[수식 65. 1]은 교차 엔트로피 손실에 클래스 중심손실 center loss을 제약조건으로 추가한 손실함수이다[https://ydwen.github.io/papers/WenECCV16.pdf]. $N$은 미니배치크기, $n$은 클래스 개수이다. $x_i \in R^d$는 특징이고, $y_i$는 레이블, $b$는 바이어스이다. 가중치 $W_j \in R^d$는 가중치 $W \in R^{d \times n}$의 $j$열이다. $c_{y_i}$는 $y_i$ 클래스의 중심으로 미니배치 기준으로 학습하는 동안 모델의 출력 특징이 변경될 때 함께 갱신한다.

$$L = L_S + \lambda L_C$$

◁ 수식 65.1

$$L_S = -\sum_{i=1}^{N} \log \frac{e^{W_{y_i}^T x_i + b_{y_i}}}{\sum_{j=1}^{n} e^{W_j^T x_i + b_j}} \qquad : softmax + NLLLoss$$

$$L_C = \frac{1}{2} \sum_{i=1}^{N} \| x_i - x_{y_i} \|_2^2 \qquad : center\ loss$$

▷ 예제 65-01 ▶ 중심손실(center loss)

```
01 #ref1: https://github.com/KaiyangZhou/pytorch-center-loss
02 #ref2: https://ydwen.github.io/papers/WenECCV16.pdf
03 import torch
04 import torch.nn as nn
05 DEVICE = 'cuda' if torch.cuda.is_available() else 'cpu'
06 #1
07 class CenterLoss(nn.Module):
08     def __init__(self, num_classes, embed_dim=2):
09         super(CenterLoss, self).__init__()
10
11         self.num_classes = num_classes
12         self.embed_dim  = embed_dim
13
14         #self.centers = nn.Parameter(
15         #              torch.randn(self.num_classes,
16         #                          self.embed_dim
17         #                         ).to(DEVICE))
18
19         # initialize 2 centers for test
20         self.centers = nn.Parameter(
21                         torch.tensor([[1.0, 1.0],    # c0
22                                      [1.0, 10.0]]    # c1
23                                     ).to(DEVICE))
24     def forward(self, x, labels):
25         """"""
26             x: (batch_size, embed_dim).
27           labels: (batch_size).
28         """"""
29         print("#1-1: centers = ", self.centers)
30         batch_size = x.size(0)
31         xi2 = torch.pow(x, 2).sum(dim = 1, keepdim = True)
32         xi2 = xi2.expand(batch_size, self.num_classes)
```

```
33
34            ci2 = torch.pow(self.centers, 2).sum(dim = 1, keepdim = True
35            ci2 = ci2.expand(self.num_classes, batch_size).t()
36
37            distmat = xi2 + ci2
38            distmat.addmm_(x, self.centers.t(), beta = 1, alpha = -2,
39            print("#1-2: distmat = ", distmat)
40
41            classes = torch.arange(self.num_classes).long().to(DEVICE)
42            labels = labels.unsqueeze(1).expand(batch_size, self.num_classes)
43            mask = labels.eq(classes.expand(batch_size, self.num_classes))
44            print("#1-3: mask = ", mask)
45
46            dist = distmat * mask.float()
47            print("#1-4: dist = ", dist)
48
49            loss = dist.clamp(min = 1e-12, max = 1e+12
50                             ).sum() / batch_size
51            return loss
52 #2
53 center_loss = CenterLoss(num_classes = 2)
54 x = torch.tensor([[1.0, 1.0],
55                   [1.0, 2.0],
56                   [1.0, 3.0],
57                   [1.0, 4.0]]).to(DEVICE)
58
59 y = torch.tensor([0, 0, 1, 1]).to(DEVICE)
60
61 loss = center_loss(x, y)
62 print("loss = ", loss)
```

▷▷ 실행결과

```
#1-1: centers =  Parameter containing:
tensor([[ 1.,  1.],
        [ 1., 10.]], device='cuda:0', requires_grad=True)
#1-2: distmat =  tensor([[ 0., 81.],
        [ 1., 64.],
        [ 4., 49.],
        [ 9., 36.]], device='cuda:0', grad_fn=<AddmmBackward0>)
#1-3: mask =  tensor([[ True, False],
        [ True, False],
        [False,  True],
        [False,  True]], device='cuda:0')
```

```
#1-4: dist =  tensor([[ 0.,  0.],
          [ 1.,  0.],
          [ 0., 49.],
          [ 0., 36.]], device='cuda:0', grad_fn=<MulBackward0>)
loss =  tensor(21.5000, device='cuda:0', grad_fn=<DivBackward0>)
```

▷▷▷ 프로그램 설명

**1** #1은 [ 수식 65. 1]의 를 CenterLoss에 구현한다. CenterLoss를 이해하기 위해 여기서는 2개의 2-차원 클래스 중심을 self.centers에 초기화한다.

**2** forward()에서 배치(x)와 레이블(labels)의 입력에 대해 클래스 중심으로부터 손실을 계산한다. #1-2의 distmat는 배치 x의 각 행의 데이터와 2개의 클래스 사이의 거리제곱(L2 norm)이다. #1-3의 mask는 labels 위치를 True를 찾는다. #1-4의 dist는 distmat에 mask를 곱하여 각 label의 중심까지의 거리를 남기고, 나머지 클래스 거리는 0으로 변경한다. loss에 합계를 계산하고, 배치크기 batch_size로 평균손실을 계산한다.

**3** #2는 테스트를 위해 CenterLoss(num_classes = 2)로 center_loss를 생성하고, 4개의 2-차원 배치 데이터와 레이블 y를 생성한다. center_loss(x, y)로 손실을 계산하면 loss = 21.5 이다.

**4** 실제 학습에서 주석과 같이 self.centers는 난수로 초기화하고, 배치 데이터를 이용한 최적화에서 갱신된다.

▷ 예제 65-02  ▶ 중심손실: MNIST 차원 축소

```
01 '''
02 #ref: https://github.com/KaiyangZhou/pytorch-center-loss/tree/
03 master
04 '''
05 import torch
06 import torch.nn as nn
07 import torch.optim as optim
08 from torch.nn import functional as F
09 from torchvision import transforms
10 from torchvision.datasets import MNIST
11 from torch.utils.data import  DataLoader, random_split
12 import matplotlib.pyplot as plt
13 torch.manual_seed(1)
14 torch.cuda.manual_seed(1)
15 DEVICE = 'cuda' if torch.cuda.is_available() else 'cpu'
16 #1
17 class CenterLoss(nn.Module):
18     def __init__(self, num_classes, embed_dim = 2):
19         super(CenterLoss, self).__init__()
```

```
20
21          self.num_classes = num_classes
22          self.embed_dim = embed_dim
23          self.centers = nn.Parameter(
24                          torch.randn(num_classes,
25                              embed_dim).to(DEVICE))
26      def forward(self, x, labels):
27          """
28                  x: (batch_size, embed_dim).
29              labels: (batch_size).
30          """
31          batch_size = x.size(0)
32
33          xi2 = torch.pow(x, 2).sum(dim = 1, keepdim = True)
34          xi2 = xi2.expand(batch_size, self.num_classes)
35
36          ci2 = torch.pow(self.centers, 2).sum(dim = 1, keepdim = True
37          ci2 = ci2.expand(self.num_classes, batch_size).t()
38
39          distmat = xi2 + ci2
40          distmat.addmm_(x, self.centers.t(), beta = 1, alpha = -2, )
41
42          classes = torch.arange(self.num_classes).long().to(DEVICE)
43          labels = labels.unsqueeze(1).expand(batch_size, self.num_classes)
44          mask = labels.eq(classes.expand(batch_size, self.num_classes))
45
46          dist = distmat * mask.float()
47          loss = dist.clamp(min = 1e-12, max = 1e+12
48                          ).sum() / batch_size
49          return loss
50 #2: dataset, data loader
51 #2-1
52 data_transform = transforms.Compose([
53                  transforms.ToTensor(),
54                  transforms.Normalize(mean = 0.5, std = 0.5)])
55 #2-2
56 PATH = './data'
57 train_data = MNIST(root = PATH, train = True,  download = True,
58                  transform = data_transform)
59 test_ds  = MNIST(root = PATH, train = False,  download = True,
60                  transform = data_transform)
61 #print('train_data.data.shape= ', train_data.data.shape)  # [60000, 28, 28]
62 #print('test_set.data.shape= ',   test_ds.data.shape)     # [10000, 28, 28]
63
64 valid_ratio = 0.2
```

```
65  train_size =  len(train_data)
66  n_valid = int(train_size * valid_ratio)
67  n_train = train_size-n_valid
68  seed = torch.Generator().manual_seed(1)
69  train_ds, valid_ds = \
70      random_split(train_data, [n_train, n_valid], generator = seed)
71
72  #2-3
73  # if RuntimeError: CUDA out of memory, then reduce batch size
74  train_loader = \
75      DataLoader(train_ds, batch_size = 128, shuffle = True)
76  valid_loader = \
77      DataLoader(valid_ds, batch_size = 128, shuffle = False)
78  test_loader  = \
79      DataLoader(test_ds,  batch_size = 128, shuffle = False)
80
81  #3:
82  class ConvNet(nn.Module):
83      """" LeNet++ as described in the Center Loss paper. """"
84      def __init__(self, num_classes = 10):
85          super(ConvNet, self).__init__()
86          self.conv1_1 = nn.Conv2d(1, 32, 5, stride = 1, padding = 2)
87          self.prelu1_1 = nn.PReLU()
88          self.conv1_2 = nn.Conv2d(32, 32, 5, stride = 1, padding = 2)
89          self.prelu1_2 = nn.PReLU()
90
91          self.conv2_1 = nn.Conv2d(32, 64, 5, stride = 1, padding = 2)
92          self.prelu2_1 = nn.PReLU()
93          self.conv2_2 = nn.Conv2d(64, 64, 5, stride = 1, padding = 2)
94          self.prelu2_2 = nn.PReLU()
95
96          self.conv3_1 = nn.Conv2d(64, 128, 5, stride = 1, padding = 2)
97          self.prelu3_1 = nn.PReLU()
98          self.conv3_2 = nn.Conv2d(128, 128, 5, stride = 1, padding = 2)
99          self.prelu3_2 = nn.PReLU()
100
101         self.fc1 = nn.Linear(128 * 3 * 3, 2)
102         self.prelu_fc1 = nn.PReLU()
103         self.fc2 = nn.Linear(2, num_classes)
104
105     def forward(self, x):
106         x = self.prelu1_1(self.conv1_1(x))
107         x = self.prelu1_2(self.conv1_2(x))
108         x = F.max_pool2d(x, 2)
109
```

```python
110          x = self.prelu2_1(self.conv2_1(x))
111          x = self.prelu2_2(self.conv2_2(x))
112          x = F.max_pool2d(x, 2)
113
114          x = self.prelu3_1(self.conv3_1(x))
115          x = self.prelu3_2(self.conv3_2(x))
116          x = F.max_pool2d(x, 2)
117
118          x = x.view(-1, 128 * 3 * 3)
119          x = self.prelu_fc1(self.fc1(x))
120          y = self.fc2(x)
121          return x, y
122  #4
123  def train_epoch(train_loader, model,
124                  optimizer_model, cross_loss_fn,
125                  optimizer_center, center_loss_fn,
126                  lambda_weight = 0.1):
127      K = len(train_loader)
128      ret_loss = 0.0
129      ret_center_loss = 0.0
130      for X, y in train_loader:
131          X, y = X.to(DEVICE), y.to(DEVICE)
132
133          embedding, out = model(X)
134
135          optimizer_model.zero_grad()
136          optimizer_center.zero_grad()
137          loss_xent = cross_loss_fn(out, y)
138          loss_cent = center_loss_fn(embedding, y)
139          loss = loss_xent + lambda_weight * loss_cent
140
141          optimizer_model.zero_grad()
142          optimizer_center.zero_grad()
143          loss.backward()
144          optimizer_model.step()
145          optimizer_center.step()
146
147          ret_loss += loss.item()
148          ret_center_loss += loss_cent.item()
149
150      ret_loss /= K
151      ret_center_loss /= K
152      return ret_loss, ret_center_loss
153  #5
154  def display(model, data_loader, ax, title):
155      ax.set_title(title)
```

```
156      model.eval()
157      with torch.no_grad():
158          for X, y in data_loader:
159              X= X.to(DEVICE)
160              embedding, out = model(X)
161
162              embedding = embedding.detach().cpu().numpy()
163              img = ax.scatter(embedding[:, 0], embedding[:, 1],
164                          s = 10, alpha = 0.5, c = y, cmap = 'jet')
165      return img
166  #6:
167  def main(EPOCHS = 100):
168  #6-1
169      model = ConvNet().to(DEVICE)
170
171      cross_loss_fn  = nn.CrossEntropyLoss()
172      center_loss_fn = CenterLoss(num_classes = 10)
173
174      optimizer_model  = optim.Adam(params = model.parameters(),
175                                    lr = 0.001)
176
177      alpha = 0.5          # in the paper
178      optimizer_center = \
179          optim.Adam(params = center_loss_fn.parameters(), lr = alpha)
180
181      train_losses = []
182      train_cnt_losses = []
183  #6-2
184      print('training.....')
185      model.train()
186      for epoch in range(EPOCHS):
187          loss, cnt_loss = train_epoch(train_loader, model,
188                              optimizer_model, cross_loss_fn,
189                              optimizer_center, center_loss_fn)
190          train_losses.append(loss)
191          train_cnt_losses.append(cnt_loss)
192          if not epoch % 10 or epoch == EPOCHS - 1:
193              msg =  f'epoch={epoch}: train_loss={loss:.4f}, '
194              msg += f'cnt_loss={cnt_loss:.4f}, '
195              print(msg)
196
197      centers = torch.nn.utils.parameters_to_vector(
198                              center_loss_fn.parameters())
199      centers = centers.view(-1, 2).detach().cpu().numpy()
200      print('centers=', centers)
```

```
201  #6-3: Dimensionality reduction display, embed_dim = 2
202      fig, ax = plt.subplots(1, 2)
203      im0 = display(model, train_loader, ax[0], 'train_loader')
204      im1 = display(model, test_loader,  ax[1], 'test_loader')
205
206      ax[0].scatter(centers[:, 0], centers[:, 1],
207                    s = 50, marker = 'x', c = 'k')
208
209      fig.colorbar(im0, ax = plt.gca())
210      plt.tight_layout()
211      plt.show()
212  #7
213  if __name__ == '__main__':
214      main()
```

▷▷ 실행결과

```
training.....
...
epoch=99: train_loss=0.0027, cnt_loss=0.0213,
centers= [[-10.035204     -0.47208437]
          [ -4.887832      4.6875315 ]
          [  3.4458556    -4.4460526 ]
          [ -1.4972713    -5.62489   ]
          [  9.750923     -1.3805381 ]
          [ -0.488823      0.43164465]
          [ -0.30776882    8.000382  ]
          [ -4.9924946    -3.0008883 ]
          [  5.751243      8.598838  ]
          [  6.128679      2.5164328 ]]
```

▷▷▷ 프로그램 설명

1  #1의 CenterLoss는 [수식 65. 1]의 $L_C$를 구현한다. num_classes개의 embed_dim-차원 클래스 중심을 self.centers에 난수로 초기화한다.

2  #2는 MNIST 데이터셋, 데이터 로더를 구현한다.

3  #3은 임베딩 벡터를 계산할 ConvNet을 구현한다[LeNet++, ref].

4  #4의 train_epoch()는 model을 1회 학습한다. model(X)로 임베딩 벡터(embedding)와 출력(pred_y)을 계산하고, 교차 엔트로피 손실(loss_xent)과 중심손실(loss_cent)을 계산하여 loss를 계산하고, loss.backward()로 오차를 역전파하고, optimizer_model.step()로 모델 파라미터를 갱신하고, optimizer_center.step()로 중심(loss_cent.centers)을 갱신한다.

5  #5의 main() 함수는 ConvNet() 모델을 생성하고 교차 엔트로피 손실함수(cross_loss_fn), 중심손실 함수(center_loss_fn), model 최적화(optimizer_model), 중심 최적화(optimizer_center)를 생성하여 train_epoch() 함수를 호출하여 학습한다. #6-3은 display()로 train_loader, test_loader를 임베딩하여 ax에 그리고 표시한다([그림 65.2]).

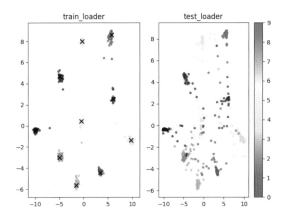

△ 그림 65.2 ▶ CenterLoss: MNIST 차원축소, embed_dim = 2

# 2 ArcFace 함수

[수식 65. 2]의 ArcFace 손실함수는 정규화된 하이퍼 곡면 hypersphere에서 각도 angle와 호 arc의 대응관계에 의해 측지선 geodesic 거리를 최적화한다. ArcFace는 얼굴 구분을 위한 특징 벡터 임베딩 discriminative feature embedding과 임베딩 특징벡터를 이용하여 얼굴을 생성 하는 역변환에도 사용할 수 있다.

$$L = -\frac{1}{N}\sum_{i=1}^{N}\log\frac{e^{s(\cos(\theta_{y_i}+m))}}{e^{s(\cos(\theta_{y_i}+m))}\sum_{j=1,j\neq y_i}^{n}e^{s\cos\theta_j}} \quad : ArcFace\,Loss \qquad \lhd \text{수식 65.2}$$

$\theta_j$는 가중치 $W_j$와 특징 $x_i$ 사이의 각도이다. $\|W_j\|=1, \|x_i\|=1$ 정규화하면 $\theta_j$는 [수식 65. 3]으로 계산할 수 있다. m은 클래스 사이의 각도 마진이다. $W_j$는 각 클래스의 중심 으로 생각할 수 있다. 레이블 $\theta_{y_i}$에 마진 $m$을 더하여 $\cos(\theta_{y_i}+m)$을 계산하고, $s$로 확대한다. 소프트맥스 함수를 적용하고, 교차 엔트로피로 손실을 계산한다, [그림 65.3]은 ArcFace를 계산하는 과정을 설명한다. 클래스별로 K개의 센터를 갖는 Sub-center ArcFace로 확장할 수 있다.

$$W_j^{\,T}x_i = \cos(\theta_j) \qquad\qquad \lhd \text{수식 65.3}$$
$$\theta_j = \arccos(W_j^{\,T}x_i)$$
$$\cos(\theta_{y_i}+m) = \cos(\theta_{y_i})\cos(m) - \sin(\theta_{y_i})\sin(m)$$

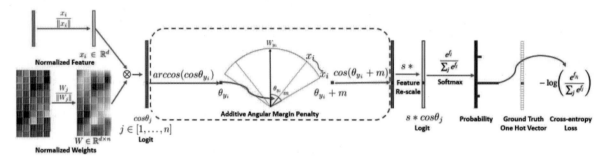

△ 그림 65.3 ▶ ArcFace 손실함수

▷ 예제 65-03　▶ ArcFace 손실함수: MNIST 차원 축소

```
01  '''
02  #ref1: https://shubham-shinde.github.io/blogs/arcface/
03  #ref2: https://www.kaggle.com/code/nanguyen/arcface-loss
04  #ref3: https://github.com/KevinMusgrave/pytorch-metric-learning
05  #ref4: https://github.com/KevinMusgrave/pytorch-metric-learning/
06  blob/master/examples/notebooks/SubCenterArcFaceMNIST.ipynb
07  '''
08  import torch
09  import torch.nn as nn
10  import torch.nn.functional as F
11  import torch.optim as optim
12  from torchvision import datasets, transforms
13  import matplotlib.pyplot as plt
14  from matplotlib.colors import ListedColormap
15  # pip install pytorch_metric_learning
16  from pytorch_metric_learning import losses
17  torch.manual_seed(0)
18  torch.set_printoptions(sci_mode = False, precision = 2)
19  DEVICE = \
20      torch.device("cuda" if torch.cuda.is_available() else "cpu")
21  #1: ref1
22  class ArcFace(nn.Module):
23      def __init__(self, num_classes, embedding_dim,
24                   margin = 0.3, scale = 30):
25          super().__init__()
26          self.num_classes   = num_classes
27          self.embedding_dim = embedding_dim
28          self.scale  = scale
29          self.margin = margin
```

```
30
31          self.W = nn.Parameter(torch.FloatTensor(num_classes,
32                                              embedding_dim))
33          nn.init.xavier_normal_(self.W)
34          self.cross_entropy = torch.nn.CrossEntropyLoss()
35
36      def forward(self, embeddings, labels):
37          cos_theta = F.linear(F.normalize(embeddings),
38                              F.normalize(self.W), bias = None)
39          #print('#1: cos_theta=', cos_theta)
40
41          cos_theta = cos_theta.clip(-1+1e-7, 1-1e-7)
42          #print('#2: cos_theta=', cos_theta)
43
44          arc_cos = torch.acos(cos_theta)
45          #print('#3: arc_cos=', arc_cos)
46
47          M = F.one_hot(labels,
48                      num_classes = self.num_classes) * self.margin
49          #print('#4: M=', M)
50
51          arc_cos += M
52          #print('#5: arc_cos=', arc_cos)
53
54          cos_theta_2 = torch.cos(arc_cos)
55          #print('#6: cos_theta_2=', cos_theta_2)
56
57          logits = cos_theta_2 * self.scale
58          return self.cross_entropy(logits,  labels)
59 #2: ref2
60 class ArcFaceLoss(nn.Module):
61      def __init__(self, num_classes, embedding_size,
62                  margin = 0.3, scale = 30):
63          """
64          ArcFace:
65              Additive Angular Margin Loss for Deep Face Recognition
66              (https://arxiv.org/pdf/1801.07698.pdf)
67          """
68          super().__init__()
69          self.num_classes = num_classes
70          self.embedding_size = embedding_size
71          self.margin = margin
72          self.scale  = scale
73
74          self.W = torch.nn.Parameter(torch.Tensor(num_classes,
75                                              embedding_size))
```

```python
 76
 77            nn.init.xavier_normal_(self.W)
 78
 79            self.cross_entropy = torch.nn.CrossEntropyLoss()
 80
 81        def forward(self, embeddings, labels):
 82            """
 83            Args:
 84                embeddings: (None, embedding_size)
 85                labels: (None,)
 86            Returns:
 87                loss: scalar
 88            """
 89            cosine = self.get_cosine(embeddings)  # (None, n_classes)
 90            mask = self.get_target_mask(labels)    # (None, n_classes)
 91            cosine_of_target_classes = cosine[mask == 1]    # (None, )
 92            modified_cosine_of_target_classes = \
 93                    self.modify_cosine_of_target_classes(
 94                    cosine_of_target_classes)                # (None, )
 95
 96            diff = (modified_cosine_of_target_classes -
 97                    cosine_of_target_classes).unsqueeze(1) # (None,1)
 98
 99            logits = cosine + (mask * diff)      # (None, n_classes)
100            logits = self.scale_logits(logits)    # (None, n_classes)
101            return self.cross_entropy(logits, labels)
102
103        def get_cosine(self, embeddings):
104            """
105            Args:
106                embeddings: (None, embedding_size)
107            Returns:
108                cosine: (None, n_classes)
109            """
110            cosine = F.linear(F.normalize(embeddings),
111                            F.normalize(self.W))
112            return cosine
113
114        def get_target_mask(self, labels):
115            """
116            Args:
117                labels: (None,)
118            Returns:
119                mask: (None, n_classes)
120            """
```

```
121
122            batch_size = labels.size(0)
123            onehot = torch.zeros(batch_size,
124                                    self.num_classes,
125                                    device = labels.device)
126            onehot.scatter_(1, labels.unsqueeze(-1), 1)
127            return onehot
128
129    def modify_cosine_of_target_classes(self,
130                                           cosine_of_target_classes):
131        """
132        Args:
133            cosine_of_target_classes: (None,)
134        Returns:
135            modified_cosine_of_target_classes: (None,)
136        """
137        eps = 1e-6
138        # theta in the paper
139        angles = torch.acos(
140            torch.clamp(cosine_of_target_classes,
141                        -1 + eps, 1 - eps)
142            )
143        return torch.cos(angles + self.margin)
144
145    def scale_logits(self, logits):
146        """
147        Args:
148            logits: (None, n_classes)
149        Returns:
150            scaled_logits: (None, n_classes)
151        """
152        return logits * self.scale
153 #3
154 class ConvNet(nn.Module):
155    def __init__(self, channel_in = 1, embedding_dim = 2):
156        super(ConvNet, self).__init__()
157        self.embedding_dim = embedding_dim
158        self.embedder = \
159            nn.Sequential(
160            nn.Conv2d(channel_in, 6, 5), # channel_in = 1(GRAY), 3(COLOR)
161            nn.ReLU(),
162            nn.MaxPool2d(2, 2),
163            nn.Conv2d(6, 16, 5),
164            nn.ReLU(),
165            nn.MaxPool2d(2, 2),
```

```
166                    nn.Flatten(),
167                    nn.Linear(256, 100),          # nn.LazyLinear(100)
168                    nn.ReLU(),
169                    nn.Linear(100, embedding_dim)  # nn.LazyLinear(embedding_dim)
170
171            )
172    def forward(self, x):
173        embedding = self.embedder(x)       # (None, embedding_size)
174        return embedding
175 #4:
176 def train_epoch(model, train_loader, model_optimizer,
177                 loss_optimizer, loss_func):
178    model.train()
179    train_loss = 0.0
180    for X, y in train_loader:
181        X, y = X.to(DEVICE), y.to(DEVICE)
182        model_optimizer.zero_grad()
183        loss_optimizer.zero_grad()
184        embedding = model(X)
185        loss = loss_func(embedding, y)
186
187        loss.backward()
188        loss_optimizer.step()
189        model_optimizer.step()
190
191        train_loss+= loss.item()
192    return train_loss / len(train_loader)
193
194 #5: dataset, data loader
195 transform = transforms.Compose(
196                    [transforms.ToTensor(),
197                     transforms.Normalize((0.5,), (0.5,))
198                    ])
199 batch_size = 128
200 train_ds = datasets.MNIST(".", train = True, download = True,
201                        transform = transform)
202 test_ds = datasets.MNIST(".", train = False, transform = transform)
203 train_loader = torch.utils.data.DataLoader(
204            train_ds, batch_size = batch_size, shuffle = True)
205 test_loader = torch.utils.data.DataLoader(
206                        test_ds, batch_size=batch_size)
207 #6
208 def main(EPOCHS = 100):
209    #6-1
210    model = ConvNet(embedding_dim = 4).to(DEVICE)  # embedding_dim = 2
```

```
211     model_optimizer = optim.Adam(model.parameters(), lr = 0.0001)
212
213     #6-2: ref1
214     loss_func =ArcFace(num_classes = 10,
215                        embedding_dim = model.embedding_dim).to(DEVICE)
216
217     #6-3: ref2
218     # loss_func = ArcFaceLoss(
219     #                  num_classes = 10,
220     #                  embedding_size = model.embedding_dim
221     #                  ).to(DEVICE)
222
223     #6-4: pytorch-metric-learning: ref3, ref4
224     # Loss become 'nan' after some epochs, At low embedding_size,
225     # lower the learning rate or initialize the weights of loss_func.
226
227     # loss_func = losses.ArcFaceLoss(num_classes = 10,
228     #                    embedding_size = model.embedding_dim,
229     #                    margin = 0.3,
230     #                    scale = 10.0,
231     #                    ).to(DEVICE)
232
233     # loss_func = losses.SubCenterArcFaceLoss(num_classes = 10,
234     #                 embedding_size = model.embedding_dim).to(DEVICE)
235     # nn.init.xavier_normal_(loss_func.W)
236
237     #6-5
238     loss_optimizer = optim.Adam(loss_func.parameters(), lr = 1e-4)
239     for epoch in range(EPOCHS):
240         train_loss = \
241             train_epoch(model, train_loader, model_optimizer,
242                         loss_optimizer, loss_func)
243         print(f"epoch {epoch}: train_loss= {train_loss}")
244
245     #6-6: Dimensionality reduction display
246     colors = ListedColormap(["red", "black", "yellow", "green",
247                              "pink", "gray", "lightgreen",
248                              "orange", "blue", "purple"])
249     classes = [str(i) for i in range(10)]
250
251     model.eval()
252     plt.figure(figsize=(6, 6))
253     with torch.no_grad():
254         for X, y in train_loader:
255             X = X.to(DEVICE)
```

```
256                embedding = model(X)
257                embedding = \
258                    F.normalize(embedding).detach().cpu().numpy()
259                scatter = plt.scatter(embedding[:, 0],
260                                      embedding[:, 1],
261                                      s = 20, alpha = 0.5, c = y,
262                                      cmap = colors)
263            plt.axis([-1.2, 1.2, -1.2, 1.2])
264            plt.legend(handles = scatter.legend_elements()[0],
265                    labels = classes)
266            # ax.set_aspect('equal', adjustable='box')
267            plt.title("Dimensionality reduction by ArcFace Loss")
268            plt.show()
269  #7
270  if __name__ == '__main__':
271      main()
```

▷▷ 실행결과

```
# model = ConvNet(embedding_dim=4).to(DEVICE)
loss_func =ArcFace(num_classes=10,.. )
...
epoch 99: train_loss= 0.008119965987378833
```

▷▷▷ 프로그램 설명

**1** #1은 [수식 65.2]의 ArcFace 손실함수를 구현한다([ref1]).

**2** #2의 ArcFaceLoss는 pytorch_metric_learning[ref3]를 참고하여 [수식 65.2]의 손실 함수를 구현한다([ref1]).

**3** #3은 임베딩 벡터를 계산할 ConvNet을 구현한다

**4** #4의 train_epoch()는 model을 1회 학습한다. model(X)로 임베딩 벡터(embedding)를 계산하고, loss_func(embedding, y)로 ArcFace 손실(loss)을 계산하여 loss.backward()로 오차를 역전파하고, loss_optimizer.step()로 모델 파라미터를 갱신한다.

**5** #5는 MNIST 데이터셋, 데이터 로더를 구현한다.

**6** #6의 main() 함수는 ConvNet(embedding_dim=4)로 모델을 생성하고, #6-2는 ArcFace, #6-3은 ArcFaceLoss, #6-4는 pytorch_metric_learning의 losses. ArcFaceLoss, losses.SubCenterArcFaceLoss의 손실함수를 loss_func에 생성한다([ref3]).

**7** #6-5는 optim.Adam(loss_func.parameters(), lr = 1e-4)로 ArcFace 손실함수 최적화를 위한 loss_optimizer를 생성한다. train_epoch() 함수를 호출하여 학습한다.

**8** #6-6은 train_loader를 학습된 model을 이용하여 임베딩 벡터를 계산하고 표시한다. F.normalize(embedding)로 정규화하여 표시한다.

9 [그림 65.4]는 ConvNet(embedding_dim = 4)로 모델을 생성하여 MNIST 훈련 데이터를 서로 다른 ArcFace 손실함수를 사용하여 4-차원 벡터로 임베딩한 결과이다(2-차원만 표시하였다).

10 pytorch_metric_learning은 AngularLoss, ArcFaceLoss, CircleLoss, ContrastiveLoss 등 다양한 메트릭 학습을 위한 손실함수 및 환경을 지원한다. 낮은 임베딩 차원(embedding_dim = 2)에서 loss = nan이 발생할 수 있다. 학습률 변경 또는 파라미터 초기화가 필요할 수 있다.

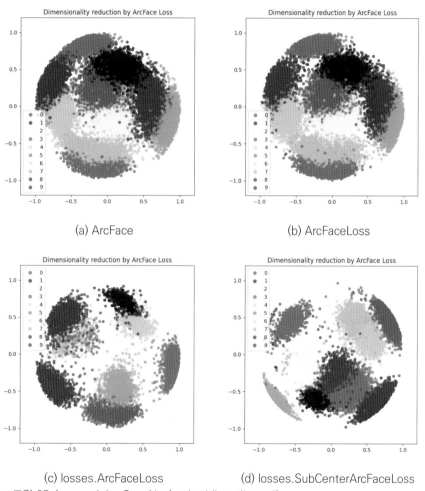

(a) ArcFace

(b) ArcFaceLoss

(c) losses.ArcFaceLoss

(d) losses.SubCenterArcFaceLoss

△ 그림 65.4 ▶ model = ConvNet(embedding_dim = 4)

*Deep Learning Programming with PyTorch*: **PART 2**

# CHAPTER 18

# 확산 diffusion 모델

**STEP 66** 확산모델

**STEP 67** 조건 확산모델

# 확산모델

확산 diffusion 모델은 GAN 모델과 같이 생성형 모델이다. [그림 66. 1]은 잡음제거 확산확률 모델 DDPM: Denoising Diffusion Probabilistic Models 과정이다. $t = 0$에서 원본($x_0$)에 정규분포 잡음을 추가하여 $x_1$을 생성하는 과정을 $q(x_1|x_0)$의 확률분포로 표현한다. $x_T$는 최종 잡음 데이터(영상)이다. 순방향과정 forward process $q(x_t|x_{t-1})$는 데이터에 잡음을 추가하는 확산 과정 diffusion process이다. 역방향과정 reverse process $p_\theta(x_{t-1}|x_t)$는 데이터에서 잡음을 제거하는 잡음제거 denoising 과정으로 딥러닝 네트워크를 사용하여 파라미터($\theta$)를 학습한다. 역방향 학습을 통해 가우시안 잡음으로부터 주어진 데이터와 밀접한 새로운 샘플을 생성한다. 확산모델의 자세한 수식은 DDPM 논문 또는 "What are Diffusion Models? [https://lilianweng.github.io/posts/2021-07-11-diffusion-models/#reverse-diffusion-process]"을 참조한다.

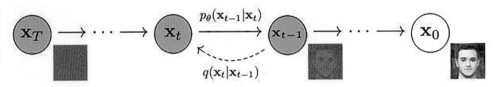

△ 그림 66.1 ▶ 잡음제거 확산확률모델[DDPM: Denoising Diffusion Probabilistic Models, https://arxiv.org/pdf/2006.11239]

## 1 순방향 확산 과정 forward diffusion process

[수식 66.1]은 Markov 프로세스에 의해 원본($x_0$)에서 최종 잡음 데이터($x_T$)를 생성하는 과정이다. $q(x_t|x_{t-1})$는 $t$에서 입력 $x_{t-1}$ 에 가우시안(정규분포) 잡음을 추가하여 출력 $x_t$을 생성하는 순방향 확산 과정이다.

$$q(x_{1:T}|x_0) = \prod_{t=1}^{T} q(x_t|x_{t-1})$$

◁ 수식 66.1

여기서, $q(x_t|x_{t-1}) = N(x_t; \sqrt{1-\beta_t}\, x_{t-1}, \beta_t I)$

잡음을 조절하는 $\beta_t$는 $\overline{\alpha_t} \rightarrow 0$, $q(x_T|x_0) \approx N(x_T; 0, I)$이 되도록 [0, 1] 범위에서 선형 스케줄 linear schedule, 코사인 스케줄 cosine schedule 등으로 스케줄한다.

학습 과정에서 샘플 영상 $x_t$을 원본($x_0$)부터 시작하여 [수식 66.1]로 생성하는 것은 매우 느린 과정이다. [수식 66.2]와 [수식 66.3]을 사용하면 $x_t$를 $x_0$와 표준정규분포로 잡음 샘플 $\epsilon$로부터 바로 생성할 수 있다.

$$q(x_t|x_0) = N(x_t; \sqrt{\overline{\alpha_t}}\, x_0, (1-\overline{\alpha_t})I) \qquad \triangleleft \text{수식 66.2}$$

$$\text{sampling: } x_t = \sqrt{\overline{\alpha_t}}\, x_0 + \sqrt{(1-\overline{\alpha_t})}\ \epsilon,\ \ where\ \epsilon \sim N(0, I) \qquad \triangleleft \text{수식 66.3}$$

여기서, $\alpha_t = 1 - \beta_t$, $\overline{\alpha_t} = \prod_{s=1}^{t} \alpha_s$

## 2 역방향 reverse process 잡음제거 과정

$N(x_T; 0, I)$에서 $x_T$을 샘플링하고, 잡음제거 분포 true denoising distribution $q(x_{t-1}|x_t)$에서 $x_{t-1}$을 연속적으로 샘플링하면 $x_0$를 생성할 수 있다. 그러나 일반적으로 $q(x_{t-1}|x_t)$는 계산 가능하지 않다. 대신 $\beta_t$가 아주 작으면 정규분포를 사용하여 $q(x_{t-1}|x_t)$을 $p_\theta(x_{t-1}|x_t)$로 근사할 수 있다. 분산 $\sum_\theta(x_t, t) = \sigma_t^2 I$로 고정하여 평균 $\mu_\theta(x_t, t)$만 U-net 같은 딥러닝 모델로 학습하면 된다. [수식 66.4]는 Markov 프로세스에 의한 역방향 잡음제거 과정의 분포이다.

$$p_\theta(x_{0:T}) = p(x_T) \prod_{t=1}^{T} p_\theta(x_{t-1}|x_t) \qquad \triangleleft \text{수식 66.4}$$

$$= p(x_T) \prod_{t=1}^{T} N(x_{t-1}; \mu_\theta(x_t, t), \sum_\theta(x_t, t))$$

여기서, $p(x_T) = N(x_T; 0, I)$, $p_\theta(x_{t-1}|x_t) = N(x_{t-1}; \mu_\theta(x_t, t), \sum_\theta(x_t, t))$ 이다.

# 3 손실함수

확산모델은 훈련데이터의 가능도 likelihood를 최대화하는 역방향 마코브 전이를 찾도록 학습한다. 이것은 [수식 66.5]의 음수 로그우도의 변동 상한 L: variational bound on negative log likelihood을 최적화를 통해 최소화하는 파라미터를 찾는 것과 같으며, 두 확률분포(가우시안)의 차이를 계산하는 $D_{KL}$(Kullback–Leibler divergence)로 표현된다.

$$E[-\log p_\theta(x_0)] \le E_q[-\log \frac{p_\theta(x_{0:T})}{q(x_{1:T}|x_0)}] = L \qquad \triangleleft 수식\ 66.5$$

여기서, $\quad L = L_0 + L_1 + ... + L_{T-1} + L_T,$
$L_0 = -\log p_\theta(x_0|x_1),$
$L_{t-1} = D_{KL}(q(x_{t-1}|x_t, x_0) \| p_\theta(x_{t-1}|x_t)),$
$L_T = D_{KL}(q(x_T|x_0) \| p(x_T))$

[수식 66.5]에서 $L_{t-1}$은 $p_\theta(x_{t-1}|x_t)$와 순방향 사후 확률 forward processes posteriors인 $q(x_{t-1}|x_t, x_0)$ 사이에 계산한다.

$$q(x_{t-1}|x_t, x_0) = N(x_{t-1}; \tilde{\mu}_t(x_t, x_0), \tilde{\beta}_t I) \qquad \triangleleft 수식\ 66.6$$

여기서,
$$\tilde{\mu}_t(x_t, x_0) = \frac{\sqrt{\bar{a}_{t-1}}\,\beta_t}{1 - \bar{a}_t} x_0 + \frac{\sqrt{a_t}(1 - \bar{a}_{t-1})}{1 - \bar{a}_t} x_t , \quad \tilde{\beta}_t = \frac{1 - \bar{a}_{t-1}}{1 - \bar{a}_t}$$

[수식 66.6]은 정규분포인 $q(x_{t-1}|x_t, x_0)$와 $p_\theta(x_{t-1}|x_t)$ 사이의 $D_{KL}$로 평균 사이의 거리로 표현된다[수식 66.7].

$$L_{t-1} = KLD(q(x_{t-1}|x_t, x_0) \| p_\theta(x_{t-1}|x_t)) \qquad \triangleleft 수식\ 66.7$$

$$= E_q[\frac{1}{2\sigma_t^2} \|\tilde{\mu}_t(x_t, x_0) - \mu_\theta(x_t, t)\|^2] + C$$

여기서, $\quad \tilde{\mu}_t(x_t, x_0) = \frac{1}{\sqrt{a_t}}(x_t - \frac{1 - a_t}{\sqrt{1 - \bar{a}_t}} \epsilon_t) \qquad \triangleleft 수식\ 66.8$

$$\mu_\theta(x_t, t) = \frac{1}{\sqrt{a_t}}(x_t - \frac{1 - a_t}{\sqrt{1 - \bar{a}_t}} \epsilon_\theta(x_t, t)) \qquad \triangleleft 수식\ 66.9$$

[수식 66.9]는 잡음 예측 네트워크 noise-prediction network의 $\epsilon_\theta$로 잡음제거모델 denoising model의 평균($\mu_\theta$)을 표현한다.

# 4 단순화된 손실함수

잡음제거 확산확률모델[DDPM, https://arxiv.org/pdf/2006.11239]은 순방향과정 forward process에서 분산 $\beta_t$을 학습하지 않고 상수 $\beta_1 = 10^{-4}$, $\beta_T = 0.02$로 선형 스케줄하여 학습 파라미터가 없다. 학습하는 동안 상수인 $L_T$을 무시한다.

역방향과정에서 분산이 $\sum_\theta (x_t, t) = \sigma_t^2 I$이면 딥러닝 모델로 평균만 예측한다. $\sigma_t^2 = \beta_t$ 또는는 $\sigma_t^2 = \tilde{\beta}_t = \dfrac{1 - \overline{\alpha}_{t-1}}{1 - \overline{\alpha}_t} \beta_t$이다.

[수식 66.10]에서 $x_t(x_0, \epsilon) = \sqrt{\overline{\alpha}_t}\, x_0 + \sqrt{1 - \overline{\alpha}_t}\, \epsilon$, $\epsilon \sim N(0, I)$, $x_0 \sim q(x_0)$이다. $x_t(x_0, \epsilon)$은 원본 영상($x_0$)에 잡음($\epsilon$)이 추가된 영상이다. $\epsilon_\theta$는 $x_t$로부터 을 예측하기 위한 모델의 예측잡음 predicted noise이다.

$$L_{t-1} = E_{x_0, \epsilon}[\lambda_t \| \epsilon - \epsilon_\theta(\sqrt{\overline{\alpha}_t}\, x_0 + \sqrt{1 - \overline{\alpha}_t}\, \epsilon, t)\|^2] \qquad \triangleleft \text{수식 66.10}$$

여기서, $\lambda_t = \dfrac{\beta_t^2}{2\sigma_t^2 \alpha_t (1 - \overline{\alpha}_t)}$

최종적으로 가중치를 $\lambda_t = 1$이면 손실함수를 [수식 66.11]로 단순화된다. $t = 1$은 $L_0$이다. $x_t(x_0, \epsilon) = \sqrt{\overline{\alpha}_t}\, x_0 + \sqrt{1 - \overline{\alpha}_t}\, \epsilon$, $\epsilon \sim N(0, I)$, $x_0 \sim q(x_0)$, $t \sim U(1, T)$ 이다.

$$L_{simple}(\theta) = E_{t, x_0, \epsilon}[\epsilon - \epsilon_\theta(x_t, t)\|^2] \qquad \triangleleft \text{수식 66.11}$$

$$= E_{t, x_0, \epsilon}[\epsilon - \epsilon_\theta(\sqrt{\overline{\alpha}_t}\, x_0 + \sqrt{1 - \overline{\alpha}_t}\, \epsilon, t)\|^2]$$

## 5 잡음제거 모델 훈련 알고리즘

[그림 66. 2]의 알고리즘은 [수식 66.11]의 $\epsilon_\theta$을 예측하기 위한 훈련 알고리즘이다. 네트워크모델은 훈련 데이터 영상($x_0$)과 타임 스텝 $t$(임베딩)를 입력받아, 잡음($\epsilon_\theta$)을 출력한다.

단계 1: repeat
단계 2:    데이터 셋으로부터 영상($x_0$)를 샘플링 한다.
단계 2:    데이터 셋으로부터 영상($x_0$)를 샘플링 한다.
단계 3:    타임 스텝 $t$를 균등분포에서 샘플링 한다(DDPM 논문에서 T= 1000).
단계 4:    정규분포에서 잡음($\epsilon_\theta$)을 샘플링 한다(레이블로 사용).
단계 5:    경사강하법에 의해 [수식 6.11]의 목적함수를 최적화한다.
단계 6: until converged

**Algorithm 1** Training

1: **repeat**
2:   $\mathbf{x}_0 \sim q(\mathbf{x}_0)$
3:   $t \sim \text{Uniform}(\{1, \ldots, T\})$
4:   $\epsilon \sim \mathcal{N}(\mathbf{0}, \mathbf{I})$
5:   Take gradient descent step on
     $\nabla_\theta \left\| \epsilon - \epsilon_\theta(\sqrt{\bar{\alpha}_t}\mathbf{x}_0 + \sqrt{1 - \bar{\alpha}_t}\epsilon, t) \right\|^2$
6: **until** converged

△ 그림 66.2 ▶ DDPM 훈련 알고리즘[https://arxiv.org/pdf/2006.11239]

## 6 샘플 영상 생성 알고리즘

[수식 66.12]는 $x_{t-1} \sim p_\theta(x_{t-1}|x_t)$의 샘플을 생성한다. $\epsilon_\theta(x_t, t)$는 [그림 66. 2]의 알고리즘에 의해 학습된 모델의 예측잡음이다.

$$x_{t-1} = N(x_{t-1}; \frac{1}{\sqrt{\alpha_t}}(x_t - \frac{1-\alpha_t}{\sqrt{1-\overline{\alpha_t}}}\epsilon_\theta(x_t, t)), \sqrt{\beta_t}\,\epsilon)$$

$$= \frac{1}{\sqrt{\alpha_t}}(x_t - \frac{1-\alpha_t}{\sqrt{1-\overline{\alpha_t}}}\epsilon_\theta(x_t, t)) + \sigma_t z, \quad z \sim N(0, I)$$

◁ 수식 66.12

[그림 66. 3]의 알고리즘은 [수식 66.12]의 샘플링 알고리즘이다.

단계 1: 정규분포 $N(0, I)$에서 잡음영상 하나($X_T$)를 샘플링 한다.
단계 2: for t = T, ..., 1 do
단계 3:    $t > 1$이면 $N(0, I)$에서 $z$를 샘플링한다. $t = 1$이면 $z = 0$이다.
단계 4:    [수식 66.12]로 $x_{t-1}$을 생성한다.
단계 5: end for
단계 6: 샘플 영상($x_0$)를 반환한다.

**Algorithm 2** Sampling

1:  $\mathbf{x}_T \sim \mathcal{N}(\mathbf{0}, \mathbf{I})$
2:  **for** $t = T, \dots, 1$ **do**
3:     $\mathbf{z} \sim \mathcal{N}(\mathbf{0}, \mathbf{I})$ if $t > 1$, else $\mathbf{z} = \mathbf{0}$
4:     $\mathbf{x}_{t-1} = \frac{1}{\sqrt{\alpha_t}}\left(\mathbf{x}_t - \frac{1-\alpha_t}{\sqrt{1-\bar{\alpha}_t}}\epsilon_\theta(\mathbf{x}_t, t)\right) + \sigma_t \mathbf{z}$
5:  **end for**
6:  **return** $\mathbf{x}_0$

△ 그림 66.3 ▶ DDPM 샘플링 알고리즘[https://arxiv.org/pdf/2006.11239]

## 7 데이터 스케일링 · 역방향 잡음제거 디코더

영상의 화소값이 [0, 1, ..., 255] 값이 [-1, 1]로 스케일한다. [수식 66.13]은 가우시안 함수 $N(x_0; \mu_0(x_1, 1), \sigma_1^2 I)$로부터 유도된 독립 이산 디코더로 영상으로 변환한다. $D$는 데이터의 차원(화소 수), 윗 첨자 $i$는 화소 위치이다.

$$p_\theta(x_0|x_1) = \prod_{i=1}^{D} \int_{\delta_-(x_0^i)}^{\delta_+(x_0^i)} N(x; \mu_\theta^i(x_1, 1), \sigma_1^2)\, dx \qquad \triangleleft \text{수식 66.13}$$

여기서, $\delta_+(x) = \begin{cases} \infty & \text{if } x = 1 \\ x + 1/255 & \text{if } x < 1 \end{cases}$, $\delta_-(x) = \begin{cases} -\infty & \text{if } x = -1 \\ x - 1/255 & \text{if } x > -1 \end{cases}$

▷ 예제 66-01 ▶ 순방향 확산 과정 forward diffusion process 1

```
01  '''
02  ref1: Denoising Diffusion Probabilistic Models, https://arxiv.org/
03  abs/2006.11239
04  ref2: https://learnopencv.com/denoising-diffusion-probabilistic-
05  models/#gaussian-distribution
06  '''
07  import torch
08  import torchvision
09  import torchvision.datasets as datasets
10  from   torch.utils.data import DataLoader
11  from   torchvision.utils import make_grid
12  from   dataclasses import dataclass
13  import matplotlib.pyplot as plt
14  #1
15  @dataclass
16  class Config:
17      DEVICE = 'cuda' if torch.cuda.is_available() else 'cpu'
18      DATASET = 'MNIST'
19      #  'MNIST', 'Cifar-10', 'Cifar-100', 'Flowers'
20      IMG_RESIZE = 32
21      TIMESTEPS = 1000
22      BATCH_SIZE = 4
23
24  #2: dataset, dataloader
25  #2-1
26  def get_dataset(dataset_name):
27      transforms = torchvision.transforms.Compose(
28          [
29              torchvision.transforms.ToTensor(),
30              torchvision.transforms.Resize((Config.IMG_RESIZE,
31                                             Config.IMG_RESIZE),
32                          interpolation =
33                  torchvision.transforms.InterpolationMode.BICUBIC,
34                      antialias = True),
35
```

```
36                    torchvision.transforms.Lambda(lambda t: (t * 2.0)-1.0)
37                    # scale between [-1, 1]
38                ]
39            )
40        if dataset_name.upper() == 'MNIST':
41            dataset = datasets.MNIST(root = 'data', train = True,
42                                        download = True,
43                                        transform = transforms)
44        elif dataset_name == 'Cifar-10':
45            dataset = datasets.CIFAR10(root = 'data', train = True,
46                                        download = True,
47                                        transform = transforms)
48        elif dataset_name == 'Cifar-100':
49            dataset = datasets.CIFAR10(root = 'data', train = True,
50                                        download = True,
51                                        transform = transforms)
52        elif dataset_name == 'Flowers':
53            dataset = \
54                datasets.ImageFolder(root = './kaggle-flowers/train',
55                                        transform = transforms)
56        return dataset
57  #2-2
58  def collate_fn(batch, device):
59        images, labels = zip(*batch)
60        images = torch.stack(images).to(device)
61        labels = torch.tensor(labels).to(device)
62        return images, labels
63  #2-3
64  def get_dataloader(dataset_name = Config.DATASET,
65                        batch_size   = Config.BATCH_SIZE,
66                        device       = Config.DEVICE,
67                        shuffle = True):
68        dataset  = get_dataset(dataset_name = dataset_name)
69
70        dataloader = DataLoader(dataset, batch_size=batch_size,
71                                    shuffle = shuffle,
72                                    collate_fn =
73                                        lambda batch: collate_fn(batch, device))
74        return dataloader
75
76  #3: Denoising Diffusion Probabilistic Models[ref1]
77  #3-1
78  def inverse_transform(tensors):  # [수식 66.13]
79        return ((tensors.clamp(-1, 1) + 1.0) / 2.0) * 255.0
80        # from [-1., 1.] to [0., 255.]
```

```
 81  #3-2
 82  class DDPM:     # 순방향 확산 과정
 83      def __init__(self, T = Config.TIMESTEPS,
 84                         device = Config.DEVICE):
 85          self.T = T
 86          self.device = device
 87          self.initialize()
 88      #3-3
 89      def initialize(self):          # alpha, beta
 90          self.beta  = self.get_betas()
 91          self.alpha = 1 - self.beta
 92
 93          self_sqrt_beta          = torch.sqrt(self.beta)
 94          self.alpha_cumprod      = torch.cumprod(self.alpha, dim = 0)
 95          self.sqrt_alpha_cumprod = \
 96                                    torch.sqrt(self.alpha_cumprod)
 97          self.one_by_sqrt_alpha  = 1. / torch.sqrt(self.alpha)
 98          self.sqrt_one_minus_alpha_cumprod = \
 99                                    torch.sqrt(1 - self.alpha_cumprod)
100      #3-4
101      def get_betas(self):           # linear schedule
102          scale = 1000 / self.T
103          beta_start = scale * 1e-4
104          beta_end = scale * 0.02
105          return torch.linspace(beta_start, beta_end, self.T,
106                          dtype = torch.float32,
107                          device = self.device)
108      #3-5
109      def forward_diffusion(self, x0, t):  # xt, noise
110          noise = torch.randn_like(x0)
111          # epsilon, t: scalar like tensor(0), tensor(10), ...
112          mean    = self.sqrt_alpha_cumprod[t] * x0
113          std_dev = self.sqrt_one_minus_alpha_cumprod[t]
114          xt  = mean + std_dev * noise
115          return xt, noise
116  #4
117  if __name__ == '__main__':
118      #4-1
119      loader = iter(get_dataloader())
120      x0, _ = next(loader)
121      ddpm = DDPM()
122      #4-2
123      noisy_images = []
124      timesteps = [0, 10, 50, 100, 200, 400, 800, Config.TIMESTEPS - 1]
125
```

```
126     for t in timesteps:
127         xt, noise = ddpm.forward_diffusion(x0, t)
128         # xt = x0 + noise,      # [수식 66.3]
129         #print('xt.shape=', xt.shape)
130
131         #xt    = inverse_transform(xt) / 255.0  # float display for plt
132         xt = inverse_transform(xt).type(torch.uint8)
133         if xt.is_cuda:
134             xt = xt.cpu()        # xt.detach().cpu()
135         xt = make_grid(xt, nrow= 1 , padding = 1)
136         noisy_images.append(xt)
137
138     #4-3
139     fig, ax = plt.subplots(1, len(noisy_images), figsize = (10,5))
140     for i, (t, noisy_sample) in
141             enumerate(zip(timesteps, noisy_images)):
142         ax[i].imshow(noisy_sample.squeeze(0).permute(1, 2, 0))
143         ax[i].set_title(f"t={t}", fontsize = 10)
144         ax[i].axis("off")
145         ax[i].grid(False)
146     plt.subplots_adjust(wspace = 0)
147     plt.suptitle("forward diffusion process", y = 0.98)
148     plt.axis("off")
149     fig.tight_layout()
150     plt.show()
```

▷▷▷ 프로그램 설명

1  #1은 상수를 정의한 데이터 클래스이다.

2  #2는 'MNIST', 'Cifar-10', 'Cifar-100', 'Flowers' 데이터 셋으로부터 데이터 로더를 생성한다. Config.BATCH_SIZE는 배치 크기로 영상은 (Config.IMG_RESIZE, Config.IMG_RESIZE)로 크기 조정되고, 화소 값은 [-1, 1]로 스케일된다.

3  #3-1의 inverse_transform(tensors)은 [-1, 1]의 텐서를 [0, 255]로 변환한다.

4  #3-2는 [수식 66-3]의 DDPM은 순방향 확산 과정을 구현한다. forward_diffusion()은 배치 데이터 x0에 가우시안 잡음을 추가해서 t(스칼라) 스텝 후의 확산된 xt와 noise를 반환한다.

5  #4-1은 데이터로더를 생성하고 하나의 배치 데이터 x0을 생성한다. DDPM 클래스로 ddpm 객체를 생성한다.

6  #4-2는 ddpm.forward_diffusion(x0, t)로 timesteps의 각 스텝(t)에서 확산된 xt와 noise를 계산하고, inverse_transform()에 의해 영상으로 변환한다.

xt = make_grid(xt, nrow=1, padding=1)로 배치에 대해 하나의 영상으로 만들고 noisy_images 리스트에 추가한다.

**7** #4-3은 plt로 영상을 표시한다. [그림 66. 4 ]은 DATASET= 'MNIST'의 확산 과정이고, [그림 66.5]는 DATASET= 'Cifar-10'의 확산 과정이다.

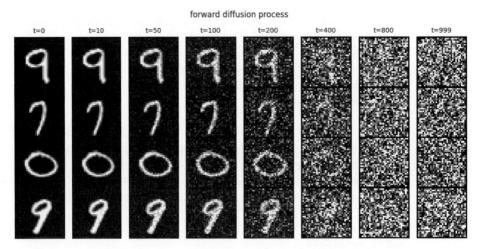

△ 그림 66.4 ▶ 순방향 확산 과정:  DATASET= 'MNIST'

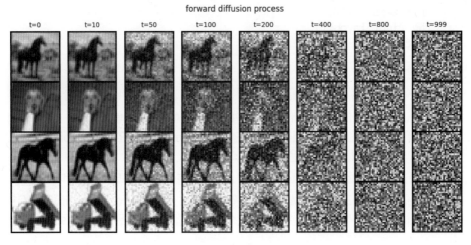

△ 그림 66.5 ▶ 순방향 확산 과정:  DATASET= 'Cifar-10'

▷ 예제 66-02   ▶ 순방향 확산 과정 2: t 배치, video(mp4)

```
01  '''
02  ref1: Denoising Diffusion Probabilistic Models, https://arxiv.org/
03  abs/2006.11239
```

```
04  ref2: https://learnopencv.com/denoising-diffusion-probabilistic-
05  models/#gaussian-distribution
06  '''
07  import torch
08  import torchvision
09  import torchvision.transforms as TF
10  import torchvision.datasets as datasets
11  from    torch.utils.data import DataLoader
12  from    torchvision.utils import make_grid
13  from    dataclasses import dataclass
14  import matplotlib.pyplot as plt
15  import cv2
16  import numpy as np
17  import imageio.v2 as iio
18  # pip install imageio[ffmpeg], fmpeg backend
19  #1
20  @dataclass
21  class Config:
22      DEVICE = 'cuda' if torch.cuda.is_available() else 'cpu'
23      DATASET = 'MNIST'
24      # 'MNIST', 'Cifar-10', 'Cifar-100', 'Flowers'
25      IMG_RESIZE = 32
26      TIMESTEPS = 1000
27      BATCH_SIZE = 4
28
29  #2: dataset, dataloader
30  #2-1
31  def get_dataset(dataset_name):
32      transforms = torchvision.transforms.Compose(
33          [
34              torchvision.transforms.ToTensor(),
35              torchvision.transforms.Resize((Config.IMG_RESIZE,
36                                              Config.IMG_RESIZE),
37                  interpolation =
38              torchvision.transforms.InterpolationMode.BICUBIC,
39                  antialias = True),
40              torchvision.transforms.Lambda(
41                  lambda t: (t * 2.0) - 1.0 )
42                  # scale between [-1, 1]
43          ]
44      )
45
46      if dataset_name.upper() == 'MNIST':
47          dataset = datasets.MNIST(root = 'data', train = True,
48                              download = True, transform = transforms)
```

```
49        elif dataset_name == 'Cifar-10':
50            dataset = datasets.CIFAR10(root = 'data', train = True,
51                                       download = True,
52                                       transform = transforms)
53        elif dataset_name == 'Cifar-100':
54            dataset = datasets.CIFAR10(root = 'data', train = True,
55                                       download = True,
56                                       transform = transforms)
57        elif dataset_name == 'Flowers':
58            dataset = datasets.ImageFolder(root = './kaggle-flowers/train',
59                                           transform = transforms)
60        return dataset
61 #2-2
62 def collate_fn(batch, device):
63     images, labels = zip(*batch)
64     images = torch.stack(images).to(device)
65     labels = torch.tensor(labels).to(device)
66     return images, labels
67
68   #2-3
69 def get_dataloader(dataset_name = Config.DATASET,
70                    batch_size   = Config.BATCH_SIZE,
71                    device       = Config.DEVICE, shuffle = True):
72     dataset  = get_dataset(dataset_name = dataset_name)
73
74     dataloader = DataLoader(dataset,
75                             batch_size = batch_size, shuffle = shuffle,
76                             collate_fn=lambda batch: collate_fn(batch,
77                                                                 device))
78     return dataloader
79
80 #3: Denoising Diffusion Probabilistic Models[ref1]
81 #3-1
82 def inverse_transform(tensors):
83     return ((tensors.clamp(-1, 1) + 1.0) / 2.0) * 255.0
84     # from [-1., 1.] to [0., 255.]
85 #3-2
86 class DDPM:
87     def __init__(self, T = Config.TIMESTEPS, device = Config.DEVICE):
88         self.T = T
89         self.device = device
90         self.initialize()
91
92     def initialize(self):       # alpha, beta
93         self.beta  = self.get_betas()
94         self.alpha = 1 - self.beta
```

```
95
96          self_sqrt_beta              = torch.sqrt(self.beta)
97          self.alpha_cumprod          = torch.cumprod(self.alpha, dim=0)
98          self.sqrt_alpha_cumprod    = \
99                                  torch.sqrt(self.alpha_cumprod)
100         self.one_by_sqrt_alpha     = 1. / torch.sqrt(self.alpha)
101         self.sqrt_one_minus_alpha_cumprod = \
102                                  torch.sqrt(1 - self.alpha_cumprod)
103
104     def get_betas(self):        # linear schedule
105         scale = 1000 / self.T
106         beta_start = scale * 1e-4
107         beta_end = scale * 0.02
108         return torch.linspace(beta_start, beta_end, self.T,
109                               dtype = torch.float32,
110                               device=self.device)
111
112     def forward_diffusion(self, x0, t):
113         # xt, noise,   t.size = [Config.BATCH_SIZE]
114         noise = torch.randn_like(x0)      # epsilon
115         mean    = self.sqrt_alpha_cumprod[t].view(-1, 1, 1, 1) * x0
116         # batch scalar multiplication
117         std_dev = self.sqrt_one_minus_alpha_cumprod[t].view(-1, 1, 1, 1)
118         xt  = mean + std_dev * noise
119         return xt, noise
120 #4
121 if __name__ == '__main__':
122     #4-1
123     ddpm = DDPM()
124     loader = iter(get_dataloader())
125     x0, _ = next(loader)
126     #print('x0.shape=', x0.shape)
127
128     #4-2
129     noisy_images = []
130     timesteps = [0, 10, 50, 100, 200, 400, 800, Config.TIMESTEPS - 1]
131     for t in timesteps:
132         ts = torch.ones(Config.BATCH_SIZE, dtype = torch.long,
133                       device = Config.DEVICE) * t
134         xt, noise = ddpm.forward_diffusion(x0, ts)
135         # [Config.BATCH_SIZE, 1, 32, 32]
136
137         #xt = inverse_transform(xt)/255
138         xt = inverse_transform(xt).type(torch.uint8)
139
```

```
140    if xt.is_cuda:
141        xt = xt.cpu() #xt.detach().cpu()
142
143    xt = make_grid(xt, nrow = 1, pad_value = 255.0)
144    noisy_images.append(xt)
145    #pil_image = TF.functional.to_pil_image(xt)
146    #noisy_images.append(pil_image)
147    #pil_image.show()
148 #4-3
149 # fig, ax = plt.subplots(1, len(noisy_images), figsize = (10,5))
150 # for i, (t, noisy_sample) in enumerate(zip(timesteps, noisy_images)):
151 #     ax[i].imshow(noisy_sample.squeeze(0).permute(1, 2, 0))
152 #     xt, tensor
153 #     #ax[i].imshow(noisy_sample)     # pil_image
154 #     ax[i].set_title(f"t={t}", fontsize = 10)
155 #     ax[i].axis("off")
156 #     ax[i].grid(False)
157
158 # plt.subplots_adjust(wspace = 0)
159 # plt.suptitle("forward diffusion process", y = 0.98)
160 # plt.axis("off")
161 # fig.tight_layout()
162 # plt.show()
163
164 #4-4: make a video(mp4) file with imageio
165 writer = iio.get_writer('./diffusion_forward.mp4', fps = 24)
166 frame = np.full((96, 64*Config.BATCH_SIZE, 3), 255,  np.uint8)
167 for t in range(Config.TIMESTEPS):
168     ts = torch.ones(Config.BATCH_SIZE, dtype = torch.long,
169                 device = Config.DEVICE) * t
170     xt, noise = ddpm.forward_diffusion(x0, ts)
171     # [Config.BATCH_SIZE, 1, 32, 32]
172
173     xt = inverse_transform(xt).type(torch.uint8)
174     if xt.is_cuda:
175         xt = xt.cpu()       # xt.detach().cpu()
176
177     xt = make_grid(xt, nrow = Config.BATCH_SIZE,
178                 pad_value = 255.0)
179     xt = TF.transforms.Resize(size = (64, 64*Config.BATCH_SIZE))(xt)
180
181     image = torch.permute(xt, (1, 2, 0)).numpy() # channel last
182     h, w, c = image.shape
183     frame[:h, :w] = image
184
```

```
185          cv2.putText(frame, f't={t}', (100, 80),
186                  cv2.FONT_HERSHEY_COMPLEX_SMALL, 1, (255,0,0), 1)
187          writer.append_data(frame)
188          frame[:, :] = 255          # clear
189
190      writer.close()
```

▷▷▷ 프로그램 설명

**1** #1은 상수 정의, #2는 데이터 셋, 데이터 로더, #3-1은 텐서의 역변환이다.

**2** #3-2의 DDPM은 순방향 확산 과정이다. forward_diffusion()은 배치 데이터 x0에 가우시안 잡음을 추가해서 배치 크기의 t 스텝 후의 확산된 xt와 noise를 반환한다. t.size = [Config.BATCH_SIZE]이다. 모두 같은 타임 스탭 값을 가진다. self.sqrt_alpha_cumulative[t]와 self.sqrt_one_minus_alpha_cumulative[t]의 뷰를 view(-1, 1, 1, 1)로 변경하여 곱셈한다.

**3** #4-2에서 각 타임 스텝 t에서 배치 크기의 ts를 생성하고, ddpm.forward_diffusion(x0, ts)로 timesteps의 각 스텝(t)에서 확산된 xt와 noise를 계산하고, inverse_transform()에 의해 영상으로 변환한다. 결과는 [예제 66-01]과 같다.

**4** #4-3은 plt로 [그림 66.4], [그림 66.5]와 같이 영상을 표시한다.

**5** #4-4는 imageio를 사용하여 mp4 동영상을 생성한다([그림 66.6]). cv2.putText()로 t를 출력한다.

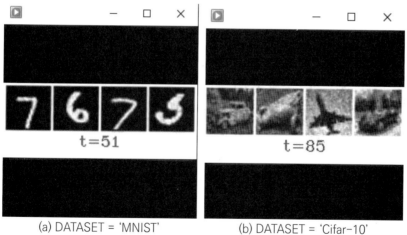

(a) DATASET = 'MNIST'          (b) DATASET = 'Cifar-10'

△ 그림 66.6 ▶ 순방향 확산 과정의 동영상

▷ 예제 66-03   ▶ 확산모델 훈련(Algorithm 1), 샘플링(Algorithm 2), 모델저장

```
01 '''
02 ref1: Denoising Diffusion Probabilistic Models, https://arxiv.org/
03 abs/2006.11239
04 ref2: https://learnopencv.com/denoising-diffusion-probabilistic-
05 models/#gaussian-distribution
06 '''
07 import torch
08 import torch.nn as nn
09 import torchvision
10 import torchvision.transforms as TF
11 import torchvision.datasets as datasets
12 from    torch.utils.data import DataLoader
13 from    torchvision.utils import make_grid
14 from    dataclasses import dataclass
15 from    tqdm import tqdm
16 from    torchmetrics.aggregation import MeanMetric
17 import matplotlib.pyplot as plt
18 #1
19 @dataclass
20 class Config:
21     DEVICE = 'cuda' if torch.cuda.is_available() else 'cpu'
22
23     DATASET = 'MNIST'
24     #  'MNIST', 'Cifar-10', 'Cifar-100', 'Flowers'
25     IMG_CHANNELS = 1 if DATASET == "MNIST" else 3
26     IMG_RESIZE = 32
27     # must be sure over than 32 because of 5-level Unet
28
29     TIMESTEPS = 1000
30     NUM_EPOCHS = 100
31     BATCH_SIZE = 128
32     LR = 2e-4
33     IMG_SAVE_PATH = "./data"
34 #2: dataset, dataloader
35 def get_dataset(dataset_name):
36     transforms = torchvision.transforms.Compose(
37         [
38             torchvision.transforms.ToTensor(),
39             torchvision.transforms.Resize((Config.IMG_RESIZE,
40                                            Config.IMG_RESIZE),
41                 interpolation =
42                     torchvision.transforms.InterpolationMode.BICUBIC,
43                 antialias = True),
```

```
44              torchvision.transforms.Lambda(lambda t: (t * 2.0) - 1.0)
45                  # scale between [-1, 1]
46          ]
47      )
48      if dataset_name.upper() == 'MNIST':
49          dataset = datasets.MNIST(root = 'data', train = True,
50                                  download = True, transform = transforms)
51      elif dataset_name == 'Cifar-10':
52          dataset = datasets.CIFAR10(root = 'data', train = True,
53                                    download = True,
54                                    transform = transforms)
55      elif dataset_name == 'Cifar-100':
56          dataset = datasets.CIFAR10(root = 'data', train = True,
57                                    download = True,
58                                    transform = transforms)
59      elif dataset_name == 'Flowers':
60          dataset = datasets.ImageFolder(root = './kaggle-flowers/train',
61                                        transform = transforms)
62      return dataset
63  def collate_fn(batch, device):
64      images, labels = zip(*batch)
65      images = torch.stack(images).to(device)
66      labels = torch.tensor(labels).to(device)
67      return images, labels
68  def get_dataloader(dataset_name = Config.DATASET,
69                      batch_size   = Config.BATCH_SIZE,
70                      device       = Config.DEVICE, shuffle = True):
71      dataset  = get_dataset(dataset_name = dataset_name)
72
73      dataloader = DataLoader(dataset, batch_size = batch_size,
74                              shuffle = s huffle,
75                              collate_fn = lambda batch:
76                                  collate_fn(batch, device))
77      return dataloader
78
79  #3: Denoising Diffusion Probabilistic Models[ref1]]
80  def inverse_transform(tensors):
81      return ((tensors.clamp(-1, 1) + 1.0) / 2.0) * 255.0
82      # from [-1., 1.] to [0., 255.]
83  class DDPM:
84      def __init__(self, T = Config.TIMESTEPS, device = Config.DEVICE):
85          self.T = T
86          self.device = device
87          self.initialize()
88
```

```python
89      def initialize(self):        # alpha, beta
90          self.beta  = self.get_betas()
91          self.alpha = 1 - self.beta
92
93          self_sqrt_beta        = torch.sqrt(self.beta)
94          self.alpha_cumprod    = torch.cumprod(self.alpha, dim=0)
95          self.sqrt_alpha_cumprod = torch.sqrt(self.alpha_cumprod)
96          self.one_by_sqrt_alpha  = 1. / torch.sqrt(self.alpha)
97          self.sqrt_one_minus_alpha_cumprod = \
98                  torch.sqrt(1 - self.alpha_cumprod)
99
100     def get_betas(self):          # linear schedule
101         scale = 1000 / self.T
102         beta_start = scale * 1e-4
103         beta_end = scale * 0.02
104
105         return torch.linspace(beta_start, beta_end, self.T,
106                               dtype = torch.float32,
107                               device = self.device)
108
109     def forward_diffusion(self, x0, t):     # xt, eps
110         noise = torch.randn_like(x0)        # epsilon
111         mean    = \
112             self.sqrt_alpha_cumprod[t].view(-1, 1, 1, 1) * x0
113             # batch scalar multiplication
114         std_dev = \
115             self.sqrt_one_minus_alpha_cumprod[t].view(-1, 1, 1, 1)
116         xt  = mean + std_dev * noise
117         return xt, noise
118 #4:
119 #4-1: 6002.py
120 def position_encoding(max_length, d_model):
121         pe = torch.zeros(max_length, d_model)
122         pos = torch.arange(0, max_length,
123                            dtype = torch.float).unsqueeze(1)
124
125         _2i = torch.arange(0, d_model, step = 2,
126                            dtype = torch.float)
127         pe[:, 0::2] = torch.sin(pos / (10000 ** (_2i / d_model)))
128         pe[:, 1::2] = torch.cos(pos / (10000 ** (_2i / d_model)))
129         return pe
130 #4-2
131 # def sinusoidal_embedding(n, d):
132 #     # Returns the standard positional embedding
133 #     embedding = torch.zeros(n, d)
```

```
134 #      wk = torch.tensor([1 / 10_000 ** (2 * j / d) for j in range(d)])
135 #      wk = wk.reshape((1, d))
136 #      t = torch.arange(n).reshape((n, 1))
137 #      embedding[:,::2] = torch.sin(t * wk[:, ::2])
138 #      embedding[:,1::2] = torch.cos(t * wk[:, ::2])
139 #      return embedding
140
141 #5: UNet: 5101.py
142 #5-1
143 class conv_block(nn.Module):
144     def __init__(self, in_channels, out_channels):
145         super().__init__()
146         self.conv = nn.Sequential(
147             nn.Conv2d(in_channels, out_channels,
148                     kernel_size = 3, padding = 1),
149             nn.BatchNorm2d(out_channels),
150             nn.ReLU(inplace=True),
151             nn.Conv2d(out_channels, out_channels,
152                     kernel_size = 3, padding = 1),
153             nn.BatchNorm2d(out_channels),
154             nn.ReLU(inplace = True) )
155     def forward(self, x):
156         return self.conv(x)
157 #5-2
158 class UNet(nn.Module):
159     def __init__(self, mode = 'Upsample',
160                 n_channels = Config.IMG_CHANNELS,
161                 n_steps = Config.TIMESTEPS, time_emb_dim = 100):
162         super().__init__()
163         self.mode = mode
164
165         # position_encoding, sinusoidal embedding
166         self.time_embedding = nn.Embedding(n_steps, time_emb_dim)
167         self.time_embedding.weight.data = \
168             position_encoding(n_steps, time_emb_dim)
169         self.time_embedding.requires_grad_(False)
170
171         # fully connected networks for time embedding
172         self.encode_te1 = self._make_te(time_emb_dim, n_channels)
173         self.encode_te2 = self._make_te(time_emb_dim, 64)
174         self.encode_te3 = self._make_te(time_emb_dim, 128)
175         self.encode_te4 = self._make_te(time_emb_dim, 256)
176         self.encode_te5 = self._make_te(time_emb_dim, 512)
177
178         self.decode_te4 = self._make_te(time_emb_dim, 1024 + 512)
```

```
179            self.decode_te3 = self._make_te(time_emb_dim, 512 + 256)
180            self.decode_te2 = self._make_te(time_emb_dim, 256 + 128)
181            self.decode_te1 = self._make_te(time_emb_dim, 128 +  64)
182
183            # UNet
184            self.n_channels = n_channels
185            self.maxpool = nn.MaxPool2d(kernel_size = 2)
186
187            self.encode1 = conv_block(n_channels, 64)
188            self.encode2 = conv_block(64, 128)
189            self.encode3 = conv_block(128, 256)
190            self.encode4 = conv_block(256, 512)
191            self.encode5 = conv_block(512, 1024)
192
193            self.decode4 = conv_block(1024 + 512, 512)  # x + shortcut
194            self.decode3 = conv_block( 512 + 256, 256)
195            self.decode2 = conv_block( 256 + 128, 128)
196            self.decode1 = conv_block( 128 +  64,  64)
197
198            self.output = nn.Conv2d(64, n_channels, 1) # classify
199
200            #all layers are statically defined for jit.script
201            self.upsample = nn.Upsample(scale_factor=2,
202                                        mode = 'bilinear',
203                                        align_corners = True)
204            self.upsample1 = \
205                nn.ConvTranspose2d(1024, 1024, kernel_size = 2,
206                                        stride = 2, bias = False)
207            self.upsample2 = \
208                nn.ConvTranspose2d(512, 512, kernel_size = 2,
209                                        stride = 2, bias = False)
210            self.upsample3 = \
211                nn.ConvTranspose2d(256, 256, kernel_size = 2,
212                                        stride = 2, bias = False)
213            self.upsample4 = \
214                nn.ConvTranspose2d(128, 128, kernel_size = 2,
215                                        stride = 2, bias = False)
216            self.Relu = nn.ReLU(inplace = True)
217
218      def _make_te(self, in_dim, out_dim):
219          # simple fully connected network
220          return nn.Sequential(
221              nn.Linear(in_dim, out_dim),
222              nn.SiLU(),          # Sigmoid Linear Unit
223              nn.Linear(out_dim, out_dim)
224          )
```

```
225
226    def forward(self, x, t):
227        t = self.time_embedding(t)
228        # [Config.BATCH_SIZE, time_emb_dim] = [128, 100]
229        #encoder
230        n = x.shape[0] # batch_size
231
232        conv1 = self.encode1(x +
233                            self.encode_te1(t).reshape(n, -1, 1, 1))
234            # torch.Size([, 64, 32, 32])
235        x = self.maxpool(conv1)     # torch.Size([, 64, 16, 16])
236
237        conv2 = self.encode2(x +
238                            self.encode_te2(t).reshape(n, -1, 1, 1))
239            # [, 128, 16, 16]
240        x = self.maxpool(conv2)     # [, 128, 8, 8]
241
242        conv3 = self.encode3(x +
243                            self.encode_te3(t).reshape(n, -1, 1, 1))
244            # [, 256, 8, 8]
245        x = self.maxpool(conv3)     # [, 256, 4, 4]
246
247        conv4 = self.encode4(x +
248                            self.encode_te4(t).reshape(n, -1, 1, 1))
249            # [, 512, 4, 4]
250        x = self.maxpool(conv4)     # [, 512, 2, 2]
251
252        bridge = self.encode5(x +
253                            self.encode_te5(t).reshape(n, -1, 1, 1))
254            # [, 1024, 2, 2]
255
256        # decoder
257        if self.mode == 'Upsample':
258            x= self.upsample(bridge)        # [128, 1024, 4, 4]
259        else:           # 'ConvTranspose2d'
260            x = self.upsample1(bridge)
261            x = self.Relu(x)
262
263        x = torch.cat([x, conv4], dim = 1)  # [128, 1536, 4, 4]
264        x = self.decode4(x +
265                        self.decode_te4(t).reshape(n, -1, 1, 1))
266            # [128, 512, 4, 4]
267
268        if self.mode == 'Upsample':
269            x= self.upsample(x)             # [128, 512, 8, 8]
```

```
270          else:
271              x= self.upsample2(x)
272              x= self.Relu(x)
273
274          x = torch.cat([x, conv3], dim = 1)      # [128, 768, 8, 8]
275          x = self.decode3(x +
276                          self.decode_te3(t).reshape(n, -1, 1, 1))
277              # [128, 256, 8, 8]
278
279          if self.mode == 'Upsample':
280              x = self.upsample(x)                # [128, 256, 16, 16]
281          else:                # 'ConvTranspose2d'
282              x = self.upsample3(x)
283              x = self.Relu(x)
284
285          x = torch.cat([x, conv2], dim = 1)      # [128, 384, 16, 16]
286          x = self.decode2(x +
287                          self.decode_te2(t).reshape(n, -1, 1, 1))
288              # [128, 128, 16, 16]
289
290          if self.mode == 'Upsample':
291              x = self.upsample(x)                # [128, 128, 32, 32]
292          else:
293              x = self.upsample4(x)
294              x = self.Relu(x)
295
296          x = torch.cat([x, conv1], dim=1)        # [, 192, 32, 32]
297          x = self.decode1(x +
298                          self.decode_te1(t).reshape(n, -1, 1, 1))
299              # [,  64, 32, 32]
300          out = self.output(x)                    # [, n_channels, 32, 32]
301          return out
302
303  #6: Algorithm 1, Training
304  def train_one_epoch(model, loader, diffusion, optimizer,
305                      scaler, loss_fn, epoch, config=Config()):
306
307      loss_record = MeanMetric()
308      model.train()
309
310      with tqdm(total = len(loader), dynamic_ncols = True) as tq:
311          tq.set_description(f"epoch: {epoch+1}/{config.NUM_EPOCHS}")
312
313          for x0, _ in loader:                     # line 1, 2
314              tq.update(1)
```

```
315              ts = torch.randint(low = 1, high = config.TIMESTEPS,
316                                  size = (x0.shape[0], ),
317                                  device = config.DEVICE)      # line 3
318          xts, xt_noise = \
319              diffusion.forward_diffusion(x0, ts)         # line 4, 5
320
321          with torch.autocast(device_type = Config.DEVICE):
322              pred_noise = model(xts, ts)
323              loss = loss_fn(xt_noise, pred_noise)        # line 5
324
325          optimizer.zero_grad(set_to_none = True)
326          scaler.scale(loss).backward()
327
328          scaler.step(optimizer)
329          scaler.update()
330
331          loss_value = loss.detach().item()
332          loss_record.update(loss_value)
333          tq.set_postfix_str(s=f"loss: {loss_value:.4f}")
334
335      mean_loss = loss_record.compute().item()
336      tq.set_postfix_str(s = f"loss: {mean_loss:.4f}")
337
338      return mean_loss
339
340 #7: Algorithm 2, Sampling
341 @torch.no_grad()
342 def reverse_diffusion(model, diffusion, num_images):
343
344     # x_T, x_Config.TIMESTEPS , x_1000
345     # line 1
346     x = torch.randn((num_images, Config.IMG_CHANNELS,
347                      Config.IMG_RESIZE, Config.IMG_RESIZE),
348                     device = Config.DEVICE)        # [, 1, 32, 32]
349     model.eval()
350
351     for t in reversed(range(0, Config.TIMESTEPS)):  # line 2
352         ts = torch.ones(num_images, dtype = torch.long,
353                         device = Config.DEVICE) * t
354     z = torch.randn_like(x) if t > 1 else torch.zeros_like(x)
355                                         # line 3,   [, 1, 32, 32]
356
357     # line 4
358     predicted_noise = model(x, ts) # epsilon_theta, [5, 1, 32, 32]
359
```

```
360        beta_t                  = diffusion.beta[ts].view(-1, 1, 1, 1)
361        one_by_sqrt_alpha_t = \
362            diffusion.one_by_sqrt_alpha[ts].view(-1, 1, 1, 1)
363        sqrt_one_minus_alpha_cumprod_t = \
364            diffusion.sqrt_one_minus_alpha_cumprod[ts].view(-1, 1, 1, 1)
365        x = (one_by_sqrt_alpha_t *
366               (x - (beta_t / sqrt_one_minus_alpha_cumprod_t) *
367                     predicted_noise) +
368            torch.sqrt(beta_t) * z )
369
370    #line 5
371    x = inverse_transform(x).type(torch.uint8)
372        # the image at the final timestep of the reverse process
373
374    # make an image
375    # grid = make_grid(x, nrow = nrow, pad_value = 255.0).to("cpu")
376    # pil_image = TF.functional.to_pil_image(grid)
377
378    # #pil_image.show()
379    # file_name = f"{Config.IMG_SAVE_PATH}/image_{epoch}.png"
380    # pil_image.save(file_name)
381    return x
382 #8
383 if __name__ == '__main__':
384    #8-1
385    ddpm = DDPM()
386    scaler = torch.amp.GradScaler()
387    dataloader = get_dataloader()
388
389    #8-2
390    loss_fn = nn.MSELoss()
391    model = UNet().to(Config.DEVICE)   # mode = 'Upsample', 'ConvTranspose2d'
392    optimizer = torch.optim.AdamW(model.parameters(), lr = Config.LR)   # Adam
393    #print(model)
394
395    #8-3
396    for epoch in range(Config.NUM_EPOCHS):
397        # Algorithm 1: Training
398        loss = train_one_epoch(model, dataloader, ddpm,
399                               optimizer, scaler, loss_fn, epoch)
400
401        if epoch % 10 == 0 or epoch == Config.NUM_EPOCHS - 1:
402            # Algorithm 2: Sampling
403            x = reverse_diffusion(model, ddpm, num_images = 32)
404
```

```
405                # make an image
406                grid = make_grid(x, nrow = 8, pad_value = 255.0).to("cpu")
407                pil_image = TF.functional.to_pil_image(grid)
408                file_name = f"{Config.IMG_SAVE_PATH}/image_{epoch}.png"
409                pil_image.save(file_name)
410                # pil_image.show()
411        #8-4
412        jit_model = torch.jit.script(model.eval())
413        torch.jit.save(jit_model, Config.IMG_SAVE_PATH +
414                       '/defusion_' + Config.DATASET + '.pt')
415        #torch.save(model, Config.IMG_SAVE_PATH +
416                       '/defusion_' + Config.DATASET + '.pt')
```

▷▷▷ 프로그램 설명

1  #1은 상수 정의, #2는 데이터 셋, 데이터 로더이다.

2  #3은 텐서의 역변환 inverse_transform과 순방향 확산 과정 DDPM을 정의한다.

3  #4-1의 position_encoding()과 sinusoidal_embedding()은 같은 내용이다. 트랜스 포머에서 시퀀스 순서를 위한 인코딩과 같은 용도로 타임 스텝을 인코딩한다.

4  #5는 STEP 51의 UNet에 타임 스텝을 인코딩을 추가하여 정의한다. self.time_embedding을 생성하고, self._make_te()로 간단한 완전연결 네트워크를 생성하여 인코더와 디코더에 타임 스텝 인코딩을 추가한다. STEP 51의 UNet과 다른 점은 디코더의 업샘플링을 위한 계층 layer을 생성자에서 모두 미리 정적으로 생성하고, forward()에서 사용하였다. 이유는 STEP 51과 같이 forward()가 호출된 후에 동적으로 계층을 생성하면 torch.jit.script()로 모델을 저장할 때 오류가 발생한다.

5  #6의 train_one_epoch()는 [그림 66. 2]의 훈련 알고리즘을 구현한다. 학습을 scaler를 사용하여 보다 빨리 학습한다.

6  #7의 reverse_diffusion()은 [그림 66. 3]의 샘플링 알고리즘을 구현한다.

7  #8-1은 DDPM 클래스 객체 ddpm를 생성하고, FP16, FP32 연산을 혼합하여 메모리 감소, 속도향상을 위한 AMP automatic mixed precision 스케일러(scaler)를 생성하고, 데이터로더 (dataloader)를 생성한다.

8  #8-2는 손실함수(loss_fn), UNet 모델(model), optimizer를 생성한다.

9  #8-3은 Config.NUM_EPOCHS 동안 훈련 알고리즘 train_one_epoch()로 모델을 훈련 시키고, reverse_diffusion() 샘플링하여 영상을 저장한다.

10  #8-4는 torch.jit로 학습된 모델을 저장한다.

▷ 예제 66-04　▶ 확산모델 로드, 샘플링(Algorithm 2)

```
01  '''
02  ref1: Denoising Diffusion Probabilistic Models, https://arxiv.org/
03  abs/2006.11239
04  ref2: https://learnopencv.com/denoising-diffusion-probabilistic-
05  models/#gaussian-distribution
06  '''
07
08  import torch
09  import torch.nn as nn
10  import torchvision.transforms as TF
11  from   torchvision.utils import make_grid
12  from   dataclasses import dataclass
13  import matplotlib.pyplot as plt
14  #1
15  @dataclass
16  class Config:
17      DEVICE = 'cuda' if torch.cuda.is_available() else 'cpu'
18      DATASET = 'MNIST'
19          #  'MNIST', 'Cifar-10', 'Cifar-100', 'Flowers'
20      IMG_CHANNELS = 1 if DATASET == "MNIST" else 3
21      IMG_RESIZE = 32
22          # must be sure over than 32 because of 5-level Unet
23      TIMESTEPS = 1000
24      IMG_SAVE_PATH = "./data"
25
26  #2: Denoising Diffusion Probabilistic Models[ref1]
27  def inverse_transform(tensors):
28      return ((tensors.clamp(-1, 1) + 1.0) / 2.0) * 255.0
29          # from [-1., 1.] to [0., 255.]
30
31  class DDPM:
32      def __init__(self, T = Config.TIMESTEPS, device = Config.DEVICE):
33          self.T = T
34          self.device = device
35          self.initialize()
36
37      def initialize(self):     # alpha, beta
38          self.beta  = self.get_betas()
39          self.alpha = 1 - self.beta
40
41          self_sqrt_beta        = torch.sqrt(self.beta)
42          self.alpha_cumprod    = torch.cumprod(self.alpha, dim=0)
43          self.sqrt_alpha_cumprod = torch.sqrt(self.alpha_cumprod)
44
```

```
45        self.one_by_sqrt_alpha  = 1. / torch.sqrt(self.alpha)
46        self.sqrt_one_minus_alpha_cumprod = \
47            torch.sqrt(1 - self.alpha_cumprod)
48
49    def get_betas(self):                        # linear schedule
50        scale = 1000 / self.T
51        beta_start = scale * 1e-4
52        beta_end = scale * 0.02
53
54        return torch.linspace(beta_start, beta_end, self.T,
55                              dtype = torch.float32,
56                              device = self.device)
57
58    def forward_diffusion(self, x0, t):     # xt, eps
59        noise = torch.randn_like(x0)          # epsilon
60        mean    = self.sqrt_alpha_cumprod[t].view(-1, 1, 1, 1) * x0
61            # batch scalar multiplication
62        std_dev = \
63            self.sqrt_one_minus_alpha_cumprod[t].view(-1, 1, 1, 1)
64        xt  = mean + std_dev * noise
65        return xt, noise
66
67 #3: Algorithm 2, Sampling
68 @torch.no_grad()
69 def reverse_diffusion(model, diffusion, num_images):
70
71    # x_T, x_Config.TIMESTEPS , x_1000
72    # line 1
73    x = torch.randn((num_images, Config.IMG_CHANNELS,
74                     Config.IMG_RESIZE, Config.IMG_RESIZE),
75                  device = Config.DEVICE)
76    model.eval()
77
78    for t in reversed(range(0, Config.TIMESTEPS)):    # line 2
79        ts = torch.ones(num_images, dtype = torch.long,
80                        device = Config.DEVICE) * t
81        # line 3
82        z = torch.randn_like(x) if t > 1 else torch.zeros_like(x)
83
84        # line 4
85        predicted_noise = model(x, ts) # epsilon_theta
86
87        beta_t                = diffusion.beta[ts].view(-1, 1, 1, 1)
88        one_by_sqrt_alpha_t  = \
89            diffusion.one_by_sqrt_alpha[ts].view(-1, 1, 1, 1)
```

```
90          sqrt_one_minus_alpha_cumprod_t = \
91              diffusion.sqrt_one_minus_alpha_cumprod[ts].view(-1, 1, 1, 1)
92          x = (one_by_sqrt_alpha_t
93              * (x - (beta_t / sqrt_one_minus_alpha_cumprod_t) *
94                  predicted_noise)
95              + torch.sqrt(beta_t) * z )
96
97      # line 5
98      # the image at the final timestep of the reverse process
99      x = inverse_transform(x).type(torch.uint8)
100     return x
101 #4
102 if __name__ == '__main__':
103     #4-1
104     ddpm = DDPM()
105     model = torch.jit.load('./data/defusion_MNIST.pt')
106     x = reverse_diffusion(model, ddpm, num_images = 32)
107
108     #4-2: make an image from x
109     grid = make_grid(x, nrow = 8, pad_value = 255.0)
110     pil_image = TF.functional.to_pil_image(grid)
111
112     file_name = f"{Config.IMG_SAVE_PATH}/ddpm_image.png"
113     pil_image.save(file_name)
114     #pil_image.show()
115
116     plt.imshow(pil_image)
117     plt.suptitle("reverse_diffusion", y = 0.9)
118     plt.axis("off")
119     plt.tight_layout()
120     plt.show()
```

▷▷▷ 프로그램 설명

1  #1은 상수 정의, #2는 텐서의 역변환 inverse_transform과 순방향 확산 과정 DDPM을 정의한다.

2  #3의 reverse_diffusion()은 샘플링 알고리즘([그림 66. 3])을 구현한다.

3  #4-1은 DDPM 객체 ddpm를 생성하고, [예제 66-03]에서 학습된 모델을 torch.jit.load()로 로드한다. reverse_diffusion()로 가우시안 잡음으로부터 num_images = 32장의 영상(x)을 생성한다.

4  #4-2는 영상을 생성하고, 파일로 저장하고, 표시한다.

5  [그림 66.7]은 [예제 66-03]에서 학습한 모델 'defusion_MNIST.pt'을 이용하여 생성한 영상이다.

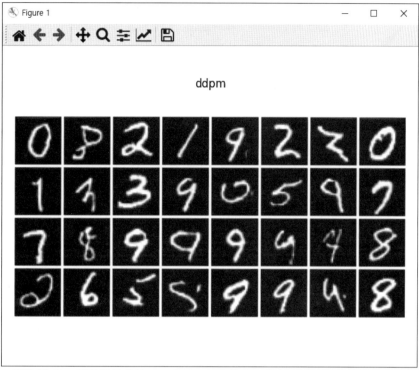

△ 그림 66.7 ▶ 샘플 영상 생성: model = torch.jit.load('./data/defusion_MNIST.pt')

# 클래스 조건 확산모델

기본 확산 <sup>diffusion</sup>모델은 가우시안 잡음을 이용하여 학습한 데이터 셋과 유사한 영상을 생성한다. 확산모델에 조건을 부여하여 특정 클래스의 영상을 생성할 수 있다. "Diffusion Models Beat GANs on Image Synthesis, https://arxiv.org/abs/2105.05233" 논문은 잡음영상을 분류기로 학습하여 가이던스 <sup>guidence</sup>로 활용하는 방법을 사용하였다.

"Classifier-Free Diffusion Guidance, https://arxiv.org/abs/2207.12598"은 분류기를 사용하지 않고, 잡음을 예측하는 UNet 구조에서 클래스 정보를 사용하여 예측한 잡음 $\epsilon_\theta(z_t, c)$과 클래스 정보 없이 예측한 잡음 $\epsilon_\theta(z_t)$ 사이에 선형조합으로 최종 잡음을 계산한다([수식 67.1]). w는 가이던스 강도이다.

$$\tilde{\epsilon_\theta}(z_t, c) = (1 + w)\,\epsilon_\theta(z_t, c) - w\,\epsilon_\theta(z_t) \quad \triangleleft \text{수식 67.1}$$

여기서는 클래스 정보를 사용하여 예측한 잡음(https://github.com/dome272/Diffusion-Models-pytorch)을 참조하여 타임 임베딩을 갖는 UNet(Step66)에 클래스 레이블을 임베딩하여 타임 임베딩에 덧셈하는 방식으로 단순히 조건 확산모델을 생성한다.

▷ 예제 67-01 ▶ 조건 확산모델 훈련, 저장

```
01  '''
02  ref1: Denoising Diffusion Probabilistic Models, https://arxiv.org/
03  abs/2006.11239
04  ref2: https://learnopencv.com/denoising-diffusion-probabilistic-
05  models/#gaussian-distribution
06  ref3: https://github.com/dome272/Diffusion-Models-pytorch
07  '''
08  import torch
09  import torch.nn as nn
10  import torchvision
11  import torchvision.transforms as TF
12  import torchvision.datasets as datasets
13  from    torch.utils.data import DataLoader
```

```
14 from    torchvision.utils import make_grid
15 from    dataclasses import dataclass
16 from    tqdm import tqdm
17 from    torchmetrics.aggregation import MeanMetric
18 import matplotlib.pyplot as plt
19 #1
20 @dataclass
21 class Config:
22     DEVICE = 'cuda' if torch.cuda.is_available() else 'cpu'
23
24     # 'MNIST', 'Cifar-10', 'Cifar-100', 'Flowers'
25     DATASET = 'MNIST'
26     IMG_CHANNELS = 1 if DATASET == "MNIST" else 3
27     # must be sure over than 32 because of 5-level Unet
28     IMG_RESIZE = 32
29
30     TIMESTEPS = 1000
31     NUM_EPOCHS =100
32     BATCH_SIZE = 128
33     LR = 2e-4
34     IMG_SAVE_PATH = "./data"
35
36 #2: dataset, dataloader
37 def get_dataset(dataset_name):
38     transforms = torchvision.transforms.Compose(
39         [
40             torchvision.transforms.ToTensor(),
41             torchvision.transforms.Resize((Config.IMG_RESIZE,
42                                             Config.IMG_RESIZE),
43                     interpolation =
44                 torchvision.transforms.InterpolationMode.BICUBIC,
45                     antialias = True),
46             torchvision.transforms.Lambda(lambda t:
47                     (t * 2.0)-1.0)    # scale between [-1, 1]
48         ]
49     )
50     if dataset_name.upper() == 'MNIST':
51         dataset = datasets.MNIST(root = 'data', train = True,
52                                 download = True,
53                                 transform = transforms)
54     elif dataset_name == 'Cifar-10':
55         dataset = datasets.CIFAR10(root = 'data', train = True,
56                                 download = True,
57                                 transform = transforms)
58
```

```
59      elif dataset_name == 'Cifar-100':
60          dataset = datasets.CIFAR10(root = 'data', train = True,
61                                        download = True,
62                                        transform = transforms)
63      elif dataset_name == 'Flowers':
64          dataset = \
65              datasets.ImageFolder(root = './kaggle-flowers/train',
66                                        transform = transforms)
67      return dataset
68
69  def collate_fn(batch, device):
70      images, labels = zip(*batch)
71      images = torch.stack(images).to(device)
72      labels = torch.tensor(labels).to(device)
73      return images, labels
74
75  def get_dataloader(dataset_name = Config.DATASET,
76                      batch_size   = Config.BATCH_SIZE,
77                      device       = Config.DEVICE, shuffle = True):
78      dataset  = get_dataset(dataset_name = dataset_name)
79
80      dataloader = \
81          DataLoader(dataset, batch_size = batch_size,
82                      shuffle = shuffle,
83                      collate_fn =
84                          lambda batch: collate_fn(batch, device))
85      return dataloader
86
87  #3: Denoising Diffusion Probabilistic Models[ref1]
88  def inverse_transform(tensors):
89      return ((tensors.clamp(-1, 1) + 1.0) / 2.0) * 255.0
90          # from [-1., 1.] to [0., 255.]
91
92  class DDPM:
93      def __init__(self, T = Config.TIMESTEPS,
94                      device = Config.DEVICE):
95          self.T = T
96          self.device = device
97          self.initialize()
98
99      def initialize(self):      # alpha, beta
100         self.beta  = self.get_betas()
101         self.alpha = 1 - self.beta
102
103         self_sqrt_beta     = torch.sqrt(self.beta)
```

```
104        self.alpha_cumprod  = torch.cumprod(self.alpha, dim = 0)
105        self.sqrt_alpha_cumprod = torch.sqrt(self.alpha_cumprod)
106        self.one_by_sqrt_alpha  = 1. / torch.sqrt(self.alpha)
107        self.sqrt_one_minus_alpha_cumprod = \
108            torch.sqrt(1 - self.alpha_cumprod)
109
110    def get_betas(self):            # linear schedule
111        scale = 1000 / self.T
112        beta_start = scale * 1e-4
113        beta_end = scale * 0.02
114
115        return torch.linspace(beta_start, beta_end, self.T,
116            dtype = torch.float32, device = self.device)
117
118    def forward_diffusion(self, x0, t):    # xt, eps
119        noise = torch.randn_like(x0)        # epsilon
120        mean  = \
121            self.sqrt_alpha_cumprod[t].view(-1, 1, 1, 1) * x0
122            # batch scalar multiplication
123        std_dev = \
124            self.sqrt_one_minus_alpha_cumprod[t].view(-1, 1, 1, 1)
125        xt  = mean + std_dev * noise
126        return xt, noise
127
128 #4: 6002.py
129 def position_encoding(max_length, d_model):
130        pe = torch.zeros(max_length, d_model)
131        pos = torch.arange(0, max_length,
132                            dtype = torch.float).unsqueeze(1)
133
134        _2i = torch.arange(0, d_model, step = 2,
135                            dtype = torch.float)
136        pe[:, 0::2] = torch.sin(pos / (10000 ** (_2i / d_model)))
137        pe[:, 1::2] = torch.cos(pos / (10000 ** (_2i / d_model)))
138        return pe
139 #5: UNet_conditional from UNet(6603.py)
140 #5-1
141 class conv_block(nn.Module):
142    def __init__(self, in_channels, out_channels):
143        super().__init__()
144        self.conv = nn.Sequential(
145            nn.Conv2d(in_channels, out_channels,
146                    kernel_size = 3, padding = 1),
147            nn.BatchNorm2d(out_channels),
148            nn.ReLU(inplace = True),
```

```
149                nn.Conv2d(out_channels, out_channels,
150                      kernel_size = 3, padding = 1),
151                nn.BatchNorm2d(out_channels),
152                nn.ReLU(inplace = True) )
153      def forward(self, x):
154          return self.conv(x)
155  #5-2
156  class UNet_conditional(nn.Module):
157
158      def __init__(self, mode = 'Upsample',
159                      n_channels = Config.IMG_CHANNELS,
160                      n_steps = Config.TIMESTEPS,
161                      time_emb_dim = 100, num_classes = 10):
162          super().__init__()
163          self.mode = mode
164
165          self.label_embedding = \
166              nn.Embedding(num_classes, time_emb_dim)
167
168          # position_encoding, sinusoidal embedding
169          self.time_embedding = nn.Embedding(n_steps, time_emb_dim)
170          self.time_embedding.weight.data = \
171              position_encoding(n_steps, time_emb_dim)
172          self.time_embedding.requires_grad_(False)
173
174          # fully connected networks for time embedding
175          self.encode_te1 = self._make_te(time_emb_dim, n_channels)
176          self.encode_te2 = self._make_te(time_emb_dim, 64)
177          self.encode_te3 = self._make_te(time_emb_dim, 128)
178          self.encode_te4 = self._make_te(time_emb_dim, 256)
179          self.encode_te5 = self._make_te(time_emb_dim, 512)
180
181          self.decode_te4 = self._make_te(time_emb_dim, 1024 + 512)
182          self.decode_te3 = self._make_te(time_emb_dim, 512 + 256)
183          self.decode_te2 = self._make_te(time_emb_dim, 256 + 128)
184          self.decode_te1 = self._make_te(time_emb_dim, 128 +  64)
185
186          # UNet
187          self.n_channels = n_channels
188          self.maxpool = nn.MaxPool2d(kernel_size=2)
189
190          self.encode1 = conv_block(n_channels, 64)
191          self.encode2 = conv_block(64, 128)
192          self.encode3 = conv_block(128, 256)
193          self.encode4 = conv_block(256, 512)
```

```
194        self.encode5 = conv_block(512, 1024)
195
196        self.decode4 = conv_block(1024 + 512, 512)   # x + shortcut
197        self.decode3 = conv_block( 512 + 256, 256)
198        self.decode2 = conv_block( 256 + 128, 128)
199        self.decode1 = conv_block( 128 +  64,  64)
200
201        self.output = nn.Conv2d(64, n_channels, 1) # classify
202
203        #all layers are statically defined for jit.script
204        self.upsample = \
205            nn.Upsample(scale_factor = 2,
206                        mode = 'bilinear', align_corners = True)
207        self.upsample1 = \
208            nn.ConvTranspose2d(1024, 1024, kernel_size = 2,
209                               stride = 2, bias = False)
210        self.upsample2 = \
211            nn.ConvTranspose2d(512, 512, kernel_size = 2,
212                               stride = 2, bias = False)
213        self.upsample3 = \
214         nn.ConvTranspose2d(256, 256, kernel_size = 2,
215                            stride = 2, bias = False)
216        self.upsample4 = \
217            nn.ConvTranspose2d(128, 128, kernel_size = 2,
218                               stride = 2, bias = False)
219        self.Relu = nn.ReLU(inplace=True)
220
221    def _make_te(self, in_dim, out_dim):
222        # simple fully connected network
223        return nn.Sequential(
224            nn.Linear(in_dim, out_dim),
225            nn.SiLU(),      # Sigmoid Linear Unit
226            nn.Linear(out_dim, out_dim)
227        )
228
229    def forward(self, x, y, t):        # y is labels, t is time
230        # [Config.BATCH_SIZE, time_emb_dim] = [128, 100]
231        t = self.time_embedding(t)
232
233        y = self.label_embedding(y)
234        t += y              # time label + class label
235
236        #encoder
237        n= x.shape[0]      # batch_size
238
```

```
239        conv1 = self.encode1(x + s
240                        elf.encode_te1(t).reshape(n, -1, 1, 1))
241            # torch.Size([, 64, 32, 32])
242        x = self.maxpool(conv1)    # torch.Size([, 64, 16, 16])
243
244        conv2 = \
245            self.encode2(x +
246                        self.encode_te2(t).reshape(n, -1, 1, 1))
247            #[, 128, 16, 16]
248        x = self.maxpool(conv2)       # [, 128, 8, 8]
249
250        conv3 = \
251            self.encode3(x +
252                        self.encode_te3(t).reshape(n, -1, 1, 1))
253            # [, 256, 8, 8]
254        x = self.maxpool(conv3)       # [, 256, 4, 4]
255
256        conv4 = \
257            self.encode4(x +
258                        self.encode_te4(t).reshape(n, -1, 1, 1))
259            # [, 512, 4, 4]
260        x = self.maxpool(conv4)       # [, 512, 2, 2]
261
262        bridge = \
263            self.encode5(x +
264                        self.encode_te5(t).reshape(n, -1, 1, 1))
265            # [, 1024, 2, 2]
266
267        # decoder
268        if self.mode == 'Upsample':
269            x = self.upsample(bridge)    # [128, 1024, 4, 4]
270        else:                            # 'ConvTranspose2d'
271            x = self.upsample1(bridge)
272            x = self.Relu(x)
273
274        x = torch.cat([x, conv4], dim = 1)  # [128, 1536, 4, 4]
275        x = self.decode4(x +
276                        self.decode_te4(t).reshape(n, -1, 1, 1))
277            # [128, 512, 4, 4]
278
279        if self.mode == 'Upsample':
280            x = self.upsample(x)         # [128, 512, 8, 8]
281        else:
282            x = self.upsample2(x)
283            x = self.Relu(x)
```

```
284         x = torch.cat([x, conv3], dim = 1) # [128, 768, 8, 8]
285         x = self.decode3(x +
286                          self.decode_te3(t).reshape(n, -1, 1, 1))
287            # [128, 256, 8, 8]
288
289         if self.mode == 'Upsample':
290             x= self.upsample(x)              # [128, 256, 16, 16]
291         else:                                # 'ConvTranspose2d'
292             x= self.upsample3(x)
293             x= self.Relu(x)
294
295         x = torch.cat([x, conv2], dim = 1) # [128, 384, 16, 16]
296         x = self.decode2(x +
297                          self.decode_te2(t).reshape(n, -1, 1, 1))
298            # [128, 128, 16, 16]
299
300         if self.mode == 'Upsample':
301             x= self.upsample(x)              #[128, 128, 32, 32]
302         else:
303             x= self.upsample4(x)
304             x= self.Relu(x)
305
306         x = torch.cat([x, conv1], dim = 1) # [, 192, 32, 32]
307         x = self.decode1(x +
308                          self.decode_te1(t).reshape(n, -1, 1, 1))
309            # [, 64, 32, 32]
310         out = self.output(x)          # [, n_channels, 32, 32]
311         return out
312
313 #6: Algorithm 1, Training
314 def train_one_epoch(model, loader, diffusion, optimizer, scaler,
315                     loss_fn, epoch, config = Config()):
316
317     loss_record = MeanMetric()
318     model.train()
319
320     with tqdm(total = len(loader), dynamic_ncols=True) as tq:
321         tq.set_description(f"epoch: {epoch+1}/{config.NUM_EPOCHS}")
322
323         for x, y in loader:          # line 1, 2
324             tq.update(1)
325
326             ts = torch.randint(low = 1, high = config.TIMESTEPS,
327                                size = (x.shape[0],),
328                                device = config.DEVICE)    # line 3
```

```
329              xts, xt_noise = \
330                  diffusion.forward_diffusion(x, ts)      # line 4, 5
331
332              with torch.autocast(device_type = Config.DEVICE):
333                  pred_noise = model(xts, y, ts)
334                  loss = loss_fn(xt_noise, pred_noise)    # line 5
335
336              optimizer.zero_grad(set_to_none = True)
337              scaler.scale(loss).backward()
338
339              scaler.step(optimizer)
340              scaler.update()
341
342              loss_value = loss.detach().item()
343              loss_record.update(loss_value)
344              tq.set_postfix_str(s = f"loss: {loss_value:.4f}")
345
346          mean_loss = loss_record.compute().item()
347          tq.set_postfix_str(s = f"loss: {mean_loss:.4f}")
348
349      return mean_loss
350
351 #7: Algorithm 2, Sampling
352 @torch.no_grad()
353 def reverse_diffusion(model, diffusion, num_images, class_label):
354
355      if isinstance(class_label, int):
356          y = torch.ones(num_images, dtype = torch.long,
357                      device = Config.DEVICE) * class_label
358      else:
359          y = class_label.to(Config.DEVICE)      # tensor
360
361      # x_T, x_Config.TIMESTEPS , x_1000
362      # line 1
363      x = torch.randn((num_images, Config.IMG_CHANNELS,
364                   Config.IMG_RESIZE, Config.IMG_RESIZE),
365                   device = Config.DEVICE)
366      model.eval()
367
368      for t in reversed(range(0, Config.TIMESTEPS)):    # line 2
369          ts = torch.ones(num_images, dtype = torch.long,
370                      device = Config.DEVICE) * t
371          z = torch.randn_like(x) if t > 1 else torch.zeros_like(x)  # line 3
372
373          # line 4
374          predicted_noise = model(x, y, ts) # epsilon_theta
```

```
375        beta_t       = diffusion.beta[ts].view(-1, 1, 1, 1)
376        one_by_sqrt_alpha_t  = \
377            diffusion.one_by_sqrt_alpha[ts].view(-1, 1, 1, 1)
378        sqrt_one_minus_alpha_cumprod_t = \
379            diffusion.sqrt_one_minus_alpha_cumprod[ts].view(-1, 1, 1, 1)
380        x = (one_by_sqrt_alpha_t
381               * (x - (beta_t / sqrt_one_minus_alpha_cumprod_t)
382               * predicted_noise)
383               + torch.sqrt(beta_t) * z )
384    # line 5
385    x = inverse_transform(x).type(torch.uint8)
386    return x
387 #8
388 if __name__ == '__main__':
389    #8-1
390    ddpm = DDPM()
391    scaler = torch.amp.GradScaler()
392    dataloader = get_dataloader()
393
394    #8-2
395    loss_fn = nn.MSELoss()
396    model   = UNet_conditional().to(Config.DEVICE)
397        # mode='Upsample', 'ConvTranspose2d'
398    optimizer = torch.optim.AdamW(model.parameters(), lr = Config.LR)
399        # Adam
400
401    #8-3
402    for epoch in range(Config.NUM_EPOCHS):
403        # Algorithm 1: Training
404        loss = train_one_epoch(model, dataloader, ddpm,
405                            optimizer, scaler, loss_fn, epoch)
406
407        if epoch % 10 == 0 or epoch == Config.NUM_EPOCHS - 1:
408            # Algorithm 2: Sampling
409            x = reverse_diffusion(model, ddpm, num_images = 32,
410                            class_label = 0)
411
412            # make an image
413            grid = make_grid(x, nrow = 8, pad_value = 255.0).to("cpu")
414            pil_image = TF.functional.to_pil_image(grid)
415            file_name = f"{Config.IMG_SAVE_PATH}/cond_image_{epoch}.png"
416            pil_image.save(file_name)
417            # pil_image.show()
418    #8-4
419    jit_model = torch.jit.script(model.eval())
```

```
420    torch.jit.save(jit_model, Config.IMG_SAVE_PATH +
421                '/cond_defusion_' + Config.DATASET + '.pt')
422    # torch.save(model, Config.IMG_SAVE_PATH +
423                '/cond_defusion_' + Config.DATASET + '.pt')
```

▷▷▷ 프로그램 설명

**1** [예제 66-03]의 UNet에 클래스 레이블을 UNet_conditional을 생성한다.

**2** #5-2의 UNet_conditional에서 num_classes를 받아, self.label_embedding = nn.Embedding(num_classes, time_emb_dim)로 임베딩한다. forward(self, x, y, t)에서 레이블 y를 self.label_embedding(y)로 임베딩하여, t += y로 타임과 레이블 임베딩을 더해 혼합한다.

**3** #6의 train_one_epoch()에서 loader로부터 (x, y)를 얻어 model(xts, y, ts)로 모델에 잡음영상(xts)와 레이블(y), 타임스텝(ts)을 입력하여 잡음(pred_noise)을 예측한다.

**4** #7의 reverse_diffusion()에서 class_label이 정수이면 같은 레이블을 갖는 num_images 개의 텐서 y를 생성한다. 정수가 아니면 class_label은 num_images 개의 레이블을 갖는 텐서로 가정한다. model(x, y, ts)에 의해 잡음(predicted_noise)을 예측한다.

**5** #8에서 손실함수(loss_fn), UNet_conditional 모델(model), optimizer를 생성하고, Config.NUM_EPOCHS 동안 train_one_epoch()로 모델을 훈련시키고, reverse_diffusion() 샘플링하여 영상을 저장하고, torch.jit로 학습된 모델을 저장한다.

▷ 예제 67-02   ▶ 조건 확산모델 로드, 샘플링

```
01  '''
02  ref1: Denoising Diffusion Probabilistic Models, https://arxiv.org/
03  abs/2006.11239
04  ref2: https://learnopencv.com/denoising-diffusion-probabilistic-
05  models/#gaussian-distribution
06  ref3: https://github.com/dome272/Diffusion-Models-pytorch
07  '''
08  import torch
09  import torch.nn as nn
10  import torchvision.transforms as TF
11  from    torchvision.utils import make_grid
12  from    dataclasses import dataclass
13  import matplotlib.pyplot as plt
14  #1
15  @dataclass
16  class Config:
17      DEVICE = 'cuda' if torch.cuda.is_available() else 'cpu'
18
```

```
19    DATASET = 'MNIST'
20        # 'MNIST', 'Cifar-10', 'Cifar-100', 'Flowers'
21    IMG_CHANNELS = 1 if DATASET == "MNIST" else 3
22    # must be sure over than 32 because of 5-level Unet
23    IMG_RESIZE = 32
24    TIMESTEPS = 1000
25    IMG_SAVE_PATH = "./data"
26
27  #2: Denoising Diffusion Probabilistic Models[ref1]
28  def inverse_transform(tensors):
29      return ((tensors.clamp(-1, 1) + 1.0) / 2.0) * 255.0
30          # from [-1., 1.] to [0., 255.]
31
32  class DDPM:
33      def __init__(self, T = Config.TIMESTEPS,
34                      device = Config.DEVICE):
35          self.T = T
36          self.device = device
37          self.initialize()
38
39      def initialize(self):        # alpha, beta
40          self.beta  = self.get_betas()
41          self.alpha = 1 - self.beta
42
43          self_sqrt_beta       = torch.sqrt(self.beta)
44          self.alpha_cumprod  = torch.cumprod(self.alpha, dim = 0)
45          self.sqrt_alpha_cumprod = torch.sqrt(self.alpha_cumprod)
46          self.one_by_sqrt_alpha  = 1. / torch.sqrt(self.alpha)
47          self.sqrt_one_minus_alpha_cumprod = \
48              torch.sqrt(1 - self.alpha_cumprod)
49
50      def get_betas(self): # linear schedule
51          scale = 1000 / self.T
52          beta_start = scale * 1e-4
53          beta_end = scale * 0.02
54
55          return torch.linspace(beta_start, beta_end, self.T,
56                              dtype = torch.float32,
57                              device = self.device)
58
59      def forward_diffusion(self, x0, t):        # xt, eps
60          noise = torch.randn_like(x0)           # epsilon
61          mean  = self.sqrt_alpha_cumprod[t].view(-1, 1, 1, 1) * x0
62              # batch scalar multiplication
63
```

```
 64          std_dev = \
 65              self.sqrt_one_minus_alpha_cumprod[t].view(-1, 1, 1, 1)
 66          xt      = mean + std_dev * noise
 67          return xt, noise
 68
 69  #3: Algorithm 2, Sampling
 70  @torch.no_grad()
 71  def reverse_diffusion(model, diffusion, num_images, class_label):
 72
 73      if isinstance(class_label, int):
 74          y = torch.ones(num_images, dtype = torch.long,
 75                      device = Config.DEVICE) * class_label
 76      else:
 77          y = class_label.to(Config.DEVICE)        # tensor
 78
 79
 80      # x_T, x_Config.TIMESTEPS , x_1000
 81      # line 1
 82      x = torch.randn((num_images, Config.IMG_CHANNELS,
 83                      Config.IMG_RESIZE, Config.IMG_RESIZE),
 84                      device = Config.DEVICE)     # [, 1, 32, 32]
 85      model.eval()
 86
 87      for t in reversed(range(0, Config.TIMESTEPS)):     # line 2
 88          ts = torch.ones(num_images, dtype = torch.long,
 89                      device = Config.DEVICE) * t
 90          z  = torch.randn_like(x) if t > 1 else torch.zeros_like(x)
 91              #line 3,    [, 1, 32, 32]
 92
 93          # line 4
 94          predicted_noise = model(x, y, ts)
 95              # epsilon_theta, [5, 1, 32, 32]
 96
 97          beta_t              = diffusion.beta[ts].view(-1, 1, 1, 1)
 98          one_by_sqrt_alpha_t  = \
 99              diffusion.one_by_sqrt_alpha[ts].view(-1, 1, 1, 1)
100          sqrt_one_minus_alpha_cumprod_t = \
101            diffusion.sqrt_one_minus_alpha_cumprod[ts].view(-1, 1, 1, 1)
102          x = (one_by_sqrt_alpha_t *
103              (x - (beta_t / sqrt_one_minus_alpha_cumprod_t) * predicted_noise)
104              + torch.sqrt(beta_t) * z )
105
106      #line 5
107      x = inverse_transform(x).type(torch.uint8)
108          # the image at the final timestep of the reverse process
109      return x
```

```
110  #4
111  if __name__ == '__main__':
112      #4-1
113      ddpm = DDPM()
114      model = torch.jit.load('./data/cond_defusion_MNIST.pt')
115
116      y = torch.tensor(list(range(10))).view(-1, 1).repeat(1, 10).flatten()
117      x = reverse_diffusion(model, ddpm, num_images = len(y), class_label = y)
118      #x = reverse_diffusion(model, ddpm, num_images = 100, class_label = 1)
119
120      #4-2: make an image from x
121      grid = make_grid(x, nrow = 10, pad_value = 255.0)
122      pil_image = TF.functional.to_pil_image(grid)
123
124      file_name = f"{Config.IMG_SAVE_PATH}/cond_ddpm_image.png"
125      pil_image.save(file_name)
126      # pil_image.show()
127
128      plt.imshow(pil_image)
129      plt.suptitle("conditional ddpm", y = 0.98)
130      plt.axis("off")
131      plt.tight_layout()
132      plt.show()
```

▷▷▷ 프로그램 설명

1 #3의 reverse_diffusion()에서 class_label이 정수이면 같은 레이블을 갖는 num_images 개의 텐서 y를 생성한다. 정수가 아니면 class_label은 num_images 개의 레이블을 갖는 텐서로 가정한다. model(x, y, ts)에 의해 잡음(predicted_noise)을 예측한다.

2 #4-1에서 torch.tensor(list(range(10))).view(-1, 1).repeat(1, 10).flatten()로 10개의 클래스에 대해 각각 10개의 레이블을 갖는 텐서 y를 생성한다. reverse_diffusion()로 가우시안 잡음으로부터 num_images = len(y)의 영상(x)을 생성하고, 파일로 저장하고, 표시한다.

3 [그림 67.1]은 [예제 67-01]에서 학습한 모델 'cond_defusion_MNIST.pt'을 이용하여 생성한 영상이다. 클래스 레이블 종류별로 영상을 생성한 것을 확인할 수 있다.

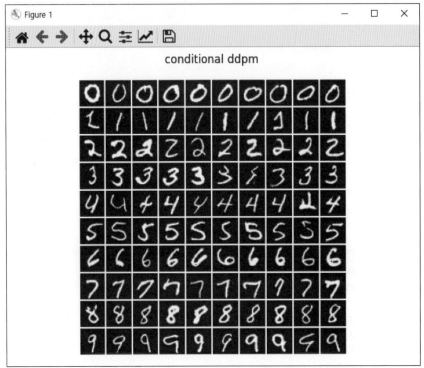

△ 그림 67.1 ▶ 샘플 영상 생성:  model = torch.jit.load('./data/cond_defusion_MNIST.pt')

 PyTorch

*Deep Learning Programming with **PyTorch**: **PART 2***

# CHAPTER 19

# eiusum · einops · KL Divergence

STEP 68

# torch.einsum

Einsum은 Albert Einstein의 다차원 데이터의 합계(Einstein summation, https://en.wikipedia.org/wiki/Einstein_notation)를 구현한다. NumPy, PyTorch, TensorFlow에 구현되어 있다. torch.einsum(equation, *operands)의 형식을 갖는다.

▷ 예제 68-01 ▶ torch.einsum()을 이용한 전치행렬, 합계

```
01 #https://rockt.github.io/2018/04/30/einsum
02 import torch
03
04 #1: diagonal elements
05 A = torch.tensor([[1, 2], [3, 4]])
06 b = torch.einsum('ii->i', A)
07 print("#1: b=", b)
08
09 #2: trace
10 A = torch.tensor([[1, 2], [3, 4]])
11 b = torch.einsum('ii->', A)
12 print("#2: b=", b)
13
14 #3: transpose
15 A = torch.tensor([[1, 2], [3, 4]])
16 B = torch.einsum('ij->ji', A)
17 print("#3: B=", B)
18
19 #4: row sum
20 bi = torch.einsum('ij->i', A)
21 print("#4: bi=", bi)
22
23 #5: column sum
24 bj = torch.einsum('ij->j', A)
25 print("#5: bj=", bj)
26
27 #6: sum
28 b = torch.einsum('ij->', A)
29 print("#6: b=", b)
```

```
#1: b= tensor([1, 4])
#2: b= tensor(5)
#3: B= tensor([[1, 3],
       [2, 4]])
#4: bi= tensor([3, 7])
#5: bj= tensor([4, 6])
#6: b= tensor(10)
```

▷▷▷ 프로그램 설명

**1** #1은 행렬 A의 대각요소를 반환한다.

$$b_i = A_{ii}$$

**2** #2는 행렬 A의 트레이스를 계산한다.

$$b = \sum_i A_{ii}$$

**3** #3은 행렬 A의 전치행렬을 계산한다.

$$B_{ji} = A_{ij}$$

**4** #4는 행렬 A의 행 합계를 계산한다.

$$b_i = \sum_j A_{ij}$$

**5** #5는 행렬 A의 열 합계를 계산한다.

$$b_j = \sum_i A_{ij}$$

**6** #6은 행렬 A의 전체 합계를 계산한다.

$$b = \sum_i \sum_j A_{ij}$$

**7** torch.einsum(equation, *operands)에서 equation 문자열은 [a-zA-Z]의 문자로 아래첨자 subscripts를 나타낸다. 화살표(->) 왼쪽은 입력, 오른쪽은 출력이다.

▷ 예제 68-02 ▶ torch.einsum()을 이용한 곱셈

```python
01 #https://rockt.github.io/2018/04/30/einsum
02 import torch
03
04 #1: vector dot-product, innder product
05 a = torch.tensor([1, 2])
06 b = torch.tensor([3, 4])
07 c = torch.einsum('i,i->', a, b)        # [a, b]
08 print("#1: c=", c)
09
10 #2: matrix dot-product
11 A = torch.tensor([[1, 2],[3, 4]])
12 B = torch.tensor([[1, 1],[2, 2]])
13 c = torch.einsum('ij,ij->', A, B)       # [A, B]
14 print("#2: c=", c)
15
16 #3: element-wise square
17 B = torch.einsum('ij, ij->ij', A, A)
18 print("#3: B=", B)
19
20 #4: element-wise product(HADAMARD)
21 C = torch.einsum('ij,ij->ij', A, B)
22 print("#4: C=", C)
23
24 #5: matrix-vector multiplication
25 A = torch.tensor([[1, 2],[3, 4]])
26 b = torch.tensor([1, 2])
27 c = torch.einsum('ik,k->i', A, b)
28 print("#5: c=", c)
29
30 #6: matrix-matrix multiplication
31 A = torch.tensor([[1, 2],[3, 4]])
32 B = torch.tensor([[1, 1],[2, 2]])
33 C = torch.einsum('ik,kj->ij', A, B)
34 print("#6: C=", C)
35
36 #7: matrix-matrix transpose multiplication
37 W = torch.tensor([[0, 1, 2],[3, 4, 5]])
38 X = torch.tensor([[1, 1, 1]])
39 Y = torch.einsum('ij,kj->ik', W, X)
40 print("#7: Y=", Y)
41
42 #8: batch matrix multiplication
43 torch.manual_seed(1)
44 A = torch.randint(high=2, size=(2, 1, 2))
```

```
45 B = torch.randint(high=2, size=(2, 2, 3))
46 C = torch.einsum('bik,bkj->bij', A, B) # torch.bmm(A, B)
47 print("#8: A=", A)
48 print("#8: B=", B)
49 print("#8: C=", C) # [2, 1, 3]
```

▷▷ 실행결과

```
#1: c= tensor(11)
#2: c= tensor(17)
#3: B= tensor([[ 1,  4],
               [ 9, 16]])
#4: C= tensor([[ 1,  8],
               [27, 64]])
#5: c= tensor([ 5, 11])
#6: C= tensor([[ 5,  5],
               [11, 11]])
#7: Y= tensor([[ 3],
               [12]])
#8: A= tensor([[[1, 1]],
               [[0, 0]]])
#8: B= tensor([[[1, 1, 1],
                [1, 1, 0]],
               [[0, 1, 0],
                [1, 1, 0]]])
#8: C= tensor([[[2, 2, 1]],
               [[0, 0, 0]]])
```

▷▷▷ 프로그램 설명

1  #1은 벡터 a, b의 내적을 계산한다.

$$c = \sum_i a_i b_i$$

2  #2는 행렬 A, B의 내적을 계산한다.

$$c = \sum_i \sum_j A_{ij} B_{ij}$$

3  #3은 행렬 A의 각 요소의 제곱한 행렬을 계산한다.

$$B_{ij} = A_{ij} A_{ij}$$

**4** #4는 행렬 A, B의 요소별 곱셈 행렬을 계산한다.

$$C_{ij} = A_{ij}B_{ij}$$

**5** #5는 행렬 A와 벡터 b의 곱셈을 계산한다.

$$c_i = \sum_k A_{ik}b_k$$

**6** #6은 행렬 A, B의 곱셈을 계산한다.

$$C = AB$$

$$C_{ij} = \sum_k A_{ik}B_{kj}$$

**7** #7은 행렬 $W$, $X^T$의 곱셈을 계산한다.

$$Y = WX^T$$

$$Y_{ik} = \sum_j W_{ij}X_{kj}$$

**8** #8은 A, B의 배치 행렬 곱셈을 계산한다.

$$C_{bij} = \sum_k A_{bik}B_{bkj}$$

▷ 예제 68-03  ▶ torch.einsum()을 이용한 ScaleDotProductAttention

```
01  '''
02  ref1: 5902.py
03  ref2: https://cjhj.medium.com/leveraging-einsum-to-improve-your-
04  deep-learning-codes-e54db871fad2
05  '''
06  import torch
07  import torch.nn as nn
```

```
08  import torch.nn.functional as F
09  torch.set_printoptions(sci_mode=False, precision=2)
10  #1
11  def scaled_dot_product_attention(q, k, v, mask = None,
12                                     dropout = 0.0):
13      dk = k.size()[-1]
14      score = torch.einsum('bij,bkj->bik', [q, k])        # qk ^ T
15      score = score / (dk ** 0.5)
16
17      if mask is not None:
18          score = score.masked_fill(mask == 0, -1e9)
19                                      # masking 위치에 0
20      attn = F.softmax(score, dim = -1)
21      attn = F.dropout(attn, dropout)
22      out = torch.einsum('bik,bkj->bij', attn, v)
23      return out, attn
24  #2
25  class SelfAttention(nn.Module):
26      #2-1
27      def __init__(self, embed_dim, d_model = 3,
28                   dk = 3, init_weight = False):
29          super(SelfAttention, self).__init__()
30          self.q = nn.Linear(embed_dim, dk)
31          self.k = nn.Linear(embed_dim, dk)
32          self.v = nn.Linear(embed_dim, d_model)
33          if init_weight:
34              self.init_for_checking()                  # ref
35      #2-2
36      def init_for_checking(self):
37                  # ref: embed_dim = 4, dk = 3, d_model = 3
38          w_q = torch.tensor([[0, 0, 1],
39                              [1, 1, 0],
40                              [0, 1, 0],
41                              [1, 1, 0]], dtype = torch.float32)
42          w_k = torch.tensor([[1, 0, 1],
43                              [1, 0, 0],
44                              [0, 1, 0],
45                              [1, 0, 1]], dtype = torch.float32)
46          w_v = torch.tensor([[1, 0, 1],
47                              [1, 1, 0],
48                              [0, 1, 1],
49                              [0, 0, 1]], dtype = torch.float32)
50          self.q.bias = nn.Parameter(torch.zeros_like(self.q.bias))
51          self.k.bias = nn.Parameter(torch.zeros_like(self.k.bias))
52          self.v.bias = nn.Parameter(torch.zeros_like(self.v.bias))
```

```
53              self.q.weight = nn.Parameter(w_q.t())
54              self.k.weight = nn.Parameter(w_k.t())
55              self.v.weight = nn.Parameter(w_v.t())
56      #2-3
57      def forward(self, x, mask = None):
58          q = self.q(x)
59          k = self.k(x)
60          v = self.v(x)
61          out, attn = scaled_dot_product_attention(q, k, v, mask)
62          return out, attn
63  #3:
64  if __name__ == '__main__':
65      #3-1: bs = 1, seq_length = 3, embed_dim = 4
66      X = torch.tensor([[[1, 0, 1, 0],
67                         [0, 2, 2, 2],
68                         [1, 1, 1, 1]]], dtype = torch.float32)
69      bs, seq_length, embed_dim = X.shape
70      print(f'batch_size={bs}, seq_length={seq_length},
71              embed_dim={embed_dim}')
72
73      #3-2: init_weight=True from ref
74      SA = SelfAttention(embed_dim = embed_dim, init_weight = True)
75      out, attn = SA(X)
76      print('out.shape=', out.shape)
77                          # [bs, seq_length, d_model] = [1, 3, 3]
78      print('out=', out)
```

▷▷ 실행결과

```
batch_size=1, seq_length=3, embed_dim=4
out.shape= torch.Size([1, 3, 3])
out= tensor([[[1.83, 2.90, 3.36],
              [2.00, 3.99, 4.00],
              [2.00, 3.89, 3.94]]], grad_fn=<ViewBackward0>)
```

▷▷▷ 프로그램 설명

1 #1의 scaled_dot_product_attention()에서 torch.einsum()을 사용한다.

$$Attention(Q, K, V) = softmax(\frac{QK^T}{\sqrt{d_k}})V$$

2 #2, #3과 결과는 [예제 59-02]와 같다.

# einops

einops(Einstein-Inspired Notation for operations)는 NumPy, PyTorch, tensorflow 등의 딥러닝 프레임워크에서 rearrange, reduce 등의 직관적인 연산을 제공한다(https://github.com/arogozhnikov/einops).

▷ 예제 69-01  ▶ einops.rearrange

```
01  '''
02  ref1: https://einops.rocks/
03  ref2: https://github.com/arogozhnikov/einops
04  '''
05  import torch
06  import einops          # pip install einops
07
08  x = torch.randint(3, (2, 32, 64, 3))
09
10  #1: axes rearrange
11  y = einops.rearrange(x, 'b h w c -> b c h w')     # [2, 3, 32, 64]
12  print("#1: y.shape=", y.shape)
13
14  #2: axes composition
15  y2 = einops.rearrange(x, 'b h w c -> b (h w) c')  # [2, 2048, 3]
16  print("#2: y2.shape=", y2.shape)
17
18  #3: axes decomposition
19  y3 = einops.rearrange(y2, 'b (h w) c -> b c h w',
20                        h = 32)                      # [2, 3, 32, 64]
21  print("#3: y3.shape=", y3.shape)
22
23  #4: axes addition
24  y4 = einops.rearrange(x, 'b h w c -> b 1 h w 1 c')
25  print("#4: y4.shape=", y4.shape)
26
27  #5: axes removal
28  y5 = einops.rearrange(y4, 'b 1 h w 1 c -> b h w c')
29  print("#5: y5.shape=", y5.shape)
```

```
#1: y.shape= torch.Size([2, 3, 32, 64])
#2: y2.shape= torch.Size([2, 2048, 3])
#3: y3.shape= torch.Size([2, 3, 32, 64])
#4: y4.shape= torch.Size([2, 1, 32, 64, 1, 3])
#5: y5.shape= torch.Size([2, 32, 64, 3])
```

▷▷▷ 프로그램 설명

**1** #1은 'b h w c'의 형식의 텐서 x를 'b c h w' 형식으로 y에 재배열한다.

**2** #2는 x를 'b (h w) c' 형식으로 y2에 재배열한다. (h w)로 두 채널을 합성한다.

**3** #3은 'b (h w) c' 형식의 y2를 'b c h w' 형식으로 y3에 재배열한다. (h w)는 h = 32, w = 64로 분리한다.

**4** #4는 'b 1 h w 1 c'의 1 위치에 채널이 추가된다.

**5** #5는 1 위치의 채널을 제거한다.

▷ 예제 69-02  ▶ einops.reduce

```
01  '''
02  ref1: https://einops.rocks/
03  ref2: https://github.com/arogozhnikov/einops
04  '''
05  import torch
06  import einops            # pip install einops
07  torch.set_printoptions(precision = 2, sci_mode = False)
08  x = torch.tensor([[1, 2, 3, 4],
09                    [0, 0, 0, 0],
10                    [5, 6, 7, 8],
11                    [1, 1, 1, 1]]).float()
12  #1
13  y = einops.reduce(x, 'h w->h', 'min')
14  print("#1: y=", y)
15
16  #2
17  y2 = einops.reduce(x, 'h w->h', 'max')
18  print("#2: y2=", y2)
19
20  #3
21  y3 = einops.reduce(x, 'h w->h', 'sum')
22  print("#3: y3=", y3)
23
```

```
24  #4
25  y4 = einops.reduce(x, 'h w->h', 'prod')
26  print("#4: y4=", y4)
27
28  #5
29  y5 = einops.reduce(x, 'h w->h', 'mean')
30  print("#5: y5=", y5)
31
32  #6: max-pooling
33  y6 = einops.reduce(x, '(h h2) (w w2) -> h w', 'max',
34                      h2 = 2, w2 = 2)
35  print("#6: y6=", y6)
36
37  #7: avg-pooling
38  y7 = einops.reduce(x, '(h h2) (w w2) -> h w', 'mean',
39                      h2 = 2, w2 = 2)
40  print("#7: y7=", y7)
```

▷▷ 실행결과

```
#1: y= tensor([1., 0., 5., 1.])
#2: y2= tensor([4., 0., 8., 1.])
#3: y3= tensor([10.,  0., 26.,  4.])
#4: y4= tensor([    24.,       0.,    1680.,        1.])
#5: y5= tensor([2.50, 0.00, 6.50, 1.00])
#6: y6= tensor([[2., 4.],
      [6., 8.]])
#7: y7= tensor([[0.75, 1.75],
      [3.25, 4.25]])
```

▷▷▷ 프로그램 설명

1 #1~#5는 텐서 x에서 'h'의 'min', 'max', 'sum', 'prod', 'mean'을 계산한다.

2 #6, #7은 텐서 x에서 2×2의 최대 풀링, 평균 풀링을 계산한다.

▷ 예제 69-03    ▶ Rearrange, Reduce

```
01  '''
02  ref: http://einops.rocks/pytorch-examples.html
03  '''
04  import torch
05  from torch import nn
06  from einops.layers.torch import Rearrange, Reduce
07  torch.set_printoptions(precision = 2, sci_mode = False)
```

```
08  x = torch.tensor([[1, 2, 3, 4],
09                     [0, 0, 0, 0],
10                     [5, 6, 7, 8],
11                     [1, 1, 1, 1]]).float()
12  #1
13  model = nn.Sequential(Rearrange('h w -> (h w)') )
14  y = model(x)
15  print("#1: y=", y)
16
17  #2
18  model = nn.Sequential(Reduce('h w -> h', 'sum'))
19  y2 = model(x)
20  print("#2: y2=", y2)
```

▷▷ 실행결과

```
#1: y= tensor([1., 2., 3., 4., 0., 0., 0., 0., 5., 6., 7., 8., 1., 1., 1.,
#2: y2= tensor([10.,  0., 26.,  4.])
```

▷▷▷ 프로그램 설명

1 Rearrange, Reduce 클래스를 사용하여 모델을 생성할 수 있다.

# KL Divergence

[수식 70.1]의 KL <sup>Kullback-Leibler</sup> 발산 <sup>divergence</sup>은 이산 확률분포 P와 Q 사이의 차이를 정의한다(https://en.wikipedia.org/wiki/Kullback-Leibler_divergence). 분포 Q가 분포 P로부터 통계적으로 얼마나 떨어져 있는지를 의미한다.

$$D_{KL}(P \| Q) = \sum_x P(x) \log \frac{P(x)}{Q(x)}$$
◁ 수식 70.1
$$= \sum_x P(x)(\log P(x) - \log Q(x))$$

여기서, $D_{KL}(P \| Q) \geq 0$, $D_{KL}(P \| Q) \neq D_{KL}(Q \| P)$로 비대칭이다. [수식 70.2]의 $H(P, Q)$는 $P$, $Q$의 교차엔트로피 <sup>cross entropy</sup>이고, $H(P)$는 $P$의 엔트로피이다.

$$H(P, Q) = - \sum_x P(x) \log Q(x)$$
◁ 수식 70.2
$$= H(P) + D_{KL}(P \| Q)$$

[수식 70.3]은 파이토치에 구현되어 있는 nn.KLDivLoss(), F.kl_div()의 포인트별 <sup>pointwise</sup> KL 발산 수식이다. 입력 $y_{pred}$는 모델의 출력 로그값이다. log_target = True이면 목표값 $y_{true}$는 로그값이다. reduction은 'mean', 'sum', 'batchmean', 'none' 등이 있다. 수학적 정의와 일치하는 KL 값을 위해서는 배치 갯수로 나누는 reduction = 'batchmean'을 사용한다. 확률이 아닌 경우 F.softmax()로 변환하여 사용한다.

$$L(y_{pred}, y_{true}) = y_{true} \cdot \log \frac{y_{true}}{y_{pred}} = y_{true} \cdot (\log y_{true} - \log y_{pred})$$
◁ 수식 70.3

▷ 예제 70-01   ▶ $D_{KL}(P \| Q)$, $H(P, Q)$

```
01  '''
02  https://en.wikipedia.org/wiki/Kullback-Leibler_divergence
03  '''
04  import torch
05  torch.set_printoptions(sci_mode = False, precision = 6)
06
```

```
07  #1:
08  P = torch.Tensor([9/25, 12/25, 4/25])
09  Q = torch.Tensor([1/3, 1/3, 1/3])
10
11  #2
12  KL_PQ = (P * (P / Q).log()).sum()
13  print('KL(P,Q)=', KL_PQ)
14
15  KL_QP = (Q * (Q / P).log()).sum()
16  print('KL(Q,P)=', KL_QP)
17
18  #3
19  H_PQ = -(P * Q.log()).sum()
20  H_P  = -(P * P.log()).sum()
21  print('H(P,Q)=', H_PQ)
22  print('H(P)=', H_P)
23  print('H(P) + KL(P,Q)=', H_P + KL_PQ)
24  print(torch.allclose(H_PQ, H_P + KL_PQ))
```

▷▷ 실행결과

```
KL(P,Q)= tensor(0.085300)
KL(Q,P)= tensor(0.097455)
H(P,Q)= tensor(1.098612)
H(P)= tensor(1.013313)
H(P) + KL(P,Q)= tensor(1.098612)
True
```

▷▷▷ 프로그램 설명

1 #1은 이산 확률분포 P와 Q를 생성한다.

2 #2는 [수식 70.1]의 P와 Q 사이의 KL 발산을 계산한다. KL_PQ와 KL_QP는 다르다.

3 #3은 [수식 70.2]의 P와 Q 사이의 교차엔트로피를 계산한다.


▷ 예제 70-02   ▶ 1-batch: nn.KLDivLoss(),
                    torchmetrics.regression.KLDivergence()

```
01  '''
02  https://en.wikipedia.org/wiki/Kullback-Leibler_divergence
03  '''
04  import torch
05  import torch.nn as nn
06  from torchmetrics.regression import KLDivergence
07  torch.set_printoptions(sci_mode = False, precision = 6)
```

```
08 #1:1-batch
09 P = torch.Tensor([[9/25, 12/25, 4/25]])        # y_pred
10 Q = torch.Tensor([[1/3, 1/3, 1/3]])            # y_true
11
12 kl_loss = nn.KLDivLoss(reduction = "sum")
13     # 'batchmean' = sum() / y_pred.size(0)
14 out = kl_loss(Q.log(), P) # KL(P, Q)
15 print('out=', out)
16
17 #2
18 out2 = kl_loss(P.log(), Q)                      # KL(Q, P)
19 print('out2=', out2)
20
21 #3
22 kl_divergence = KLDivergence(reduction = 'sum') # 'mean'
23 out3 = kl_divergence(P, Q)                      # out
24 print('out3=', out3)
```

▷▷ 실행결과

```
out= tensor(0.085300)
out2= tensor(0.097455)
out3= tensor(0.085300)
```

▷▷▷ 프로그램 설명

**1** #1은 1-batch의 이산 확률분포 P와 Q를 생성하고, nn.KLDivLoss(reduction = "sum")로 kl_loss를 생성하여 out = kl_loss(Q.log(), P)를 계산한다. out은 [예제 70-01]의 KL(P, Q)와 같다.

**2** #2는 out2 = kl_loss(P.log(), Q)를 계산한다. out2는 [예제 70-01]의 KL(Q, P)와 같다.

**3** #3은 KLDivergence(reduction = 'sum')로 kl_divergence를 생성하여 out3 = kl_divergence(P, Q)를 계산한다. out3은 out과 같다.

▷ 예제 70-03    ▶ 3-batch: nn.KLDivLoss(), F.kl_div()

```
01 '''
02 https://en.wikipedia.org/wiki/Kullback-Leibler_divergence
03 https://pytorch.org/docs/stable/generated/torch.nn.KLDivLoss.html
04 '''
05 import torch
06 import torch.nn as nn
07 import torch.nn.functional as F
08 from torchmetrics.regression import KLDivergence
09 torch.set_printoptions(sci_mode = False, precision = 6)
```

```
10  torch.manual_seed(1234)
11  #1: 3-batch, y_pred: model's output, y_true: target
12  P = torch.randn(3, 5)                    # y_pred
13  Q = torch.randn(3, 5)                    # y_true
14  y_pred = F.softmax(P, dim = 1)           # probability
15  y_true = F.softmax(Q, dim = 1)
16  #print('y_pred=', y_pred)
17  #print('y_true=', y_true)
18
19  #2
20  kl_divergence = KLDivergence(reduction = 'mean')
21  out = kl_divergence(y_true, y_pred)
22  print('out=', out)
23
24  #3
25  kl_loss = nn.KLDivLoss(reduction = "batchmean")    # "none"
26  y_pred = F.log_softmax(P, dim=1)     # F.softmax(P, dim = 1).log()
27  out2 = kl_loss(y_pred, y_true)
28  print('out2=', out2)
29
30  #4
31  out_none = F.kl_div(y_pred, y_true, reduction = "none")
32  #print('out_none=', out_none)
33
34  out_sum = F.kl_div(y_pred, y_true, reduction = "sum")
35  print('out_sum=', out_sum)
36
37  out_batchmean = F.kl_div(y_pred, y_true, reduction = "batchmean")
38  print('out_batchmean=', out_batchmean)
39
40  #5
41  out_none2 = (y_true * ( y_true.log() - y_pred)) # reduction = "none"
42  #print('out_none2=', out_none2)
43  print('out_sum2=',  out_none2.sum())              # reduction = "sum"
44  print('out_batchmean2=', out_none2.sum() / y_pred.size(0))
45      # reduction = "batchmean"
46
47  #6: cross_entropy(input, target)
48      # input: predicted unnormalized logits
49  H_QP = F.cross_entropy(P, y_true, reduction = 'mean')
50  H_QQ = F.cross_entropy(Q, y_true, reduction = 'mean')
51  print('H_QP-H_QQ:', H_QP-H_QQ)       # out_batchmean, out_batchmean2
```

▷▷ 실행결과

```
out= tensor(0.532205)
out2= tensor(0.532205)
out_sum= tensor(1.596615)
out_batchmean= tensor(0.532205)
out_sum2= tensor(1.596615)
out_batchmean2= tensor(0.532205)
H_QP-H_QQ: tensor(0.532205)
```

▷▷▷ 프로그램 설명

**1** #1은 torch.randn(3, 5)으로 3-batch의 정규분포 데이터 P와 Q를 생성하고, F.softmax() 를 적용하여 y_pred, y_true에 확률로 변경한다.

**2** #2는 KLDivergence(reduction='mean')로 생성한 kl_divergence로 kl_divergence(y_true, y_pred)를 계산한다.

**3** #3은 nn.KLDivLoss(reduction="batchmean")로 kl_loss를 생성하여 out2 = kl_loss(y_pred, y_true)를 계산한다. out2는 out과 같다.

**4** #4는 F.kl_div(y_pred, y_true, reduction="none")로 out_none를 계산한다. out_sum은 out_none.sum()과 같다. out_batchmean은 out_sum/y_pred.size(0)과 같다.

**5** #5는 y_pred, y_true를 사용하여 직접 out_none2를 계산한다. out_none2는 out_none과 같다.

**6** #6은 F.cross_entropy()를 사용하여 교차 엔트로피 H_QP, H_QQ를 계산한다. H_QP-H_QQ는 out_batchmean, out_batchmean2와 같다.

▷ 예제 70-04 ▶ pair-wise KL Divergence in batch

```
01  '''
02  https://discuss.pytorch.org/t/calculate-p-pair-wise-kl-divergence/
03  131424/2
04  '''
05  import torch
06  import torch.nn as nn
07  import torch.nn.functional as F
08  torch.set_printoptions(sci_mode = False, precision = 6)
09  torch.manual_seed(1234)
10  #1: 3-batch, y_pred: model's output, y_true: target
11  P = torch.randn(3, 5)                 # y_pred
12  Q = torch.randn(3, 5)                 # y_true
13
14  y_pred = F.log_softmax(P, dim = 1)  # F.softmax(P, dim = 1).log()
```

```
15  y_true = F.softmax(Q, dim=1)
16  #print('y_pred=',y_pred)
17  #print('y_true=',y_true)
18
19  #2: pair_wise_KL using for loop
20  kl = torch.zeros (3, 3)
21  for  i in range (3):
22      for  j in range (3):
23          kl[i, j] = F.kl_div(y_pred[i], y_true[j],
24                                  reduction = 'sum')
25  print('kl=\n', kl)
26
27  #3:
28  kl2 = ((y_true * y_true.log()).sum (dim = 1) -
29      torch.einsum ('ik, jk -> ij', y_pred, y_true))
30  print('kl2=\n', kl2)
31  print(torch.allclose (kl, kl2))
```

▷▷ 실행결과

```
kl=
 tensor([[0.364274, 0.045301, 0.257234],
         [0.808058, 0.691232, 0.901616],
         [0.211820, 0.367976, 0.541109]])
kl2=
 tensor([[0.364274, 0.045301, 0.257234],
         [0.808058, 0.691232, 0.901616],
         [0.211820, 0.367975, 0.541109]])
True
```

▷▷▷ 프로그램 설명

1  #1은 torch.randn(3, 5)으로 3-batch의 정규분포 데이터 P와 Q를 생성하고, y_pred = F.log_softmax(P, dim = 1), y_true = F.softmax(Q, dim = 1)로 변환한다.

2  #2는 for문을 이용하여 y_pred[i], y_true[j]의 배치데이터 사이에 KL 발산 kl을 계산한다.

3  #3은 반복문을 사용하지 않고 y_pred[i], y_true[j]의 배치데이터 사이에 KL 발산 kl2를 계산한다. kl과 kl2는 같다.